新装版

受験生のバイブル決定版！

高校受験 合格への201

入試によくでる数学

標準編

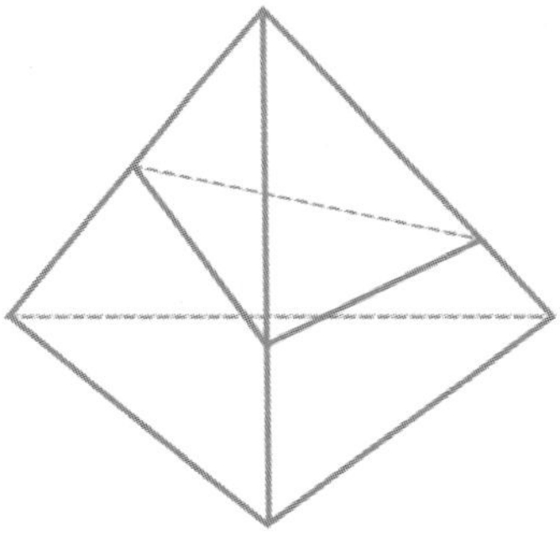

佐藤 茂 著

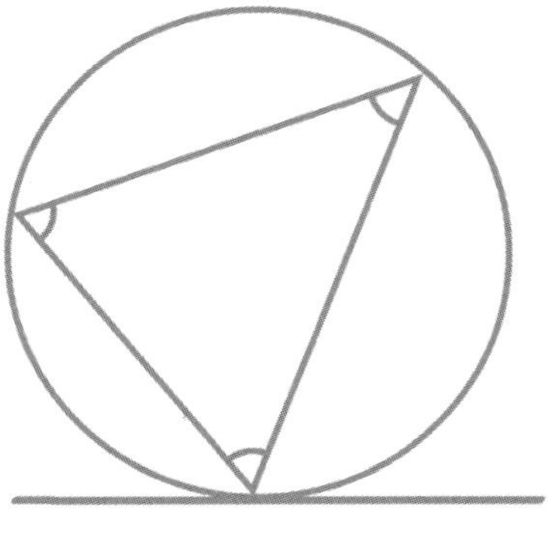

Newton Press

◀本書の構成と使い方▶

本書は公立高校の受験に必要な数学の内容を201項目に細分化し，各項目に1例題をつけて確認し，類題でトレーニングして定着するように構成されています。

また，1項目1ページの構成，解答を別冊にするなど利用しやすく考慮しています。

●構成「例題⇨類題トレーニング」

1 **例題**：重要問題・頻度の高い問題を精選してあり，その項目の典型的な良問です。考え方と解き方を詳しく載せ，その項目の解法の指針としています。
　◆**考え方**：そのパターンの問題を解くときに前提になる知識です。**解 法**にあたる前に必ず読んでください。

2 **類題トレーニング**：例題の定着を図り，出題の変化に対応する能力をつけるための問題です。問題は厳選されたものです。

3 **解答（別冊）**：効率のよい解き方を中心にして，解説をつけてあります。

●使い方

①まず例題をしっかりとマスターしよう

例題には，基本問題・重要問題・頻度の高い問題を掲載しています。これによって，類題トレーニングも，難なく解けるはずです。

②類題トレーニングを実際に解いていこう

例題の解説を100題読んだだけというよりは，たとえ1題でも，実際に類題トレーニングをやりこなすことが実力アップの近道なのです。問題をやるのをおっくうがったり，しりごみしたりせずに，どんどん挑戦しましょう。

③目標を定めて無理のない計画を立てよう

学習したい項目のページをすぐに開くことができる構成です。項目ごとに1ページ，しかも類題トレーニングの多少も見えるから，きみの生活時間や目標をにらんで計画を立て，実行していきましょう。

④短期間で実力養成するには

1日4～5項目のペースで進めると，約1か月半で終わります。期間のある場合は，さらに繰り返して学習すると効果があります。ただし，十分に理解できない問題については，1日に1題を完成させるなど，理解できるまでとことん考えてください。

は し が き

『入試によくでる数学』は，過去十数年にわたり，受験生のバイブルとして進学雑誌，中学校，塾，予備校の推薦図書として，あるいはテキストとして採用されてきました。今回（1996 年）の改訂では，その内容を一新して，より新学習要領に合わせ充実したものにしました。本書が高校入試のための新しいバイブルになるものと，確信しています。

本書は次のような受験生の声に応えるように編集しています。

1.「数学が短期間にできるようになりたいのですが……」

このような質問をよく受けます。数学はこつこつと積み上げていく学問ですから，短期間に上達するうまい方法はありません。しかし，数学は苦手だと投げてしまうこともできません。では，どうしたらよいのでしょうか。短期間に合格点がとれるようになる最良の方法は，基礎力をつけることです。実際の入試問題で基礎力がつくとしたら，受験勉強としては最高です。

本書では，基礎力がつきしかも出題頻度の高い問題を精選して，掲載しています。

2.「入試で好成績をおさめるにはどうしたらよいでしょう」

きみの志望校の過去の入試問題をよく研究して，予想問題を徹底研究しておくことです。でも，実際の試験では過去の問題だけが出題されるわけではありません。志望校の過去問をいくら研究しておいても，今まで見たこともない問題がでてくるかもしれません。そのとき落ち着いて問題を解くには，①いろいろなタイプの問題にあたって，なるべく見たこともない問題をなくすことと，②自分で考えて解くことです。そのためには，自信のもてる問題ともてない問題をはっきりさせ，自信のもてるタイプの問題を増やしていくことが大切です。

そこで本書では，いろいろなタイプの問題を，見やすく配置しています。

3.「絶対に合格するために，程度の高い問題が解けるようになりたいのですが…」

程度の高い問題が解けるということは，考え方の指針をしっかりとらえているということです。しっかりした基礎的な実力があれば，考え方の指針をとらえることや入試時間内でのひらめきを期待することができます。基礎力はこのような力になりますから，本当は基礎力が全てなのです。しかし，入試本番で程度の高い問題にあたったときには，その基礎力と時間との戦いになります。短い時間で正解を出していくには，程度の高い問題にも慣れておく必要があります。

そこで本書は，過去の程度の高い問題には指針 ◆**考え方** を設けています。自力でとけなかったときにもあきらめずよく読み，研究してください。きみの合格を祈っています。

佐藤　茂

目次

標準編

1　整数(1)　── 最大公約数と最小公倍数① ──

● 例 題 ●

(1)　次の数を素因数に分解せよ。

①　60　（栃木）

②　378　（千葉）

(2)　3つの数 36，120，126 の最大公約数は［　　］であり，最小公倍数は［　　］である。　（岡山）

◆考え方

(1)　素因数に分解
素数(2，3，5，7，……)の積で表す。

(2)　3つの数の最大公約数に注意する。

解 法

(1)　①

```
2 ) 60
2 ) 30
3 ) 15
     5
```

∴　$60=2^2\times3\times5$

②

```
2 ) 378
3 ) 189
3 )  63
3 )  21
      7
```

∴　$378=2\times3^3\times7$

(2)

```
2 ) 36  120  126
3 ) 18   60   63
2 )  6   20   21
3 )  3   10   21
     1   10    7
```

最大公約数は　$2\times3=6$

最小公倍数は　$2\times3\times2\times3\times1\times10\times7=2520$

答　(1)　①　$\mathbf{2^2\times3\times5}$　②　$\mathbf{2\times3^3\times7}$　(2)　**6，2520**

1. 類題トレーニング

1　次の数を素因数に分解せよ。

(1)　72　（和歌山）　(2)　90　（宮城）

(3)　144　（富山）　(4)　252　（香川）

(5)　756　（石川）

2　次の各組の数の最大公約数と最小公倍数を求めよ。

(1)　(12，30)　（静岡）　(2)　(36，48)　（徳島）

(3)　(12，18，36)　（京都）　(4)　(27，36，54)

3　2つの数 a，b の最大公約数を$(a,\ b)$，最小公倍数を$\{a,\ b\}$で表すとき，$\{15,\ (24,\ 42)\}$はいくらか。　（滋賀）

2 整数(2) — 最大公約数と最小公倍数② —

例題

(1) 整数 a と 18 の最大公約数が 6，最小公倍数が 36 であるとき，a を求めよ。
（高知）

(2) 2 数の最大公約数が 11 で，最小公倍数が 132 である 2 数をすべて求めよ。
（大分）

◆考え方

(2) $\mathrm{A}=11a$，$\mathrm{B}=11b$ とする。〔**a と b は互いに素の関係**(1 しか公約数がない)〕

解法

(1)
$$\begin{array}{r|ll} 6 & a & 18 \\ \hline & a' & 3 \end{array}$$
∴ $\boldsymbol{6\times a'\times 3=36}$ から $a'=2$

よって，$a=6a'$ から $a=6\times2=12$

(2)
$$\begin{array}{r|ll} 11 & \mathrm{A} & \mathrm{B} \\ \hline & a & b \end{array}$$
∴ $11\times a\times b=132$ から $ab=12$

a と b は互いに素の関係から，

a	1	~~2~~	3
b	12	~~6~~	4

$\begin{cases}\mathrm{A}=11\times1=11\\ \mathrm{B}=11\times12=132\end{cases}$　$\begin{cases}\mathrm{A}=11\times3=33\\ \mathrm{B}=11\times4=44\end{cases}$

答 (1) $\boldsymbol{a=12}$　(2) **11 と 132，33 と 44**

2. 類題トレーニング

1 正の整数 a がある。a と 24 の最大公約数は 12 で，最小公倍数は 72 であるという。a を求めよ。
（大分）

2 最大公約数が 3 で，和が 21 になる 2 つの自然数の組をすべて求めよ。（日大豊山女高）

3 2 つの正の整数の最大公約数が 13 で，最小公倍数が 91 のとき，2 つの整数の差を求めよ。
（郁文館高）

4 2 けたの整数が 2 つあって，その最大公約数が $2^2\times3$，最小公倍数が $2^4\times3\times5$ である。2 つの整数を求めよ。
（石川）

3 整数(3) ― 平方数 ―

例題

(1) 75にできるだけ小さい自然数をかけて，ある整数の2乗となるようにしたい。どんな自然数をかければよいか。（沖縄，北海道）

(2) 140をできるだけ小さい自然数 n で割って，その商がある整数の2乗になるようにしたい。この自然数を求めよ。（静岡）

◆考え方

(1),(2)とも**まず素因数分解**する。

解法

(1) 75を素因数分解すると，3×5^2

$3\times5^2\times$（③）$=$ $\boxed{3\times5}\times\boxed{③\times5}$

3は1個しかないので③を補充する。5は2つあるのでそのまま $\boxed{}$ に入る。よって，3をかければよい。

(2) $140=2^2\times5\times7$

よって，

$\dfrac{2^2\times5\times7}{⑤\times⑦}=\boxed{2}\times\boxed{2}$

（　　）に⑤×⑦を入れると，約分できて $\boxed{}$ には2が入る。

よって，35

答 (1) **3**　(2) **35**

3. 類題トレーニング

1 次の数にできるだけ小さい自然数をかけて，ある整数の2乗にしたい。どんな自然数をかければよいか。

(1) 24（青森）

(2) 45（徳島）

(3) 120（都立高専）

(4) 175（千葉）

(5) 252（神奈川）

(6) 315（高知）

2 次の数をできるだけ小さい自然数で割って，ある整数の2乗になるようにしたい。どんな自然数で割ればよいか。

(1) 294（山形）

(2) 2000（熊本）

3 n は自然数で $\dfrac{432}{n^2}$ が整数になるという。このような n のうちで最も大きいものを求めよ。（愛知）

4　整数(4)　— 商と余り① —

● 例 題 ●

(1)　30 をある正の整数で割ると，余りが 6 になるという。このような整数をすべて求めよ。（福島）

(2)　4 で割っても，6 で割っても 2 余る 3 けたの自然数のうちで，最も小さい数を求めよ。（宮崎）

(3)　65 と 53 のどちらを割っても 5 余る自然数の中で，最小のものは[　　]である。（奈良）

◆考え方

(1)　**30－6 はある正の整数で割りきれる。**

(2)　**4，6 で割りきれる数は，最小公倍数 12 の倍数**

(3)　65－5，53－5 はある数で割りきれる。
（ただし，5 より大）

解 法

(1)　30－6＝24 から 24 の約数のうち，**余り 6 より大きい数**を求めて 8，12，24

(2)　4 で割っても，6 で割っても割りきれる数は 12 の倍数より
$\boldsymbol{12n+2}$（$n=0$，1，2 ……）と表せる。$12n+2 \geqq 100$ をみたす最小の自然数 n を求めて $n=9$
これより $12\times9+2=110$

(3)　65－5＝60，53－5＝48 から
60 と 48 の公約数→最大公約数 12 の約数のうち，**余り 5 より大。**
よって 6，12。最小のものは 6

答　(1)　**8，12，24**　　(2)　**110**　　(3)　**6**

参考　a を b で割ると商が c で d 余る→ $a=bc+d$　ここで　$b>d$

4. 類題トレーニング

1　52 をある自然数で割ると，余りが 10 になるという。このような自然数のうちで，最も小さいものは[　　]である。（富山）

2　2 けたの正の整数がある。この数は 4，5，6 のどれで割っても 1 余るという。この数を求めよ。（徳島）

3　52 を割ると 4 余り，78 を割ると 6 余る整数のうちで，最も大きいものを求めよ。（福島）

4　8 で割ると 7 余り，9 で割ると 8 余る正の整数のうちで最も小さい整数を求めよ。（鹿児島）

5　13 で割ると商と余りが等しくなる 100 以上の整数はいくつあるか。（奈良）

5 整数(5) ― 商と余り② ―

例題

2つの異なる正の整数A, Bがある。Aを3で割ると商がmで余りが2である。Bを3で割ると商がnで余りが2である。A+Bを3で割ったときの商と余りを求めよ。

(兵庫)

◆考え方

aをbで割ったら商がcで余りがd→
$a=bc+d$ $(b>d)$

解法

$A=3m+2$, $B=3n+2$(m, nは整数)から

$A+B=(3m+2)+(3n+2)$
$=3m+3n+3+1$
$=3(m+n+1)+1$ ($m+n+1$は整数)

答 **商は$m+n+1$ 余りは1**

5. 類題トレーニング

1 百の位の数字がm, 十の位の数字がn, 一の位の数字が6である3けたの整数を2で割ったときの商は[ ]である。

2 16で割った商がxで余りが11となる正の整数を4で割ったときの商と余りを求めよ。

(石川)

3 ある整数Aを6で割ったら, 商がp, 余りが5である。また, その商pを4で割ったら, 商がq, 余りが1である。

(1) 整数Aをpの式で表せ。

(2) 整数Aをqの式で表せ。

(3) 整数Aを8で割ったときの余りを求めよ。

(北海道)

6 整数(6) ― 倍数の証明 ―

● 例 題 ●

2けたの自然数には次の性質がある。

2けたの自然数から，その自然数の十の位の数と一の位の数との和をひいた数は，9の倍数である。

たとえば，32を考えると $32-(3+2)=27=9\times3$ となり，9×3 は9の倍数である。

下線部の性質を，2けたの自然数の十の位の数字を a，一の位の数字を b として説明せよ。 （栃木）

◆考え方

2けたの自然数は
$\mathbf{10a+b}$ となる。

解 法

$(10a+b)-(a+b)=9a$

a は自然数であるから $9a$ は9の倍数である。

6. 類題トレーニング

1 一の位の数が0でない2けたの自然数Aがある。Aの十の位の数と一の位の数を入れかえた数をBとするとき，A＋Bはどんな数の倍数になるか。 （北海道）

2 偶数は，整数 n を使って $2n$ と表すことができる。このことを利用して，連続する3つの偶数の和は6の倍数になることを証明せよ。 （静岡）

3 2けたの整数に，その整数の十の位の数と一の位の数を入れかえた整数の2倍を加えると，その和はつねにある数で割りきれる。

〔説明〕 十の位の数が a，一の位の数が b である2けたの整数は［ア］と表される。この整数に，その a と b を入れかえた整数の2倍を加えると，その和は次のようになる。

［ア］＋2(［イ］)＝［ウ］(［エ］)

したがって，［ウ］で割りきれる。 （愛媛）

4 連続した2つの奇数の平方の差は，8の倍数になることを証明せよ。 （新潟）

7 整数(7) — 整数の和 —

例題

1から10までの10個の整数の和は $\frac{10(10+1)}{2}=55$ として求められる。同様にして，一般に，1から正の整数 n までの n 個の整数の和は $\frac{n(n+1)}{2}$ となる。このことを用いて，101から200までの100個の整数の和を求めよ。

考え方

$1+2+3+\cdots\cdots+n=\frac{n(n+1)}{2}$ は大切。

1から100までの数を加えてみる。

解法

$101+102+103+\cdots\cdots\cdots\cdots\cdots+200$
$=(1+2+3+\cdots\cdots+200)-(1+2+3+\cdots\cdots+100)$
$=\frac{200(200+1)}{2}-\frac{100(100+1)}{2}$
$=15050$

答 **15050**

7. 類題トレーニング

1 自然数が1，2，2，3，3，3，4，4，4，4，5，………という規則で並んでいる。この並び方で，初めて8が出てくるのは，最初の1から数えて何番目か求めよ。（宮崎）

2 奇数1，3，5，7，……のうち，下のように1から小さい順に何個かを加えて和を求める。このようにして，奇数を13個加えたときの和を求めよ。

2個加えたとき	$1+3=4$
3個加えたとき	$1+3+5=9$
4個加えたとき	$1+3+5+7=16$
⋮	

（岐阜）

3 右の数の列は，ある規則によって並べたものである。
(1) 6段目の左から3番目の数を求めよ。
(2) 1段目の数の和は2，2段目の数の和は4である。10段目の数の和を求めよ。

(1段目)	1　1
(2段目)	1　2　1
(3段目)	1　3　3　1
(4段目)	1　4　6　4　1
(5段目)	1　5　10　10　5　1
⋮	

（大分）

8 分数

例題

$5\frac{1}{4}$ をかけても，$5\frac{5}{6}$ をかけても，その積が整数となる正の分数のうち最も小さいものを求めよ。 (山形)

◆考え方

$○\times\frac{21}{4}$ ＝整数

$○\times\frac{35}{6}$ ＝整数

解 法

$\frac{21}{4}\times○$，$\frac{35}{6}\times○$ を整数とするには，

$○=\frac{4\text{の倍数}}{21\text{の約数}}$，$\frac{6\text{の倍数}}{35\text{の約数}}$

にすればよい。最も小さい分数にするためには

$○=\frac{\textbf{4，6の最小公倍数}}{\textbf{21，35の最大公約数}}$

とすればよい。よって $\frac{12}{7}$

答 $\frac{12}{7}$

8. 類題トレーニング

1 $\frac{n}{6}$，$\frac{n}{28}$ がともに整数となるような自然数 n のうちで最も小さい n を求めよ。 (静岡)

2 分母と分子の和が 61 である分数がある。この分数の分母は，分子の 2 倍より 14 小さい。この分数を求めよ。 (茨城)

3 分母と分子の和が 56 で，約分すると $\frac{2}{5}$ になる分数がある。この分数の分母はいくらか。 (山形)

4 約分すると $\frac{2}{3}$ になる正の分数で，分母と分子の積が 150 になるもとの分数を求めよ。 (滋賀)

9 正負の数(1) — 代数和 —

例 題

次の計算をせよ。

(1) $3-7+2$ （鳥取）　(2) $8-(-3)-5$ （山形）

◆考え方

$3+5=8$
$3-5=-2$
$-3+5=2$
$-3-5=-8$

解 法

(1) $3+2-7$
$=5-7$
$=-2$

（別解）
$(+3)+(-7)+(+2)$
$=(+3)+(+2)+(-7)$
$=(+5)+(-7)$
$=-(7-5)=-2$

(2) $8+3-5$
$=11-5$
$=6$

（別解）
$(+8)+(+3)+(-5)$
$=(+11)+(-5)$
$=+(11-5)$
$=+6$

答 (1) **-2**　(2) **6**

9. 類題トレーニング

1 次の計算をせよ。

(1) $1-5$ （千葉）
(2) $3-8$ （栃木）
(3) $-6-4$ （沖縄）
(4) $-3+2-5$ （新潟）
(5) $5-8+1$ （福島）
(6) $(-5)+(-7)$ （奈良）
(7) $1-(-5)+(-8)$ （愛知）
(8) $5-12-(-3)$ （広島）
(9) $(-2)\times(-3)$ （広島）
(10) $7\times(-4)$ （岡山）
(11) $(-18)\div6$ （徳島）
(12) $(-8)\div(-4)$ （青森）

10 正負の数(2) — 乗除先行 —

例題

次の計算をせよ。

(1) $9+3\times(-4)$ （埼玉）　(2) $(-4)\times3+2\times(-1)$ （大阪）

◆考え方

四則(加・減・乗・除)をふくむ計算は

加法・減法よりも乗法・除法を先に計算する。

解法

(1) $9+(-12)$

$=9-12$

$=-3$

(2) $(-12)+(-2)$

$=-12-2$

$=-14$

答 (1) **-3**　(2) **-14**

10. 類題トレーニング

1 次の計算をせよ。

(1) $2\times(-3)-8$ （石川）

(2) $17-5\times4$ （長崎）

(3) $10-3\times(-7)$ （熊本）

(4) $-4+2\times(-3)$ （富山）

(5) $-7+8\div(-4)$ （長崎）

(6) $12-6\div(-3)$ （広島）

(7) $7\times2+6\times(-3)$ （島根）

(8) $3\times6+(-76)\div4$ （鳥取）

(9) $35\div(-7)-2\times(-2)$ （福井）

(10) $-45\div9+(-13)\times(-6)$ （鳥取）

11 正負の数(3) — 累乗 —

例題

次の計算をせよ。

(1)　$-2^2+(-3)^2$　（京都）　(2)　$(-2)^3\times\frac{3}{2}+(-3)^2\div\frac{3}{2}$　（愛知）

◆考え方

$-2^2=-2\times2=-4$

$(-2)^2=(-2)\times(-2)=4$

解法

(1)　$-4+9$

$=5$

(2)　$(-8)\times\frac{3}{2}+9\times\frac{2}{3}$

$=-12+6$

$=-6$

答　(1)　**5**　(2)　**−6**

11. 類題トレーニング

1　次の計算をせよ。

(1)　$-9+(-5)^2$　（北海道）

(2)　$-3^2+(-4)^2$　（長崎）

(3)　$(-3)\times(-2^2)$　（高知）

(4)　$(-2)^3\times5\times(-3)$　（北海道）

(5)　$(-5)^2+(-5)\times3$　（鳥取）

(6)　$3^2-8\div(-2)$　（岐阜）

(7)　$(-3)^3-4\times(-3^2)$　（青森）

(8)　$(-12)\div3+(-2)^2\times6$　（茨城）

(9)　$-3^2\times2-(-6)^2$　（佐賀）

(10)　$5\times3^2+18\div(-3)^2$　（青森）

12 正負の数(4) ― 分数・小数を含む ―

例題

次の計算をせよ。

(1) $\dfrac{2}{3}-\left(-\dfrac{5}{6}\right)+\dfrac{1}{2}$ (福島)　(2) $9+6\div\left(-\dfrac{1}{2}\right)$ (東京)

◆考え方

分数の**加・減は通分**してから
分数の乗・除は

$\dfrac{b}{a}\times\dfrac{d}{c}=\dfrac{bd}{ac}$

$\dfrac{b}{a}\div\dfrac{\boldsymbol{d}}{\boldsymbol{c}}=\dfrac{b}{a}\times\dfrac{\boldsymbol{c}}{\boldsymbol{d}}$

$=\dfrac{bc}{ad}$

解法

(1) $\dfrac{4}{6}+\dfrac{5}{6}+\dfrac{3}{6}$

$=\dfrac{4+5+3}{6}$

$=\dfrac{12}{6}=2$

(2) $9+6\times(-2)$

$=9-12$

$=-3$

答 (1) **2**　(2) **−3**

12. 類題トレーニング

1 次の計算をせよ。

(1) $-\dfrac{1}{6}-\left(-\dfrac{2}{3}\right)$ (福島)

(2) $-6\times\left(-\dfrac{2}{3}\right)$ (青森)

(3) $\dfrac{3}{4}+\dfrac{1}{4}\div\left(-\dfrac{1}{2}\right)$ (佐賀)

(4) $\dfrac{3}{2}+\dfrac{1}{2}\div\left(-\dfrac{3}{4}\right)$ (香川)

(5) $\left(\dfrac{3}{2}\right)^2\div\dfrac{3}{8}\times\left(-\dfrac{2}{3}\right)$ (宮崎)

(6) $-\dfrac{2}{5}\div\dfrac{3}{10}\times(-6)^2$ (愛知)

(7) $\dfrac{3}{4}-1.4\times\dfrac{10}{21}$ (福岡)

(8) $0.2+(-2)^3\div4^2$ (青森)

(9) $(-4)^2\div2+(-6)\times\dfrac{1}{3}$ (茨城)

(10) $\dfrac{2}{3}\times(-9)+(-6)^2\div4$ (茨城)

13 正負の数(5) ― かっこの用法 ―

例題

次の計算をせよ。

(1)　$-7+2\times(3-5)$　（神奈川）　(2)　$(-2)^3\div2-(8-10)\times7$　（京都）

◆考え方

〔　〕, ｛　｝, (　)のかっこがあるときは

(　), ｛　｝, 〔　〕**の順にはずす。**

解法

(1)　$-7+2\times(-2)$

$=-7-4$

$=-11$

(2)　$(-8)\div2-(-2)\times7$

$=-4-(-14)$

$=-4+14$

$=10$

答 (1)　**−11**　(2)　**10**

13. 類題トレーニング

1　次の計算をせよ。

(1)　$5-2\times(4-6)$　（佐賀）

(2)　$3-2\times(1-4)$　（神奈川）

(3)　$2-5\times(3-4)$　（神奈川）

(4)　$\frac{1}{3}-\left(\frac{1}{2}-\frac{1}{4}\right)$　（広島）

(5)　$\left(\frac{1}{2}-\frac{1}{3}\right)\div\frac{5}{12}$　（兵庫）

(6)　$\frac{3}{4}\times\left(\frac{1}{3}-\frac{1}{5}\right)$　（広島）

(7)　$\frac{3}{4}\div\left(\frac{1}{2}-\frac{2}{3}\right)^2$　（愛知）

(8)　$\left(\frac{1}{3}-0.5^2\right)\times\frac{3}{5}$　（青森）

(9)　$\{3-(-2)\}\times2-4^2\div8$　（京都）

(10)　$(-2)^3\times3+\{7-(3-4)\}\div2$　（京都）

14 比例式

例題

(1) 次の比例式を解け。

① $6:14=x:21$ （熊本） ② $\frac{2}{3}:\frac{3}{4}=0.8:x$ （滋賀）

(2) 次の式から $x:y$ を求めよ。

① $3y+5x=2x+5y$ （福井） ② $2x:(3x-5y)=2:1$

◆考え方

比例式 $a:b=c:d$（内項 b, c／外項 a, d）

ならば $\boldsymbol{ad=bc}$

また，$\boldsymbol{ax=by}$ ならば

$\boldsymbol{x:y=b:a}$

解法

(1) ① $14\times x=6\times 21$

から $x=9$

② $\frac{2}{3}x=\frac{3}{4}\times\frac{4}{5}$

から $x=\frac{9}{10}$

(2) ① $5x-2x=5y-3y$

$3x=2y$

$\therefore\ x:y=2:3$

② $2(3x-5y)=2x$

$3x-5y=x$

$2x=5y$

$\therefore\ x:y=5:2$

答 (1) ① $\boldsymbol{x=9}$ ② $\boldsymbol{x=\frac{9}{10}}$

(2) ① $\boldsymbol{x:y=2:3}$ ② $\boldsymbol{x:y=5:2}$

14. 類題トレーニング

1 次の比例式を解け。

(1) $x:1.5=4:3$ （沖縄）

(2) $5:\frac{5}{6}=12:x$

(3) $\frac{1}{2}:\frac{1}{3}=x:6$ （福岡）

(4) $\frac{5}{8}:3\frac{3}{4}=1\frac{1}{2}:x$ （長野）

(5) $2:(x-2)=5:(x+7)$ （岩手）

2 (1) $3x=5y$ のとき，$x:y=$ $\square$: $\square$ （静岡）

(2) a の $\frac{2}{3}$ と b の $\frac{3}{5}$ が等しいとき，$a:b$ を求めよ。 （山口）

(3) $3x-4y=\frac{1}{2}(x+y)$ のとき，$x:y$ を求めよ。 （栃木）

15 連比

● 例題 ●

(1) 次の □ にあてはまる数を求めよ。

$24:\boxed{\text{イ}}:9=8:9:\boxed{\text{ロ}}$ （青森）

(2) $a:b=5:6$，$b:c=8:15$ のとき，$a:b:c$ を求めよ。 （愛媛）

(3) 同じ道のりを行くのに，Aは3時間，Bは4時間，Cは6時間かかるとすれば，A，B，Cの速さの比を求めると □ になる。 （大分）

◆考え方

(1) $\boldsymbol{a:b:c=x:y:z}$ ならば

$$\frac{a}{x}=\frac{b}{y}=\frac{c}{z}$$

(2) $a:b=x:y$，$b:c=y:z$ ならば $a:b:c=x:y:z$

(3) **距離を $\boldsymbol{x}$ kmとする。**

解法

(1) $\dfrac{24}{8}=\dfrac{\boxed{\text{イ}}}{9}=\dfrac{9}{\boxed{\text{ロ}}}$ から $3=\dfrac{\boxed{\text{イ}}}{9}=\dfrac{9}{\boxed{\text{ロ}}}$ から $\boxed{\text{イ}}=27$，$\boxed{\text{ロ}}=3$

(2) $a:b=5:6=20:24$
$b:c=8:15=24:45$

a	b	c
5	6	
	8	15

→

a	b	c
20	24	
	24	45
20	24	45

(3) $\dfrac{x}{3}:\dfrac{x}{4}:\dfrac{x}{6}=\dfrac{1}{3}:\dfrac{1}{4}:\dfrac{1}{6}=\dfrac{1}{3}\times12:\dfrac{1}{4}\times12:\dfrac{1}{6}\times12=4:3:2$

答 (1) イ．**27** ロ．**3** (2) **20：24：45** (3) **4：3：2**

15. 類題トレーニング

1 次の □ をうめよ。

(1) $\square:3:6=\dfrac{1}{3}:\dfrac{1}{2}:\square$ （滋賀）

(2) $\dfrac{1}{2}:0.02:1=\square:1:\square$ （和歌山）

2 次のそれぞれの場合の $a:b:c$ を求めよ。

(1) $a:b=3:2$，$b:c=5:6$ （長野）

(2) $a:b=3:2$，$a:c=4:5$ （高知）

(3) $a:b=0.7:0.5$，$b:c=\dfrac{1}{4}:\dfrac{1}{3}$

16　比例配分

● 例 題 ●

(1)　450 円を A と B の 2 人で 2：3 に分けると
A の取り分は □ 円で，これは全体の □ ％である。　（長崎）

(2)　$\frac{a}{3}=\frac{b}{4}=\frac{c}{5}$ で $a+b+c=24$ のとき，$a=$ □ である。

◆考え方

(1)　A 円を $x:y$ に分けるには
$A\times\frac{x}{x+y}$，$A\times\frac{y}{x+y}$ 円
と計算する。

(2)　$a:b:c=$**3：4：5**

解 法

(1)　$450\times\frac{2}{2+3}=180$，$100\times\frac{2}{2+3}=40$

(2)　和が 24 で $a:b:c=3:4:5$ から
24 を 3：4：5 に比例配分する。
$a=24\times\frac{3}{3+4+5}=6$

答　(1)　**180，40**　　(2)　**6**

16. 類題トレーニング

1　ある三角形の 3 つの内角の大きさの比が 2：3：4 であるとき，この三角形の最も大きい角は □ 度である。

2　1000 円を A，B，C の 3 人で分けるのに，A と B の比は 8：7，A と C の比は 4：5 になるようにしたい。
(1)　B と C の比は何対何にすればよいか。
(2)　A は何円もらえばよいか。

3　A，B，C の所持金の比は A と B が 3：2，B と C が 4：5 である。3 人の所持金を表した円グラフでは，B に対する中心角は □ 度である。　（岡山）

4　ある金額を 5 と 7 と 8 の割合に分けたら，配分した最高と最低の額との差は 1200 円となった。はじめの金額はいくらであったか。　（国立高専）

17 正比例

例 題

y は x に比例し，$x=3$ のとき $y=6$ である。

(1)　x と y との関係を式で表すと，$y=$ □ x となる。

(2)　このとき比例定数は □ である。

(3)　x が5のとき $y=$ □，y が24のとき $x=$ □ である。

◆考え方

正比例（比例）

(1)　**x が m 倍になると y も m 倍になる。**

(2)　**x，y の関係式は $y=ax$（a は比例定数）**

(3)　**グラフは，原点を通る直線**

解 法

(1)　$y=ax$ に $x=3$，$y=6$ を代入すると，
$6=a\times3$　∴　$a=2$　よって $y=2x$

(2)　比例定数 a は2

(3)　$y=2x$ に $x=5$ を代入　$y=2\times5=10$
$y=24$ を代入　$24=2x$　∴　$x=12$

答　(1)　**2**　(2)　**2**　(3)　**10，12**

17. 類題トレーニング

1　下の表(1)～表(4)は，それぞれ x の値に y の値が対応しているのを示したものである。表(1)～表(4)の中に y が x に比例しているものがある。それはどれか。その表の番号を書け。

表(1)

x	-4	-2	2
y	2	4	-4

表(2)

x	-4	-2	2
y	2	4	8

表(3)

x	-4	-2	2
y	8	4	-4

表(4)

x	-4	-2	2
y	16	4	4

2　y は x に比例し，$x=6$ のとき $y=2$ である。$x=10$ のとき y の値を求めよ。（茨城）

3　y は x に正比例し，$x=3$ のとき $y=-2$ である。$x=-6$ のとき y の値はいくらか。（徳島）

4　y が x に比例し，対応する値が次の表のようになっている。a，b の値を求めよ。（北海道）

x	…	0	2	4	…
y	…	a	6	b	…

5　y は x に比例し，対応する x，y の値が下の表のようになっているとき，$y=12$ に対応する x の値を求めよ。（新潟）

x	…	-2	…	3	…
y	…	6	…	-9	…

18　反比例

例題

y は x に反比例し，$x=2$ のとき，$y=6$ である。

(1)　y を x の式で表せ。

(2)　$x=8$ のとき，y の値はいくらになるか。　（宮城）

◆考え方

反比例

①　**x が m 倍になると y は $\frac{1}{m}$ 倍になる。**

②　**x，y の関係式は $y=\frac{a}{x}$ または $xy=a$ （a は比例定数）**

③　**グラフは直角双曲線**

解法

(1)　$y=\frac{a}{x}$ とおく。$x=2$，$y=6$ を代入して

$6=\frac{a}{2}$　$\therefore$　$a=12$

よって，$y=\frac{12}{x}$

(2)　$x=8$ を代入して　$y=\frac{12}{8}=\frac{3}{2}$

答　(1)　$y=\frac{12}{x}$　　(2)　$\frac{3}{2}$

18. 類題トレーニング

1　2つの変数 x，y があって，y は x に反比例し，$x=-3$ のとき $y=6$ である。このとき，y を x の式で表せ。　（和歌山）

2　y は x に反比例し，$x=4$ のとき $y=-3$ である。$y=6$ のときの x の値を求めよ。　（千葉）

3　y は x に反比例し，x と y の関係が右の表のようになるとき，表中のアの値はイの値の □ 倍である。　（福岡）

x	…	1	1.5	2	2.5	3	…
y	…	15	ア	7.5	6	イ	…

4　y は x に反比例し，$x=-\frac{3}{5}$ のとき，$y=-20$ である。この関数のグラフ上にあって，x 座標と y 座標がともに整数である点は全部で何個あるか。　（徳島）

5　x と y が反比例の関係にあるとき，x の値が25%増加すると，y の値は何%減少するか。　（宮崎）

19 正比例と反比例

例題

y は x に比例して，$x=2$ のとき $y=6$ である。また，z は y に反比例して，$y=3$ のとき $z=2$ である。$x=-1$ のときの z の値を求めよ。 （群馬）

◆考え方

y は x に比例
$y=ax$,
z は y に反比例
$z=\frac{b}{y}$
（比例定数は a，b と変える。）

解法

y は x に比例するので，$y=ax$
$x=2$，$y=6$ を代入して，
$6=a\times2 \quad \therefore \quad a=3$
よって，$y=3x$……①

z は y に反比例するので，$z=\frac{b}{y}$
$y=3$，$z=2$ を代入して，
$2=\frac{b}{3} \quad \therefore \quad b=6$

よって，$z=\frac{6}{y}$……②

①に $x=-1$ を代入して，$y=-3$，これを②に代入して $z=\frac{6}{-3}=-2$

（別解） ①を②に代入すると，$z=\frac{6}{3x}=\frac{2}{x}$

$x=-1$ を代入して，$z=\frac{2}{-1}=-2$

答 **−2**

19. 類題トレーニング

1 y は x に比例し，比例定数は 4 である。また，z は y に反比例し，比例定数は 12 である。x が 15 のとき，z の値はいくつか。 （愛知）

2 A 君は「y は x に比例し，$x=3$ のとき，$y=12$ である。$x=a$ のときの y の値を求めよ」という問題を「y は x に反比例し，$x=3$ のとき $y=12$ である。$x=a$ のときの y の値を求めよ」と間違えて問題を解き，y の値を -6 と答えた。
(1) a の値を求めよ。
(2) 正しい問題の y の値を求めよ。（数値で答えよ）

3 y は x に比例する数と，x に反比例する数の和で，$x=1$，$x=2$ のとき y の値はともに 3 であれば，$x=3$ のときの y の値は □ となる。 （日大一高）

20 文字式(1)

例題

(1) 百の位の数が a, 十の位の数が b, 一の位の数が c である3けたの正の整数を式で表すと ☐ である。 (富山)

(2) 1冊 a 円のノート3冊と, 1本 b 円の鉛筆5本とを買って, 1000円出したときのおつりを表す式を書け。 (徳島)

(3) ある工場の製品1000個のうち, a%は不良品であった。不良品の個数を a を用いて表せ。 (茨城)

(4) 5%の食塩水 x g と8%の食塩水 y g を混ぜると ☐ %の食塩水となる。 (滋賀)

◆考え方

(1) $234=2\times100+3\times10+4$

(2) a 円のノート3冊では $3a$ 円

(3) a%は $\frac{a}{100}$

(4) $\frac{\text{食塩の量}}{\text{全体の量}}\times100$

解法

(1) $a\times100+b\times10+c=100a+10b+c$

(2) 買った合計は $(3a+5b)$ 円から, おつりは $\{1000-(3a+5b)\}$ 円

(3) 1000の a%から $1000\times\frac{a}{100}=10a$

(4) $\dfrac{x\times\frac{5}{100}+y\times\frac{8}{100}}{x+y}\times100=\dfrac{5x+8y}{x+y}$

答 (1) $\mathbf{100a+10b+c}$ (2) $\{1000-(3a+5b)\}$ **円**
(3) **$10a$ 個** (4) $\dfrac{5x+8y}{x+y}$

20. 類題トレーニング

1 a 時間 b 分 c 秒は何分か。a, b, c を使って表せ。 (香川)

2 300 g の a%は何 g か。 (福井)

3 1個 a 円の品物を2割引で n 個買ったときの代金を表す式をつくれ。 (和歌山)

4 x km離れている家と学校の間を, 行きは時速6km, 帰りは時速4kmの速さで往復したときにかかった時間を x を用いて表せ。 (宮城)

5 銅とすずからできている重さ ag の合金がある。銅とすずの重さの割合は12 : 5である。銅とすずの重さをそれぞれ a を使った式で表せ。 (青森)

6 A組の男子21人の身長の平均は $a$cm, 女子25人の身長の平均は $b$cmである。男女合わせたこの組の身長の平均を a, b を使った式で表すと ☐ cmである。 (沖縄)

7 容器に5%の食塩水が100g入っている。この食塩水を ag 取り出し, かわりに水を ag 入れて混ぜ合わせると何%の食塩水になるか。 (石川)

21 文字式(2)

● 例 題 ●

(1) ある記念品を買うために，a 人の生徒から，1 人 120 円ずつ集めると 200 円不足し，130 円ずつ集めると b 円余る。このとき，b を a で表せ。 (秋田)

(2) $a$km離れている甲，乙両地間を，はじめの $x$kmは毎時 4km，残りは毎時 6kmの速さで歩いた。その所要時間は，全体を毎時 5kmの速さで歩いた時間に等しいという。x を a を用いた式で表せ。 (群馬)

◆考え方

(1) **記念品の額を 2 通りに表す。**

(2) **$x$kmを毎時 4kmでは $\frac{x}{4}$ 時間かかり，** $(a-x)$ kmを毎時 6kmで $\frac{a-x}{6}$ 時間かかる。

解 法

(1) 1 人 120 円ずつ a 人では $120a$ 円から，$(120a+200)$円
130 円ずつ a 人では $130a$ 円から $(130a-b)$円
よって，$120a+200=130a-b$
$\therefore\ b=10a-200$

(2) $\frac{x}{4}+\frac{a-x}{6}=\frac{a}{5}$
(両辺)$\times 60$
$15x+10(a-x)=12a$
$15x+10a-10x=12a \quad 5x=2a$
$\therefore\ x=\frac{2a}{5}$

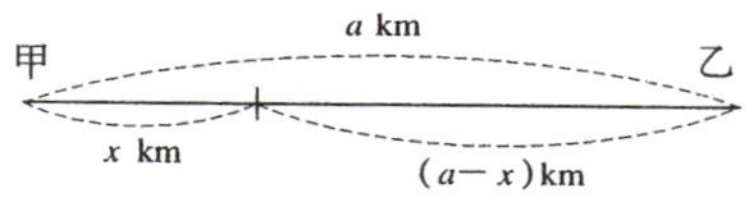

答 (1) $\boldsymbol{b=10a-200}$ (2) $\boldsymbol{x=\frac{2a}{5}}$

21. 類題トレーニング

1 たて $x$cm，横 $y$cmの長方形の周の長さが 10cmのとき，y を x の式で表せ。 (青森)

2 a 円のお金を，兄と妹の 2 人で分けるのに，兄は妹より b 円多くなるようにしたい。兄がとりうるお金を c 円として，c を a，b の式で表せ。 (徳島)

3 2 数の平均が m で，その一方の数が a のとき，もう一方の数を m と a を用いて表せ。 (佐賀)

4 ある学校の今年度の入学者数は，昨年度と同じで，これを男女別にみると，男子は 3%減，女子は 5%増であった。この学校の昨年度の入学者数を a 人，昨年度の男子の入学者数を x 人として，x を a の式で表せ。 (愛知)

5 A 中学校の生徒数は 1 年生が全体の $\frac{1}{3}$ であり，2 年生と 3 年生の生徒数の比は 5:6 である。1 年生の生徒数を a 人，2 年生の生徒数を b 人とするとき，b を a の式で表せ。 (広島)

22 単項式の乗除(1)

例題

(1) 次の計算をせよ。

① $a^2 \times a^3$　　② $a^6 \div a^2$

③ $(-2a^2)^3$　　④ $\{(a^2)^3\}^4$

(2) 次の□をうめよ。

① $\left(\boxed{ア}\,a^2b^{\boxed{イ}}\right)^{\boxed{ウ}} = -8a^6b^9$　　② $\left(-\dfrac{1}{2}a^2b^{\boxed{ア}}\right)^3 = \boxed{イ}\,a^{\boxed{ウ}}b^{12}$

◆考え方

指数法則

$a^m \times a^n = a^{m+n}$

$a^m \div a^n = a^{m-n}\quad (m > n)$

$= 1\quad (m = n)$

$= \dfrac{1}{a^{n-m}}\quad (m < n)$

$(a^m)^n = a^{mn}$

$(ab)^m = a^m b^m$

解法

(1) ① $a^{2+3} = a^5$

② $a^{6-2} = a^4$

③ $(-2)^3(a^2)^3 = -8a^6$

④ $a^{2\times3\times4} = a^{24}$

(2) ① $(a^2)^{\boxed{ウ}} = a^6$ から$\boxed{ウ} = 3$　$(\boxed{ア})^3 = -8$ から$\boxed{ア} = -2$

$(b^{\boxed{イ}})^3 = b^9$ から$\boxed{イ} = 3$

② $\left(-\dfrac{1}{2}\right)^3 = \boxed{イ}$から$\boxed{イ} = -\dfrac{1}{8}$,　$(a^2)^3 = a^{\boxed{ウ}}$から$\boxed{ウ} = 6$

$(b^{\boxed{ア}})^3 = b^{12}$ から$\boxed{ア} = 4$

答 (1) ① $\boldsymbol{a^5}$　② $\boldsymbol{a^4}$　③ $\boldsymbol{-8a^6}$　④ $\boldsymbol{a^{24}}$

(2) ① **−2, 3, 3**　② **4,** $\boldsymbol{-\dfrac{1}{8}}$**, 6**

22. 類題トレーニング

1 次の計算をせよ。

(1) $a \times a^2 \times a^3$　　(2) $a^6 \div a^2 \div a$

(3) $x^3 \div x^2 \times x^4$　　(4) $a^3 \times (-a)^4 \div a^6$

(5) $a \times a^{m-1}$　　(6) $a^{m+1} \div a^{m-1}$

(7) $(a^3)^m \times (a^4)^m$　　(8) $\left(-\dfrac{2}{3}x^3yz^2\right)^2$

2 次の□をうめよ。

(1) $(a^3)^{\square} \div a^4 = a^5$

(2) $(2xy^2)^{\square} = 8x^{\square}y^{\square}$

(3) $(\square x^2y^{\square})^{\square} = 27x^6y^9$

(4) $x^4 \times x^2 \times (x^2)^3 \div x^5 \times \dfrac{1}{x^2} = x^{\square}$

23 単項式の乗除(2)

● 例 題 ●

(1) 次の計算をせよ。

① $3a^2b\times7ab^3$ (奈良)　② $2a\times(-3a)^2$ (沖縄)

③ $6x^2y\div2xy$ (山口)　④ $\dfrac{3}{8}xy^2\div\dfrac{1}{2}y$ (山梨)

(2) 次の □ をうめよ。

$2x^2y^{\boxed{ア}}\times3x^2y^2=\boxed{イ}\,x^{\boxed{ウ}}y^6$ (大阪)

◆考え方

(1) **数因数，文字因数**と計算する。

(2) **数因数，文字因数の等式**をつくる。

解 法

(1) ① $3\times a^2\times b\times7\times a\times b^3$
$=3\times7\times a^2\times a\times b\times b^3$
$=21a^3b^4$

② $2a\times9a^2=18a^3$

③ $\dfrac{6x^2y}{2xy}=3x$

④ $\dfrac{3xy^2}{8}\times\dfrac{2}{y}=\dfrac{6xy^2}{8y}$
$=\dfrac{3xy}{4}$

(2) 数……$2\times3=\boxed{イ}$から$\boxed{イ}=6$
x……$x^2\times x^2=x^{\boxed{ウ}}$から$\boxed{ウ}=4$，$y$……$y^{\boxed{ア}}\times y^2=y^6$ から$\boxed{ア}=4$

答 (1) ① $\boldsymbol{21a^3b^4}$　② $\boldsymbol{18a^3}$　③ $\boldsymbol{3x}$　④ $\boldsymbol{\dfrac{3xy}{4}}$　(2) **4，6，4**

23. 類題トレーニング

1 次の計算をせよ。

(1) $\dfrac{1}{3}ab^2\times(-6ab)$ (千葉)　(2) $\dfrac{1}{2}x\times\dfrac{2}{3}x^2y$ (山梨)

(3) $3x^2\times(-2x)^3$ (滋賀)　(4) $18ab\times\left(-\dfrac{1}{3}a\right)^2$ (静岡)

(5) $6x^2y\div2xy$ (山口)　(6) $9a^2b^3\div(-3a^2b)$ (神奈川)

(7) $(-6x)^2\div3x$ (静岡)　(8) $\dfrac{3}{8}xy^2\div\dfrac{1}{2}y$ (山梨)

2 次の □ をうめよ。

(1) $2a^3b^2\times\boxed{}=8a^5b^4$ (神奈川)

(2) $\boxed{}\times(-3ab)^2=18a^5b^4$ (岡山)

(3) $6x^2y\div\boxed{}=\dfrac{2}{3x}$ (岩手)

(4) $(2x^2y^3)^2\div(-xy^2)^2=(\boxed{})^2$ (新潟)

24 単項式の乗除(3)

例題

(1) 次の計算をせよ。

① $4x\times 3y^2\div(-6xy)$ （長野）　② $(-3a)^2\div 2a^3\times 4a^2$ （広島）

(2) 次の$\square$をうめよ。

$a^2b\times\square\div(-2ab^2)^2=(-3a^2b)^3$

◆考え方

(1) ① $a\times b\div c=\dfrac{ab}{c}$,

② $a\div b\times c=\dfrac{ac}{b}$

( )^2 の計算から

(2) ( )^2, ( )^3 の計算から

解法

(1) ① $-\dfrac{12xy^2}{6xy}=-2y$

② $\dfrac{9a^2\times 4a^2}{2a^3}=\dfrac{36a^4}{2a^3}=18a$

(2) $a^2b\times\square=(-27a^6b^3)\times(4a^2b^4)$

$=-108a^8b^7$

$\square=\dfrac{-108a^8b^7}{a^2b}=-108a^6b^6$

答 (1) ① $-2y$ ② $18a$　(2) $-108a^6b^6$

24. 類題トレーニング

1 次の計算をせよ。

(1) $12xy^2\div 4xy\times 2x$ （愛媛）

(2) $4x\times 3y^2\div(-6xy)$ （長野）

(3) $24a^2b^2\div(-4ab)\div(-3a)$ （愛知）

(4) $6ab\times\dfrac{2}{3}a^2b\div 2a^2b^2$ （岩手）

(5) $(-2x)^3\times 3xy\div(-12x^3y)$ （香川）

(6) $3b^2\times(-2ab)^2\div 4ab^3$ （鹿児島）

(7) $(-x)^3\times(4x)^2\div 2x^3$ （福島）

(8) $27x^2y\div(-3^2xy)\times(-3x)$ （愛知）

2 次の$\square$をうめよ。

(1) $\square\times y^2\div x^2y=xy^2$ （秋田）

(2) $12a^3b\div 6a^2\times\square=-4ab^2$

25 多項式の加減

例 題

(1) 次の計算をせよ。

① $2(5x-2y)-3(2x-y)$ （茨城）　② $\dfrac{2x-y}{3}-\dfrac{3x-y}{6}$ （高知）

(2) 次の □ をうめよ。

$$\frac{5a-\square}{3}-a=\frac{a-2}{6}$$

◆考え方

(1) ② **通分する。**

(2) **□ を X として，方程式を解く要領。**

解 法

(1) ① $10x-4y-6x+3y=4x-y$

② $\dfrac{2(2x-y)}{6}-\dfrac{3x-y}{6}=\dfrac{2(2x-y)-(3x-y)}{6}$

$=\dfrac{4x-2y-3x+y}{6}=\dfrac{x-y}{6}$

(2) $\dfrac{5a-X}{3}-a=\dfrac{a-2}{6}$

(両辺)×6　$2(5a-X)-6a=a-2$

$10a-2X-6a=a-2$　$-2X=-3a-2$

(両辺)÷(−2)　$X=\dfrac{3}{2}a+1$

答 (1) ① $\boldsymbol{4x-y}$ ② $\boldsymbol{\dfrac{x-y}{6}}$　(2) $\boldsymbol{\dfrac{3}{2}a+1}$

25. 類題トレーニング

1 次の計算をせよ。

(1) $(9a-7)-(2a-5)$ （熊本）

(2) $3x(2x+y)-y(3x-5y)$ （香川）

(3) $3(x-3y)-\dfrac{1}{2}(4x-6y)$ （静岡）

(4) $6\left(\dfrac{1}{2}x-\dfrac{1}{3}y\right)-2(x+7y)$ （岡山）

(5) $6\left(\dfrac{1}{2}x-\dfrac{2}{3}\right)-4\left(-x+\dfrac{1}{2}\right)$ （佐賀）

(6) $2x-\dfrac{x-2y}{3}$ （京都）

(7) $\dfrac{x}{2}-\dfrac{x-5}{3}$ （高知）

(8) $\dfrac{4a-5}{12}+\dfrac{4-3a}{9}$ （群馬）

(9) $3a+b-\dfrac{5a-b}{2}$ （石川）

(10) $7x-3y-\dfrac{5x-4y}{2}$ （京都）

2 次の □ をうめよ。

(1) $\dfrac{5a-3b}{4}-\square=\dfrac{2a+5b}{6}$

(2) $\dfrac{2a-\square}{3}-\dfrac{a}{2}=\dfrac{a-2}{6}$ （埼玉）

26 式の値

例題

(1) ① $a=-1$, $b=3$ のとき, $a^2-\frac{1}{4}b$ の値を求めよ。（大阪）

② $a=2$, $b=-6$, $c=3$ のとき, b^2-4ac の値を求めよ。（静岡）

(2) ① $a=-1$, $b=2$ のとき, $4ab^2 \div 2b$ の値を求めよ。（岡山）

② $x=2$, $y=-5$ のとき, $\frac{3x-4y}{2}-\frac{2x-5y}{3}$ の値を求めよ。（徳島）

◆考え方

(1) **負の数を代入するときはかっこをつける。**

(2) **まず, 式の計算をしてから, 代入すること。**

解法

(1) ① $(-1)^2-\frac{1}{4}\times 3=1-\frac{3}{4}=\frac{1}{4}$

② $(-6)^2-4\times 2\times 3=36-24=12$

(2) ① 式の計算をすると, $\frac{4ab^2}{2b}=2ab$ から

$2\times(-1)\times 2=-4$

② 式の計算をすると,

$\frac{3(3x-4y)-2(2x-5y)}{6}=\frac{9x-12y-4x+10y}{6}$

$=\frac{5x-2y}{6}$

$\frac{5\times 2-2\times(-5)}{6}=\frac{20}{6}=\frac{10}{3}$

答 (1) ① $\frac{1}{4}$ ② **12** (2) ① **−4** ② $\frac{10}{3}$

26. 類題トレーニング

1 (1) $a=-2$ のとき, $2a^2+3a$ の値を求めよ。（長崎）

(2) $a=\frac{2}{3}$ のとき, a^2+a-2 の値を求めよ。（大阪）

(3) $m=-3$, $n=2$ のとき, $m^2-\frac{1}{2}mn$ の値を求めよ。（宮城）

(4) $x=-2$, $y=3$ のとき x^2y+xy^2 の値を求めよ。（福岡）

(5) $a=-6$, $b=3$ のとき, $\frac{5}{a}-\frac{b}{4}+2$ の値を求めよ。（福岡）

2 (1) $a=\frac{1}{2}$, $b=-2$ のとき, $15a^2b\div(-3a)$ の値を求めよ。（三重）

(2) $a=\frac{2}{3}$, $b=-\frac{1}{3}$ のとき, $a(b+1)-b(a+1)$ の値を求めよ。（秋田）

(3) $a=2$, $b=-3$ のとき, $\frac{1}{2}(5a+b)-\frac{1}{3}(a-2b)$ の値を求めよ。（京都）

(4) $x=-\frac{1}{6}$, $y=4$ のとき, $(-3xy)^2\div(-3xy^2)\times 2y^2$ の値を求めよ。（愛知）

27 分配法則

● 例題 ●

(1) 次の計算をせよ。

① $(4x^2-x^3y)\times 3x^2$ （大阪）

② $(8x^2y-12xy^2)\div(-4xy)$ （京都）

(2) $a=-\dfrac{1}{3}$，$b=6$ のとき，次の式の値を求めよ。

$(12a^3b^2-ab)\div(-3a^2b)$ （石川）

◆考え方

公式

$\boldsymbol{m(a+b)=(a+b)\times m}$

$\boldsymbol{=am+bm}$

$\boldsymbol{(a+b)\div m=(a+b)\times\dfrac{1}{m}}$

$\boldsymbol{=\dfrac{a}{m}+\dfrac{b}{m}}$

解法

(1) ① $4x^2\times 3x^2-x^3y\times 3x^2=12x^4-3x^5y$

② $\dfrac{8x^2y}{-4xy}+\dfrac{-12xy^2}{-4xy}=-2x+3y$

(2) 式の計算をすると

$$\frac{12a^3b^2}{-3a^2b}+\frac{-ab}{-3a^2b}=-4ab+\frac{1}{3a}$$

$$=-4\times\left(-\frac{1}{3}\right)\times 6+\frac{1}{3\times\left(-\frac{1}{3}\right)}$$

$$=8-1=7$$

答 (1) ① $\boldsymbol{12x^4-3x^5y}$ ② $\boldsymbol{-2x+3y}$ (2) **7**

27. 類題トレーニング

1 次の計算をせよ。

(1) $(4x-6y)\times\dfrac{1}{2}x$ （宮城）

(2) $(12x^2-9x)\times\left(-\dfrac{x}{3}\right)$ （北海道）

(3) $(2a^2-6a)\div 2a$ （茨城）

(4) $(9a^2b-3ab)\div 3ab$ （愛知）

(5) $(15xy-6y^2)\div 3y$ （静岡）

(6) $\left(xy^2-\dfrac{1}{4}y\right)\div\dfrac{1}{2}y$ （奈良）

(7) $(12a^3b-8ab^2)\div(-4ab)$ （熊本）

(8) $(-6x^3+12x^2-3x)\div(-3x)$ （石川）

2 a，b，c が〔 〕内の値をとるとき，次の値を求めよ。

(1) $(9a^2b-6ab^2)\div(-3ab)$ 〔$a=3$，$b=-2$〕 （京都）

(2) $\dfrac{a^2c-2abc+ac^2}{ac}$ 〔$a=3$，$b=2$，$c=-3$〕 （青森）

28 多項式の乗法(1) ── 公式利用① ──

例題

(1) 次の式を展開せよ。

① $(3x-2)(2x+1)$ （栃木）　② $(x^2-x+2)(x-1)$ （茨城）

(2) 公式を用いて，次の式を展開せよ。

① $(x-5)(x+2)$ （沖縄）　② $(x-3)(x-4)$

(3) 次の式の $\square$ をうめよ。

① $(x+\boxed{ア})(x-5)=x^2-\boxed{イ}x-10$

② $(2x+\boxed{ア})(\boxed{イ}x-1)=\boxed{ウ}x^2+7x-3$

◆考え方

(1) $(a+b)(c+d)$ （①②③④の順にかける）

$\overset{①}{ac}+\overset{②}{ad}+\overset{③}{bc}+\overset{④}{bd}$

$=ac+ad+bc+bd$

(2) $(x+a)(x+b)$

$=x^2+(a+b)x+ab$

解法

(1) ① $(3x-2)(2x+1)=6x^2+3x-4x-2=6x^2-x-2$

② $(x^2-x+2)(x-1)=x^3-x^2-x^2+x+2x-2$

$=x^3-2x^2+3x-2$

(2) ① $(x-5)(x+2)=x^2+(-5+2)x+(-5)\times2$

$=x^2-3x-10$

② $(x-3)(x-4)=x^2+(-3-4)x+(-3)\times(-4)$

$=x^2-7x+12$

(3) ① $\boxed{ア}\times(-5)=-10$ から $\boxed{ア}=2$

$(x+2)(x-5)=x^2-3x-10$ 　よって，$\boxed{イ}=3$

② $\boxed{ア}\times(-1)=-3$ から $\boxed{ア}=3$

$2x\times(-1)+3\times\boxed{イ}x=7x$

$-2+3\times\boxed{イ}=7$ から $\boxed{イ}=3$

よって，$2\times3=\boxed{ウ}$ 　∴ $\boxed{ウ}=6$

答 (1) ① $\mathbf{6x^2-x-2}$ 　② $\mathbf{x^3-2x^2+3x-2}$

(2) ① $\mathbf{x^2-3x-10}$ 　② $\mathbf{x^2-7x+12}$

(3) ① ア．**2** 　イ．**3** 　② ア．**3** 　イ．**3** 　ウ．**6**

28. 類題トレーニング

1 次の式を展開せよ。

(1) $(2x+1)(x+3)$ （栃木）　(2) $(3x+5y)(2x-3y)$ （徳島）

(3) $(2x-3)(x+5)$ （沖縄）　(4) $(x+1)(x^2-x+1)$

(5) $(a+2b)(a-2b+1)$ 　(6) $(x+2)(x+3)$

(7) $(x+5)(x-2)$ （沖縄）　(8) $(x-3)(x+7)$

(9) $(x-5)(x-3)$ 　(10) $(x-10)(x-11)$

(11) $(xy-5)(xy+4)$ 　(12) $\left(x+\dfrac{1}{2}\right)\left(x-\dfrac{1}{3}\right)$

2 次の式の $\square$ をうめよ。

(1) $(x-1)(x+\square)=x^2+\square-2$ （福岡）

(2) $(x-3)(x+\square)=x^2+\square x-15$ （京都）

(3) $(3x-\square)(3x+2)=9x^2-\square x-10$ （滋賀）

29 多項式の乗法(2) — 公式利用② —

例題

(1) 公式を用いて，次の式を展開せよ。

① $(3a+2)^2$ （岩手） ② $(a-3b)^2$ （青森）

③ $(x+2)(x-2)$ （千葉） ④ $(3x+2)(3x-2)$ （長野）

(2) 次の式の □ をうめよ。

① $(x-\boxed{ア})^2=x^2-x+\boxed{イ}$ （大阪）

② $(a+\boxed{ア})(a-\boxed{イ})=\boxed{ウ}-9$

◆考え方

(1) $(x+a)^2=x^2+2ax+a^2$ （和の平方）

$(x-a)^2=x^2-2ax+a^2$ （差の平方）

$(x+a)(x-a)=x^2-a^2$ （和と差の積）

解法

(1) ① $(3a+2)^2=(3a)^2+2\times3a\times2+2^2$
$=9a^2+12a+4$

② $(a-3b)^2=a^2-2\times a\times3b+(3b)^2$
$=a^2-6ab+9b^2$

③ $(x+2)(x-2)=x^2-2^2$
$=x^2-4$

④ $(3x+2)(3x-2)=(3x)^2-2^2$
$=9x^2-4$

(2) ① $2\times x\times\boxed{ア}=x$ から $\boxed{ア}=\frac{1}{2}$

よって，$\boxed{イ}=\left(\frac{1}{2}\right)^2=\frac{1}{4}$

② $\boxed{ウ}=a^2$，$\boxed{ア}\times\boxed{イ}=9$ から $\boxed{ア}=\boxed{イ}=3$

答 (1) ① $\mathbf{9a^2+12a+4}$ ② $\mathbf{a^2-6ab+9b^2}$ ③ $\mathbf{x^2-4}$
④ $\mathbf{9x^2-4}$

(2) ① ア．$\mathbf{\frac{1}{2}}$ イ．$\mathbf{\frac{1}{4}}$ ② ア．**3** イ．**3** ウ．$\mathbf{a^2}$

29. 類題トレーニング

1 公式を用いて，次の式を展開せよ。

(1) $(a+b)^2$ （沖縄） (2) $(x+3)^2$ （奈良）

(3) $(x-4)^2$ （栃木） (4) $(3x-1)^2$ （栃木）

(5) $(2a-3)^2$ （岡山） (6) $\left(xy+\frac{1}{2}\right)^2$

(7) $(x+1)(x-1)$ (8) $(2x+3)(2x-3)$

(9) $\left(3x-\frac{1}{2}\right)\left(3x+\frac{1}{2}\right)$ (10) $(xy-0.2)(xy+0.2)$

2 次の式の □ をうめよ。

(1) $(x-\boxed{})^2=x^2-4x+\boxed{}$ (2) $(x-\boxed{})^2=x^2-\boxed{}x+\frac{1}{16}$

(3) $(\boxed{}x-2)^2=\boxed{}x^2-3x+\boxed{}$ (4) $(-\boxed{}-\boxed{})\left(\frac{1}{2}x-\frac{1}{3}y\right)=-\frac{1}{4}x^2+\frac{1}{9}y^2$

30 多項式の乗法(3) — 式の計算 —

例題

次の計算をせよ。

(1) $x^2-(x+2)(x-3)$ (秋田)

(2) $\left(a+\frac{1}{2}\right)^2-\left(a-\frac{1}{2}\right)^2$

(3) $(2x+y)(x+2y)-2(x-y)^2$ (佐賀)

◆考え方

(1) $x^2-(\quad)$

(2) $(\quad)-(\quad)$

(3) $(\quad)-2(\quad)$

解法

(1) $x^2-(x^2-x-6)$
$=x^2-x^2+x+6$
$=x+6$

(2) $\left(a^2+a+\frac{1}{4}\right)-\left(a^2-a+\frac{1}{4}\right)$
$=a^2+a+\frac{1}{4}-a^2+a-\frac{1}{4}$
$=2a$

(3) $(2x^2+5xy+2y^2)-2(x^2-2xy+y^2)$
$=2x^2+5xy+2y^2-2x^2+4xy-2y^2$
$=9xy$

答 (1) $\boldsymbol{x+6}$　(2) $\boldsymbol{2a}$　(3) $\boldsymbol{9xy}$

30. 類題トレーニング

1 次の式を計算せよ。

(1) $(x+5)(x-1)-2x$ (福島)

(2) $(a+3b)(a-b)-2ab$ (愛知)

(3) $2x^2-2(x+2)(x-3)$ (石川)

(4) $(x+y)^2-(x-y)^2$ (熊本)

(5) $(x+2)(x+3)-(x-2)^2$ (神奈川)

(6) $(3x-2)(3x+2)-(2x-3)^2$ (京都)

(7) $(3a-1)(3a-4)-(3a-2)^2$ (愛知)

(8) $(3x+y)^2-(2x+y)(2x-y)$ (京都)

2 (1) $a=\frac{2}{3}$, $b=\frac{1}{4}$ のとき，次の式の値を求めよ。
$(2a-b)(a+b)-(2a+b)(a-b)$ (千葉)

(2) $x=-7$, $y=4$ のとき，次の式の値を求めよ。
$3(x-y)^2-2x(x-3y)$ (愛知)

31 因数分解(1) — 公式利用① —

例題

次の式を因数分解せよ。

(1) $8xy^2-6xy$ （佐賀）　(2) $x^2-3x-10$ （富山）

(3) $x^2-12x+36$ （沖縄）　(4) x^2-25 （栃木）

◆考え方

公式

(1) $ma+mb=m(a+b)$

(2) $x^2+(a+b)x+ab$
$=(x+a)(x+b)$

(3) $x^2\pm2ax+a^2=(x\pm a)^2$

(4) $x^2-a^2=(x+a)(x-a)$

解法

(1) $2xy(4y-3)$

(2) $x^2+\{(-5)+2\}x+(-5)\times2=(x-5)(x+2)$

(3) $x^2-2\times6x+6^2=(x-6)^2$

(4) $x^2-5^2=(x+5)(x-5)$

答 (1) $2xy(4y-3)$　(2) $(x-5)(x+2)$　(3) $(x-6)^2$
(4) $(x+5)(x-5)$

31. 類題トレーニング

1 次の式を因数分解せよ。

(1) $mx-2m$ （佐賀）

(2) $2x^2y+6xy^2$ （大阪）

(3) x^2-x-6 （千葉）

(4) $x^2-12x+11$ （神奈川）

(5) $x^2+4xy-12y^2$ （香川）

(6) $x^2+3xy-10y^2$ （茨城）

(7) $x^2-8x+16$ （奈良）

(8) $4x^2+20x+25$ （茨城）

(9) x^2-4y^2 （島根）

(10) $4x^2-25$ （福島）

2 次の式を因数分解せよ。

(1) $x^2-12+4x$ （福岡）

(2) x^2-4y^2+3xy （愛知）

(3) a^2+25b^2-10ab （愛知）

(4) $(x+4)(x-9)+5x$ （宮崎）

(5) $(x-2)^2+5x-6$ （鹿児島）

32 因数分解(2) ― 公式利用② ―

● 例 題 ●

次の式を因数分解せよ。

(1) $3x^2+12x-36$ (京都)　(2) $3x^3-6x^2-9x$ (新潟)

(3) $ax^2+2ax+a$ (新潟)　(4) $8x^2-18$ (熊本)

◆考え方

まず，$ma+mb+mc$
$=m(a+b+c)$
の公式を用いる。
因数分解は
㋐**カッコでくくる**
㋑**乗法公式にあてはめる**の順

解 法

(1) $3(x^2+4x-12)=3(x+6)(x-2)$

(2) $3x(x^2-2x-3)=3x(x-3)(x+1)$

(3) $a(x^2+2x+1)=a(x+1)^2$

(4) $2(4x^2-9)=2(2x+3)(2x-3)$

答 (1) $\boldsymbol{3(x+6)(x-2)}$　(2) $\boldsymbol{3x(x-3)(x+1)}$
(3) $\boldsymbol{a(x+1)^2}$　(4) $\boldsymbol{2(2x+3)(2x-3)}$

32. 類題トレーニング

1 次の式を因数分解せよ。

(1) $2x^2-16x-40$ (京都)

(2) $mx^2-10mx-24m$ (香川)

(3) $2x^3-12x^2-32x$ (香川)

(4) a^3+3a^2-10a (三重)

(5) $3a^3-15a^2+18a$ (千葉)

(6) $3a^2b-6ab-9b$ (群馬)

(7) $3x^2-12x+12$ (鳥取)

(8) $2a^2b-20ab+50b$ (石川)

(9) $2a^2-50$ (群馬)

(10) $4x^2-16y^2$ (岩手)

(11) $4xy^2-9x$ (宮崎)

(12) a^2b-bc^2 (青森)

33 因数分解(3) — おきかえ —

例題

次の式を因数分解せよ。

(1) $(x+2)^2-7(x+2)+12$ (兵庫)　(2) $(x-2y)(x-2y+2)+1$ (香川)

(3) $ax-by-ay+bx$ (三重)　(4) a^2-b^2+a+b (茨城)

◆考え方

(1), (2)は**おきかえ**

$x+2=\mathrm{A}$, $x-2y=\mathrm{A}$

とおいてみよう。

(3) **aについて整とんする。**

( )a+( )**の形**にする。

(4) $a^2-b^2=(a+b)(a-b)$

解法

(1) $\mathrm{A}^2-7\mathrm{A}+12=(\mathrm{A}-3)(\mathrm{A}-4)$

$=\{(x+2)-3\}\{(x+2)-4\}=(x-1)(x-2)$

(2) $\mathrm{A}(\mathrm{A}+2)+1=\mathrm{A}^2+2\mathrm{A}+1$

$=(\mathrm{A}+1)^2$

$=\{(x-2y)+1\}^2=(x-2y+1)^2$

(3) $ax-ay+bx-by=a(x-y)+b(x-y)$

$=a\mathrm{A}+b\mathrm{A}$

$=\mathrm{A}(a+b)$

$=(x-y)(a+b)$

(4) $(a+b)(a-b)+(a+b)=\mathrm{A}(a-b)+\mathrm{A}$

$=\mathrm{A}(a-b+1)$

$=(a+b)(a-b+1)$

答 (1) $(x-1)(x-2)$　(2) $(x-2y+1)^2$

(3) $(x-y)(a+b)$　(4) $(a+b)(a-b+1)$

33. 類題トレーニング

1 次の式を因数分解せよ。

(1) $(x+2)^2+3(x+2)-18$ (熊本)

(2) $(x-y)^2+(x-y)-6$ (広島)

(3) $(a-b)^2-4(a-b)$ (愛知)

(4) $(x-2)^2-2x+4$ (新潟)

(5) $3(x-2)^2-6x+12$ (新潟)

(6) $(x+2)^2-9$ (千葉)

(7) $(2x+y)^2-9$ (大阪)

(8) $x^2-(y-2)^2$ (三重)

(9) $xy-3+3x-y$ (京都)

(10) $a(x+1)^2-8a(x+1)+16a$ (香川)

(11) $a^2-4a+4-b^2$ (広島)

(12) $(a-b)^2-2a+2b-3$ (高知)

34 多項式の乗法の応用

例題

(1) $a=478$，$b=234$ として，$a^2-4ab+4b^2$ の値を求めよ。 （熊本）

(2) 2001^2-1999^2 を計算せよ。 （茨城）

(3) 右の図のように，たて $a$cm，横 $b$cmの長方形ABCDにおいて，BFを折り目としてABをEBに，FGを折り目としてFDをFHに重ねたとき，四角形HECGの面積を，a，b を用いて表せ。

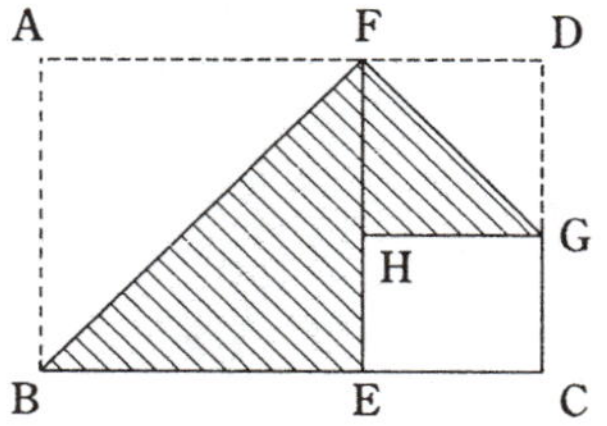

◆考え方

(1)，(2) **因数分解してから代入する。**

(3) **EC，CGの長さを求める。** 四角形HECGは長方形。

解法

(1) $a^2-4ab+4b^2=(a-2b)^2$

$a-2b=478-2\times234$
$=478-468$
$=10$

$\therefore\ 10^2=100$

(2) $a^2-b^2=(a+b)(a-b)$

$a+b=2001+1999=4000$

$a-b=2001-1999=2$

$\therefore\ 4000\times2=8000$

(3) $EC=b-a$，$GC=DC-DG=DC-FD=a-(b-a)=2a-b$

よって，$EC\times GC=(b-a)(2a-b)=2ab-b^2-2a^2+ab$
$=-2a^2+3ab-b^2$

（別解） $ab-\{a^2+(b-a)^2\}=ab-\{a^2+b^2-2ab+a^2\}$ から

答 (1) **100**　(2) **8000**　(3) $\boldsymbol{-2a^2+3ab-b^2}$

34. 類題トレーニング

1 $109\times109-2\times109\times106+106\times106$ を計算せよ。 （北海道）

2 $x=3$，$y=-5$ のとき，$\dfrac{x^2+y^2}{2}-xy$ の値を求めよ。 （愛知）

3 $x+2y=0$，$3x-2y=8$ のとき，$x^2+5xy+6y^2$ の値を求めよ。 （愛知）

4 右図のような長方形ABCDにおいて，$AB=a$，$BC=b(b>a)$とする。ABを1辺とする正方形ABFEをかく。次にFCを1辺とする正方形GFCHをかく。次にDHを1辺として正方形をかくと長方形EGNMができる。

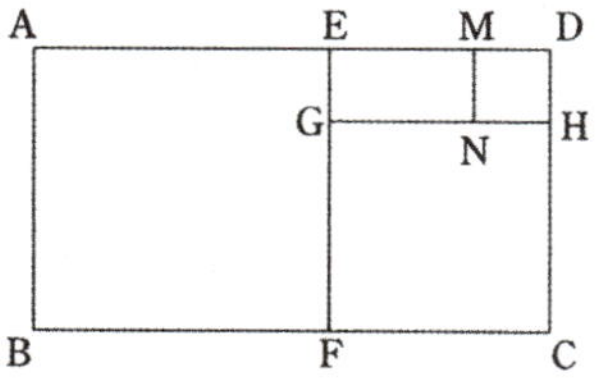

(1) 正方形GFCHの面積を求めよ。

(2) 正方形MNHDの面積を求めよ。

(3) 長方形EGNMの面積を求めよ。

35 平方根(1) — 基礎 —

例題

次の文に誤りがあればなおせ。

ア．36 の平方根は 6 である。

イ．8 は 64 の平方根である。

ウ．$\sqrt{49}$ は ± 7 である。

エ．正の数も負の数も平方すると正の数になる。

オ．正の数の平方根は正の数で，負の数の平方根は負の数である。

カ．17 の平方は 289 であるから 170 の平方は 2890 である。

キ．$\sqrt{(-2)^2}=-2$

◆考え方

正の数の平方根は 2 つあり，正の方を $\sqrt{a}$，負の方を $-\sqrt{a}$ で表す。

4 の平方根は $\pm\sqrt{4}=\pm 2$，
7 の平方根は $\pm\sqrt{7}$

解法

ア．± 6 である。

イ．正しい。

ウ．7 である。

エ．正しい。

オ．正の数の平方根は正負 2 つあり，負の数には平方根はない。

カ．$170^2=(17\times 10)^2=17^2\times 10^2=289\times 100=28900$

キ．$\sqrt{(-2)^2}=\sqrt{4}=2$

答 **上記**

35. 類題トレーニング

1 次のア～カまでの中に，1 つだけ正しいものがある。その記号を書け。

ア．$\sqrt{3}+\sqrt{2}=\sqrt{5}$　　イ．$\sqrt{25}=\pm 5$

ウ．$\sqrt{(-5)^2}=-5$　　エ．25 の平方根は 5 である。

オ．$(\sqrt{5})^2=5$　　カ．$\sqrt{10}\div\sqrt{2}=5$

（沖縄）

2 次のア～ケの中で，正しいものは□と□だけである。

ア．0 の平方根はない　　イ．$\sqrt{(-3)^2}=3$

ウ．$(\sqrt{7})^2=\sqrt{7}$　　エ．$\sqrt{0.4}=0.2$

オ．$\sqrt{4}=\pm 2$　　カ．5 の平方根は$\sqrt{5}$

キ．$\sqrt{2}+\sqrt{3}=\sqrt{5}$　　ク．$\sqrt{5}-\sqrt{3}=\sqrt{2}$

ケ．$5>\sqrt{24}$

（城北埼玉高）

36 平方根(2) — 近似値 —

例題

(1) $\sqrt{2}=1.41$, $\sqrt{3}=1.73$ を用いて次の計算をせよ。

① $\sqrt{200}$　　② $\sqrt{0.03}$　（福島）

(2) $\sqrt{1.5}=1.225$, $\sqrt{15}=3.873$ として$\sqrt{\dfrac{50}{3}}$の値を小数第2位まで求めよ。（小数第3位以下四捨五入）　（埼玉）

◆考え方

(1) ① $\sqrt{200}=\sqrt{100\times2}$
$=\sqrt{100}\times\sqrt{2}$

② $\sqrt{0.03}=\sqrt{\dfrac{3}{100}}=\dfrac{\sqrt{3}}{\sqrt{100}}$

(2) $\sqrt{\dfrac{50}{3}}=\dfrac{\sqrt{50}}{\sqrt{3}}$
分母の有理化

解法

(1) ① $\sqrt{200}=10\sqrt{2}=10\times1.41=14.1$

② $\sqrt{0.03}=\dfrac{\sqrt{3}}{10}=\dfrac{1.73}{10}=0.173$

(2) $\sqrt{\dfrac{50}{3}}=\dfrac{\sqrt{50}}{\sqrt{3}}\times\dfrac{\sqrt{3}}{\sqrt{3}}=\dfrac{\sqrt{150}}{3}$
$=\dfrac{\sqrt{100\times1.5}}{3}=\dfrac{10\sqrt{1.5}}{3}$
$=\dfrac{10\times1.225}{3}=4.08\dot{3}\fallingdotseq4.08$

答 (1) ① **14.1** ② **0.173** (2) **4.08**

36. 類題トレーニング

1 $\sqrt{3}=1.73$ としたとき，$3\sqrt{12}$ の値を求めよ。　（愛媛）

2 $\sqrt{2}=1.414$, $\sqrt{0.2}=0.447$ とするとき，次の値を求めよ。

(1) $\sqrt{2000}$　　(2) $\sqrt{0.0002}$

3 $\sqrt{6}=2.449$, $\sqrt{60}=7.746$ とするとき，$\sqrt{0.6}$ の値を求めよ。　（青森）

4 $\sqrt{1.4}=1.183$, $\sqrt{14}=3.742$ として，このどちらかを用いて$\sqrt{560}$ の値を求めよ。　（熊本）

5 $\sqrt{2}=1.414$, $\sqrt{5}=2.236$ とするとき，$\sqrt{20}-\dfrac{4}{\sqrt{2}}$ の値を四捨五入して，小数第2位まで求めよ。　（奈良）

37 平方根(3) ― 大・小 ―

例題

(1) 3つの数 $\sqrt{\frac{2}{5}}$, $\frac{2}{\sqrt{5}}$, $\frac{\sqrt{2}}{5}$ を小さい方から順に並べよ。（岐阜）

(2) $2 \leqq \sqrt{a} < 3$ をみたす自然数 a の個数は ☐ 個である。（沖縄）

◆考え方

(1) **平方根の大小はふつう平方して比べる。**
$(\sqrt{a})^2 = a \quad (a > 0)$

(2) **各辺を平方する。**

解法

(1) $\left(\sqrt{\frac{2}{5}}\right)^2 = \frac{2}{5} = \frac{10}{25}$, $\left(\frac{2}{\sqrt{5}}\right)^2 = \frac{4}{5} = \frac{20}{25}$, $\left(\frac{\sqrt{2}}{5}\right)^2 = \frac{2}{25}$

$\frac{2}{25} < \frac{10}{25} < \frac{20}{25}$ $\quad \therefore \quad \frac{\sqrt{2}}{5} < \sqrt{\frac{2}{5}} < \frac{2}{\sqrt{5}}$

(2) 各辺を平方して $4 \leqq a < 9$
この式をみたす自然数 a は4, 5, 6, 7, 8の5個

答 (1) $\frac{\sqrt{2}}{5}$, $\sqrt{\frac{2}{5}}$, $\frac{2}{\sqrt{5}}$ (2) **5**

37. 類題トレーニング

1 $\sqrt{16}$, $2\sqrt{3}$, $3\sqrt{2}$ の中で最も小さい数は ☐ である。（富山）

2 次の3つの数の中から最も小さい数を選べ。
$\frac{\sqrt{5}}{3}$, 0.4, $\frac{1}{\sqrt{3}}$ （千葉）

3 次の数を大きい方から順に並べよ。
$\frac{3}{2}$, $\sqrt{\frac{3}{2}}$, $\frac{3}{\sqrt{2}}$, $\frac{\sqrt{3}}{2}$ （鳥取）

4 $\sqrt{5} < n < \sqrt{60}$ を成り立たせる整数 n をすべて求めよ。（山形）

5 a を正の整数とするとき，$3 < \sqrt{2a} < 4$ を成り立たせる a の値をすべて求めよ。（神奈川）

38 平方根(4) — 有理数 —

例 題

(1) $\sqrt{24a}$ が整数となるような a の値のうち，最も小さい自然数を求めよ。

（大分，宮城）

(2) $\sqrt{5(60-n)}$ が整数になるような自然数 n のうち，最も小さいものを求めよ。

（茨城）

◆考え方

(1) **$\sqrt{24}=\underline{a}\sqrt{\underline{b}}$ の形にする。**

(2) **$60-n \geqq 0$ から $n \leqq 60$**
∴ $0<n \leqq 60$ をみたす整数

解 法

(1) $\sqrt{24a}=2\sqrt{6a}$ から $a=6$

(2) $\sqrt{5(60-n)}$ から $60-n=5\times 1^2$ ………$n=55$

$=5\times 2^2$ ………$n=40$

$=5\times 3^2$ ………$n=15$

から最小の自然数は 15

答 (1) **6**　(2) **15**

38. 類題トレーニング

1　$\sqrt{120n}$ を自然数にする整数 n のうち，最小のものを求めよ。（奈良）

2　a が正の整数であるとき，$\sqrt{3}\times\sqrt{a}$ の値が整数になる a の値を 2 つ求めよ。（山口）

3　x の範囲が 1 から 10 までの自然数であるとき，$\sqrt{18x}$ が整数となるような x の個数を求めよ。（都立高専）

4　$\sqrt{19-3n}$ が整数となるような正の整数 n をすべて求めよ。（山口）

5　$\sqrt{12(13-2m)}$ が整数となるような正の整数 m を求めよ。（青森）

39 平方根の計算(1) — 基本 —

例題

(1) 次の式を $a\sqrt{b}$ の形にせよ。

① $\sqrt{12}$　② $\sqrt{32}$　③ $\sqrt{72}$　④ $\sqrt{180}$

(2) 次の式を計算せよ。

① $\sqrt{12}\div\sqrt{3}$ （栃木）　② $\sqrt{12}-\sqrt{3}$ （青森）

③ $3\sqrt{20}+\sqrt{45}-2\sqrt{5}$ （福井）　④ $(\sqrt{80}-\sqrt{45})\div\sqrt{5}$ （鳥取）

◆考え方

(1) $\sqrt{a^2b}=\sqrt{a^2}\sqrt{b}$
$=a\sqrt{b}$,

平方数 4, 9, 16, 25, ……などで割るとよい。

(2) $m\sqrt{a}+n\sqrt{a}$
$=(m+n)\sqrt{a}$

加・減法は根号内が等しくないと計算できない。

$\sqrt{a}\times\sqrt{b}=\sqrt{a\times b}$

$\sqrt{a}\div\sqrt{b}=\sqrt{a\div b}$

解法

(1) ① $\sqrt{12}=\sqrt{4}\sqrt{3}=2\sqrt{3}$　② $\sqrt{32}=\sqrt{4}\sqrt{4}\sqrt{2}=4\sqrt{2}$

③ $\sqrt{72}=\sqrt{4}\sqrt{9}\sqrt{2}=6\sqrt{2}$　④ $\sqrt{180}=\sqrt{4}\sqrt{9}\sqrt{5}=6\sqrt{5}$

(2) ① $\sqrt{12\div3}=\sqrt{4}=2$　② $2\sqrt{3}-\sqrt{3}=\sqrt{3}$

③ $3\times2\sqrt{5}+3\sqrt{5}-2\sqrt{5}=7\sqrt{5}$　④ $\sqrt{16}-\sqrt{9}=4-3=1$

答 (1) ① $\mathbf{2\sqrt{3}}$　② $\mathbf{4\sqrt{2}}$　③ $\mathbf{6\sqrt{2}}$　④ $\mathbf{6\sqrt{5}}$

(2) ① **2**　② $\mathbf{\sqrt{3}}$　③ $\mathbf{7\sqrt{5}}$　④ **1**

39. 類題トレーニング

1 次の数を $a\sqrt{b}$ の形で表せ。

(1) $\sqrt{8}$　(2) $\sqrt{20}$　(3) $\sqrt{28}$　(4) $\sqrt{45}$

(5) $\sqrt{48}$　(6) $\sqrt{50}$　(7) $\sqrt{75}$　(8) $\sqrt{96}$

2 次の計算をせよ。

(1) $\sqrt{18}+\sqrt{8}$ （福島，沖縄）　(2) $2\sqrt{12}-\sqrt{27}$ （新潟）

(3) $\sqrt{18}-\sqrt{50}+\sqrt{32}$ （宮城）　(4) $3\sqrt{12}+5\sqrt{3}-\sqrt{48}$ （岡山）

(5) $\sqrt{2}(\sqrt{12}-\sqrt{8})-\sqrt{3}(\sqrt{8}-\sqrt{27})$ （群馬）

3 次の計算をせよ。

(1) $\sqrt{2}\times\sqrt{8}$ （栃木）　(2) $\sqrt{12}\div\sqrt{8}\div\sqrt{6}$ （愛知）

(3) $(3\sqrt{2})^2\div(-3)$ （大阪）　(4) $\sqrt{48}-\sqrt{24}\div\sqrt{8}$ （石川）

(5) $\sqrt{72}\div\sqrt{3}-\sqrt{54}$ （青森）　(6) $\sqrt{2}\times\sqrt{6}-\sqrt{15}\div\sqrt{5}$ （岐阜）

(7) $(3\sqrt{6}-\sqrt{24})\times\dfrac{5}{\sqrt{6}}$ （宮城）　(8) $\sqrt{2}(\sqrt{8}+\sqrt{24})+\dfrac{\sqrt{60}}{\sqrt{5}}$ （愛媛）

40 平方根の計算(2) ― 分母の有理化 ―

例題

(1) 次の分母を有理化せよ。

① $\dfrac{1}{\sqrt{2}}$　② $\dfrac{3}{\sqrt{3}}$　③ $\dfrac{9}{2\sqrt{3}}$

(2) 次の計算をせよ。

① $\sqrt{20}-\dfrac{15}{\sqrt{5}}$ （神奈川）　② $\dfrac{2}{\sqrt{3}}-\dfrac{\sqrt{3}}{2}$ （香川）

◆考え方

公式

$\dfrac{b}{\sqrt{a}}=\dfrac{b}{\sqrt{a}}\times\dfrac{\sqrt{a}}{\sqrt{a}}=\dfrac{b\sqrt{a}}{a}$,

$\dfrac{b}{m\sqrt{a}}=\dfrac{b}{m\sqrt{a}}\times\dfrac{\sqrt{a}}{\sqrt{a}}=\dfrac{b\sqrt{a}}{ma}$

解法

(1) ① $\dfrac{1}{\sqrt{2}}\times\dfrac{\sqrt{2}}{\sqrt{2}}=\dfrac{\sqrt{2}}{2}$

② $\dfrac{3}{\sqrt{3}}\times\dfrac{\sqrt{3}}{\sqrt{3}}=\dfrac{3\sqrt{3}}{3}=\sqrt{3}$

③ $\dfrac{9}{2\sqrt{3}}\times\dfrac{\sqrt{3}}{\sqrt{3}}=\dfrac{9\sqrt{3}}{2\times3}=\dfrac{3\sqrt{3}}{2}$

(2) ① $\dfrac{15}{\sqrt{5}}\times\dfrac{\sqrt{5}}{\sqrt{5}}=\dfrac{15\sqrt{5}}{5}=3\sqrt{5}$ から $2\sqrt{5}-3\sqrt{5}=-\sqrt{5}$

② $\dfrac{2}{\sqrt{3}}\times\dfrac{\sqrt{3}}{\sqrt{3}}=\dfrac{2\sqrt{3}}{3}$ から $\dfrac{2\sqrt{3}}{3}-\dfrac{\sqrt{3}}{2}=\dfrac{4\sqrt{3}-3\sqrt{3}}{6}=\dfrac{\sqrt{3}}{6}$

答 (1) ① $\dfrac{\sqrt{2}}{2}$ ② $\sqrt{3}$ ③ $\dfrac{3\sqrt{3}}{2}$ (2) ① $-\sqrt{5}$ ② $\dfrac{\sqrt{3}}{6}$

40. 類題トレーニング

1 次の分母を有理化せよ。

(1) $\dfrac{3}{\sqrt{7}}$ （沖縄）　(2) $\dfrac{2}{\sqrt{3}}$ （岩手）　(3) $\dfrac{3\sqrt{2}}{\sqrt{6}}$ （三重）

(4) $\dfrac{\sqrt{2}+\sqrt{3}}{\sqrt{2}}$ （宮城）　(5) $\dfrac{3-\sqrt{12}}{\sqrt{3}}$ （熊本）

2 次の計算をせよ。

(1) $3\sqrt{2}+\dfrac{4}{\sqrt{2}}$ （大阪）　(2) $\sqrt{18}-\dfrac{2}{\sqrt{2}}$ （香川）

(3) $\sqrt{75}-\dfrac{6}{\sqrt{3}}$ （福岡）　(4) $\dfrac{10}{\sqrt{5}}+2\sqrt{45}$ （鹿児島）

(5) $\sqrt{8}-\sqrt{\dfrac{9}{2}}$ （福井）　(6) $4\sqrt{3}-\sqrt{12}-\dfrac{15}{\sqrt{3}}$ （茨城）

(7) $\sqrt{27}-2\sqrt{12}+\dfrac{9}{\sqrt{3}}$ （高知）　(8) $\sqrt{63}-\left(\dfrac{14}{\sqrt{7}}-\sqrt{7}\right)$ （愛知）

(9) $\dfrac{2}{\sqrt{3}}-\dfrac{\sqrt{3}}{2}-\dfrac{1}{\sqrt{12}}$ （石川）　(10) $3\sqrt{8}\times\dfrac{\sqrt{3}}{2}-3\div\sqrt{\dfrac{3}{2}}$ （京都）

41 平方根の計算(3) — 多項式の乗法 —

● 例 題 ●

(1) 次の計算をせよ。

① $(3\sqrt{2}+\sqrt{5})(3\sqrt{2}-\sqrt{5})$ (広島)　② $(2\sqrt{3}+1)^2-3\sqrt{12}$ (新潟)

(2) ① $a=\sqrt{5}-1$ のとき，a^2+2a の値を求めよ。

② $x=\sqrt{3}+2$，$y=\sqrt{3}-2$ のとき，x^2+y^2-2xy の値を求めよ。 (愛知)

◆考え方

(1) **乗法公式にあてはめてみる。**
①は $(x+a)(x-a)$
②は $(x+a)^2$ を用いる。

(2) **①はそのまま代入するか，因数分解してから代入する。**
②は因数分解してから代入する。

解 法

(1) ① $(3\sqrt{2})^2-(\sqrt{5})^2$
$=9\times2-5$
$=18-5$
$=13$

② $(2\sqrt{3})^2+2\times2\sqrt{3}\times1+1-3\times2\sqrt{3}$
$=12+4\sqrt{3}+1-6\sqrt{3}$
$=13-2\sqrt{3}$

(2) ① $a^2+2a=a(a+2)$
$=(\sqrt{5}-1)(\sqrt{5}-1+2)$
$=(\sqrt{5}-1)(\sqrt{5}+1)$
$=(\sqrt{5})^2-1^2$
$=5-1=4$

② $x^2-2xy+y^2=(x-y)^2$
$=\{(\sqrt{3}+2)-(\sqrt{3}-2)\}^2$
$=4^2=16$

答 (1) ① **13** ② **$13-2\sqrt{3}$**　(2) ① **4** ② **16**

41. 類題トレーニング

1 次の計算をせよ。

(1) $(\sqrt{5}+1)^2$ (東京)　(2) $(\sqrt{7}-\sqrt{5})(\sqrt{7}+\sqrt{5})$ (北海道)

(3) $(2\sqrt{3}-\sqrt{5})(2\sqrt{3}+\sqrt{5})$ (徳島)　(4) $(\sqrt{6}+1)(\sqrt{2}-\sqrt{3})$ (山形)

(5) $(3-\sqrt{6})(2\sqrt{3}+\sqrt{18})$ (群馬)　(6) $(\sqrt{3}+1)^2-\sqrt{12}$ (兵庫)

(7) $(\sqrt{2}-3)^2+\dfrac{4}{\sqrt{2}}$ (愛媛)　(8) $\dfrac{1}{4}(\sqrt{2}-1)^2+\dfrac{1}{\sqrt{2}}$ (香川)

2 (1) $a=\sqrt{3}$のとき，$(a+1)^2-2a$ の値を求めよ。 (大分)

(2) $a=2+\sqrt{3}$，$b=2\sqrt{3}$のとき，a^2-ab の値を求めよ。 (高知)

(3) $a=\sqrt{2}+1$，$b=\sqrt{2}-1$ のとき，a^2-b^2 の値を求めよ。 (兵庫)

(4) $(-3+\sqrt{2})^2+6(-3+\sqrt{2})+9$ を計算せよ。 (香川)

(5) $x=1+\sqrt{3}$，$y=1-\sqrt{3}$のとき，x^2+xy+y^2 の値を求めよ。 (京都)

42 平方根の小数部分

例題

$\sqrt{26}$は，ある整数と小数との和で表される。この小数部分をaとするとき，$a(a+10)$の式の値を求めよ。ただし，$0<a<1$とする。（滋賀）

◆考え方

$\sqrt{25}<\sqrt{26}<\sqrt{36}$から

$5<\sqrt{26}<6$

∴ **$\sqrt{26}$の整数部分は5**

解法

◆考え方より

$\boldsymbol{\sqrt{26}=5+a \quad (0<a<1)}$

$a=\sqrt{26}-5$から

$$\begin{aligned} a(a+10) &= (\sqrt{26}-5)(\sqrt{26}-5+10) \\ &= (\sqrt{26}-5)(\sqrt{26}+5) \\ &= (\sqrt{26})^2-5^2 \\ &= 26-25=1 \end{aligned}$$

答 **1**

42. 類題トレーニング

1 次の数の整数部分をa，小数部分を$b(0<b<1)$とするとき，a，bの値を求めよ。

(1) $\sqrt{8}$

(2) $3\sqrt{7}$

(3) $2+\sqrt{5}$

(4) $3-\sqrt{2}$

2 $\sqrt{3}$の小数部分をmとするとき，m^2+2m-3の値を求めよ。（玉川学園高）

3 $6-\sqrt{3}$の整数部分をa，小数部分をbとするとき，
$a=$□，$b=$□$-\sqrt{3}$となり，$\sqrt{3}a+b^2=$□である。（土浦日大高）

43 1次方程式の解法

例 題

(1) 次の方程式を解け。

① $8-5(1-x)=13$ （福岡） ② $2x-\frac{x-3}{4}=6$ （青森）

(2) 方程式 $\frac{x+3}{6}-\frac{2x-a}{4}=2$ の解が $x=3$ のとき，a の値を求めよ。 （福島）

◆考え方

(1) ① カッコをはずす。
移項すると符号が変わる。
② **(両辺)×4 で分母をはらう。**

(2) **$x=3$ を代入して，a についての方程式を解く。**

解 法

(1) ① $8-5+5x=13$

$5x=10$

$\therefore\ x=2$

② (両辺)×4

$8x-(x-3)=24$

$8x-x+3=24$

$7x=21$

$\therefore\ x=3$

(2) $x=3$ を代入すると，

$\frac{3+3}{6}-\frac{6-a}{4}=2$

$1-\frac{6-a}{4}=2$

(両辺)×4

$4-(6-a)=8$

$4-6+a=8$

$\therefore\ a=10$

答 (1) ① $\boldsymbol{x=2}$ ② $\boldsymbol{x=3}$ (2) $\boldsymbol{a=10}$

43. 類題トレーニング

1 次の方程式を解け。

(1) $4x-11=10-3x$ （熊本） (2) $x+3(2x-1)=11$ （佐賀）

(3) $1.2x-3=1.8-0.4x$ （宮城） (4) $0.3x-2=0.15x+0.1$ （宮崎）

(5) $\frac{x+1}{2}=\frac{2x-1}{3}$ （島根） (6) $x-\frac{x-2}{4}=5$ （大阪）

(7) $2x-\frac{x-1}{3}=7$ （岡山） (8) $x-\frac{x-4}{3}=0.5x$ （京都）

2 次の方程式が〔 〕内の解をもつとき，a の値を求めよ。

(1) $ax-3=2x+a$ 〔$x=-4$〕 （秋田）

(2) $2x-(ax+7)=5$ 〔$x=4$〕 （広島）

(3) $x-\frac{2x-a}{3}=a+2$ 〔$x=-2$〕 （新潟）

44 等式の変形

● 例 題 ●

次の等式を〔　〕内の文字について解け。

(1)　$S=\frac{1}{2}ah$　〔h〕　(栃木)　(2)　$S=\frac{(a+b)h}{2}$　〔a〕　(福島)

◆考え方

(1)　S，a が数のとき，h を求めるにはどうするか。

(2)　S，b，h が数のとき，a を求めるにはどうするか。

解 法

(1)　$\frac{1}{2}ah=S$

(両辺)×2 から

$ah=2S$

(両辺)÷a から

$h=\frac{2S}{a}$

(2)　$\frac{(a+b)h}{2}=S$

(両辺)×2 から

$(a+b)h=2S$

(両辺)÷h から

$a+b=\frac{2S}{h}$

$\therefore\ a=\frac{2S}{h}-b$

答　(1)　$h=\frac{2S}{a}$　(2)　$a=\frac{2S}{h}-b$

44. 類題トレーニング

1　次の等式を〔　〕の中の文字について解け。

(1)　$2x+3y=1$　〔x〕　(広島)

(2)　$-3x+5y+10=0$　〔y〕　(千葉)

(3)　$V=\pi r^2h$　〔h〕　(茨城)

(4)　$2(a+b)=l$　〔b〕　(埼玉)

(5)　$v=a+3t$　〔t〕　(広島)

(6)　$F=\frac{9}{5}c+32$　〔c〕　(大分)

(7)　$S=2\pi r(r+h)$　〔h〕

(8)　$S=A(1+rt)$　〔r〕

45 1次方程式の応用(1) — 過不足 —

● 例題 ●

ある会の子ども全員に，みかんを1人に5個ずつ配ると21個たりないので，1人に3個ずつ配ったところ25個余った。この会の子どもは全員で □ 人である。

（福岡）

◆考え方

子どもの人数を x として，みかんの数を2通りに表す。

解法

x 人に5個ずつ配って21個たりない………$(5x-21)$ 個

x 人に3個ずつ配ると25個余る　　………$(3x+25)$ 個

よって，$5x-21=3x+25$

$$5x-3x=25+21$$

$$2x=46$$

$$\therefore\quad x=23$$

答 **23**

45. 類題トレーニング

1 何人かの生徒にノートを配るのに，1人に4冊ずつ配るとすれば9冊余り，1人に6冊ずつ配るとすれば13冊不足する。このとき，生徒の人数を求めよ。（埼玉）

2 みかんを生徒1人に10個ずつ配っていくと，残り5人のところでみかんの残りが6個だけになる。また，1人7個ずつにすると全員に配ることができて10個余る。生徒の人数とみかんの個数を求めよ。（青森）

3 講堂に生徒を入れるのに，1脚の腰かけに4人ずつ掛けさせると21脚不足し，1脚に5人ずつ掛けさせると，1脚は4人ですみ，ほかに3脚余るという。生徒数および腰かけの数を次の順序に従って求めよ。

(1) 腰かけの脚数を x として，方程式を立てよ。

(2) (1)の方程式を解いて，生徒数および腰かけの数を求めよ。

46 1次方程式の応用(2) — 年齢 —

例題

ことしの父の年は38歳である。今から4年後に父の年は，長男と次男の年の和の2倍になるという。長男はことし8歳である。次男の年はいくつか。

◆考え方

ことしの次男の年をx歳とする。

解法

	ことし	4年後
父の年………	38歳	$(38+4)$歳
長男の年……	8歳	$(8+4)$歳
次男の年……	x歳	$(x+4)$歳

から4年後の関係は，

$42=2\{12+(x+4)\}$

これを解いて，$42=2(16+x)$

(両辺)÷2　$21=16+x$

$\therefore\ x=5$

答 **5歳**

46. 類題トレーニング

1 現在，母の年齢は39歳，娘の年齢は15歳である。母の年齢が娘の年齢の3倍であったのは何年前か。（栃木）

2 現在，父の年齢は子の年齢の5倍であるが，18年後には2倍になるという。子の現在の年齢を求めよ。（茨城）

3 父と子があって，その年の差は39歳である。今から6年後には父の年は子の年の4倍になるという。現在の父，子の年はそれぞれいくつか。

47　1 次方程式の応用(3)　— 割合 —

● 例 題 ●

原価に 500 円の利益を見込んで定価をつけた商品を，定価の 20%引きで売ったところ，原価に対して 5%の利益があった。この商品の原価はいくらか。　(愛知)

◆考え方

原価を x 円として方程式をつくる。

A 円の 20%引き
$A\times(1-0.2)$
(売価) − (原価) = (利益)

解 法

原価を x 円とすると，定価は $(x+500)$ 円で，
売価は $(x+500)\times(1-0.2)$ から

$$0.8(x+500)-x=0.05x$$

(両辺) ×100　$80(x+500)-100x=5x$

$$80x+40000-100x=5x$$
$$-25x=-40000$$
$$\therefore\quad x=1600$$

答　**1600 円**

47. 類題トレーニング

1　ある商品を定価の 2 割引きで買うと 960 円になる。この商品の定価はいくらか。　(宮城)

2　定価 a 円の品物を 1 割引きで売ったが，まだ，原価の 2 割の利益があった。この品物の原価を求めよ。　(群馬)

3　ある商品に, 原価の 4 割の利益を見込んで定価をつけた。この商品を, 定価の 2 割引で売っても 2640 円の利益がある。この商品の原価を求めよ。　(福島)

48　1次方程式の応用(4)　— 時間と距離① —

● 例題 ●

A地から，100km離れているC地まで，自動車で行った。はじめは40km/時の速さで行き，途中のB地からは，30km/時の速さで行ったところ，ちょうど3時間かかってC地に着いた。

(1)　A地からB地までの距離を$x$kmとして，B地からC地までの距離とA地からB地までにかかった時間を，それぞれxを使った式で書け。

(2)　A地からB地までの距離を$x$kmとして，方程式をつくり，A地からB地までの距離を求めよ。　（岐阜）

◆考え方

(2)　**A地からB地まで，B地からC地までにかかった時間の和が3時間。**

解法

(1)　A地からB地までを$x$kmとするとB地からC地までは$(100-x)$kmで，A地からB地までにかかった時間は$\frac{x}{40}$時間となる。

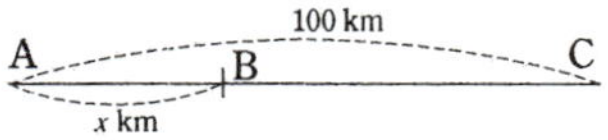

(2)　B地からC地までは$\frac{100-x}{30}$時間となる。

よって，$\frac{x}{40}+\frac{100-x}{30}=3$

(両辺)$\times 120$　$3x+4(100-x)=360$　$3x+400-4x=360$

$\therefore\ x=40$

答　(1)　**$(100-x)$km，$\frac{x}{40}$時間**

(2)　**40km**

48. 類題トレーニング

1　A君は2300m離れた学校に行くのに，はじめは毎時4.2kmの速さで歩き，途中から毎時9kmの速さで走ったところ，26分かかった。このとき，A君が歩いたのは何分間か。

（新潟）

2　S君の家から公園までの道のりは13kmである。S君がその道のりを，はじめは自転車で毎時18kmの速さで行き，途中から毎時4kmの速さで歩いたところ，家から公園まで1時間30分かかった。このとき，S君が自転車に乗ったのは何分間か。　（高知）

49　1次方程式の応用(5)　— 時間と距離② —

例題

一定の時刻に家を出て学校へ行くのに，毎分 70 m の速さで歩いたら 5 分遅刻したので，翌日は毎分 100 m の速さで歩いたら 7 分前に着いた。学校から家までの距離は何キロメートルか。　（大阪）

◆考え方

家から学校までの距離を x m とする。予定した時刻を 2 通りに表す。

解法

70 m の速さで歩くと $\frac{x}{70}$ 分かかり，予定時刻は今から $\left(\frac{x}{70}-5\right)$ 分後，また，100 m の速さで歩くと $\frac{x}{100}$ 分かかり，予定時刻は今から $\left(\frac{x}{100}+7\right)$ 分後である。

よって，$\frac{x}{70}-5=\frac{x}{100}+7$

（両辺）×700　$10x-3500=7x+4900$

$3x=8400$　　∴　$x=2800$

（別解）　70 m の速さでいくのと 100 m の速さでいくのでは

$5+7=$**12 分の差**がでるから $\frac{x}{70}-\frac{x}{100}=12$ を解いてもよい。

（別解）　予定時刻を今から y 分後とする。毎分 70 m で歩くと $(y+5)$ 分かかり，毎分 100 m で歩くと $(y-7)$ 分かかるから

$100(y-7)=70(y+5)$

これを解いて $y=35$

よって，$100\times(35-7)=2800$ としてもよい。

答　**2.8 km**

49. 類題トレーニング

1　徒歩で A 地点から B 地点まで行くのに，時速 4 km で行くと予定した時間より 15 分多くかかり，時速 5 km で行くと予定した時間より 15 分短縮されるという。このとき，A，B 両地間の道のりと予定した時間を求めよ。　（福島）

2　毎朝同じ時刻に家を出て学校へ行く。毎分 80 m の速さで行くと 8 時 10 分に学校に着き，自転車に乗って毎分 320 m の速さで行くと 7 時 55 分に学校に着く。家から学校までの距離は何 m か。　（愛知）

3　家から自転車に乗って友人の家に行く。毎分 300 m の速さで行くと，約束した時刻の 5 分前に着き，毎分 200 m の速さで行くと，約束した時刻の 5 分後に着くという。約束した時刻にちょうど着くためには毎分何 m の速さで行けばよいか。　（愛知）

50 1次方程式の応用(6) ── 時間と距離③ ──

例題

A は自転車に乗り，毎時 12kmの速さで目的地に向かった。この A が出発してから 1 時間後，B がスクーターに乗り，A が出発した地点から毎時 30kmの速さで A を追いかけた。このとき，B が A に追いつくまでの時間と走った距離を求めるための方程式を立てることにした。

(1) B が出発後，A に追いつくまでにかかった時間を x 時間として式を立てると，その方程式はどのようになるか。

(2) B が A に追いつくまでに走った距離を $x$kmとして式を立てると，その方程式はどのようになるか。 (三重)

◆考え方

(1) **B が x 時間で追いついたとすると，その地点まで A は $(x+1)$ 時間かかっている。**

(2) **追いつく地点までの時間は A の方が 1 時間多い。**

解法

(1) 追いついた地点までの距離は

B は $30x$ km

A は $12(x+1)$ kmから

$30x=12(x+1)$

(2) 追いついた地点までかかる時間は

B は $\frac{x}{30}$ 時間

A は $\frac{x}{12}$ 時間から

$\frac{x}{12}-\frac{x}{30}=1$

答 (1) $\boldsymbol{30x=12(x+1)}$ (2) $\boldsymbol{\frac{x}{12}-\frac{x}{30}=1}$

50. 類題トレーニング

1 兄と弟の 2 人が，A 地点から B 地点まで同じコースを走ることにした。弟が走り始めてから 3 分後に兄が走り始めた。兄の速さを毎分 300m とし，弟の速さを毎分 240m とすると，兄が走り始めてから何分後に兄は弟に追いつくか。 (長崎)

2 ある日，兄と弟の 2 人は，家から A 地点まで自転車で行くことにした。弟は時速 12km の速さで A 地に向かい，兄は弟が出発してから 10 分後に，弟と同じ道を時速 18kmの速さで A 地に向かったところ，ちょうど同じ時刻に着いた。このとき家から A 地までの道のりを求めよ。 (埼玉)

51　1次方程式の応用(7)　— 食塩水 —

例 題

8%の食塩水が200gある。
(1)　水でうすめて5%のものをつくるには，水を何g入れたらよいか。
(2)　食塩を加えて20%のものをつくるには，食塩を何g入れたらよいか。

◆考え方

$\dfrac{\text{食塩の量}}{\text{全体の量}}$をはっきりつかむ。

(1)　**全体の量がかわる。**

(2)　**全体の量，食塩の量ともかわる。**

解 法

(1)　水をxg加えると，食塩の量$200\times0.08=16$(g)はかわらないが，全体の量は$(200+x)$gとなるから

$$\frac{16}{200+x}=0.05$$

よって，　$16=0.05(200+x)$

$16=10+0.05x$

$6=0.05x$　から　$x=120$

(2)　食塩をxg加えると，食塩の量は$(16+x)$g，全体の量は$(200+x)$gとなるから

$$\frac{16+x}{200+x}=0.2$$

よって，$16+x=0.2(200+x)$

$16+x=40+0.2x$

$0.8x=24$　$\therefore$　$x=30$

答　(1)　**120g**　　(2)　**30g**

51. 類題トレーニング

1　6%の食塩水が150gある。これに水を加えて濃度を2%にしたい。水を何g加えたらよいかを求めよ。（岩倉高）

2　4%の食塩水300gに，食塩を加えて，10%の食塩水をつくった。加えた食塩の量は何gか。（愛知）

3　8%の食塩水がある。これに水100gを加えたら，6%の食塩水になった。8%の食塩水は何gあったか。（福島）

4　9%の食塩水がいくらかある。いま，この中から食塩水100gをとり出し，そのあとへ水200gを入れて，その濃度を調べたら，5%であった。はじめの食塩水は何gあったか。（大阪）

52 不等号(1) — 基本 —

例題

(1) $a<b$ のとき，次の大小関係の中で正しいものを2つ選び記号で答えよ。

ア．$2a<2b$　　イ．$-\frac{1}{3}a<-\frac{1}{3}b$

ウ．$5-a<5-b$　　エ．$a+5<b+5$　　(山口)

(2) 3つの数 a，b，c があり，$a+b<c$，$a-b>0$，$ab>0$ とする。$c=0$ のとき，3つの数 a，b，c の大小関係を不等号を使った式で表せ。　　(広島)

◆考え方

(1) **不等式の性質を用いる。**

(2) **$a+b<0$，$ab>0$ ならば $a<0$，$b<0$**

解法

(1) $a<b$ で

ア．両辺に2をかける。　$2a<2b$　　(正)

イ．両辺に $-\frac{1}{3}$ をかける。　$-\frac{1}{3}a>-\frac{1}{3}b$　　(誤)

ウ．$-a>-b$ から $5-a>5-b$　　(誤)

エ．両辺に5を加える。　$a+5<b+5$　　(正)

(2) $a+b<0$，$ab>0$ から $a<0$，$b<0$　………①

$a-b>0$ から $a>b$　………②

①，②と $c=0$ から $c>a>b$

答 (1) **ア，エ**　(2) $\boldsymbol{b<a<c}$

52. 類題トレーニング

1 (1) 1よりも大きい2つの数 a，b について，$a>b$ のとき，b，$\frac{1}{a}$，$\frac{1}{b}$ のうちで，最も小さい数はどれか。

(2) 0よりも大きく1よりも小さい2つの数 c と d について，$c>d$ のとき，c，$\frac{1}{c}$，$\frac{1}{d}$ のうちで，最も大きい数はどれか。　　(大阪)

2 3つの数 a, b, c の間に $\frac{a}{b}<0$……①，$bc>0$……②，$a-c>0$……③の関係があるとき，下の□の中にあてはまる不等号をかき入れよ。

a □ 0，b □ 0，c □ 0　　(山梨)

3 a が正の数，b が負の数のとき，次の6つの数を左から大きい順にならべた場合，$a+b$ は左から何番目か。

a，b，$a+b$，$a-b$，$a-2b$，$b-a$　　(愛知)

53 不等号(2) — 四捨五入，式の値の範囲 —

● 例 題 ●

(1) 小数第 2 位以下を四捨五入して 8.4 になる数 x は，どんな範囲の数か。式で表せ。 （北海道）

(2) a は 5 より大きく 9 より小さい数で，b は -2 より大きく 4 より小さい数である。このとき，次の各数はどんな範囲の数か。

① $\dfrac{1}{a}$　　② $a-b$

◆考え方

(1)

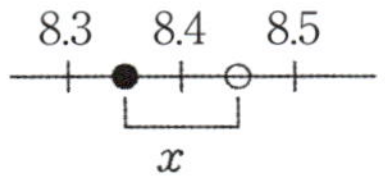

(2) ① **分母が大きいものが小さい**

② **$-b$ の範囲を求める。**

解 法

(1) 8.4 の前に 8.3，後ろに 8.5 を数直線上に記入する。8.3 と 8.4，8.4 と 8.5 の中点をとって

$8.35 \leqq x < 8.45$

(2) ① 分子は一定から分母の大きいものが小さい。

よって，$\dfrac{1}{9} < \dfrac{1}{a} < \dfrac{1}{5}$

② $-2 < b < 4$ から $2 > -b > -4$

よって，

$$\begin{array}{rcl} 5 < & a & < 9 \\ -4 < & -b & < 2 \quad (+ \\ \hline 1 < & a-b & < 11 \end{array}$$

答 (1) **$8.35 \leqq x < 8.45$**

(2) ① **$\dfrac{1}{9} < \dfrac{1}{a} < \dfrac{1}{5}$**　② **$1 < a-b < 11$**

参考

$$\begin{array}{rcl} a < & x & < b \\ c < & y & < d \quad (+ \\ \hline a+c < & x+y & < b+d \end{array}$$ は成り立つが $$\begin{array}{rcl} a < & x & < b \\ c < & y & < d \quad (- \\ \hline a-c < & x-y & < b-d \end{array}$$ は成り立たない。

53. 類題トレーニング

1 ある山の高さをはかり，十の位を四捨五入したところ，1900 m であったという。この山の実際の高さを a m とするとき，a の値の範囲は次のア～エのどれか。記号で答えよ。

ア．$1850 < a < 1950$　　イ．$1850 \leqq a < 1950$

ウ．$1850 < a \leqq 1950$　　エ．$1850 \leqq a \leqq 1950$ （鹿児島）

2 ある整数に $\dfrac{1}{31}$ をかけて，その積の小数第 2 位を四捨五入したら 2.1 になった。このような整数をすべて書け。 （群馬）

3 a，b がそれぞれ $2 < a < 4$，$1 < b < 2$ の範囲にあるとき，次の式の値の範囲を求めよ。

(1) $a+b$　　(2) $a-b$ （山形）

4 $-1 \leqq x \leqq 4$，$-1 \leqq y \leqq 3$ のとき，$\boxed{\text{A}} \leqq 2x-y \leqq \boxed{\text{B}}$ である。A，B に適する数値を求めよ。 （富士見丘高）

54 1次不等式の解法(1) ― 基本 ―

● 例題 ●

次の不等式を解け。

(1) $2x-3<5$ （長崎）

(2) $2x+9 \leqq 6x-3$ （徳島）

(3) $4x-3(2x-1)<13$ （岩手）

◆考え方

不等式の両辺に「－」の数をかけるとき，「－」の数で割るときには，不等号の向きをかえる。

解法

(1) $2x<5+3$
$2x<8$
(両辺)÷2 から $x<4$

(2) $2x-6x \leqq -3-9$
$-4x \leqq -12$
(両辺)÷(－4)から $x \geqq 3$

(3) $4x-6x+3<13$
$4x-6x<13-3$
$-2x<10$
(両辺)÷(－2)から $x>-5$

答 (1) $x<4$　(2) $x \geqq 3$　(3) $x>-5$

54. 類題トレーニング

1 次の不等式を解け。

(1) $-2x<x-6$ （大阪）

(2) $2x>15-3x$ （栃木）

(3) $2x+8>5x-1$ （埼玉）

(4) $-2x-3<5x-9$ （長野）

(5) $7x-4<9(x-2)$ （東京）

(6) $3(x-2)>2(2x+1)$ （愛知）

(7) $9-6x<2(3-x)-x$ （青森）

(8) $2(x-3) \geqq 3(x-4)+8$ （佐賀）

(9) $6-3(x-2) \leqq x$ （山口）

(10) $5-(2x-3)<4x-7$ （愛知）

55 1次不等式の解法(2) ― 応用 ―

● 例題 ●

次の不等式を解け。

(1) $\frac{2}{3}x-1>2x$ （島根）

(2) $\frac{x-2}{5}-\frac{x-3}{3}>1$ （山形）

(3) $0.3x-0.5\leqq 0.6x+1$ （群馬）

◆考え方

(1) **(両辺)×3**

(2) **(両辺)×〔5と3の最小公倍数〕**

(3) **(両辺)×10**

解法

(1) (両辺)×3 から

$2x-3>6x$

$2x-6x>3$

$-4x>3$

(両辺)÷(−4)から $x<-\frac{3}{4}$

(2) (両辺)×15 から

$3(x-2)-5(x-3)>15$

$3x-6-5x+15>15$

$-2x>6$

(両辺)÷(−2)から $x<-3$

(3) (両辺)×10 から

$3x-5\leqq 6x+10$

$3x-6x\leqq 10+5$

$-3x\leqq 15$

(両辺)÷(−3)から $x\geqq -5$

答 (1) $\boldsymbol{x<-\frac{3}{4}}$　(2) $\boldsymbol{x<-3}$　(3) $\boldsymbol{x\geqq -5}$

55. 類題トレーニング

1 次の不等式を解け。

(1) $\frac{x}{2}+3x>9$ （千葉）

(2) $3x-6<\frac{1}{2}(5x-3)$ （岡山）

(3) $\frac{3-2x}{2}>1$ （岡山）

(4) $x-\frac{1}{4}(x-2)>1$ （岡山）

(5) $\frac{3}{10}x+1>x+\frac{1}{5}$ （佐賀）

(6) $\frac{3x+5}{2}\leqq\frac{1}{3}-x$ （愛知）

(7) $\frac{x-5}{3}<\frac{3x-8}{2}$ （神奈川）

(8) $1-\frac{2-x}{3}>\frac{3}{4}x$ （新潟）

(9) $0.3x+0.4\leqq 0.8x-1.6$ （静岡）

(10) $1.2-0.5(x-2)>2x-5.3$ （石川）

56 1次不等式の解法(3) ― 解の個数 ―

例題

(1) $2x-13<5x+8$ にあてはまる x の値のうち，絶対値が10以下の整数は何個あるか。 (愛知)

(2) $\dfrac{x-3}{4}>\dfrac{1-x}{2}$ を成り立たせる最小の整数を求めよ。 (岐阜)

◆考え方

不等式を解き，問題に適する解を求める。

解法

(1) $2x-5x<8+13$

$-3x<21$

(両辺)$\div(-3)$から

$x>-7$

これをみたす絶対値が10以下の整数は-6, -5, -4, -3, -2, -1, 0, 1, 2, 3, 4, 5, 6, 7, 8, 9, 10の17個

(2) (両辺)$\times 4$から

$x-3>2(1-x)$

$x-3>2-2x$

$x+2x>2+3$

$3x>5$

よって，$x>\dfrac{5}{3}$

これをみたす最小の整数は2

答 (1) **17個** (2) **2**

56. 類題トレーニング

1 $-3x+1<-8$ をみたす x の値のうち，最も小さい整数を求めよ。 (東京)

2 $3x+5<7x-15$ にあてはまる1けたの自然数は何個あるか。 (和歌山)

3 $3x-11<x+13$ を成り立たせる x の値のうち，素数のものをすべて求めよ。 (山形)

4 $\dfrac{3x+5}{2}\geqq 1$ にあてはまる x の値のうち，5より小さい整数は全部で何個あるか。 (兵庫)

5 $6x+2(3-2x)<15$ を成り立たせるような x の正の整数値をすべて求めよ。 (福島)

57 1次不等式と1次方程式

● 例 題 ●

xについての方程式 $x-\frac{x-4a}{3}=2$ がある。

(1) この方程式の解を a の式で表せ。

(2) (1)で求めた解が10より大きくなるとき，a の値の範囲を求めよ。 (大分)

◆考え方

(1) $x=$……の形に表す。

(2) 解 >10

解 法

(1) (両辺)×3 $3x-(x-4a)=6$

$3x-x+4a=6$

$2x=6-4a$

(両辺)÷2 $x=3-2a$

(2) 解は $3-2a$ より， $3-2a>10$

$-2a>7$ $\therefore a<-\frac{7}{2}$

答 (1) $x=3-2a$ (2) $a<-\frac{7}{2}$

57. 類題トレーニング

1 不等式 $2x+a>3$ の解が $x>-1$ のとき，a の値を求めよ。 (駿台甲府高)

2 1次不等式 $3x-2<6x-a$ の解が，$x>1$ となるように，a の値を求めよ。

3 xについての1次方程式 $2(x+2a)=x-4$ がある。この方程式の解が1より大きくなるとき，a の値の範囲を求めよ。 (山形)

4 xの不等式 $0.5x+3<x+a$ の解が $5x-2>x+6$ の解と同じになる a の値を求めよ。 (群馬)

58 1次不等式の応用(1) ― 整数 ―

例題

ある整数 a から 1 を引いた数を 4 倍したものは，a を 2 倍して 3 を加えたものより大きいという。このような整数のうちで最小のものを求めよ。 （神奈川）

◆考え方

a から 1 を引いた数の 4 倍
→ $(a-1)\times4=4(a-1)$
a を 2 倍して 3 を加える
→ $a\times2+3=2a+3$

解 法

$4(a-1)>2a+3$
$4a-4>2a+3$
$2a>7$
$a>3\frac{1}{2}$
この式をみたす最小の整数から
$a=4$

答 4

58. 類題トレーニング

1 ある自然数の 5 倍に 3 をたしたものは，もとの数を 8 倍して 6 をひいたものより大きいという。もとの自然数を求めよ。 （鳥取）

2 一の位の数が 8 である 2 けたの自然数がある。この 2 けたの自然数は，各位の数の和の 3 倍より小さいという。このような自然数をすべて求めよ。 （岐阜）

3 100 から，1，2，3 のように連続する 3 つの整数の和を引くと 27 以上になるという。このとき，連続する 3 つの整数の和が最も大きくなるのはどのような整数のときか。その 3 つの整数を求めよ。 （京都）

59 1次不等式の応用(2) ― 金額と個数① ―

例題

1本100円のえんぴつを何本かと，1冊250円のノートを何冊か買い，代金の合計を2000円以下にしたい。

(1) えんぴつを a 本，ノートを b 冊買うものとして数量の間の関係を不等式で表せ。

(2) えんぴつを6本買うとき，ノートは最大限何冊まで買うことができるか。

（宮城）

◆考え方

(1) **(100円のえんぴつ a 本)＋(250円のノート b 冊)≦2000**

(2) **最大の整数を求める。**

解法

(1) $100\times a+250\times b=100a+250b$ から

$100a+250b\leqq 2000$

(2) (1)の式に $a=6$ を代入して，

$$600+250b\leqq 2000$$
$$250b\leqq 1400$$
$$\therefore\quad b\leqq 5\frac{3}{5}$$

よって，b の最大値は5

答 (1) $\boldsymbol{100a+250b\leqq 2000}$ (2) **5冊**

59. 類題トレーニング

1 1本150円のボールペンと1本50円の鉛筆を合わせて13本買い，その代金を1500円以下にしたい。ボールペンをできるだけ多く買うためには，それぞれ何本買えばよいか。（青森）

2 ある美術館の入館料は，大人1人250円，子供1人120円である。ある日の入館者は大人と子供合わせて220人で，入館料の合計は40000円以下であったという。この日の子供の入館者は少なくとも何人であったか。（鹿児島）

3 3000円持って買い物に行き，1本120円のボールペンと1本80円の鉛筆とをあわせて25本買いたい。しかし，他にも買い物があるので500円以上残したい。ボールペンをできるだけ多く買おうとすると，ボールペンは何本買うことができるか。（愛知）

60 1次不等式の応用(3) — 金額と個数② —

例題

1本の定価が120円の鉛筆がある。この鉛筆を，Aの店では定価の10%引きで売っている。Bの店では1ダースまでは定価どおりで，1ダースをこえると，こえた1本につき，定価の25%引きで売っている。鉛筆を何本以上買うと，Bの店の方がAの店で買うより安くなるか。 (石川)

◆考え方

鉛筆をx本($x>12$)買うとすると，Aの店，Bの店ではいくらになるか。

解法

鉛筆をx($x>12$)本買うとすると，

Aの店では　$120\times\left(1-\frac{10}{100}\right)x=108x$(円)

Bの店では　$120\times12+120\times\left(1-\frac{25}{100}\right)(x-12)$

$=1440+90(x-12)$(円)

B店の方がA店で買うより安くなるから，

$1440+90(x-12)<108x$

$1440+90x-1080<108x$

$360<18x$

$20<x$

よって，21本以上

答 **21本以上**

60. 類題トレーニング

1 ある店では，定価130円のノートを10冊よりも多く買うと，10冊をこえた1冊ごとに定価の2割を値引きしている。このノートを何冊か買って，定価120円のノートを同じ冊数買うよりも支払う代金の総額を少なくしたい。そのためには，定価130円のノートを最低何冊買えばよいか。 (新潟)

2 ある中学校で卒業文集を作ることにした。印刷にかかる費用は，A社では50冊までは1冊あたり200円で，50冊をこえた分については，1冊あたり150円である。またB社では印刷する冊数にかかわらず1冊あたり180円である。

(1) A社で70冊印刷するとき，印刷にかかる費用は全部でいくらになるか。

(2) A社で印刷する方が，B社よりも費用が安くなるのは，少なくとも何冊印刷するときか。 (山口)

61 1次不等式の応用(4) ― 時間と距離 ―

● 例 題 ●

太郎君の家から学校までの道のりは 1800 m である。ある朝，太郎君は家を出てはじめは歩き，途中から走って学校へ行った。その結果，家から学校までの所要時間は 20 分以下であった。太郎君の歩く速さが毎分 70 m，走る速さが毎分 210 m であったとして，太郎君の走った道のりについて考えたい。太郎君の走った道のりを x m として次の(　)をうめよ。

(1) 走っていた時間を x を用いて表すと(　　)分である。

(2) 所要時間が 20 分以下であることを不等式で表すと

　　(　　　　)$\leqq 20$

(3) 太郎君の走った道のりは(　　)m 以上 1800 m 未満である。　　(富山)

◆考え方

(1) $\dfrac{\text{距離}}{\text{速さ}}$=かかった時間

(2) 歩いた距離は $(1800-x)$ m

解 法

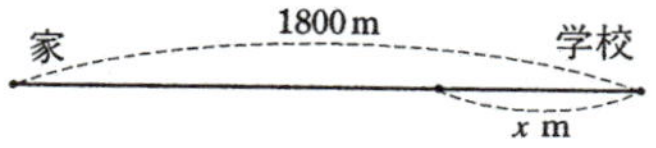

(1) $\dfrac{x}{210}$ 分

(2) $\dfrac{1800-x}{70}+\dfrac{x}{210}\leqq 20$

(両辺)×210　$3(1800-x)+x\leqq 4200$

$5400-3x+x\leqq 4200$

$-2x\leqq -1200$

$x\geqq 600$

(3) $600\leqq x<1800$

答 (1) $\dfrac{x}{210}$　　(2) $\dfrac{1800-x}{70}+\dfrac{x}{210}$　　(3) **600**

61. 類題トレーニング

1 A 君は，家から 4 km離れた駅へ行くのに，初めは毎分 60 m の速さで歩いていたが，遅れそうになったので，途中から毎分 80 m の速さで歩いたら，家を出てから 1 時間以内に駅に着くことができた。毎分 80 m の速さで歩いた距離は何 m 以上か。　　(鹿児島)

2 ある中学校の運動部員の A 君は，学校から裏山へ続く坂道を走って往復する練習計画を立てた。5 分間準備体操をして学校を出発し，毎分 100 m の速さである地点まで走る。その地点で 10 分間柔軟体操をして，同じ道を毎分 300 m の速さで学校まで走って引き返し，5 分間整理体操をする。準備体操の開始は午後 4 時 20 分とし，整理体操の終了は午後 5 時を過ぎないようにしたい。走る距離をできるだけ長くするためには，学校から引き返す地点までの距離を何 m にすればよいか。　　(愛媛)

62 1次不等式の応用(5) — 食塩水 —

● 例題 ●

「8%の食塩水 450g がある。これを A とする。これに食塩を加えて 10%以上の食塩水 B を作りたい。食塩を何グラム以上加えたらよいか。」

という問題について，次のように考えて正しい結果を得た。

A に含まれる食塩の量は［ア］g であるから，加える食塩の量を xg とすると，B の量は［イ］g となり，その中に含まれる食塩の量は［ウ］g となる。よって不等式［エ］が得られ，これを解けば，加える食塩の量は［オ］g 以上であることがわかる。

（山梨）

◆考え方

全体の量，食塩の量をはっきりつかむ。

解法

A に含まれる食塩の量は，$450\times0.08=36$(g)である。

全体の量は $450+x$(g)で，食塩の量は $36+x$(g)となる。

よって，

$\dfrac{36+x}{450+x}\geqq\dfrac{10}{100}$ から $36+x\geqq\dfrac{1}{10}(450+x)$

(両辺)×10 から，$360+10x\geqq450+x$，$9x\geqq90$　よって，$x\geqq10$

答　ア．**36**　イ．$\boldsymbol{450+x}$　ウ．$\boldsymbol{36+x}$　エ．$\boldsymbol{36+x\geqq\dfrac{1}{10}(450+x)}$
オ．**10**

62. 類題トレーニング

1　8%の食塩水 200g がある。これに水を加えて 5%以下にしたい。加える水の量を求めよ。

2　12%の食塩水 100g がある。塩 xg を加えて 20%以上にしたい。加える塩の量を求めよ。

3　2%の食塩水 500g に 7%の食塩水を xg 加えたら，濃度が 5%以上になった。x のとりうる値の範囲を求めよ。

63 連立方程式の解法(1) — 代入法，加減法 —

例 題

次の連立方程式を解け。

(1) $\begin{cases} 2x-y=9 & \cdots\cdots\cdots① \\ y=-x+6 & \cdots\cdots\cdots② \end{cases}$ （東京）　(2) $\begin{cases} 2x-y=8 & \cdots\cdots\cdots① \\ 3x+2y=5 & \cdots\cdots\cdots② \end{cases}$ （鹿児島）

◆考え方

(1) **代入法**

(2) **加減法**

解 法

(1) ②を①に代入すると，

$$
\begin{aligned}
2x-(-x+6)&=9\\
2x+x-6&=9\\
3x&=15\\
x&=5
\end{aligned}
$$

②に代入して，　$y=-5+6$

$y=1$

(2) ①×2　　$4x-2y=16$

②　　$3x+2y=5$　(+

$7x=21$

$x=3$

②に代入して，　$9+2y=5$

$2y=-4$

$y=-2$

答 (1) $\boldsymbol{x=5,\ y=1}$　(2) $\boldsymbol{x=3,\ y=-2}$

63. 類題トレーニング

1　次の連立方程式を解け。

(1) $\begin{cases} y=2x-1 \\ 3x+y=9 \end{cases}$ （沖縄）　(2) $\begin{cases} 3x+2y=4 \\ y=3x-7 \end{cases}$ （滋賀）

(3) $\begin{cases} y=2x-11 \\ x-3y=18 \end{cases}$ （青森）　(4) $\begin{cases} 4x+5y=-8 \\ 2y=x-11 \end{cases}$ （京都）

(5) $\begin{cases} 2x+y=1 \\ x-y=2 \end{cases}$ （島根）　(6) $\begin{cases} 3x+y=5 \\ x-2y=4 \end{cases}$ （大阪）

(7) $\begin{cases} 2x+y=5 \\ 4x-5y=3 \end{cases}$ （埼玉）　(8) $\begin{cases} 2x-y=24 \\ 3x+2y=15 \end{cases}$ （東京）

64 連立方程式の解法(2) — 応用 —

例題

次の連立方程式を解け。

(1) $\begin{cases} \dfrac{x}{2}+\dfrac{y}{3}=5 & \cdots\cdots\text{①} \\ 2x-y=-1 & \cdots\cdots\text{②} \end{cases}$ （京都）

(2) $\begin{cases} \dfrac{1}{3}x-\dfrac{1}{4}y=\dfrac{3}{2} & \cdots\cdots\text{①} \\ x+2.5y=-2 & \cdots\cdots\text{②} \end{cases}$ （北海道）

◆考え方

(1) **まず，①の両辺に2と3の最小公倍数6をかける。**

(2) **まず，①の両辺に3と4の最小公倍数12をかける。**

解法

(1)

$$\begin{array}{lrl} \text{①}\times 6 & 3x+2y & =30 \\ \text{②}\times 2 & 4x-2y & =-2 \quad (+ \\ \hline & 7x & =28 \\ & x & =4 \end{array}$$

②に代入して，$8-y=-1$

$y=9$

(2)

$$\begin{array}{lrl} \text{①}\times 12 & 4x-3y & =18 \\ \text{②}\times 4 & 4x+10y & =-8 \quad (- \\ \hline & -13y & =26 \\ & y & =-2 \end{array}$$

②に代入して，$x-5=-2$

$x=3$

答 (1) $\boldsymbol{x=4,\ y=9}$ (2) $\boldsymbol{x=3,\ y=-2}$

64. 類題トレーニング

1 次の連立方程式を解け。

(1) $\begin{cases} \dfrac{x}{2}+y=2 \\ 3x=2y \end{cases}$ （新潟）

(2) $\begin{cases} 0.1x+0.2y=1.6 \\ 2y=3x \end{cases}$ （京都）

(3) $\begin{cases} \dfrac{1}{2}x-y=4 \\ 3x+\dfrac{1}{3}y=5 \end{cases}$ （埼玉）

(4) $\begin{cases} \dfrac{x}{4}-\dfrac{y}{3}=1 \\ \dfrac{x}{7}+\dfrac{y}{6}=7 \end{cases}$ （富山）

(5) $\begin{cases} 3x+2y+1=0 \\ 4(x-2)-3y=2 \end{cases}$ （都立高専）

(6) $\begin{cases} 2x+y-2=0 \\ 2(x+y)=3(y+1) \end{cases}$ （愛知）

(7) $\begin{cases} 2(x+y)-(x-8)=7 \\ 2x-y=3 \end{cases}$ （千葉）

(8) $\begin{cases} 2(x-1)-3y=10 \\ 2y-\dfrac{x-1}{2}=-5 \end{cases}$ （石川）

65 連立方程式の解法(3) —3つの式—

● 例 題 ●

連立方程式 $\begin{cases} x+y=6 & \cdots\cdots\cdots① \\ x-y=2a & \cdots\cdots\cdots② \end{cases}$ の解が，方程式 $2x-3y=1$ ………③をみたすとき，a の値とこの連立方程式の解を求めよ。 （栃木）

◆考え方

a を含まない式

$\begin{cases} ① \\ ③ \end{cases}$ **を解く。**

解 法

①，②，③の解が同一であるから，まず①，③より x，y の値を求めると，

$\begin{cases} x+y=6 & \cdots\cdots\cdots① \\ 2x-3y=1 & \cdots\cdots\cdots③ \end{cases}$

①×3　$3x+3y=18$

③　$2x-3y=1$　(+

$5x\quad=19$

$\therefore\ x=\dfrac{19}{5}$ から $y=\dfrac{11}{5}$

これを②に代入

$\dfrac{19}{5}-\dfrac{11}{5}=2a\quad\therefore\ a=\dfrac{4}{5}$

答 $\boldsymbol{a=\dfrac{4}{5},\ x=\dfrac{19}{5},\ y=\dfrac{11}{5}}$

65. 類題トレーニング

1　次の連立方程式を解いたとき，x の値が y の値の2倍となるようにしたい。a の値をいくらにしたらよいか。

$$\begin{cases} x+2y=a+6 & \cdots\cdots\cdots① \\ -x+3y=a & \cdots\cdots\cdots② \end{cases}$$

（愛知）

2　連立方程式 $\begin{cases} 3x+6y=0 & \cdots\cdots\cdots① \\ ax-3y=-3 & \cdots\cdots\cdots② \end{cases}$ の解が $x=p$，$y=q$ とするとき，$4p-q=-3$ が成り立つという。a の値を求めよ。 （岩倉高）

66 連立方程式の解法(4) ― 解と係数 ―

● 例題 ●

連立方程式 $\begin{cases} ax+by=9 \\ 2bx-ay=-6 \end{cases}$ の解が $x=1$, $y=2$ であるとき，a, b の値を求めよ。

（栃木）

◆考え方

解がわかっているから代入する。

解法

それぞれの式に $x=1$, $y=2$ を代入すると，

$$\begin{cases} a+2b=9 & \cdots\cdots\text{①} \\ 2b-2a=-6 & \cdots\cdots\text{②} \end{cases}$$

①－②　$3a=15$　∴　$a=5$

これを①に代入して，$5+2b=9$　$b=2$

答　$\boldsymbol{a=5}$，$\boldsymbol{b=2}$

66. 類題トレーニング

1　連立方程式 $\begin{cases} 3x-y=13 \\ ax+y=7 \end{cases}$ の解は $(x, y)=(4, b)$ であるという。
a, b にあたる数をそれぞれ求めよ。（宮崎）

2　連立方程式 $\begin{cases} 2ax+by=8 \\ -ax+3by=10 \end{cases}$ の解が $\begin{cases} x=2 \\ y=1 \end{cases}$ になるように a, b の値を求めよ。（広島）

3　方程式 $ax+by=1$ の解が $x=1$, $y=-\dfrac{5}{2}$ で，$a:b=3:1$ であるとき，定数 a, b の値を求めよ。（北海道）

67 連立方程式の解法(5) —A＝B＝C—

例題

次の連立方程式を解け。

$4x+5y=3x+2y=14$ （熊本）

◆考え方

A＝B＝Cのときは $\begin{cases} A=B \\ A=C \end{cases}$ か $\begin{cases} A=B \\ B=C \end{cases}$ または $\begin{cases} A=C \\ B=C \end{cases}$ のうちの1つを計算すればよい。

解法

$\begin{cases} 4x+5y=14 & \cdots\cdots① \\ 3x+2y=14 & \cdots\cdots② \end{cases}$

①×2　$8x+10y=28$

②×5　$15x+10y=70$　(−

$-7x=-42$

∴　$x=6$　これを①に代入して，$y=-2$

(別解)　$4x+5y=3x+2y$　より

$x=-3y$

これを $4x+5y=14$ に代入して，$y=-2$

答　$\boldsymbol{x=6,\quad y=-2}$

67. 類題トレーニング

1　次の連立方程式を解け。

(1)　$4x-3y=7x-2y=5$ （拓大一高）

(2)　$5x-7y=2x-3y+5=7$ （宮崎）

(3)　$\dfrac{3x-y}{2}=\dfrac{x-2y}{3}=1$ （群馬）

(4)　$5x+y=4x-y=3x+9$ （愛知）

2　x，y についての方程式 $ax+by=bx-y=3$ の解が $x=-2$，$y=3$ となるとき，a，b の値を求めよ。 （新潟）

68 連立方程式の応用(1) ― 金額と個数 ―

● 例 題 ●

ある展覧会の入場料は，1人あたり，大人300円，子ども200円である。ある日の入場料の合計は77000円で，この日の子どもの入場者数は，大人の入場者数の2倍より35人多かった。

(1) この日の大人の入場者数を x 人，子どもの入場者数を y 人とすると，次の連立方程式が成り立つ。

$$\begin{cases} \boxed{} = 77000 \\ y = \boxed{} \end{cases}$$

(2) (1)の連立方程式を解いて，この日の子どもの入場者数を求めよ。 (兵庫)

◆考え方

(1) 大人 x 人では **$300x$ 円**
子ども y 人では **$200y$ 円**

解 法

(1) 大人1人300円，x 人では $300x$ 円，子ども1人200円，y 人では $200y$ 円。この合計が **77000円**。
y は x の2倍より35多いから，

$$\begin{cases} 300x+200y=77000 & \cdots\cdots\cdots ① \\ y=2x+35 & \cdots\cdots\cdots ② \end{cases}$$

(2) ②を①に代入して，

$$300x+200(2x+35)=77000$$
$$300x+400x+7000=77000$$
$$700x=70000 \qquad \therefore\ x=100$$
$$y=2\times100+35=235$$

答 (1) **$300x+200y$，$2x+35$**　(2) **235人**

68. 類題トレーニング

1 1本の値段が40円と60円の鉛筆を合わせて16本買って，780円支払った。買った鉛筆のそれぞれの本数を求めよ。 (滋賀)

2 A，B 2種類の切手がある。A 4枚とB 3枚を買うと合計560円であり，A 5枚とB 4枚を買うと合計730円である。A 1枚，B 1枚はそれぞれいくらか。 (千葉)

3 あるクラスでは，全員がお金を出しあって，ボール3個と3500円のバットを1本買うことにした。いま1人120円ずつ集めると140円不足するが，1人135円ずつ集めると最初の予定よりボールが1個多く買えて，さらに30円余るという。ボール1個の値段を x 円，クラスの人数を y 人として，次の問いに答えよ。

(1) ボール3個とバット1本の合計金額を，x の式で表せ。

(2) x，y についての連立方程式をつくれ。

(3) (2)の連立方程式を解いて，ボール1個の値段とクラスの人数を求めよ。 (福井)

69　連立方程式の応用(2)　— 平均 —

例題

30人の生徒に対して，20点満点で数学の小テストをした。その結果，男子 x 人の平均点は12点，女子 y 人の平均点は15点で，全体の平均点は14点であった。x，y の値を求めよ。　（大分）

◆考え方

生徒数は，$x+y=30$，合計点は，男子 $12x$ 点，女子 $15y$ 点

解法

$x+y=30$，**男子 x 人の合計点は $12x$ 点，女子 y 人の合計点は $15y$ 点，全体の合計点は $14\times30=420$ 点**である。

$$\begin{cases} x+y=30 & \cdots\cdots\text{①} \\ 12x+15y=420 & \cdots\cdots\text{②} \end{cases}$$

①×15　$15x+15y=450$

②　　 $12x+15y=420$　(−

　　　 $3x=30$

　　　 $x=10$

これを①に代入して，$10+y=30$　∴　$y=20$

答　$x=10$，$y=20$

69. 類題トレーニング

1　男子30人，女子20人を合わせた50人の身長の平均は，156cmである。この50人のうち，男子30人だけの身長の平均は，女子だけの身長の平均よりも10cm高い。このとき，男子30人だけの身長の平均を求めよ。　（千葉）

2　あるクラスで，5点満点のテストAとテストBを行った。下の表は，テストAの得点別の人数を整理したものである。

得点(点)	0	1	2	3	4	5	合計
人数(人)	1	2	7	x	12	y	40

(1)　このクラスのテストAの平均点を x，y を使った式で表せ。

(2)　テストBの得点別の人数を上の表と同様に整理したところ，テストAの3点と5点の人数が入れ替わり，他の得点別の人数は同じであった。また，テストBの平均点はテストAの平均点より0.5点高かった。このとき，x，y の値を求めよ。　（兵庫）

70 連立方程式の応用(3) — 自然数 —

例題

2けたの自然数がある。この自然数は，十の位の数と一の位の数の和の7倍に等しい。また，十の位の数と一の位の数を入れかえてできた2けたの整数は，もとの自然数より36小さい。もとの自然数を求めよ。 (群馬)

◆考え方

十の位の数字を x，一の位の数を y とする。

解法

十の位の数字を x，一の位の数を y とする。この数は $10x+y$，x と y を入れかえてできる数は $10y+x$

$$\begin{cases} 10x+y=7(x+y) & \cdots\cdots① \\ 10y+x=10x+y-36 & \cdots\cdots② \end{cases}$$

①から　$3x-6y=0$ ……①′

②から　$9x-9y=36$ ……②′

①′×3　$9x-18y=0$

②′　$9x-9y=36$ (−

$-9y=-36$　∴ $y=4$

①′に代入して，$3x-6\times4=0$　∴ $x=8$

答 84

70. 類題トレーニング

1 2けたの自然数があり，十の位の数と一の位の数の和は10である。また，十の位の数と，一の位の数を入れかえてできる数は，もとの数より18大きくなる。このもとの2けたの自然数を，十の位の数を x，一の位の数を y として連立方程式を立てて求めよ。 (三重)

2 十の位の数が4である3けたの自然数Aがあり，各位の数の和は15である。Aの百の位の数を一の位の数に，Aの一の位の数を十の位の数に，Aの十の位の数を百の位の数にして，3けたの自然数Bをつくる。BはAより81小さくなるという。自然数Aを求めよ。 (福岡)

71 連立方程式の応用(4) ― 時間と距離 ―

例題

ある人が，山の頂上をめざして，ふもとのA地点を午前9時に出発した。頂上では，1時間の休憩をとり，くだりはのぼりと別のコースを通り，もとのA地点に午後3時に着いた。コースの全長は14kmで，のぼりの速さは毎時2km，くだりの速さを毎時4kmとして，次の問いに答えよ。

(1) のぼりの距離を $x$km，くだりの距離を $y$kmとして連立方程式をつくれ。

(2) (1)の連立方程式を解け。

(3) のぼりの距離とくだりの距離をそれぞれ求めよ。 (山形)

◆考え方

コースの全長は14kmで，5時間かかった。

解法

(1) 午前9時から午後3時まで6時間のうち1時間は休憩。

コースの全長が14kmだから，

$x+y=14$ ………①

のぼりにかかった時間は $\frac{x}{2}$ 時間。

くだりにかかった時間は $\frac{y}{4}$ 時間から，

$\frac{x}{2}+\frac{y}{4}=5$ ………②

(2) ②×4 …… $2x+y=20$

① …… $x+y=14$ (−

$x=6$

よって，$y=8$

(3) のぼりの距離は6km，くだりの距離は8km

答 (1) $\begin{cases} x+y=14 \\ \frac{x}{2}+\frac{y}{4}=5 \end{cases}$ (2) **上記** (3) **のぼり6km，くだり8km**

71. 類題トレーニング

1 9km離れた所へ行くのに，はじめの $a$kmは時速6kmで歩き，残りの $b$kmは時速4kmで歩いたところ，2時間かかった。a と b の値を求めよ。 (群馬)

2 周囲が2100mの池がある。花子と太郎が，この池の周囲を同じ地点から出発して走ることにした。

1回目は，2人が反対の方向にまわることにし，同時に出発したところ，7分後にはじめて出会った。

2回目は，2人が同じ方向にまわることにし，花子が出発して2分後に太郎が出発したところ，太郎の出発から5分後に花子に追いついた。

花子の走る速さは2回とも同じで，太郎の走る速さも2回とも同じであった。花子と太郎の走る速さはそれぞれ毎分何mであったか。 (愛媛)

72 連立方程式の応用(5) — 水量 —

例 題

給水量がそれぞれ毎分一定である２つの給水管 A，B がある。いま，A，B を同時に８分間使用すると，160 ℓ 給水できる。また，初めに A だけを５分間使用した後，A，B を同時に６分間使用すると，155 ℓ 給水できる。

(1) A の給水量を毎分 x ℓ，B の給水量を毎分 y ℓ として次のような連立方程式をつくるとき ア，イ それぞれに当てはまる式を求めよ。

$$\begin{cases} 8(\boxed{ア}) = 160 \\ \boxed{イ} + 6(\boxed{ア}) = 155 \end{cases}$$

(2) (1)の連立方程式を解き，A，B それぞれの１分間当たりの給水量を求めよ。

（高知）

◆考え方

(1) **A，B を同時に使うと毎分 $(x+y)$ ℓ 給水できる。**

解 法

(1) $8(x+y)=160$ ………①
$5x+6(x+y)=155$ ………②

(2) ①÷8 から $x+y=20$ ………①′
②から
$5x+6x+6y=155$
$11x+6y=155$ ………②′
①′×11　$11x+11y=220$
②′　$11x+6y=155$　(−
$5y=65$
∴　$y=13$　①′から $x=7$

答 (1) ア．$\boldsymbol{x+y}$　イ．$\boldsymbol{5x}$　(2) **A 管 7 ℓ，B 管 13 ℓ**

72. 類題トレーニング

1 満水にすると 420 m^3 入るプールがあって，A，B２つの注水管がついている。このプールに，A 管を１時間と，B 管を２時間使って注水したら，プールの $\frac{1}{3}$ だけ水が入った。さらに，A 管を４時間と，B 管を１時間使って注水したら，プールは，ちょうど満水した。このことから，A，B それぞれの注水管の１時間あたりの注水量を求めよ。（福岡）

2 容積が 20kℓ の水そうに水を入れるのに，A 管と B 管を使う。はじめ A 管で３時間入れた後，B 管で２時間入れると満水になる。また，A 管で２時間入れた後，B 管で４時間入れても満水になる。

(1) A 管と B 管は，それぞれ１時間に何 kℓ の水を入れることができるか。

(2) A 管と B 管を同時に使って水を入れると，この水そうは何時間何分で満水になるか。

（山形）

73 連立方程式の応用(6) ―― 割合 ――

● 例 題 ●

ある中学校の今年度の生徒数は，昨年度に比べると男子の生徒数は4%増加し，女子の生徒数が1%減少したので，全体として8人増加し583人になった。

(1) 昨年度の男子の生徒数を x 人，女子の生徒数を y 人として x と y の関係を連立方程式で表すと

$$\begin{cases} x+y=\boxed{} \\ \boxed{}=8 \end{cases}$$

(2) 今年度の男子の生徒数は□人で，女子の生徒数は□人である。

（富山）

◆考え方

(1) **x 人の4%は $x\times0.04$，y 人の1%は $y\times0.01$**

解 法

(1) 昨年度の男子，女子合計の生徒数は $583-8=575$（人）から

$x+y=575$ ………①

今年度は8人増加したことから，

$0.04x+(-0.01y)=8$

$\therefore\ 0.04x-0.01y=8$ ………②

(2) ②×100 $4x-y=800$

① $x+y=575$ （+

$5x=1375$

$\therefore\ x=275$，よって，$y=300$

今年度の男子は $275\times1.04=286$（人），女子は $300\times0.99=297$（人）

答 (1) **575，$0.04x-0.01y$** (2) **286，297**

73. 類題トレーニング

1 ある中学校で図書館の利用者数を調査した。1月は男女合わせて650人であったが，2月は1月に比べ男子が40%減り，女子が20%増えたので，女子が男子より330人多かった。2月の男子と女子の利用者数はそれぞれ何人か。 （福島）

2 ある会社で製品Aと製品Bをつくっている。1月につくった製品Aと製品Bの個数の合計は1200個であった。2月は1月にくらべて，製品Aの個数は4%増加し，製品Bの個数は140個減少したので全体の個数は10%減少した。

(1) 1月につくった製品Aの個数を x 個，1月につくった製品Bの個数を y 個として連立方程式をつくれ。

(2) 2月につくった製品AとBの個数を求めよ。 （福岡）

74 連立方程式の応用(7) — 食塩水 —

● 例 題 ●

4%の食塩水と7%の食塩水を混ぜ合わせて，6%の食塩水300 gをつくりたい。

(1) 6%の食塩水300 gに含まれる食塩の重さは何 gか。

(2) 4%の食塩水 x gと，7%の食塩水 y gとを混ぜ合わせるとして，x，y についての連立方程式をつくれ。

(3) (2)でつくった連立方程式を解き，x，y の値を求めよ。 (岐阜)

◆考え方

(1) $300\times\frac{6}{100}$

(2) **全体の量の関係，食塩の量の関係から連立方程式をつくる。**

解 法

(1) $300\times\frac{6}{100}=18$

(2) 全体の量 ……… $x+y=300$ ………①

4%の食塩水 x gに含まれる食塩の量は $(x\times0.04)$ g，7%の食塩水 y gに含まれる食塩の量は $(y\times0.07)$ gだから，

食塩の量 ……… $0.04x+0.07y=18$ ………②

(3) ①×7　$7x+7y=2100$

②×100　$4x+7y=1800$ (−

$3x=300$

∴ $x=100$　よって，$y=200$

答 (1) **18 g**　(2) $\begin{cases}x+y=300\\0.04x+0.07y=18\end{cases}$　(3) $x=100$，$y=200$

74. 類題トレーニング

1 10%の食塩水と5%の食塩水を混ぜて，8%の食塩水を450 gつくりたい。2種類の食塩水を何 gずつ混ぜればよいか，求めよ。 (福島)

2 A，B 2種類の食塩水が500 gずつある。Aから300 g，Bから200 gとって混ぜあわせたら8%の食塩水ができた。また，残った食塩水を混ぜあわせたら7%の食塩水ができた。A，Bの濃度はそれぞれ何%か。 (愛知)

75 連立方程式の応用(8) ― 成分 ―

● 例 題 ●

右の表は，食品 A，B，C のそれぞれ 100 g 中に含まれるたんぱく質の量を示したものである。これらの食品 A，B，C を合わせて 300 g 使って，料理をつくり，たんぱく質がちょうど 42 g 含まれるようにしたい。食品 C を 40 g 使うとすると，食品 A と食品 B はそれぞれ何 g 使えばよいか。食品 A を x g，食品 B を y g として，連立方程式をつくって解け。（愛媛）

食品	A	B	C
たんぱく質(g)	20	12	5

◆考え方

x g 中に含まれるたんぱく質は $x\times\dfrac{20}{100}$ g。

全体の量とたんぱく質の量の関係式をつくる。

解 法

全体の重さは

$x+y+40=300$ ………①

たんぱく質の重さは

$x\times\dfrac{20}{100}+y\times\dfrac{12}{100}+40\times\dfrac{5}{100}=42$ ………②

①から　$x+y=260$ ………③

②×100　$20x+12y+200=4200$

$20x+12y=4000$ ………④

③×20　$20x+20y=5200$

④　$20x+12y=4000$　(−

$8y=1200$

$\therefore y=150$　よって，$x=110$

答 **食品 A 110 g，食品 B 150 g**

75. 類題トレーニング

1　右の表は，2 つの食品 A，B それぞれ 100 g 中にふくまれている，たん白質，脂肪，炭水化物の成分の量を示している（単位は g）。

	A	B
たん白質	8	14
脂　肪	5	2
炭水化物	12	6

(1)　A食品 80 g，B食品 60 g から，たん白質は合計何 g とれるか。

(2)　A食品と B食品とから，たん白質 12 g，脂肪 4.8 g をとるにはそれぞれ何 g ずつ食べたらよいか。次の①，②の順に解け。

①　A食品を x g，B食品を y g として方程式をつくれ。

②　①の方程式を解け。

76 連立方程式の応用(9) — 1次式 —

例題

ある都市のガス料金は，ガスの使用量に応じて

(基本料金)＋(ガス 1 m^3 あたりの価格)×(ガスの使用量)

で計算される。

ガスの使用量が 3 m^3 のときの料金は 1090 円であり，ガスの使用量が 5 m^3 のときの料金は 1350 円である。ガスの使用量が 10 m^3 のときの料金はいくらか。ただし，基本料金およびガス 1 m^3 あたりの価格は一定である。 (千葉)

◆考え方

基本料金を x 円，ガス 1 m^3 あたりの価格を y 円とする。
まず，x と y の値を求める。
$x+ay$ の形

解法

基本料金を x 円，ガス 1 m^3 あたりの価格を y 円とすると，

3 m^3 のとき 1090 円から

$x+y\times3=1090$

$\therefore\ x+3y=1090$ ………①

5 m^3 のとき 1350 円から

$x+y\times5=1350$

$\therefore\ x+5y=1350$ ………②

②－①から $2y=260$ $\therefore\ y=130\quad x=700$

よって，10 m^3 のときは，

$700+130\times10=2000$

答 **2000 円**

76. 類題トレーニング

1 太郎君の市の 1 カ月の水道料金は a m^3 までは x 円，a m^3 をこえたときは 1 m^3 につき y 円加算することになっている。

(1) 太郎君の家のある月の使用量は b m^3 $(b>a)$ だった。この月の料金はいくらか。

(2) 太郎君の家では 4 月には 17 m^3, 5 月には 25 m^3 使用し，それぞれ 2640 円, 3920 円支払った。太郎君は x，y を計算してみようとして連立方程式をつくった。どんな連立方程式になるか。ただし，a m^3 を 8 m^3 とする。

(3) (2)の連立方程式を解いて x，y の値を求めよ。

77 2次方程式の解法(1) —$x^2=a$—

● 例題 ●

次の2次方程式を解け。

(1) $x^2=16$　　(2) $x^2=2$　（長崎）

(3) $(x-1)^2=3$　（島根）　(4) $(2x-3)^2=25$　（愛知）

◆考え方

$x^2=a\,(a\geqq 0)$
$\rightarrow x=\pm\sqrt{a}$

解法

(1) $x^2=16$

$x=\pm\sqrt{16}$

$=\pm 4$

(2) $x^2=2$

$x=\pm\sqrt{2}$

(3) $X^2=3$　〔$x-1=X$ とおく〕

$X=\pm\sqrt{3}$

$x-1=\pm\sqrt{3}$ から

$x=1\pm\sqrt{3}$

(4) $X^2=25$　〔$2x-3=X$ とおく〕

$X=\pm 5$

$2x-3=\pm 5$

$2x=3\pm 5$

$x=\dfrac{3\pm 5}{2}$ から $x=4,\ -1$

答 (1) $\boldsymbol{x=\pm 4}$　(2) $\boldsymbol{x=\pm\sqrt{2}}$　(3) $\boldsymbol{x=1\pm\sqrt{3}}$

(4) $\boldsymbol{x=4,\ -1}$

77. 類題トレーニング

1 次の2次方程式を解け。

(1) $x^2=49$

(2) $x^2=7$

(3) $x^2=50$

(4) $x^2=100$

(5) $(x+4)^2=9$　（神奈川）

(6) $(x+3)^2=5$　（佐賀）

(7) $(x-1)^2-9=0$　（熊本）

(8) $(x+2)^2-3=0$

(9) $(2x-1)^2=49$

(10) $(3x+2)^2-8=0$

78 2次方程式の解法(2) ― 因数分解 ―

例題

次の2次方程式を解け。

(1) $x^2-2x=0$ （熊本）　(2) $x^2+4x-12=0$ （東京）

(3) $x(x+1)=12$ （岩手）　(4) $(x+2)(x+3)=2x^2$ （福井）

◆考え方

$(x-a)(x-b)=0$
ならば，
$x=a,\ b$ である。
(3)，(4)は右辺を0としてから左辺を因数分解する。

解法

(1) $x^2-2x=0$
$x(x-2)=0$　　$x=0,\ 2$

(2) $x^2+4x-12=0$
$(x+6)(x-2)=0$　　$x=-6,\ 2$

(3) $x^2+x-12=0$
$(x+4)(x-3)=0$　　$x=-4,\ 3$

(4) $x^2+5x+6=2x^2$
$x^2-5x-6=0$
$(x-6)(x+1)=0$　　$x=6,\ -1$

答 (1) $\boldsymbol{x=0,\ 2}$　(2) $\boldsymbol{x=-6,\ 2}$　(3) $\boldsymbol{x=-4,\ 3}$
(4) $\boldsymbol{x=6,\ -1}$

78. 類題トレーニング

1 次の2次方程式を解け。

(1) $x^2=3x$ （岐阜）　(2) $x^2+8x=0$ （青森）

(3) $x^2+2x-8=0$ （岩手）　(4) $x^2-2x-15=0$ （島根）

(5) $x^2=7x-6$ （大阪）　(6) $x^2+3=4x$ （滋賀）

(7) $2x^2-4x=6$ （静岡）　(8) $-3x^2+12x-12=0$ （千葉）

(9) $(x+1)(x+2)=12$ （千葉）　(10) $(x-2)^2=6-3x$ （愛知）

(11) $(2x-1)^2=3x^2+13$ （岡山）　(12) $11-x(3-x)=(2x-3)(x-2)$ （京都）

2 2次方程式 $x^2+x-6=0$ の解のうち，小さい方の解が，x についての1次方程式 $3x-\dfrac{x+a}{2}=a$ の解であるとき，a の値を求めよ。 （新潟）

79 2次方程式の解法(3) — おきかえ —

● 例 題 ●

次の2次方程式を解け。

(1) $(x-4)^2=2(x-4)$ （三重）　(2) $(x-1)^2-5(x-1)-6=0$ （福井）

◆考え方

おきかえの問題

(1)は $x-4=\mathrm{A}$ とおく。
(2)は $x-1=\mathrm{A}$ とおく。

解 法

(1) $x-4=\mathrm{A}$ とおくと，

$\mathrm{A}^2=2\mathrm{A}$　$\mathrm{A}^2-2\mathrm{A}=0$　$\mathrm{A}(\mathrm{A}-2)=0$

もとにもどすと，$(x-4)(x-4-2)=0$

$(x-4)(x-6)=0$

よって，$x-4=0$　∴ $x=4$

$x-6=0$　∴ $x=6$

(2) $x-1=\mathrm{A}$ とおくと，

$\mathrm{A}^2-5\mathrm{A}-6=0$　$(\mathrm{A}-6)(\mathrm{A}+1)=0$　$\mathrm{A}=6,\ -1$

よって，$x-1=6$　∴ $x=7$

$x-1=-1$　∴ $x=0$

答 (1) $\boldsymbol{x=4,\ 6}$　(2) $\boldsymbol{x=0,\ 7}$

79. 類題トレーニング

1 次の2次方程式を解け。

(1) $(x-1)^2=2(x-1)$ （滋賀）

(2) $(x+3)^2=7(x+3)$ （愛知）

(3) $(x-1)^2+3(x-1)=0$ （岩手）

(4) $(x+2)^2-(x+2)-2=0$

(5) $(x+3)^2-2(x+3)-3=0$

(6) $(x-2)^2+(x-2)-30=0$ （愛知）

(7) $2x(x-2)-(x+1)(x-2)=0$ （秋田）

80　2次方程式の解法(4)　— 解の公式 —

例題

次の2次方程式を解け。

(1)　$x^2+3x-2=0$　（神奈川）　(2)　$x^2+5x-1=0$　（長崎）

(3)　$3x^2+5x+1=0$　（沖縄）　(4)　$(x-2)(x+2)=3x-2$　（愛知）

◆考え方

公式 $ax^2+bx+c=0\ (a\neq 0)$ の解

$$x=\frac{-b\pm\sqrt{b^2-4ac}}{2a}$$

a，b，c をはっきりさせる。

解法

◆考え方 の公式を利用して

(1)　$a=1$，$b=3$，$c=-2$ より

$$x=\frac{-3\pm\sqrt{3^2-4\times1\times(-2)}}{2\times1}=\frac{-3\pm\sqrt{17}}{2}$$

(2)　$a=1$，$b=5$，$c=-1$ より

$$x=\frac{-5\pm\sqrt{5^2-4\times1\times(-1)}}{2\times1}=\frac{-5\pm\sqrt{29}}{2}$$

(3)　$a=3$，$b=5$，$c=1$ より

$$x=\frac{-5\pm\sqrt{5^2-4\times3\times1}}{2\times3}=\frac{-5\pm\sqrt{13}}{6}$$

(4)　$x^2-4=3x-2$

$x^2-3x-2=0$

$a=1$，$b=-3$，$c=-2$ より

$$x=\frac{-(-3)\pm\sqrt{(-3)^2-4\times1\times(-2)}}{2\times1}=\frac{3\pm\sqrt{17}}{2}$$

答　(1)　$x=\dfrac{-3\pm\sqrt{17}}{2}$　(2)　$x=\dfrac{-5\pm\sqrt{29}}{2}$

(3)　$x=\dfrac{-5\pm\sqrt{13}}{6}$　(4)　$x=\dfrac{3\pm\sqrt{17}}{2}$

80. 類題トレーニング

1　次の2次方程式を解け。

(1)　$x^2-3x+1=0$　（長崎）　(2)　$x^2+5x+3=0$　（沖縄）

(3)　$x^2-8x+1=0$　（香川）　(4)　$2x^2-7x+1=0$　（佐賀）

(5)　$3x^2-8x+5=0$　（福井）　(6)　$x^2=4x+7$　（佐賀）

(7)　$x^2=2(x+1)$　（京都）　(8)　$x^2-x-3=\dfrac{1}{2}x^2$　（石川）

(9)　$2(x^2-5)=x(x-1)$　（愛知）　(10)　$(x+3)^2=4+x$　（広島）

81 2次方程式の解(1) —1つの解—

● 例題 ●

2次方程式 $x^2+ax-18=0$ の解の1つは9であるという。
(1) a の値を求めよ。
(2) もう1つの解を求めよ。 (宮城)

◆考え方

解がわかっていれば代入してみる。

解法

(1) $x=9$ を代入すると,
$9^2+9a-18=0$ $9a=-63$ ∴ $a=-7$
(2) $x^2-7x-18=0$ から $(x-9)(x+2)=0$
∴ $x=9,\ -2$

答 (1) $\boldsymbol{a=-7}$ (2) $\boldsymbol{x=-2}$

81. 類題トレーニング

1 x についての2次方程式 $x^2-ax+3=0$ の1つの解が3であるとき，a の値を求めよ。 (三重)

2 x についての2次方程式 $x^2-ax+a^2-7=0$ の1つの解が2であるとき，a の値を求めよ。 (茨城)

3 2次方程式 $x^2-ax-3a=0$ の解の1つが -2 であるとき,
(1) a の値を求めよ。
(2) もう1つの解を求めよ。 (群馬)

4 2次方程式 $x^2+ax+12=0$ の1つの解は2次方程式 $2x^2-8x=0$ の小さい方の解より3小さいという。a の値を求めよ。 (石川)

82 2次方程式の解(2) — 共通解 —

例題

2つの2次方程式 $x^2-x-6=0$……①，$x^2+ax-30=0$……②がある。それぞれの解のうち，大きい方の解が同じであるとき，a の値を求めよ。（京都）

◆考え方

①の方程式を解き，大きい方の解を求め，②に代入する。

解法

$x^2-x-6=0$ から $(x-3)(x+2)=0$ $\therefore$ $x=3,\ -2$

大きい方の解は $x=3$

②に $x=3$ を代入する。

$3^2+3a-30=0$ $3a=21$ $\therefore a=7$

答 $a=7$

82. 類題トレーニング

1 2次方程式 $x^2-2x-15=0$ の負の解が，2次方程式 $x^2+ax-2a+6=0$ の解の1つになっている。このとき，a の値を求めよ。（大分）

2 2つの2次方程式 $x^2+5x+6=0$，$x^2+ax-15=0$ がある。それぞれの解のうち，小さい方の解が一致するという。このとき，a の値を求めよ。（石川）

83 2次方程式の解(3) ―2つの解―

● 例 題 ●

2次方程式 $x^2+ax+b=0$ を解くところを，2次方程式 $x^2+bx+a=0$ を解いたため，2つの解 -2 と -3 を得た。もとの2次方程式の解を求めよ。 （京都）

◆考え方

$x^2+bx+a=0$ に $x=-2$，-3 を代入して，a，b についての連立方程式をつくる。

または**解が m，n である2次方程式は $(x-m)(x-n)=0$** となることから，a，b を決定する。

解 法

解が -2，-3 となる2次方程式は，

$(x+2)(x+3)=0$ から $x^2+5x+6=0$

∴ $b=5$，$a=6$

よって，もとの2次方程式は

$x^2+6x+5=0$ から $(x+1)(x+5)=0$

∴ $x=-1$，-5

答 $\boldsymbol{x=-1, \ -5}$

83. 類題トレーニング

1 2次方程式 $x^2+mx+2n=0$ の2つの解が -1 と 4 である。このとき，m と n の値をそれぞれ求めよ。 （山梨）

2 2次方程式 $x^2+ax+b=0$ の2つの解が1と5であるとき，a^2-b^2 の値を求めよ。 （京都）

3 2次方程式 $x^2+2x-24=0$ の2つの解を求めよ。次に求めた解のそれぞれに，3を加えた数を2つの解とする2次方程式をつくれ。 （大分）

4 2次方程式 $x^2+ax+b=0$ の解は -3 と m であるが，A君が解くときに b の値をまちがえたので，解は2と -6 になった。

(1) A君が b の値をまちがえて解いた2次方程式を求めよ。

(2) m の値を求めよ。 （山形）

84 2次方程式の応用(1) — 正の数 —

例題

ある正の数に，3を加えてから2乗するところを，3を加えてから誤って2倍したため，正しい答えより63だけ小さくなった。はじめの正の数を求めよ。

（千葉）

◆考え方

ある正の数を x とする。

3を加えてから2乗

→ $(x+3)^2$

3を加えてから2倍

→ $(x+3)\times 2$

解法

ある正の数を x とすると，

$(x+3)^2-2(x+3)=63$

$x+3$ を A とおくと，

$A^2-2A-63=0 \qquad (A-9)(A+7)=0$

よって，$\{(x+3)-9\}\{(x+3)+7\}=0 \qquad (x-6)(x+10)=0$

$x>0$ から $x=6$

答 **6**

84. 類題トレーニング

1 ある正の数 x を2乗した数は，x を2倍した数よりも8大きくなった。x を求めよ。

（大分）

2 ある正の数 x の平方から5をひくと，x の4倍になった。x の値を求めよ。（兵庫）

3 ある正の整数 x の2乗を，x より3大きい数で割ると，商が6で余りが9になる。このとき，ある正の整数 x を求めよ。（青森）

85 2次方程式の応用(2) ― 整数 ―

例題

連続した3つの整数があり，最大の数の2乗は，他の数をそれぞれ2乗したものの和に等しい。このような連続した3つの整数の組をすべて求めよ。　(群馬)

◆考え方

連続した3つの数だから，
x，$x+1$，$x+2$
または
$x-1$，x，$x+1$
を用いる。

解法

連続した3つの整数を $x-1$，x，$x+1$ とおく。

$(x+1)^2=(x-1)^2+x^2$ から

$$x^2+2x+1=x^2-2x+1+x^2$$
$$x^2-4x=0$$
$$x(x-4)=0$$
$$\therefore x=0,\ 4$$

$x=0$ のとき，-1，0，1

$x=4$ のとき，3，4，5

答　**-1，0，1 と 3，4，5**

85. 類題トレーニング

1　連続した2つの整数の積が30であるとき，この2つの整数を求めよ。　(大分)

2　大きさの順にならんだ連続する5つの整数がある。これら全部の和が真ん中の整数(3番目に大きい整数)の2乗より6小さいとき，この5つの正の整数を求めよ。　(神奈川)

3　連続する3つの偶数がある。その中で，いちばん小さい数と真ん中の数のそれぞれの2乗の和は，いちばん大きい数の14倍より4だけ小さい。このとき，3つの偶数を求めよ。　(青森)

86　2次方程式の応用(3)　— 図形① —

例題

たてが横より5cm長い長方形がある。この長方形のたての長さを3cm短くして，横の長さを2倍にすると面積は20cm^2増加する。

(1)　もとの長方形のたての長さを$x$cmとして，xを求める2次方程式をつくれ。

(2)　もとの長方形のたての長さを求めよ。　　（群馬）

◆考え方

図をかいてみる。

解法

(1)　たての長さを$x$cmとすると，横の長さは$(x-5)$cmとなる。

たての長さを3cm短くすると$(x-3)$cm，横の長さを2倍にすると$2(x-5)$cmとなるから，

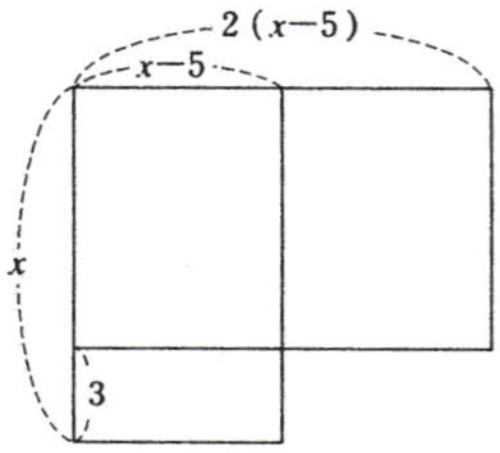

$2(x-5)(x-3)-x(x-5)=20$

$2(x^2-8x+15)-x^2+5x-20=0$

$x^2-11x+10=0$　　$(x-1)(x-10)=0$

$\therefore$　$x=1,\ 10$　　問題に適するのは$x=10$

答　(1)　$x^2-11x+10=0$　　(2)　**10cm**

86. 類題トレーニング

1　高さが底辺よりも6cm長い平行四辺形がある。平行四辺形の面積が91cm^2であるとき，底辺の長さを求めよ。　　（茨城）

2　たてが5m，横が4mの長方形がある。右の図のように，この長方形のたてをxm短くし，横をxm長くして，新たな長方形をつくったら，面積が16m^2になった。このとき，xの方程式をつくりxの値を求めよ。　　（栃木）

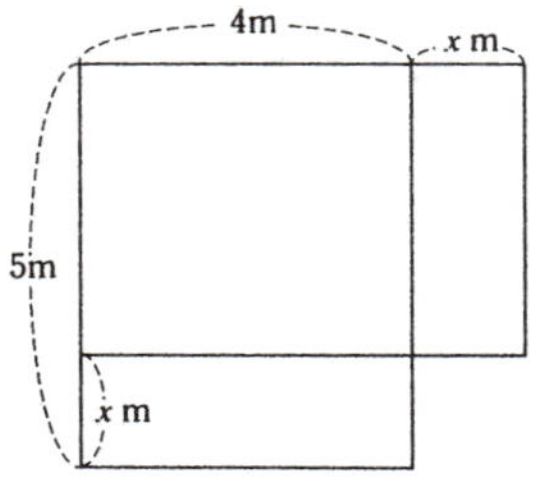

3　長さ13cmの線分AB上に点Cがある。AC，CBをそれぞれ1辺とする2つの正方形の面積の和は隣り合う2辺の長さが線分AC，CBと等しい長方形の面積よりも49cm^2だけ大きい。ACの長さを求めよ。ただし$AC > CB$とする。　　（石川）

87 2次方程式の応用(4) — 図形② —

● 例 題 ●

横の長さがたての長さの2倍の長方形の畑がある。いま，右の図のように，この畑の中に幅2mの通路をつくったら，残りの畑の面積が$144m^2$になった。
もとの畑のたての長さを求めよ。（青森）

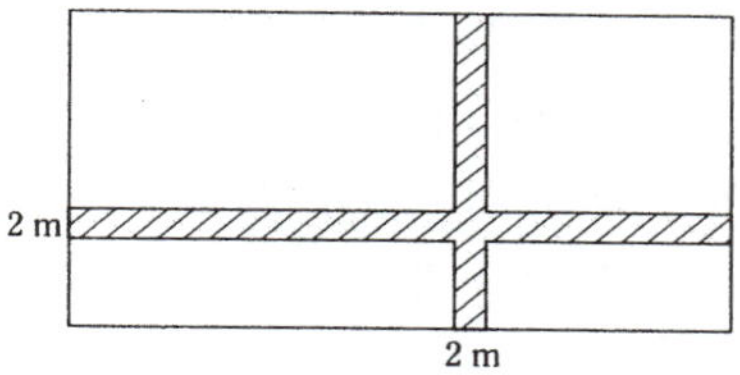

◆考え方

通路を平行移動して右図のようにする。

解 法

たての長さをx m とすれば，横は$2x$ m である。
畑の部分の面積の関係から，

$(x-2)(2x-2)=144$

$2x^2-2x-4x+4-144=0$

$2x^2-6x-140=0$

（両辺）÷2　$x^2-3x-70=0$

$(x-10)(x+7)=0$

$x>0$ より　$x=10$

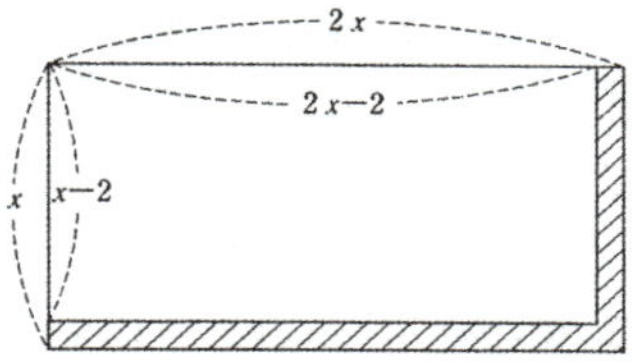

答 **10 m**

87. 類題トレーニング

1 たて12m，横15mの長方形の土地に，右の図の斜線の部分のように同じ幅の道をつけ，残りをA，B 2つの部分に分けて花壇を作り，Aの面積が$50m^2$，Bの面積が$80m^2$になるようにしたい。

(1) 道の幅をx m として方程式をつくり，整理すると

x^2- □ $x+$ □ $=0$

となる。

(2) この方程式を解き，道の幅を求めると □m となる。

（国立高専）

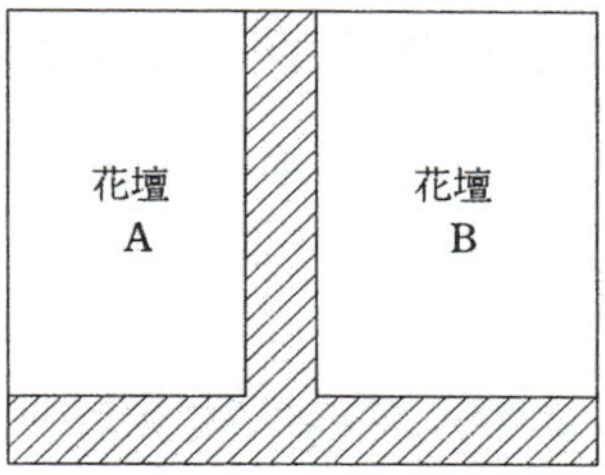

2 たて40m，横78mの長方形の土地がある。右の図のように，同じ幅の道路をたて3本，横1本つけて，面積が等しい8区画の土地に分け，1区画の面積を$255m^2$にした。このとき，道路の幅を求めよ。（茨城）

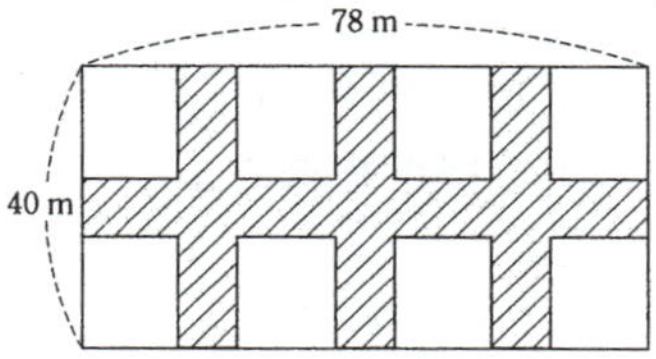

88　2次方程式の応用(5)　— 図形③ —

● 例 題 ●

右の図のように，たてと横の長さの比が1：2である長方形の厚紙がある。この厚紙の4すみから1辺が2cmの正方形を切り取り，残りを折り曲げて，ふたのない箱を作ったら容積が96cm³になった。もとの長方形のたての長さを求めよ。

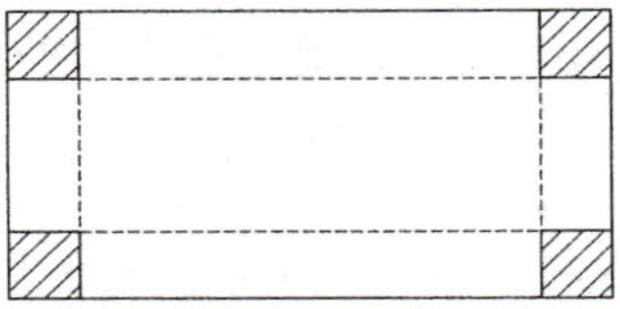

（栃木）

◆考え方

容積は（底面積）×（高さ）

解 法

たての長さを $x$cmとすると横の長さは $2x$ cmとなる。
底面のたては $\boldsymbol{x-4}$，横は $\boldsymbol{2x-4}$ から容積が96cm³ より

$$2(x-4)(2x-4)=96$$

（両辺）÷2　$(x-4)(2x-4)=48$

$$2x^2-12x+16=48$$

$$2x^2-12x-32=0$$

（両辺）÷2　$x^2-6x-16=0$　　$(x-8)(x+2)=0$

$x>0$ から　$x=8$

答　**8cm**

88. 類題トレーニング

1　たて40cm，横50cmの長方形の厚紙の四すみから右図のように同じ大きさの正方形を切りとって箱を作り，その底面積を1200cm² としようと思う。このときの切りとる正方形の一辺の長さを何cmにしたらよいか。（国立高専）

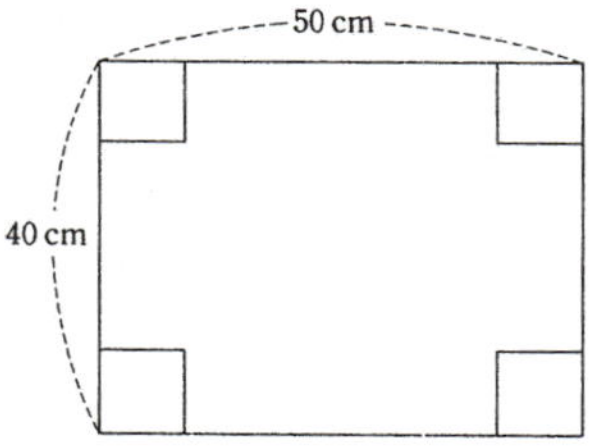

2　たてが横より8cm長い長方形のブリキ板がある。この四すみから1辺6cmの正方形を切り取り，折り曲げて容積が768cm³ の直方体の形をした容器を作った。このブリキ板のたて，横の長さを求めよ。（京都）

89　2次方程式の応用(6)　― 金額と個数 ―

例題

　1個50円の値段で売ると，1日200個売れる商品がある。この商品の値段を1円値下げするごとに，売り上げ個数が8個ずつ増える。

(1)　この商品の値段を5円値下げするとき，この商品の1日の売り上げ金額を求めよ。

(2)　この商品の1日の売り上げ金額を11200円になるようにするには，何円値下げしたらよいか。値下げする金額を求めよ。　（山形）

◆考え方

(1)　**(売価)×(個数)＝(売り上げ金額)**

(2)　**x円値下げすると$8x$個増える。**

解法

(1)　5円値下げすると，売り上げ個数は$8\times5=40$個増えるから，売り上げ金額は

$(50-5)(200+40)=10800$

(2)　$(50-x)$円とすると，$(200+8x)$個となるから

$(50-x)(200+8x)=11200$

$10000+400x-200x-8x^2=11200$

$8x^2-200x+1200=0$

(両辺)÷8　$x^2-25x+150=0$　$(x-10)(x-15)=0$

$\therefore\ x=10,\ 15$

答　(1)　**10800円**　(2)　**10円，15円**

89. 類題トレーニング

1　ある美術館では現在入場料が300円で，1日の平均入場者は1500人である。今までの経験から15円値上げすると，1日に平均して50人の入場者が減るという。

(1)　$15x$円値上げするとして1日の入場料の合計をxで表せ。

(2)　値上げ幅を100円以内にするとして，1日の入場料の合計が462000円になるように値上げしたい。新しい入場料はいくらにすればよいか。　（郁文館高）

2　原価800円の品物にa%の利益を見込んで定価をつけた。大売り出しのときに，定価のa%引きで売ったところ32円の損をした。aの値を求めよ。　（山形）

90 点の座標 — 中点 —

● 例 題 ●

右の図において，A(4, 2)，B(−2, 4)とし，原点をOとする。

(1) △OABの面積を求めよ。ただし，1目盛は1cmとする。

(2) 3点O，A，Bを頂点にもつ平行四辺形をつくるとき，残りの頂点の座標を求めよ。　(群馬)

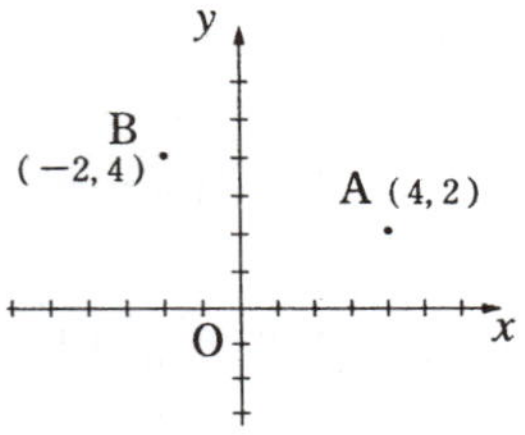

◆考え方

(1) 4点(4, 0)，(4, 4)，(−2, 4)，(−2, 0)を結ぶ長方形をつくる。

(2) 3点ある。

解 法

◆考え方の4点の，(長方形の面積)−(3つの三角形の面積)から求める。

(1) $4\times6-\left(\dfrac{4\times2}{2}+\dfrac{2\times6}{2}+\dfrac{2\times4}{2}\right)=10$

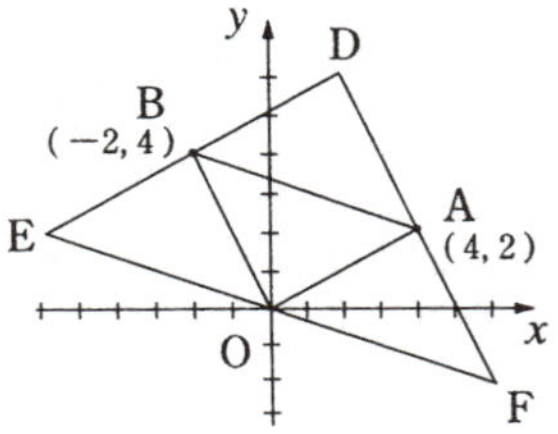

(2) △OABの各辺に平行な直線の交点D，E，Fを右図のようにとる。

OA∥BD，OA＝BDからD(2, 6)

OA∥EB，OA＝EBからE(−6, 2)

OB∥FA，OB＝FAからF(6, −2)

(別解) ABの中点$\left(\dfrac{4+(-2)}{2},\ \dfrac{2+4}{2}\right)$と

ODの中点$\left(\dfrac{0+x}{2},\ \dfrac{0+y}{2}\right)$から

$\dfrac{0+x}{2}=\dfrac{4+(-2)}{2}$，$\dfrac{0+y}{2}=\dfrac{2+4}{2}$から$x=2$，$y=6$　以下同様にしてE，Fも求められる。

答 (1) **10cm²**　(2) **(2, 6)，(−6, 2)，(6, −2)**

参考 **点A(x_1, y_1)，点B(x_2, y_2)を結ぶ線分の中点Mの座標はM$\left(\dfrac{x_1+x_2}{2}, \dfrac{y_1+y_2}{2}\right)$**

90. 類題トレーニング

1 点A(2, 6)とy軸について線対称な点のx座標は(　　)，y座標は(　　)である。(富山)

2 点A(−2, 3)とx軸に対称な点をA′，A′とy軸について対称な点をA″とするとき，点Aと点A″は［　　］について対称である。

3 次の2点を結ぶ線分の中点の座標を求めよ。

(1) (1, 2)，(5, −4)　　(2) $\left(\dfrac{1}{2},\ -\dfrac{1}{3}\right)$，$\left(-\dfrac{1}{3},\ \dfrac{1}{4}\right)$

4 原点OとA(2, 1)，B(1, 4)がある。平行四辺形OACBの対角線の交点の座標は［(　　，　　)］である。

5 2点A(−4, 1)，B(3, ［　　］)を結ぶ線分ABの中点の座標は(［　　］, −2)である。

(山形)

91 1次関数(1) ― 式とグラフ ―

例題

y は x の1次関数であり，下の表はその x と y の対応する値の一部を表したものである。

x	…	-3	-2	-1	0	1	2	3	4	…
y	…	-4	-1	2	5	8	11	14	17	…

(1) y を x の式で表せ。

(2) y の値が47になるのは，x の値がいくらのときか。 （徳島）

◆考え方

傾き $= \dfrac{y\text{の増加量}}{x\text{の増加量}}$

切片… $x=0$ のときの y の値

解法

(1) x が0から1増加すると y は5から8まで3増加するから変化の割合は3

$x=0$ のとき，$y=5$ から　$y=3x+5$

(2) $y=3x+5$ に $y=47$ を代入して，$47=3x+5$

$3x=42$ から　$x=14$

答 (1) $\boldsymbol{y=3x+5}$　(2) $\boldsymbol{x=14}$

91. 類題トレーニング

1 関数 $y=3x-2$ について

(1) 次の表のア，イにあてはまる数を求めよ。

x	…	-2	-1	ア	1	2	…
y	…	-8	-5	-2	1	イ	…

(2) グラフをかけ。

(3) この直線の傾きは［ ウ ］で，切片は［ エ ］である。 （沖縄）

2 次の表の，y は x の1次関数であるとき，y を x の式で表せ。

(1)

x	…	-2	-1	0	1	2	3	…
y	…	0	1	2	3	4	5	…

(2)

x	…	-2	-1	0	1	2	3	…
y	…	-7	-4	-1	2	5	8	…

(3)

x	…	2	3	4	5	6	…
y	…	2	1.5	1	0.5	0	…

(4)

x	…	-10	-8	-6	-4	-2	…
y	…	19	15	11	7	3	…

92　1次関数(2)　— 変域 —

● 例 題 ●

関数 $y=-x+6$ において，x の変域が $2 \leqq x \leqq a$ であるとき，y の変域が $1 \leqq y \leqq b$ であった。このとき，a と b の値を求めよ。

◆考え方

傾きが−1から
$x=2$ のとき，$y=b$
$x=a$ のとき，$y=1$

解 法

$y=-x+6$ のグラフは，
点$(2,\ b)$を通るから　$b=-2+6$
　　　　　　　　　$\therefore$　$b=4$
点$(a,\ 1)$を通るから　$1=-a+6$
　　　　　　　　　$\therefore$　$a=5$

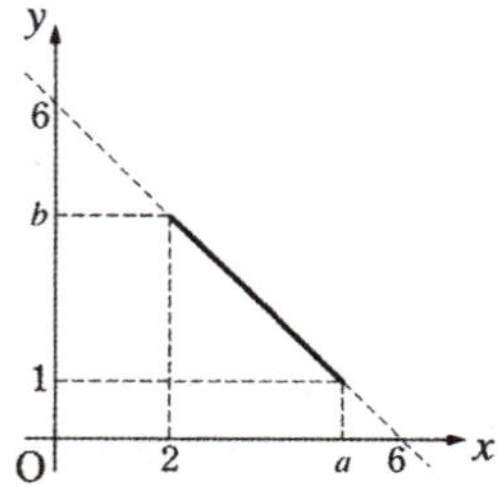

答　**$a=5$，$b=4$**

92. 類題トレーニング

1　1次関数 $y=3x-1$ で，$1 \leqq x \leqq 2$ のとき，y のとりうる値の範囲は $\boxed{\quad}\leqq y \leqq \boxed{\quad}$ である。 （長崎）

2　1次関数 $y=-2x+5$ のグラフについて，$y>1$ となるのは，x がどんな範囲にあるときか，不等号を使って答えよ。 （岩手）

3　関数 $y=-3x+b$ において，x の変域が $-2 \leqq x \leqq 3$ のとき，y の変域が $-5 \leqq y \leqq 10$ であった。このとき，b の値を求めよ。 （神奈川）

4　2つの1次関数 $y=ax+1\,(a>0)$，$y=-2x+b$ がある。x の変域を $-1 \leqq x \leqq 2$ とすると，y の変域が一致する。a，b の値を求めよ。 （山梨）

93 1次関数(3) ―1点と傾き，2点―

● 例 題 ●

(1) 傾きが-3で，点$(2,\ -4)$を通る直線の式を求めよ。 (兵庫)

(2) 2点$(2,\ -1)$，$(-1,\ 5)$を通る直線の式は$y=$□である。 (福岡)

◆考え方

(1) **1点と傾き**がわかるとき，$y=ax+b$で傾きaは-3，$x=2$，$y=-4$を代入してbを求めればよい。

(2) **2点を通る**とき$y=ax+b$とおき，a，bを求めればよい。

解 法

(1) $y=-3x+b$とおく。
点$(2,\ -4)$を通ることから$x=2$，$y=-4$を代入して，
$-4=-3\times2+b$　$\therefore$　$b=2$
よって，$y=-3x+2$

(2) $y=ax+b$とおく。
$(2,\ -1)$を通る……　$-1=2a+b$ ………①
$(-1,\ 5)$を通る……　$5=-a+b$ ………②
①－②　$-6=3a$　$a=-2$
②に代入して，$5=2+b$　$\therefore$　$b=3$
よって，$y=-2x+3$

答 (1) $\boldsymbol{y=-3x+2}$　(2) $\boldsymbol{-2x+3}$

93. 類題トレーニング

1 点$(3,\ 2)$を通り，傾きが2である直線の式を求めよ。 (沖縄)

2 yはxの1次関数で，xの値が1増すごとに，yの値は2ずつ減り，そのグラフは，点$(2,\ -1)$を通る。このときyをxの式で表せ。 (京都)

3 点$(-2,\ 3)$を通り，傾き$\dfrac{1}{2}$の直線がx軸と交わる点の座標を求めよ。

4 次の2点を通る直線の方程式を求めよ。
(1) $(0,\ 6)$，$(3,\ 0)$ (高知)　(2) $(1,\ 3)$，$(2,\ 5)$ (宮城)

5 2点$(-5,\ -4)$，$(2,\ 10)$を通る直線のグラフがある。このグラフとx軸との交点の座標を求めよ。 (徳島)

6 2点$(0,\ 1)$，$(4,\ 3)$を通る直線上に点$(-3,\ b)$がある。bの値を求めよ。 (岐阜)

94　1次関数(4)　— 平行，交点 —

例題

(1)　直線 $y=3x-2$ に平行で，点$(4,\ 2)$を通る直線の式を求めよ。　(大分)

(2)　2直線 $y=\frac{1}{2}x-3$，$y=-3x+4$ の交点の座標を求めよ。　(都立高専)

◆考え方

(1)　**2直線 $y=ax+b$ と $y=a'x+b'$ が平行 → $a=a'$　$b\neq b'$**

(2)　**x，y についての連立方程式を解く。**

解法

(1)　$y=3x+b$ とおく。
点$(4,\ 2)$を通るから　$2=3\times4+b$　$b=-10$
$\therefore$　$y=3x-10$

(2)　$\begin{cases} y=\frac{1}{2}x-3 \\ y=-3x+4 \end{cases}$

から $\frac{1}{2}x-3=-3x+4$

(両辺)$\times2$　$x-6=-6x+8$　$7x=14$

$\therefore$　$x=2$　$y=\frac{1}{2}\times2-3=-2$

答　(1)　$\boldsymbol{y=3x-10}$　　(2)　**$(2,\ -2)$**

94. 類題トレーニング

1　直線 $y=3x+5$ に平行で，点$(0,\ 2)$を通る直線の式を求めよ。　(沖縄)

2　直線 $y=2x-1$ に平行で，点$(3,\ 12)$を通る直線 l の式を求めよ。また，この直線 l と x 軸との交点の座標を求めよ。　(福井)

3　次の2直線の交点の座標を求めよ。

(1)　$\begin{cases} y=-x+2 \\ y=3x+6 \end{cases}$　(島根)

(2)　$\begin{cases} y=\frac{1}{3}x+5 \\ y=-\frac{1}{2}x+\frac{5}{2} \end{cases}$　(都立高専)

4　y 軸上の点$\mathrm{P}(0,\ 5)$と方程式 $x-4y=0$ のグラフ上の点Qがあり，直線PQと x 軸との交点の x 座標が10であるとき，点Qの座標を求めよ。　(熊本)

95　1次関数(5)　— 方程式のグラフ —

● 例題 ●

x, yについての2元1次方程式 $ax-y+2=0$……Ⓐのグラフについて,

(1)　Ⓐのグラフが点(1, 1)を通るとき，このグラフはどのような直線を表すか。下のア〜エから1つ選び，その記号を書け。

ア．右上がりの直線　　イ．右下がりの直線

ウ．x軸に平行な直線　　エ．y軸に平行な直線

(2)　Ⓐのグラフが2点(−3, 1), (6, −5)を通る直線に平行であるとき，aの値を求めよ。

（高知）

◆考え方

(1)　**$x=1$, $y=1$を代入してaを決定する。**

(2)　**平行→傾きが等しい。**

解法

(1)　$x=1$, $y=1$を代入すると，$a-1+2=0$から$a=-1$
よって，$-x-y+2=0$から$y=-x+2$
傾きは−1だから，右下がりの直線。
よって，イ.

(2)　2点(−3, 1), (6, −5)を通る直線の傾きは

$$\frac{-5-1}{6-(-3)}=-\frac{2}{3}$$

Ⓐは$y=ax+2$から　$a=-\frac{2}{3}$

答　(1)　**イ.**　　(2)　$\boldsymbol{a=-\frac{2}{3}}$

95. 類題トレーニング

1　方程式 $4x-3y+12=0$ について,

(1)　この方程式のグラフをかけ。

(2)　この方程式のグラフと，方程式 $2x+y+1=0$ のグラフとの交点の座標を求めよ。

（青森）

2　2つの2元1次方程式 $2x+y=4$……①　$x-y=5$……②について

(1)　①で，$y=0$のときのxの値を求めよ。

(2)　①のグラフをかけ。

(3)　①と②のグラフの交点の座標を求めよ。　（沖縄）

3　x, yについての方程式 $ax+by=8$, $bx+ay=7$ のグラフの交点の座標が(2, 3)であるとき，a, bの値を求めよ。　（熊本）

4　直線 $5x+6y=16$ と直線 $x+ay=7$（aは定数）の交点の座標は(b, 1)（bは定数）である。直線 $x+ay=7$ と y軸との交点の座標を求めよ。　（愛知）

96 1次関数(6) ― 式の選択 ―

例 題

次の直線の式を下の①～④の中から選び，その番号を(　)の中に書け。

(1) 点(0, 0)を通る直線……………………………………(　)

(2) 点(2, −1)を通る直線…………………………………(　)

(3) $y=-2x$ と平行な直線………………………………(　)

① $y=4x+5$　② $y=2x-5$　③ $y=\frac{3}{2}x$　④ $y=-2x+1$

◆考え方

(1) **原点を通る直線**
→ $y=ax$

(2) **$x=2$ のとき，$y=-1$ となるもの。**

(3) **平行→傾きが等しい。**

解 法

(1) $y=ax$ の形から　③

(2) $x=2$ を代入して，$y=-1$ となるもの

① $y=4\times2+5=13$

② $y=2\times2-5=-1$

③ $y=\frac{3}{2}\times2=3$

④ $y=-2\times2+1=-3$

よって，②

(3) 傾きが−2となるもの　④

答 (1) ③　(2) ②　(3) ④

96. 類題トレーニング

1 新一君は，下の(ア)から(オ)までの式のグラフについて研究した。それについて次の問いに記号で答えよ。

〔式〕(ア) $3x-y=2$　(イ) $y=2x$　(ウ) $y=-2$

(エ) $y=-2x+6$　(オ) $y=2x+13$

〔問〕(1) (1, 4)を通るのはどの式か。

(2) 平行になるのは，どの式と，どの式か。

(3) y 軸上の同じ点を通る式はどれとどれか。(栃木)

2 次の5つの式で表される直線について，(1)，(2)にあてはまる記号を入れよ。

(ア) $x-2y=6$　(イ) $x+y=0$　(ウ) $x-y=0$

(エ) $3x+2y=2$　(オ) $y=-6$

(1) 傾きが1である直線は［　　］である。

(2) 点(4, −5)を通る直線は［　　］である。(東京成徳短大附高)

97　1次関数(7)　— 傾き，切片の変化 —

例題

(1)　右の図のように，直線 l と2点 A(2, 6)，B(8, 3) がある。直線 l を $y=ax+2$ とする。直線 l が線分 AB と交わるとき a の値の範囲は，
　(　)$\leqq a \leqq$(　)である。　　(富山)

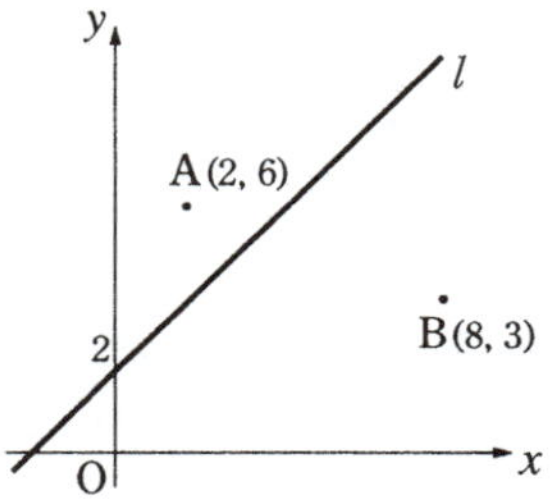

(2)　$y=x+a$(ただし，a は定数)のグラフが2点 A(2, 3)，B(2, 0)を結ぶ線分と交わるとき，
　a は(　)$\leqq a \leqq$(　)の範囲にある。

◆考え方

(1)　$y=ax+2$ は**点(0, 2)を通り，傾き a の直線**
　　……**回転させる。**

(2)　$y=x+a$ は**傾き -1 の直線，a は y 切片**
　　……**平行移動させる。**

解法

(1)　右の図のように
$y=ax+2$ が点Aを通るとき，
$6=2a+2$ から $a=2$
点Bを通るとき，
$3=8a+2$ から $a=\frac{1}{8}$
　よって，$\frac{1}{8}\leqq a\leqq 2$

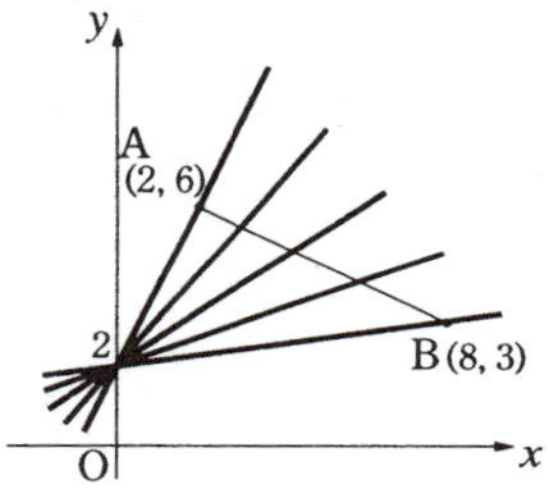

(2)　右の図のように
$y=x+a$ が点Aを通るとき，
$3=2+a$ から $a=1$
点Bを通るとき，
$0=2+a$ から $a=-2$
　よって，$-2\leqq a\leqq 1$

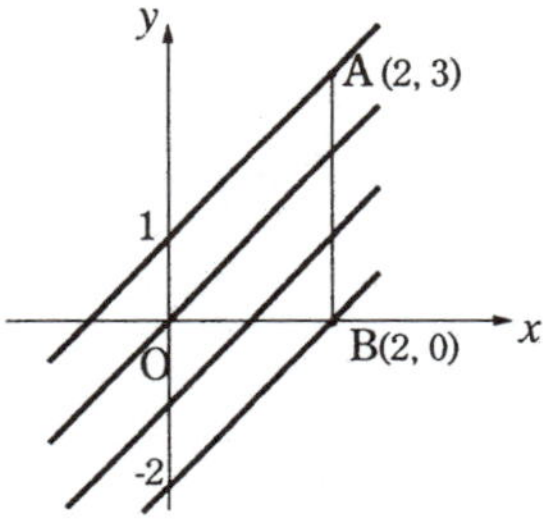

答　(1)　$\frac{1}{8}$，2　　(2)　-2，1

97. 類題トレーニング

1　2点 A(1, 4)，B(3, 1)がある。直線 $y=ax-2$(a は定数)が線分 AB(両端の点A，Bを含む)上の点を通るとき a のとることのできる値の範囲を求めよ。　　(愛知)

2　右図のように，3点 A(0, 3)，B(-2, 0)，C(4, 0)を頂点とする△ABC がある。これと直線 $y=3x+a$(a は定数)について，この直線を△ABC の周と交わるように動かしたとき(交点が1つの場合も含む)，a の値はいろいろ変化する。このとき，a の値はどのような範囲にあるか。不等式で示せ。

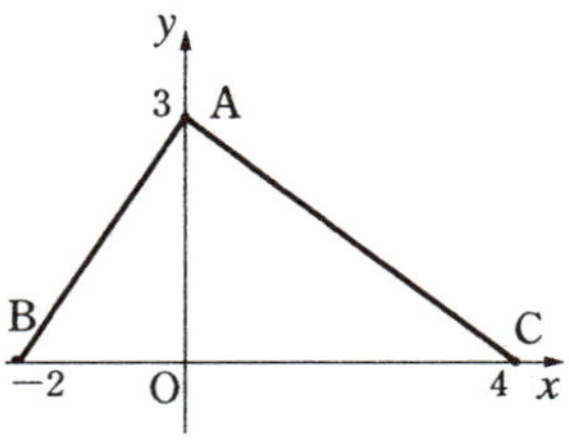

98 1次関数(8) ― 面積 ―

● 例 題 ●

右の図のように，4点O(0, 0)，A(4, 0)，B(1, 3)，C(1, 0)がある。また，直線アは関数$y=\frac{1}{3}x$のグラフである。

(1) 直線アと線分ABの交点の座標を求めよ。

(2) 点Cを通り，△OABの面積を二等分する直線の式を求めよ。 (茨城)

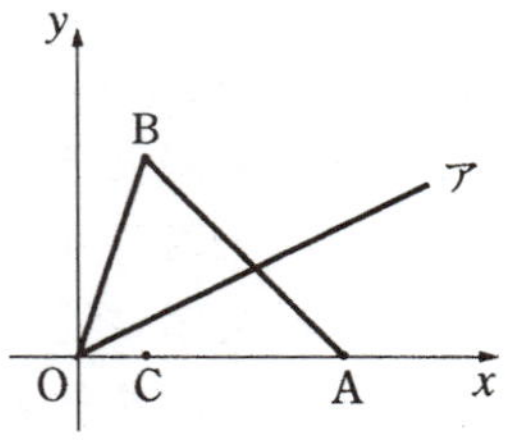

◆考え方

(1) **直線ABの式を求め，$y=\frac{1}{3}x$と連立させる。**

(2) **△ABOの面積は6，よってその$\frac{1}{2}$は3**

解 法

(1) 直線ABの式を$y=ax+b$とおく。
点A(4, 0)を通ることから，$0=4a+b$ ………①
点B(1, 3)を通ることから，$3=a+b$ ………②
①−②から　$-3=3a$　∴　$a=-1$　$b=4$

$\begin{cases} y=-x+4 \\ y=\frac{1}{3}x \end{cases}$ から　$\frac{1}{3}x=-x+4$

(両辺)×3
$x=-3x+12$　$x=3$　このとき$y=1$

(2) AC=3から，直線ABと直線$y=2$との交点をDとすると，直線CDが△OABの面積を二等分する。
直線ABの式は$y=-x+4$だから　$2=-x+4$より$x=2$
2点C(1, 0)とD(2, 2)を通る直線の式を求めて　$y=2x-2$

答 (1) **(3, 1)**　(2) **$y=2x-2$**

98. 類題トレーニング

1 右の図で，lは$y=2x$の式で表される直線，mは$y=\frac{1}{2}x+6$の式で表される直線である。
直線lと直線mの交点をA，直線mとy軸との交点をBとする。点Aを通り，△OABの面積を二等分する直線の式を求めよ。 (福島)

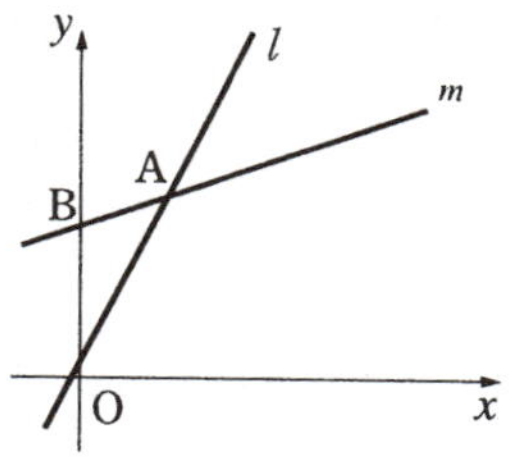

2 頂点の座標がO(0, 0)，A(6, 0)，B(3, 6)である△OABがある。点Pは辺AB上を動き，辺OBの中点をMとする。
△OPMの面積が，△OABの面積の$\frac{1}{3}$になるとき，点Pの座標を求めよ。 (埼玉)

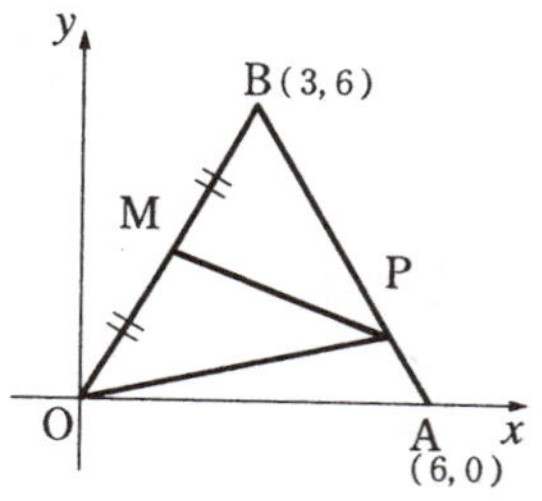

99　1次関数(9)　― 等積変形 ―

● 例 題 ●

右の図のように，3つの直線が，原点O，点A(2, 4)，点B(5, −2)で交わっている。

x 軸上に点Pをとって，△AOBと面積が等しくなるように△AOPをつくる。このとき点Pの x 座標を求めよ。ただし，点Pの x 座標は正とする。

（京都）

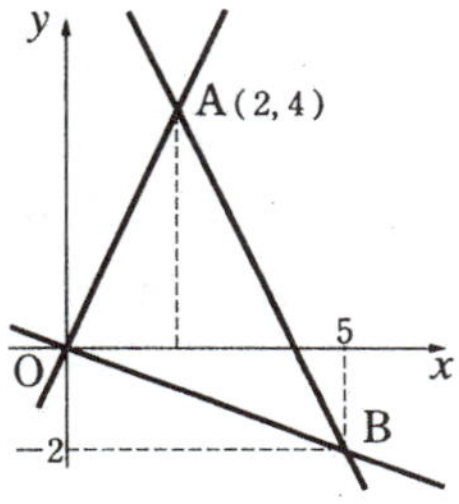

◆考え方

△AOBと△AOPの面積が等しいのは，**辺AOが共通の底辺だから，点Pが点Bを通りOAに平行な直線上にあるときである。**

解 法

◆考え方より

直線OAの傾きは2

点B(5, −2)を通り，傾き2の直線の式を

$y=2x+b$ とする。

これが，点B(5, −2)を通るので

$-2=2\times5+b$　　$\therefore$　$b=-12$

$y=2x-12$ で $y=0$ を代入して

$0=2x-12$

$\therefore$　$x=6$

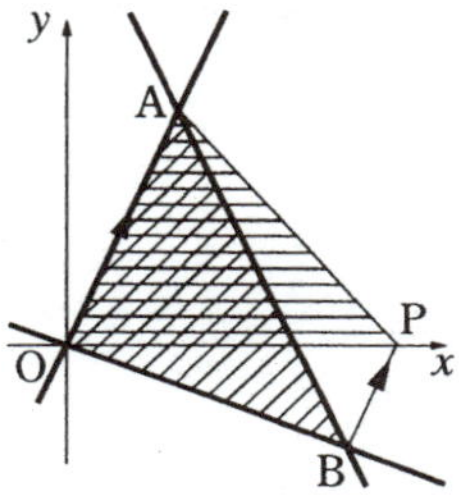

答　**6**

99. 類題トレーニング

1　関数 $y=-x+6$ のグラフが，関数 $y=2x$ のグラフと点Aで交わり，x 軸と点Bで交わっている。原点をO，座標(4, 5)の点をCとする。x 軸上に点Pをとり，四角形AOBCと三角形AOPの面積を等しくするには，点Pの x 座標をいくらにすればよいのか。その値を求めよ。ただし，点Pの x 座標は正の数とする。

（新潟）

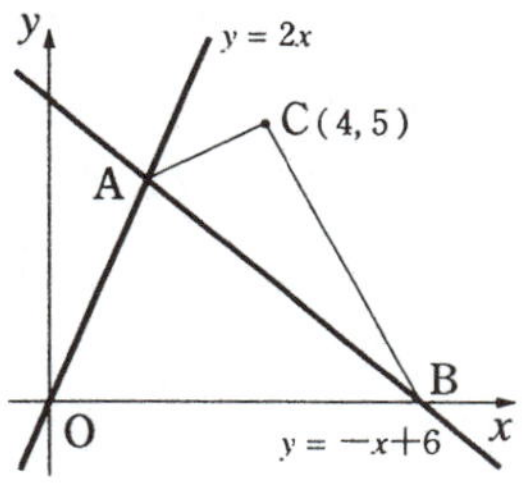

2　四角形ABCDの各頂点の座標を図のようにA(2, 4)，B(0, 0)，C(6, 0)，D(5, 3)とする。

(1)　点Dを通り対角線ACに平行な直線の式を求めよ。

(2)　辺BCのCの方への延長上に点Eをとり，四角形ABCD＝△ABEとしたとき，点Eの座標を求めよ。

(3)　点Aを通って四角形ABCDの面積を2等分する直線の式を求めよ。

（実践女高）

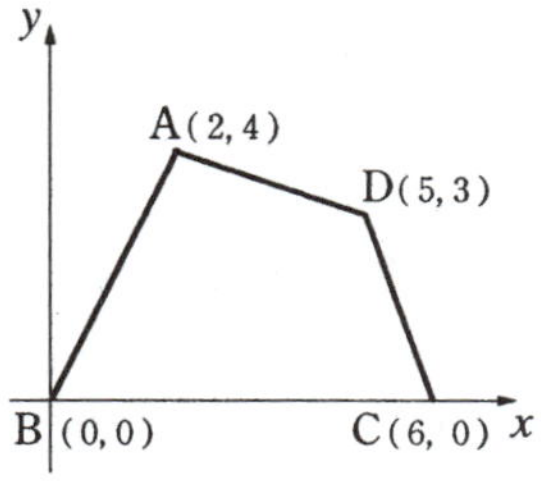

100　1次関数⑽　── 平行四辺形 ──

● 例 題 ●

右の図のように，四角形 OABC は平行四辺形であり，点 O は原点で点 A(3, 0)，点 B(5, 3)である。

点(0, 3)を通り，平行四辺形 OABC の面積を 2 等分する直線の傾きを求めよ。

（京都）

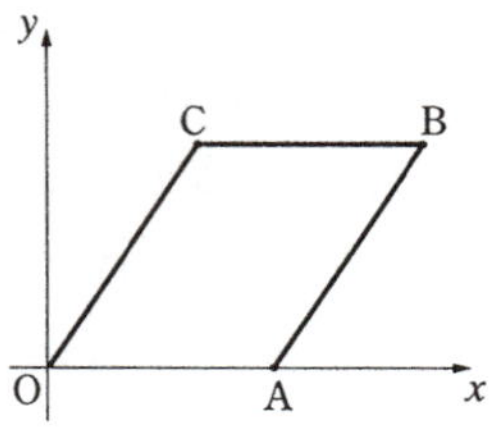

◆考え方

平行四辺形の対角線の交点を E とする。

解 法

右図のとおり，平行四辺形の面積を 2 等分する直線は，対角線の交点を通る。対角線 AC，OB の交点 E は OB の中点だから，

$E\left(\frac{5}{2},\ \frac{3}{2}\right)$

よって，2 点 D，E を通る直線の傾きは

$$\frac{\frac{3}{2}-3}{\frac{5}{2}-0}=\frac{-3}{5}$$

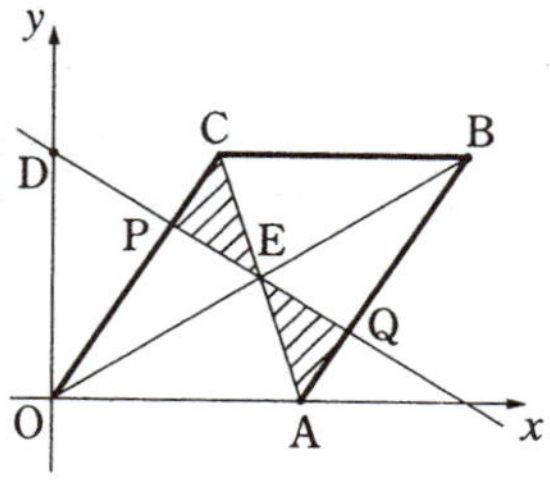

答　$-\frac{3}{5}$

100. 類題トレーニング

1　右の図のように，3 点 O(0, 0)，A(5, 0)，B(3, 6)がある。四角形 OAPB が平行四辺形となるように点 P をとる。また，傾きが－2 の直線 l があり，直線 l は平行四辺形 OAPB の 2 つの部分に分けるように移動するものとする。

(1)　点 P の座標を求めよ。

(2)　直線 l によって分けられる平行四辺形 OAPB の 2 つの部分の面積が等しくなるとき，直線 l の式を求めよ。

（広島）

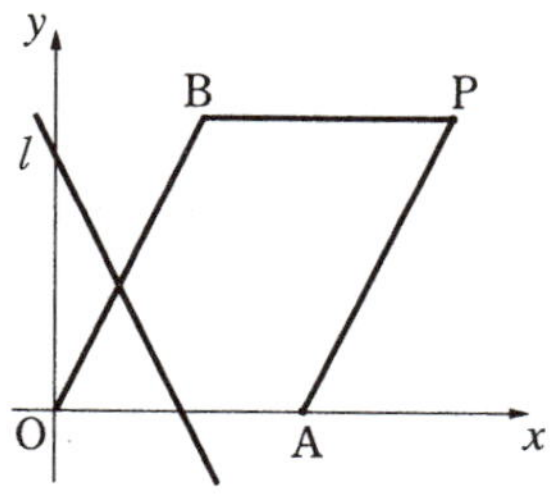

2　図のように 3 点 A(4, －8)，B(－2, －2)，C(－4, －8)がある。1 点 D をとり，平行四辺形 ABCD をつくるとき，

(1)　点 D の座標を求めよ。

(2)　x 軸上に，点 E(4, 0)をとる。点 E を通り平行四辺形 ABCD の面積を 2 等分する直線の式を求めよ。

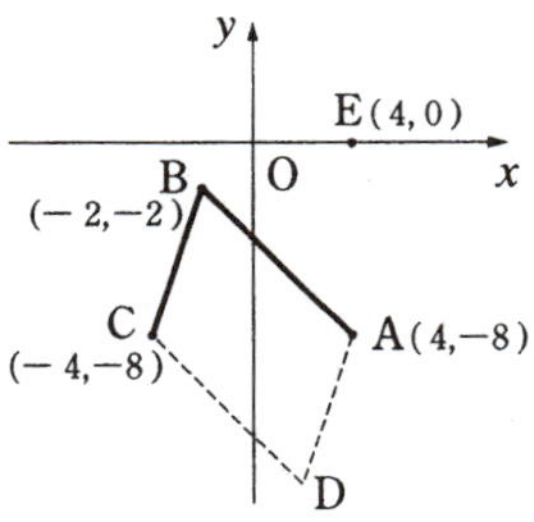

101　1次関数(11)　― 水量 ―

例題

水が30リットル入っている水そうがある。この水そうに，A管から毎分 a リットルの割合で水を入れ続ける。また，B管は，水そう内の水の量が80リットルになると開いて，毎分 b リットルの割合で排水し，水の量が減って60リットルになると閉じるようになっている。図のグラフは，A管から水を入れ始めてから時間 x(分)と水そう内の水の量 y(リットル)の関係を表したものの一部である。

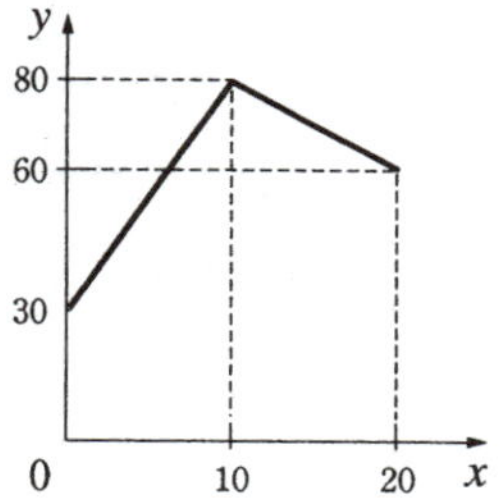

(1)　B管が最初に開いたのは，A管から水を入れ始めて何分後か。

(2)　a，b の値を求めよ。

(3)　A管から水を入れ始めて20分たってから，その後再びB管が開くまでの間の x と y の関係式を求めよ。

(4)　A管から水を入れ始めてから1時間の間に，B管は何回開くか。　（福井）

◆考え方

A管は水を入れ続けること。B管は80 ℓ になったら排水すること。

(2)　$a+b=-2$

(3)　**点(20，60)を通り，傾きが a の直線**

解法

(1)　10分後

(2)　A管を10分回使用すると50 ℓ ふえるから，$a=50\div10=5$
　A管とB管を両方使用すると，10分間で20 ℓ へるから1分間で2 ℓ へる。よって，$5-b=-2$　∴　$b=7$

(3)　20分からは点(20，60)を通り傾き5の直線になる。よって，
$y=5x+n$ に $x=20$，$y=60$ を代入して，
$60=5\times20+n$　∴　$n=-40$　よって，$y=5x-40$

(4)　$20\div5=4$ よりB管が開くのに4分かかり，閉じるには，グラフより10分かかることがわかる。すなわち，B管が開いて閉じて，また開くには $4+10=14$ 分かかる。10分後からこれがくり返されるので，
$(60-10)\div14=3\frac{4}{7}$　よって，$3+1=4$(回)

答　(1)　**10分後**　(2)　$a=5$，$b=7$
(3)　$y=5x-40\ (20\leqq x\leqq24)$　(4)　**4回**

101. 類題トレーニング

1　10 ℓ 入る2つの水そうA，Bがある。Aの水そうは空(から)で，Bの水そうはいっぱいの水が入っている。いま，Aには毎分一定の割合で水を入れはじめ，それと同時に，Bから毎分 $\frac{3}{2}$ ℓ の割合で水を出しはじめた。x 分後のA，Bの水そうの水の量をともに y ℓ とする。

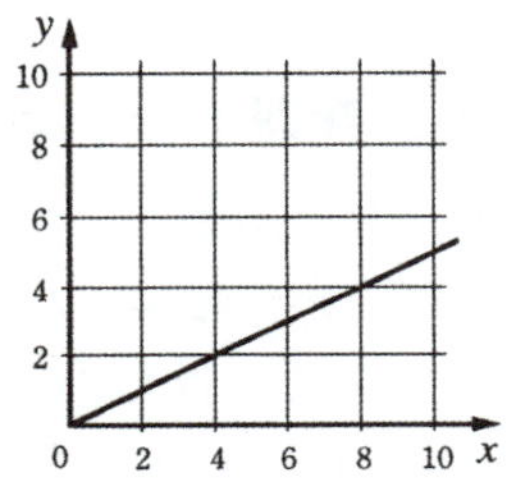

(1)　右のグラフは，Aの水そうについてのものである。7分後のAの水そうの水の量は(　　)ℓ である。

(2)　Bの水そうについてのグラフをかき入れよ。
(3)　2つの水そうの水の量の差が2ℓ以下になるのは，xが(　)≦x≦(　)のときである。　（富山）

[2]　容積が30ℓの水そうに，水が2ℓ入っている。これに毎分7ℓの割合で水を入れ，いっぱいになると水を入れるのをやめ，ただちに毎分6ℓの割合で水を出すとする。水を入れはじめてから，x分後の水そうの中にある水の量をyℓとし，
(1)　水を入れはじめてから，いっぱいになるまでの，xとyの関係を式に表せ。
(2)　水を出しはじめてから，水そうがからになるまでの，xとyの関係を式に表せ。
(3)　(1)，(2)で求めたxとyの関係をグラフに表せ。　（山口）

102　1次関数(12)　— 動点と面積 —

例題

右の図は，ABが2cm，BCが4cmの長方形である。点PがBを出発して長方形の周上をBからC，CからDの順にDまで動くものとして，点Pが$x$cm動いたとき，△ABPの面積を$y$cm^{2}とする。

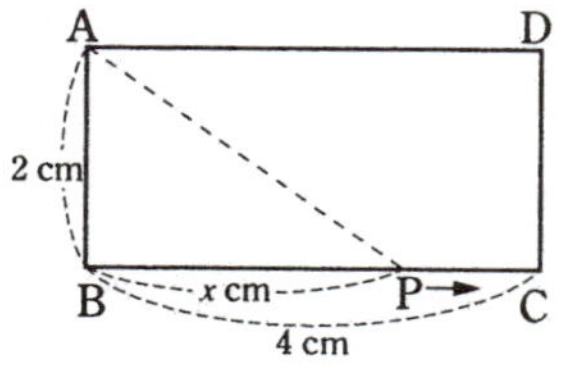

(1)　①　点Pが辺BC上にあるとき，xの変域が$0≦x≦4$でyをxの式で表すと$y=$［　　］となる。
　②　点Pが辺CD上にあるとき，xの変域が，［　　］で，xがどんな値でもつねにyは同じ値をとり$y=$［　　］となる。
(2)　(1)の①と②のグラフをかけ。　（沖縄）

◆考え方

(1)　①　△ABPは直角三角形で，底辺はx，高さは2である。
　②　△ABPの底辺は2，高さは4。

解法

(1)　①　$y=\dfrac{x\times2}{2}=x$
　②　$4≦x≦6$で$y=\dfrac{2\times4}{2}=4$
(2)　グラフは右図

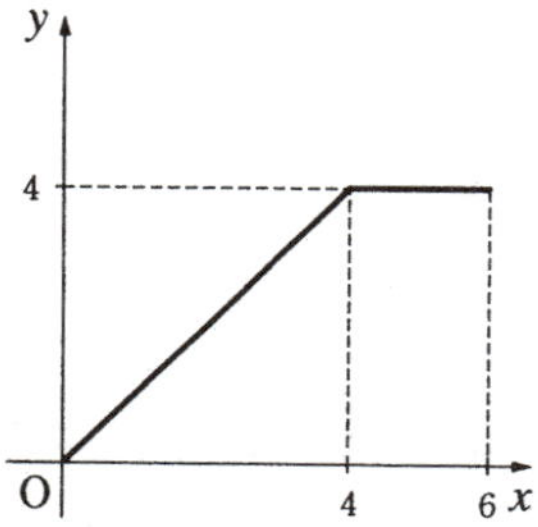

答　(1)　①　x　②　$4≦x≦6$，4
　(2)　右グラフ

102. 類題トレーニング

[1]　右の図のように，1辺の長さが20cmの正方形の頂点Bから，点Pが毎秒4cmの速さで辺上を矢印の方向に進み，C，Dを通ってAまで進むものとする。点PがBを出発してからx秒後に，APまたはBPを結んでできる△ABPの面積を$y$cm^{2}とするとき，

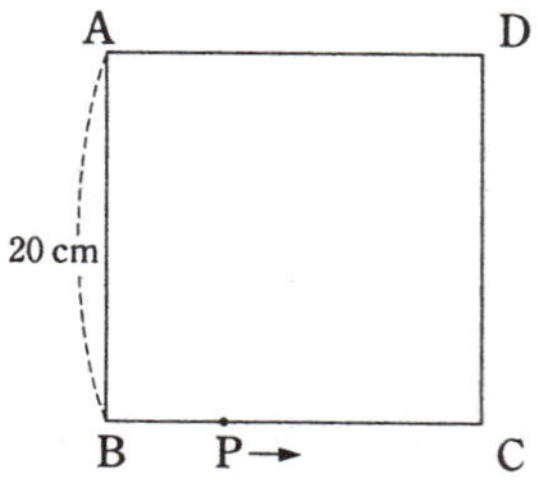

(1) 下のＡ群はxの変域を示し，Ｂ群はxとyの関係を式で表したものである。Ａ群の㋐，㋑，㋒のそれぞれにあてはまる式をＢ群の中から選び，その記号で答えよ。

〔Ａ 群〕
㋐ $0 \leqq x \leqq 5$
㋑ $5 \leqq x \leqq 10$
㋒ $10 \leqq x \leqq 15$

〔Ｂ 群〕
① $y=40(5-x)$
② $y=200$
③ $y=40(10-x)$
④ $y=40x$
⑤ $y=40(15-x)$

(2) 点ＰがＢを出発してから何秒後に，△ABPの面積が100cm^{2}になるか。（山梨）

2 図のような４点Ｏ(0, 0)，Ａ(8, 0)，Ｂ(6, 3)，Ｃ(0, 4)を頂点とする四角形OABCがある。

いま，２点Ｐ，Ｑは頂点Ｃを同時に出発し，どちらも，辺CO，OA上を頂点Ａまで進み，頂点Ａに到着した後は静止するものとする。なお，点Ｐは毎秒2cmの速さで，点Ｑは毎秒1cmの速さで進むものとする。２点Ｐ，Ｑが出発してからt秒後の，線分BP，BQおよび座標軸で囲まれる図形の面積をScm^{2}とする。

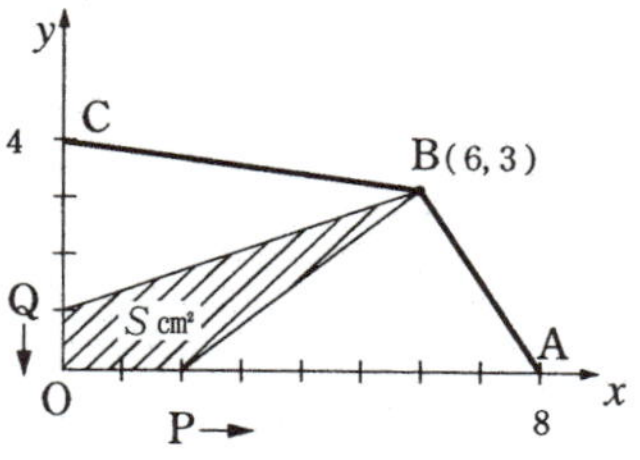

(1) $t=3$のときのSの値を求めよ。
(2) 次の各場合について，Sを表す式をつくれ。
ア．$0 \leqq t \leqq 2$のとき　イ．$2 \leqq t \leqq 4$のとき
ウ．$4 \leqq t \leqq 6$のとき　エ．$6 \leqq t \leqq 12$のとき
(3) (2)で求めたア～エの各場合について，tとSの関係をグラフに表せ。また，Sの値が最大となるときのtの値はいくらか。（福井）

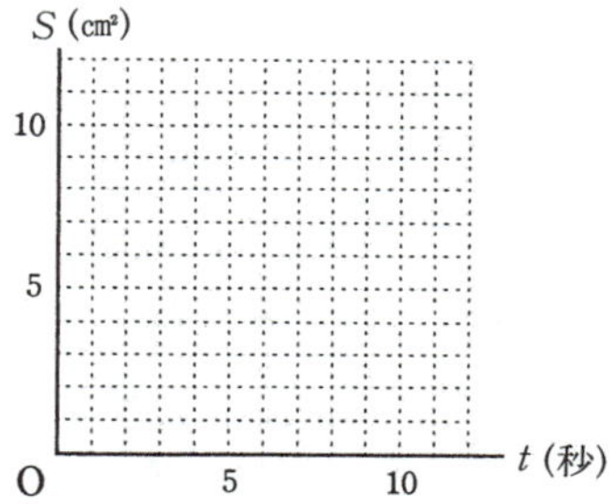

103 1次関数⒀ ― ダイヤグラム ―

例 題

兄は，自転車を使ってＡ町から8km離れたＢ町まで毎時12kmの速さで行き，そこで休憩したのち，行きと同じ道を，毎時16kmの速さでＡ町までもどったところ，Ａ町を出発してから１時間30分かかった。右のグラフは，兄がＡ町を出発してからx時間後に，Ａ町から$y$kmのところにいるとして，xとyの関係を表したものである。

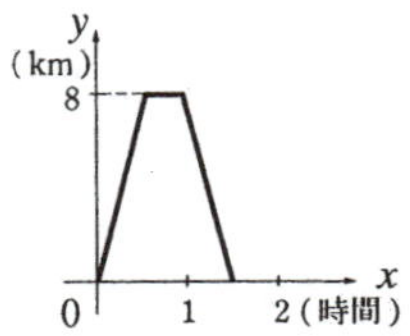

(1) 兄がＢ町で休憩していた時間は何分間か。
(2) 弟は，兄がＡ町を出発すると同時に，兄が通る道と同じ道をＢ町からＡ町へ毎時4kmの速さで徒歩で向かった。兄が弟に追いつくのは，２人が最初に出会ってから何分後か。ただし，弟は途中で休まないものとする。（千葉）

◆考え方

(1) **兄が往復にかかった時間を求める。**

(2) 兄と弟についてxとyの関係式をつくる。

解 法

(1) 兄がB町に着いたのは$\frac{8}{12}=\frac{2}{3}$時間(40分)後で，帰りは$\frac{8}{16}=\frac{1}{2}$時間(30分)かかったことから

$90-(40+30)=20$(分)

(2) 兄についてのxとyの関係を表す式は

$\boldsymbol{y=12x\left(0\leqq x\leqq \frac{2}{3}\right)}$, $y=8\left(\frac{2}{3}\leqq x\leqq 1\right)$

$\boldsymbol{y=-16x+24\left(1\leqq x\leqq 1\frac{1}{2}\right)}$

弟についてのxとyの関係を表す式は

$\boldsymbol{y=-4x+8}$

2人が最初に出会ったのは $\begin{cases} y=12x \\ y=-4x+8 \end{cases}$ から $x=\frac{1}{2}$

兄が弟に追いつくのは $\begin{cases} y=-16x+24 \\ y=-4x+8 \end{cases}$ から $x=\frac{4}{3}$

よって，$\frac{4}{3}-\frac{1}{2}=\frac{5}{6}$時間(50分)

答 (1) **20分間** (2) **50分後**

103. 類題トレーニング

1 ある人がA町から12km離れたB町まで自転車で向かった。初めの30分間は時速12kmの速さで走り，しばらく止まって休んだ。その後，時速18kmの速さで走り，A町を出発してちょうど1時間後にB町に着いた。A町を出発してx分後のA町からの距離を$y$kmとして，xとyの関係を表すグラフをかけ。

(広島)

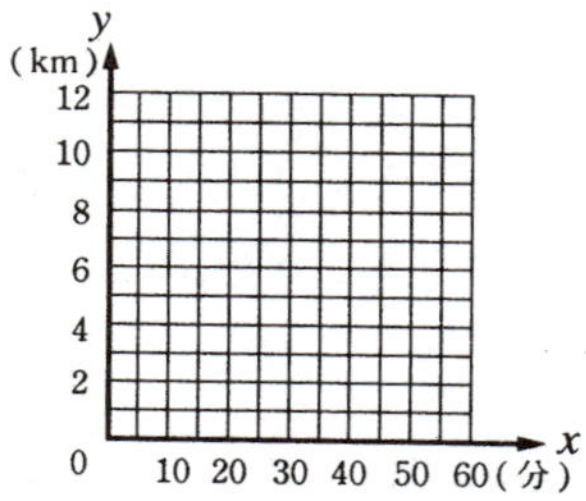

2 S君，T君の2人がコースの長さが25mのプールで同じ方向に，同時にスタートして50mの距離を泳いだ。右のグラフは，スタートしてからx秒後の，スタートした位置からS君，T君までの距離をymとして，xとyの関係を表したものである。

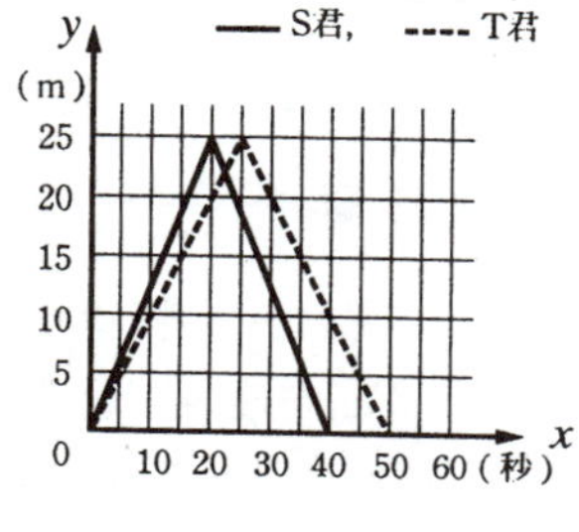

(1) S君の泳ぐ速さは，毎秒[ ]mである。

(2) S君が折り返してから後の，S君についてのxとyの関係を表す式は，$y=$[ ]$(20\leqq x\leqq 40)$である。

(3) T君が折り返したとき，S君はスタートした位置から[ ]mのところを泳いだ。

(岡山)

104 2次関数(1) — $y=ax^2$ のグラフ —

● 例 題 ●

(1) y は x^2 に比例する関数で，$x=-2$ のとき $y=1$ である。この関数の式を求めよ。また，そのグラフをかけ。 (群馬)

(2) 関数 $y=ax^2(a \neq 0)$ のグラフは ☐ とよばれる曲線で，y 軸について ☐ である。$a<0$ のとき，このグラフは ☐ に開いている。 (宮崎)

◆考え方

(1) $y=ax^2$ とおく

(2) $y=ax^2$ のグラフは放物線で，$a>0$ のとき上に開き，$a<0$ のとき下に開く。

解 法

(1) $y=ax^2$ に $x=-2$，$y=1$ を代入

$1=a\times(-2)^2$　∴　$a=\dfrac{1}{4}$

求める式は，$y=\dfrac{1}{4}x^2$ で，

そのグラフは右図。

x	…	-3	-2	-1	0	1	2	3	…
y	…	$\frac{9}{4}$	1	$\frac{1}{4}$	0	$\frac{1}{4}$	1	$\frac{9}{4}$	…

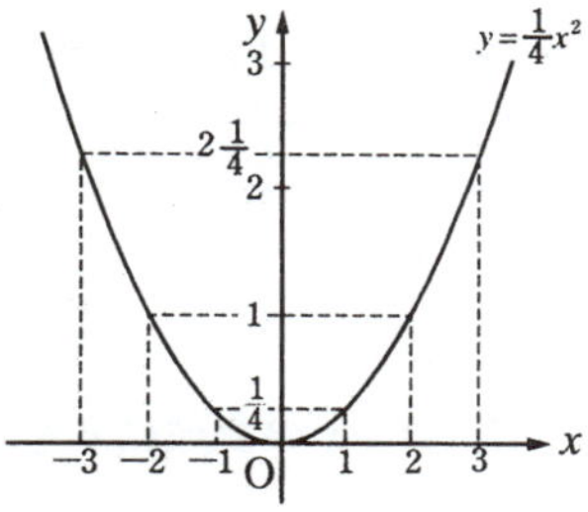

(2) 放物線，対称，下

答 (1) **上記グラフ**　(2) **上記**

104. 類題トレーニング

1 関数 $y=\dfrac{1}{2}x^2$ について

(1) $-2\leqq x\leqq 4$ の範囲でグラフをかけ。

(2) 上の問いでかいたグラフ上に点$(a,\ 3)$がある。a の値を求めよ (宮崎)

2 a を定数として，関数 $y=ax^2$ を考える。右表は，この関数の対応する x，y の値を示している。

(1) 表の空欄ア，イにあてはまる数を書け。

(2) この関数で，x の変域を $-1\leqq x\leqq 2$ とするとき，y の変域を求めよ。 (大阪)

x	…	-2	-1	0	1	2	3	…
y	…	2	$\frac{1}{2}$	ア	$\frac{1}{2}$	2	イ	…

3 関数 $y=ax^2$ のグラフが，x 軸について関数 $y=\dfrac{1}{3}x^2$ のグラフと対称であるとき，a の値は ☐ である。 (岡山)

105 2 次関数(2) ― x，y の変域 ―

例題

関数 $y=ax^2$ のグラフは，点$(-1, 2)$を通るという。このとき，a の値を求めよ。
また，この関数について，x の変域が $-1 \leqq x \leqq 2$ のとき，y の変域を求めよ。

（福井）

◆考え方

a の値の決定
式に $x=-1$，$y=2$ を代入する。**y の変域を求めるときには，簡単にグラフをかく。**

解法

$y=ax^2$ のグラフは点$(-1, 2)$を通るから，
$2=a\times(-1)^2$　∴　$a=2$
$y=2x^2$ のグラフは右図のようになるから，
$0 \leqq y \leqq 8$

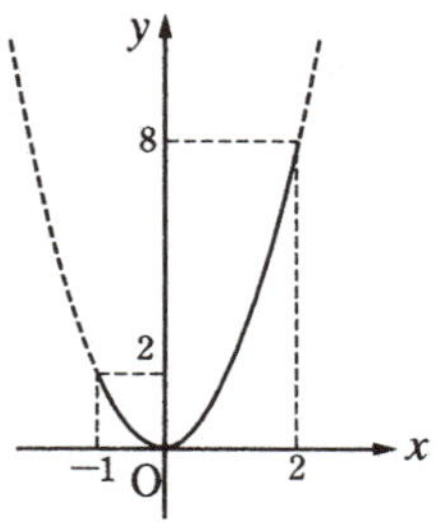

答　**$a=2$，$0 \leqq y \leqq 8$**

（注意）　**x の変域に 0 をふくむとき，y の変域に注意すること。**

105. 類題トレーニング

1　(1)　関数 $y=ax^2$ のグラフ上に点$(2, 8)$があるとき，a の値は ☐ である。（島根）

(2)　関数 $y=ax^2$ のグラフが点$(3, -6)$を通る。a の値を求めよ。（奈良）

(3)　関数 $y=ax^2$ のグラフが，2 直線 $y=2x+4$，$y=-x+1$ の交点を通っている。このとき，a の値を求めよ。（埼玉）

2　次の関数で x の変域が(　)内のとき，y の変域を求めよ。

(1)　$y=2x^2\,(-3 \leqq x \leqq 1)$　（佐賀）

(2)　$y=-x^2\,(-1 \leqq x \leqq 2)$　（島根）

(3)　$y=-3x^2\,(-1 \leqq x \leqq 2)$　（高知）

(4)　$y=\dfrac{1}{2}x^2\,(-4 \leqq x \leqq 2)$　（神奈川）

3　(1)　関数 $y=x^2$ において，x の変域が $-2 \leqq x \leqq$ ☐ のとき，y の変域が ☐ $\leqq y \leqq 9$ となった。（秋田）

(2)　2 乗に比例する関数 $y=ax^2$ において，x の変域が $-1 \leqq x \leqq 6$ のとき，y の変域は $0 \leqq y \leqq 12$ であった。a の値を求めよ。（愛媛）

106　2次関数(3)　— 変化の割合 —

例題

(1)　$y=x^2$ について，x の値が2から4まで増加したときの変化の割合を求めよ。（沖縄）

(2)　$y=ax^2$ において，x の値が-1から3まで増加するときの変化の割合が4である。このとき，a の値を求めよ。（広島）

(3)　関数 $y=ax^2$ で x の値が2から4まで増加するときの変化の割合が，1次関数 $y=4x+1$ の変化の割合と等しくなった。このとき，a の値を求めよ。（埼玉）

◆考え方

変化の割合 $=\dfrac{y\text{の増加量}}{x\text{の増加量}}$

解法

それぞれの式に与えられた数値を代入して，

(1)　$\dfrac{4^2-2^2}{4-2}=\dfrac{16-4}{2}=6$

(2)　$\dfrac{a\cdot 3^2-a\cdot(-1)^2}{3-(-1)}=4$ から $\dfrac{9a-a}{4}=4$　$2a=4$ から $a=2$

(3)　$\dfrac{a\cdot 4^2-a\cdot 2^2}{4-2}=4$ から $\dfrac{16a-4a}{2}=4$　$6a=4$ から $a=\dfrac{2}{3}$

(別解)（参考）の公式を用いると，

(1)　$a=1$，$x_1=2$，$x_2=4$ から $1\cdot(2+4)=6$

(2)　$a(-1+3)=4$ から $a=2$

(3)　$a(2+4)=4$ から $a=\dfrac{2}{3}$

答　(1)　**6**　　(2)　$\boldsymbol{a=2}$　　(3)　$\boldsymbol{a=\dfrac{2}{3}}$

（参考）　$y=ax^2$ で x が x_1 から x_2 まで増加するときの変化の割合は

$\dfrac{ax_2^2-ax_1^2}{x_2-x_1}=\dfrac{a(x_2^2-x_1^2)}{x_2-x_1}=\dfrac{a(x_2-x_1)(x_2+x_1)}{x_2-x_1}=\boldsymbol{a(x_1+x_2)}$ で求められる。

なお，**$y=ax+b$ の変化の割合は a で一定**である。

106. 類題トレーニング

1　(1)　$y=2x^2$ で，x の値が1から3まで増加するときの変化の割合を求めよ。（沖縄）

(2)　関数 $y=\dfrac{1}{4}x^2$ で，x の値が2から4まで増加するときの変化の割合を求めよ。（佐賀）

2　(1)　関数 $y=ax^2$ について，x の値が1から3まで増加するときの変化の割合が8である。このとき，a の値を求めよ。（神奈川）

(2)　関数 $y=\dfrac{1}{2}x^2$ において，x の値が a から $a+2$ まで増加したときの y の値の変化の割合が4であった。このとき，a の値を求めよ。（群馬）

3　2つの関数 $y=ax^2$（a は定数）と $y=-3x+2$ について，x の値が2から4まで増加するときの変化の割合が等しい。このとき，a の値を求めよ。（和歌山）

107 2次関数(4) — 線分比 —

例 題

右の図の曲線は$y=x^2$のグラフであり，A，Bはその曲線上の点で，それらのx座標は-2，4である。また，点Pは曲線上を点Aから点Bまで動く点である。点Pを通りy軸に平行な直線lと直線AB，x軸との交点をそれぞれQ，Rとする。

(1) Pのx座標をaとするとき，Pの座標を求めよ。

(2) PQ＝PRとなるような点Pのx座標を求めよ。

（栃木）

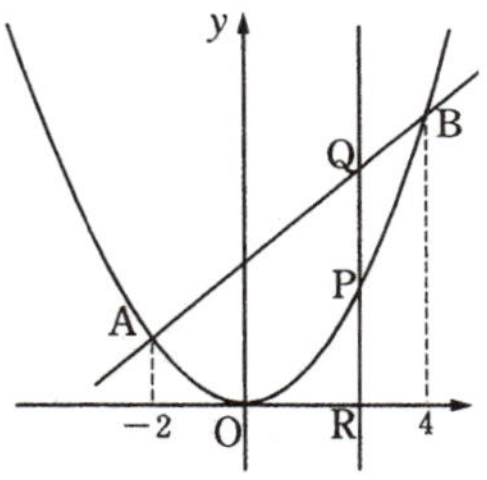

◆考え方

(1) $y=x^2$に$x=a$を代入

(2) **直線ABの式を求める。**

解 法

(1) $y=x^2$に$x=a$を代入して$y=a^2$　よって，P$(a,\ a^2)$

(2) 直線ABを$y=mx+n$とおくと，

A$(-2,\ 4)$を通ることから，　$4=-2m+n$ …………①

B$(4,\ 16)$を通ることから，　$16=4m+n$ …………②

①－②　$-12=-6m$　∴　$m=2$　$n=8$

よって，$y=2x+8$，点Q$(a,\ 2a+8)$となる。

PQ＝PRから

$(2a+8)-a^2=a^2$，$2a^2-2a-8=0$

$a^2-a-4=0$　$-2\leqq a\leqq 4$より$a=\dfrac{1\pm\sqrt{17}}{2}$

答　(1)　$(\boldsymbol{a},\ \boldsymbol{a^2})$　　(2)　$\boldsymbol{\dfrac{1\pm\sqrt{17}}{2}}$

107. 類題トレーニング

1　右の図のように，2つの関数$y=x^2$，$y=ax^2$$(0<a<1)$のグラフと直線$x=3$との交点をそれぞれA，Bとする。線分ABの長さが6のとき，aの値を求めよ。（和歌山）

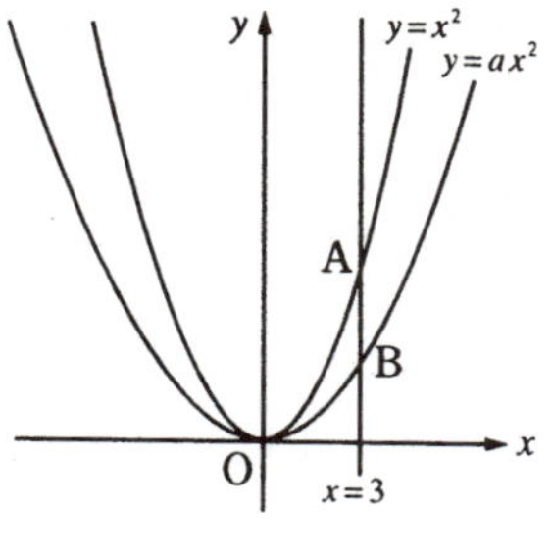

2　関数$y=2x^2$，$y=-x^2$の2つの放物線がある。直線$x=a$がこの2つの放物線と交わる点をそれぞれA，Bとするとき，線分ABの長さが12となるようなaの値を求めよ。（広島）

3　右の図のように，放物線$y=ax^2$上に2点P，Qがあり，放物線$y=bx^2$上に2点R，Sがある。直線PRとQSはy軸に平行であり，点P，Qのx座標がそれぞれ-1，2である。
$a>b>0$のとき，

(1) 線分QSの長さは線分PRの長さの何倍か。

(2) 直線PSがx軸に平行であり，線分PRの長さが1であるとき，aの値を求めよ。（千葉）

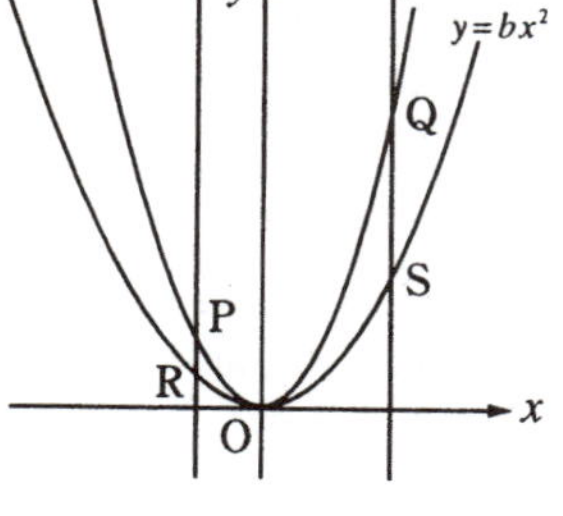

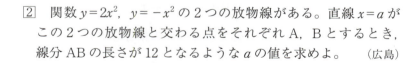

108 2次関数(5) ― 1次関数との関係 ―

● 例 題 ●

関数 $y=ax^2$（a は定数）のグラフ上の2点A，Bの x 座標はそれぞれ -3，6で，直線ABの傾きは1である。a の値を求めよ。（愛知）

◆考え方

Aの座標は $(-3,\ 9a)$ である。**傾きが1となることから，a についての方程式をつくる。**

解 法

$A(-3,\ 9a)$，$B(6,\ 36a)$ から

ABの傾きは，$\dfrac{36a-9a}{6-(-3)}=1$

$\therefore\quad 27a=9\quad a=\dfrac{1}{3}$

答 $a=\dfrac{1}{3}$

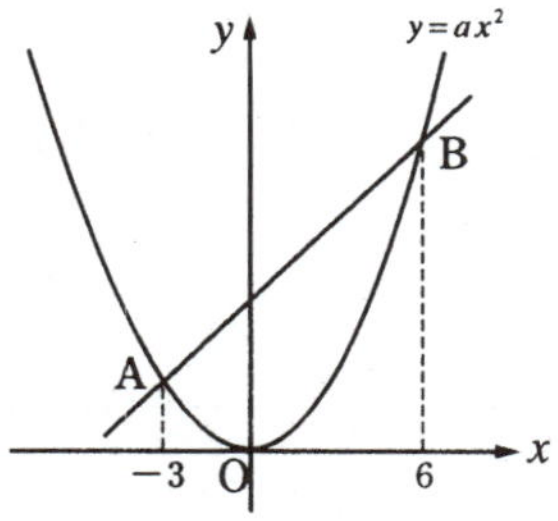

108. 類題トレーニング

1 右の図のように，放物線 $y=ax^2$ と直線 $y=-x+9$ が交わっている。その交点の1つをAとする。点Aの x 座標が3であるとき，点Aの y 座標は ____ である。また，このとき，a の値は ____ である。（岡山）

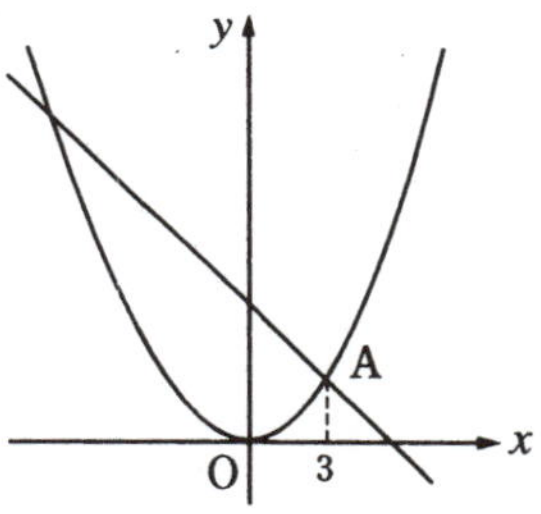

2 関数 $y=ax^2$（a は定数，$a>0$）のグラフ上に2点P，Qがあり，Pの x 座標は -2，Qの x 座標は1である。直線PQの切片が3であるとき，a の値を求めよ。（熊本）

109 2次関数(6) — 1次関数との交点 —

例題

図のように，2つの関数 $y=ax^2$ と $y=x+3a$（a は定数）のグラフが2点A，Bで交わっている。点Bの x 座標が2のとき，点Aの x 座標を次のようにして求めた。ア，イにあてはまる数を求めよ。

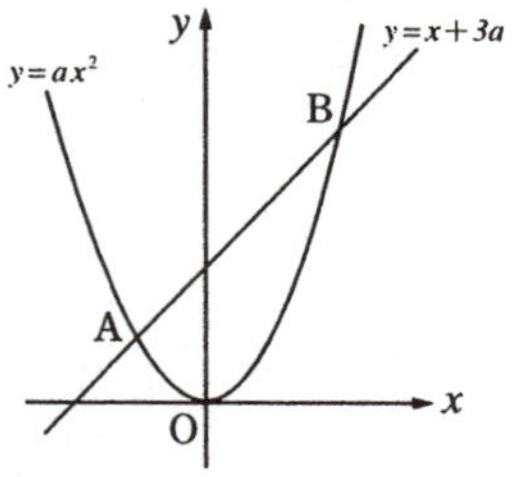

点Bの x 座標が2であることから a の値を求めると $a=$ ［ア］。

2点A，Bの x 座標は，方程式 ［ア］$\times x^2=x+3\times$［ア］ の解であるから，この方程式を解いて $x=2$，$x=$［イ］，2は点Bの x 座標であるから，点Aの x 座標は ［イ］ である。

（茨城）

◆考え方

$y=ax^2$ と $y=mx+n$ の交点の x 座標は $ax^2=mx+n$ の解である。

解法

$y=ax^2$ に $x=2$ を代入して，$y=4a$ ………①

$y=x+3a$ に $x=2$ を代入して，$y=2+3a$ ………②

①，②より，$4a=2+3a$ から $a=2$

A，Bの x 座標は　$2\times x^2=x+3\times 2$ の解である。

$2x^2=x+6$　$2x^2-x-6=0$ ………Ⓐ

$(x-2)(2x+3)=0$ から $x=2$，$-\dfrac{3}{2}$

よって，Aの x 座標は $-\dfrac{3}{2}$

答　ア．**2**　イ．$-\dfrac{\mathbf{3}}{\mathbf{2}}$

（参考）　**式Ⓐは点Bの x 座標が2から $2x^2-x-6=(x-2)($［　］$)$ として［　］をうめるとよい。**

109. 類題トレーニング

1　次の関数のグラフの交点の座標を求めよ。

(1)　$y=x^2$，$y=4$

(2)　$y=x^2$，$y=2x$

(3)　$y=x^2$，$y=-x+6$

(4)　$y=2x^2$，$y=x+1$

(5)　$y=x^2$，$y=x-\dfrac{1}{4}$

110　2次関数(7)　— 相似 —

● 例 題 ●

直線 l が，関数 $y=ax^2$ のグラフおよび x 軸と右図のように3点 A, B, C で交わり，A の座標は $(-4,\ 8)$，C の x 座標は正である。

(1)　a の値を求めよ。

(2)　△OAB：△OBC＝3：1 となる B の座標を求めよ。　　(沖縄)

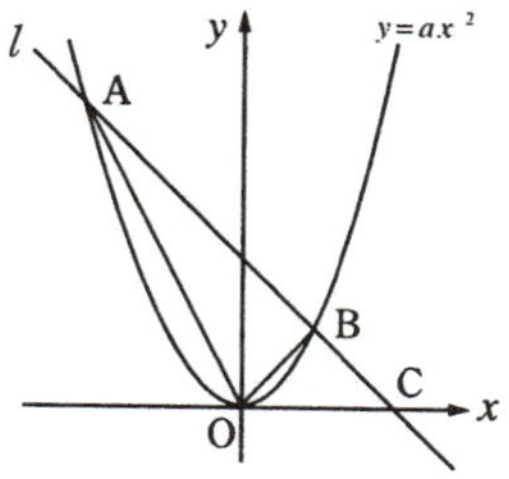

◆考え方

(1)　$y=ax^2$ に $x=-4,\ y=8$ を代入

(2)　△OAB：△OBC
＝AB：BC

解 法

(1)　A の座標は $(-4,\ 8)$ から，

$8=a\times(-4)^2$

$8=16a$　∴　$a=\dfrac{1}{2}$

(2)　A，B からそれぞれ x 軸に垂線 AA′，BB′をひく。

CB：CA＝BB′：AA′から 1：4＝BB′：8

∴　BB′＝2

$y=\dfrac{1}{2}x^2$ に $y=2$ を代入して，$2=\dfrac{1}{2}x^2$

$x>0$ より $x=2$

よって，B(2，2)

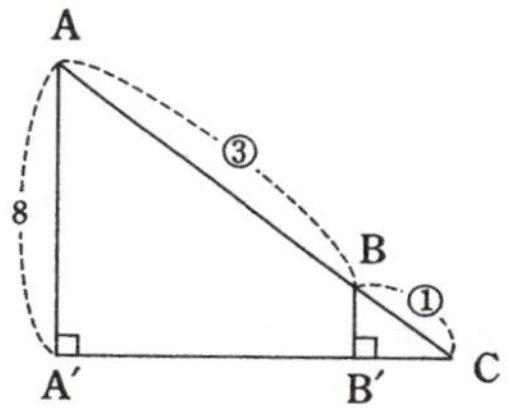

答　(1)　$a=\dfrac{1}{2}$　　(2)　B(2，2)

110. 類題トレーニング

1　関数 $y=x^2$ のグラフ上に，2点 $A(-3,\ 9)$，$B(a,\ a^2)$ があり，2点 A，B を通る直線が x 軸と交わる点を C とする。ただし，$0<a<3$ とする。AB：BC＝2：1 であるとき，a の値を求めよ。　(広島)

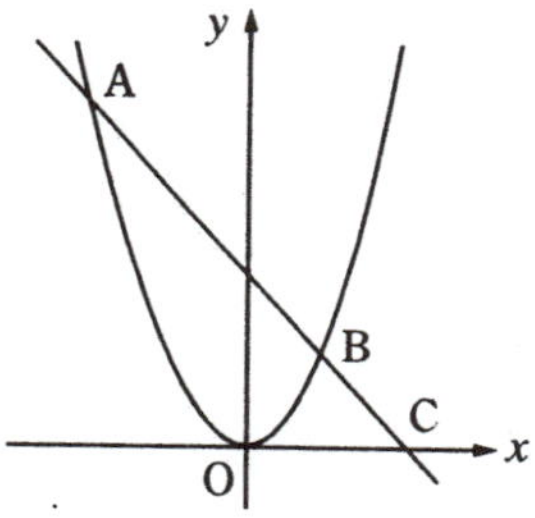

2　右の図のように放物線 $y=2x^2$……㋐および $y=3x^2$……㋑と直線 $y=2x$ との交点をそれぞれ A，B とする。

(1)　点 B の座標を求めよ。

(2)　座標の原点を O とするとき，OA：OB の比を求めよ。

(徳島)

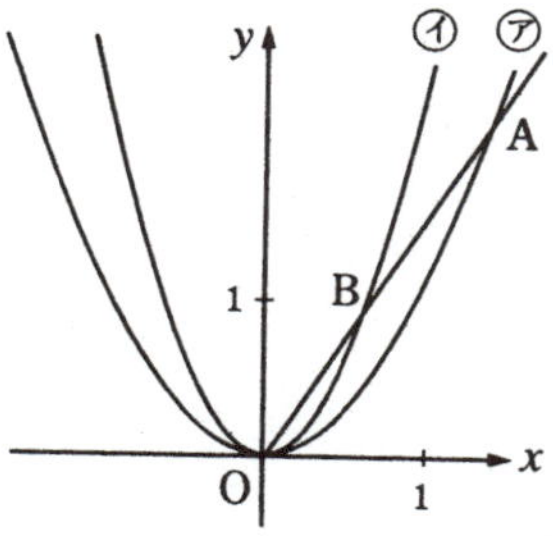

③ 放物線 $y=x^2$ 上に，定点 A$(-2,\ 4)$ と動点 B がある。2 点 A，B を結ぶ直線を l とし，直線 l が x 軸と交わる点を C とする。

(1) 点 B の x 座標が 1 のとき，直線 l の式を求めよ。

(2) 直線 l の傾きが 3 になるときの点 B の座標を求めよ。

(3) 点 A が 2 点 B，C の中点になるときの点 B の座標を求めよ。ただし，点 B の x 座標は正であるものとする。

（山形）

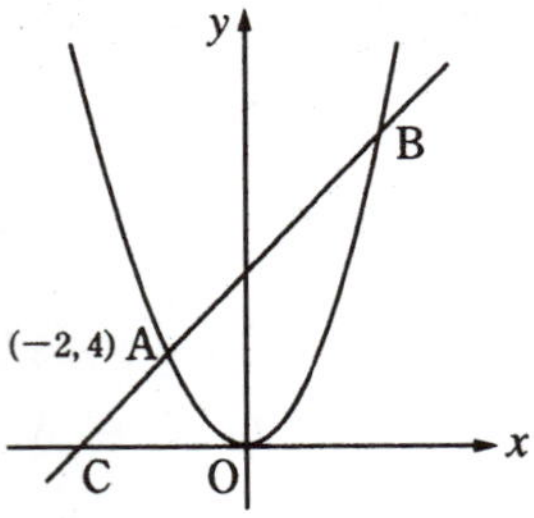

111 2 次関数(8) — 正方形 —

● 例 題 ●

右の図の放物線は，2 次関数 $y=\dfrac{1}{3}x^2$ のグラフで，A，B はその上の点である。A，B からそれぞれ x 軸に垂線 AD，BC をひいてできる四角形 ABCD が正方形であるとき，点 A の座標を求めよ。（山梨）

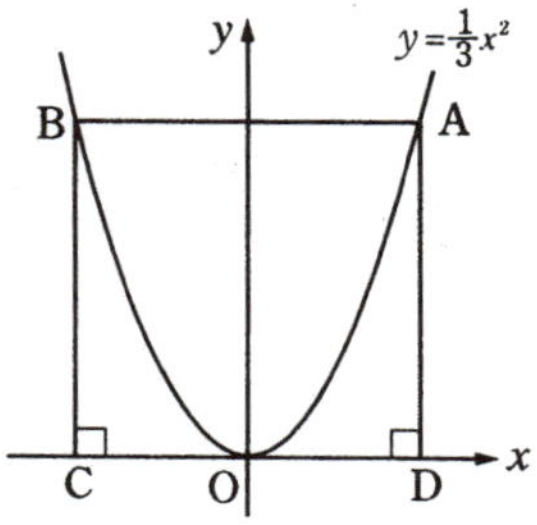

◆考え方

点 A の x 座標を $t\,(t>0)$ とする。

t についての方程式をつくる。

CD＝AD

解 法

点 A の x 座標を $t\,(t>0)$ とすると，点 A の座標は $\left(t,\ \dfrac{1}{3}t^2\right)$。

$CD=2\cdot OD=2t$，$AD=\dfrac{1}{3}t^2$ で四角形 ABCD が正方形となることから，

$CD=AD$

$2t=\dfrac{1}{3}t^2$ から $\dfrac{1}{3}t^2-2t=0$

(両辺)×3　$t^2-6t=0$

$t(t-6)=0$

$t>0$ から $t=6$　よって，A$(6,\ 12)$

答　**A(6，12)**

111. 類題トレーニング

1 下図の放物線に正方形が内接している。辺はそれぞれ x 軸，y 軸に平行であるとき，点 A の座標を求めよ。

(1)

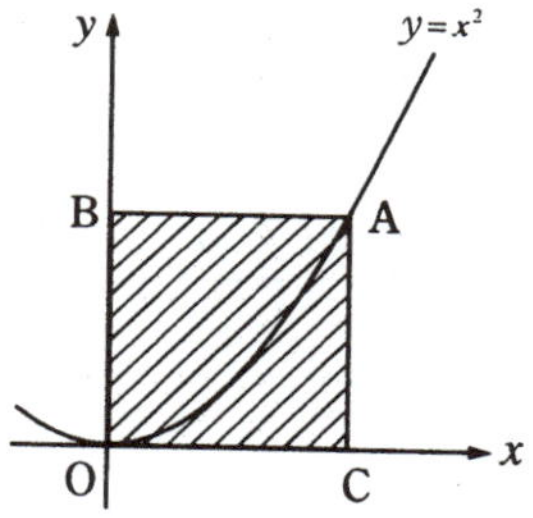

(2)

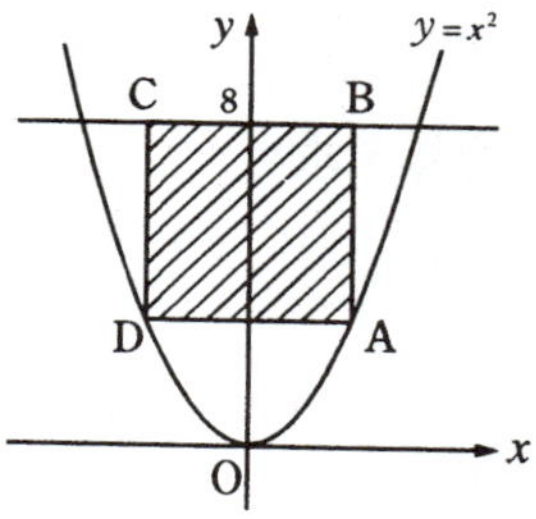

（山口）

(3)

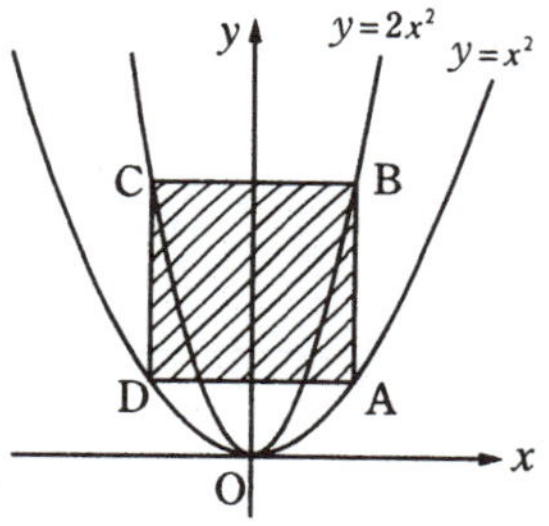

(4)

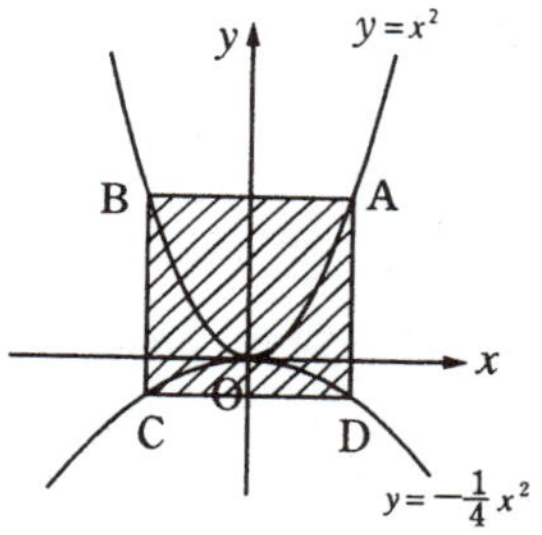

（大阪）

112 2次関数(9) ― 平行四辺形 ―

例題

右の図のように，点 A，B，C は $y=\frac{1}{2}x^2$ のグラフ上にある。点 C を通り x 軸に平行な直線と y 軸との交点を D とする。点 D の座標が(0，8)のとき，

(1) 点 C の座標を求めよ。

(2) 四角形 ABCD が平行四辺形になるとき，この平行四辺形の面積を求めよ。 （栃木）

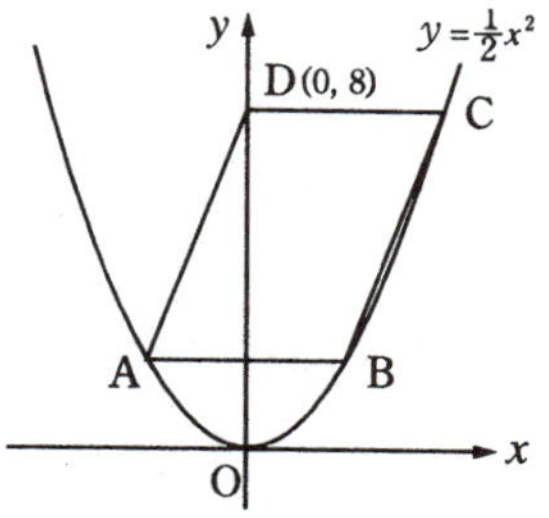

◆考え方

(1) 点 C の y 座標は 8

(2) 点 A，B，C，D のそれぞれの座標を読む。

解法

(1) $y=\frac{1}{2}x^2$ に $y=8$ を代入して，$8=\frac{1}{2}x^2$ $x^2=16$

$x>0$ から $x=4$ よって，C(4，8)

(2) **平行四辺形 ABCD の面積は**

(AB の長さ)×{(C の y 座標)−(B の y 座標)} で求められる。

AB＝CD＝4 から B の x 座標は 2

よって，y 座標は $y=\frac{1}{2}\times2^2=2$

∴ $4\times(8-2)=24$

答 (1) **C(4，8)** (2) **24**

112. 類題トレーニング

1　図のように，y 軸上に点 A(0, 9)がある。また，点 B，C は，それぞれ関数 $y=\frac{1}{2}x^2$，$y=2x^2$ のグラフ上にある。ただし，点 B，C の x 座標は正とする。四角形 AOBC が平行四辺形になるとき，点 B の座標を求めよ。ただし，O は座標の原点である。　　（大分）

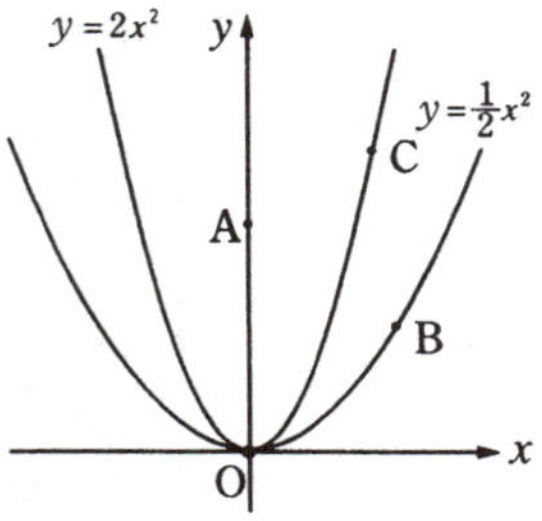

2　図のように，関数 $y=\frac{1}{2}x^2$ のグラフと平行四辺形 AOBC がある。平行四辺形の頂点 A，B はこのグラフ上にあり，点 A の x 座標は -2 で，点 B の x 座標は正で，y 座標が 8 である。また，頂点 C の座標は(2, 10)である。

(1)　点 B の x 座標を求めよ。

(2)　平行四辺形 AOBC の対角線の交点の座標を求めよ。

(3)　平行四辺形 AOBC の面積を求めよ。　　（兵庫）

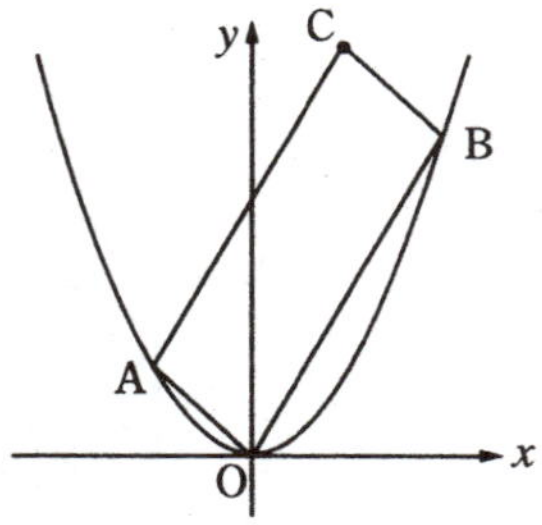

113　2次関数(10)　— 等積変形 —

例題

関数 $y=2x^2$ のグラフ上に 2 点 A，B がある。原点を O とし，2 点 A，B の x 座標をそれぞれ 2，-1 とする。

(1)　点 A の y 座標を求めよ。

(2)　直線 AB の式を求めよ。

(3)　三角形 OAB の面積を求めよ。

(4)　関数 $y=2x^2$ のグラフ上に点 O と異なる点 P をとる。このとき，三角形 OAB の面積と三角形 PAB の面積が等しくなるような点 P のとり方は何通りあるか。　　（長崎）

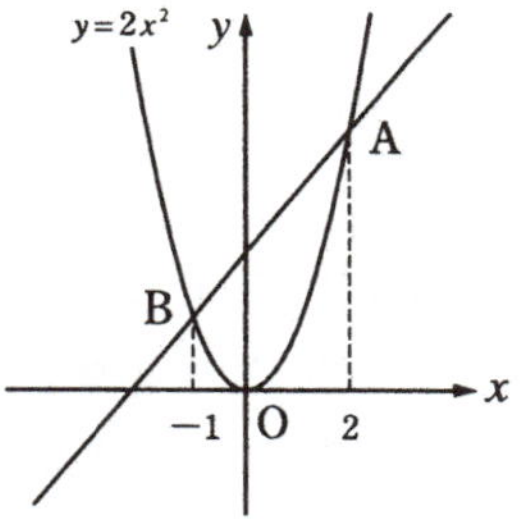

◆考え方

(3)　直線 AB と y 軸との交点を C とする。

△ **OAB=△ OAC+△ OBC,**

または AB と x 軸との交点を E とすると

△ **OAB=△ EAO−△ EBO**

(4)　直線 AB に平行な直線をひいて，△ OAB の等積変形を考える。

解 法

(1)　$y=2x^2=2\times2^2=8$

(2)　B$(-1,\ 2)$，A$(2,\ 8)$を通る直線であるから，$y=2x+4$

(3)　直線 AB と y 軸との交点を C とすると，OC=4 から

△ OAB＝△ OAC＋△ OBC

$=\dfrac{4\times2}{2}+\dfrac{4\times1}{2}=6$

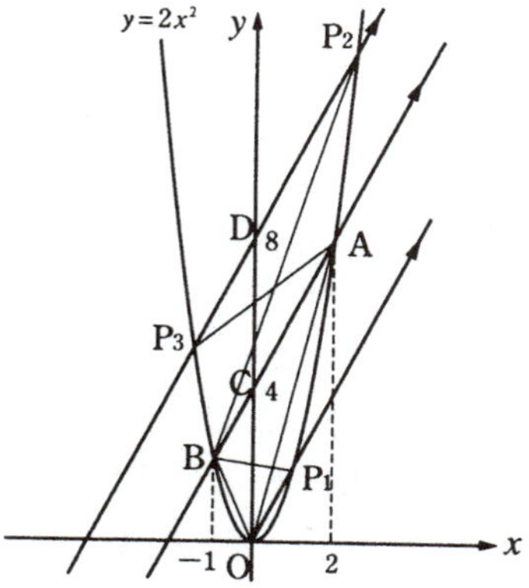

(4)　**△ OAB と△ PAB → AB は共通だから底辺は AB で高さは y 軸上で考える。**

直線 OP_1 の式は $y=2x$，y 軸上に OC=CD となる点 D をとる。直線 P_2P_3 の式は $y=2x+8$

$\begin{cases}y=2x^2\\y=2x\end{cases}$ (P_1)　　$\begin{cases}y=2x^2\\y=2x+8\end{cases}$ $(P_2$ と $P_3)$

答　(1)　**8**　　(2)　$\boldsymbol{y=2x+4}$　　(3)　**6**　　(4)　**3 通り**

113. 類題トレーニング

1　放物線 $y=x^2$ のグラフ上に 2 点 A$(-3,\ 9)$，B$(4,\ 16)$がある。また，直線 AB が y 軸と交わる点を C とし，放物線上を点 A から点 B まで動く点を P とする。

(1)　2 点 A，B を通る直線の式を求めよ。

(2)　△ AOC の面積は，△ BOC の面積の何倍か。

(3)　△ PAB の面積が△ OAB の面積の $\dfrac{1}{2}$ とするとき，点 P の正の座標を求めよ。　　(山梨)

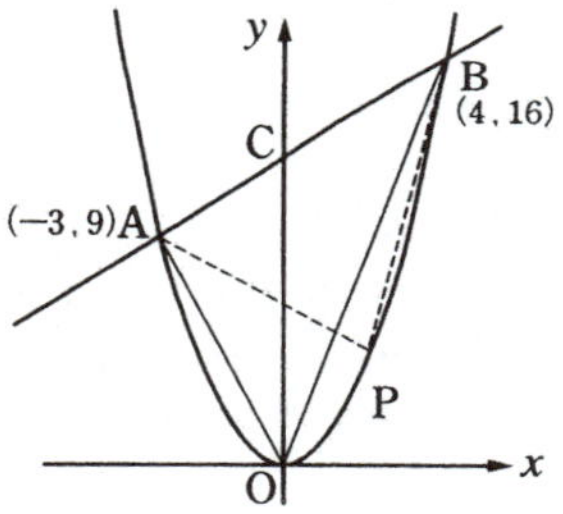

2　右の図のように，2 次関数が $y=x^2$ のグラフ上に 2 点 A，B があり，その x 座標はそれぞれ -2，3 である。

(1)　2 点 A，B の座標を求めよ。

(2)　2 点 A，B を通る直線の式を求めよ。

(3)　2 次関数 $y=x^2$ のグラフ上の点を P とする。

$(-2\leqq x\leqq3)$△ PAB の面積が△ OAB の面積の $\dfrac{2}{3}$ になるとき，点 P の座標を求めよ。ただし，O は原点である。

(長崎)

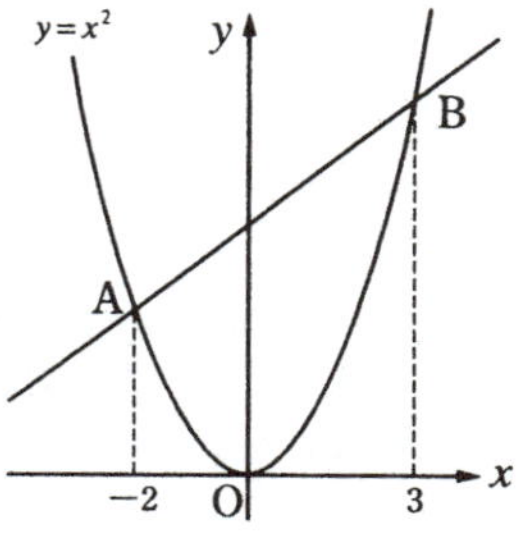

114　2次関数⑾　― 動点と面積 ―

例題

図Ⅰは，AB＝BC＝10cm，CD＝6cm，∠C＝∠D＝90°の台形ABCDである。点PはBを出発して，毎秒2cmの速さで辺上をA，D，Cの順にCまで動き，点QはBを出発して，毎秒2cmの速さで辺BC上をCまで動いて，Cで止まっているものとする。点P，Qが同時にBを出発してからx秒後の△PBQの面積を$y$cm^{2}とするとき

(1)　図Ⅱは，点Pが辺BA上を動くときのxとyの関係をグラフに表したものである。このときのyをxの式で表せ。

(2)　点Pが辺AD，DC上を動くとき，xとyの関係をグラフにかき加えよ。

(3)　△PBQの面積が10.8cm^{2}となるのは，点P，QがBを出発してから何秒後になるか求めよ。　（富山）

図Ⅰ

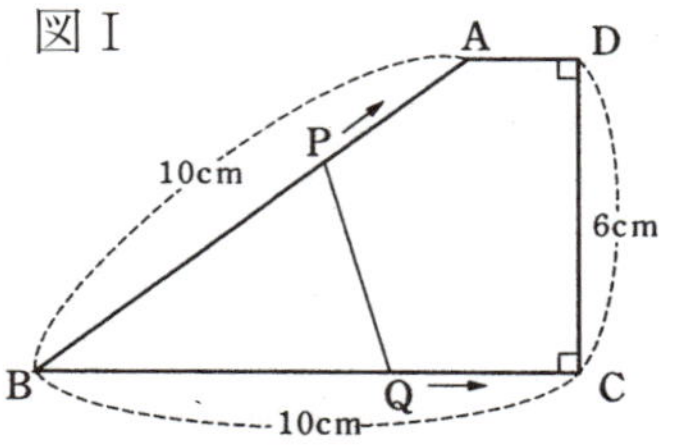

図Ⅱ

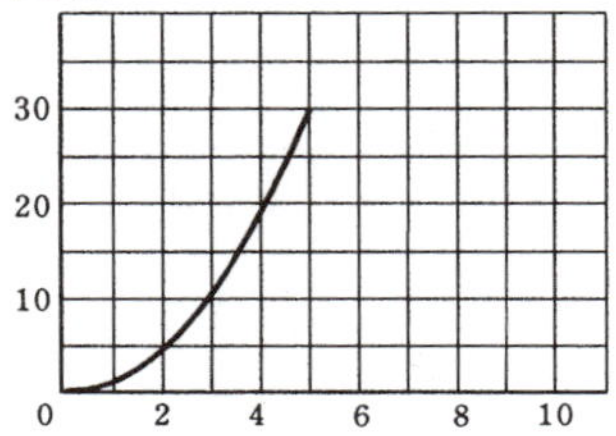

◆考え方

(1)　**Aから辺BCに垂線AHを下ろす。右図PH′の長さを求める。**

(2)　**点PがAD上のとき高さは6cm，BHは三平方の定理から求める。**

解法

(1)　A，PからBCへ垂線を下ろし，その交点をそれぞれH，H′とすると，△BPH′∽△BAHである。

BP：BA＝PH′：AHより，

$2x：10＝\mathrm{PH'}：6$

$\therefore\quad \mathrm{PH'}=\dfrac{6}{5}x$

よって，

$y=2x\times\dfrac{6}{5}x\times\dfrac{1}{2}=\dfrac{6}{5}x^2$

$(0\leqq x\leqq 5)$

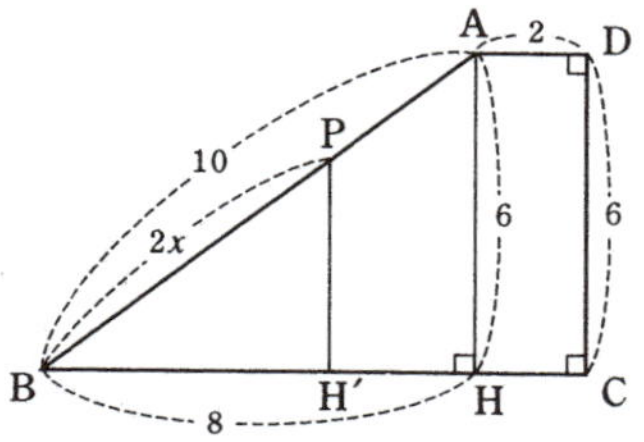

(2)　AD上のとき，底辺は10，高さは6

$\therefore\quad y=10\times6\times\dfrac{1}{2}=30\ (5\leqq x\leqq 6)$

BHは三平方の定理より，**8cm**

よって，AD＝2cm

DC上のとき，底辺は10，高さは

(10＋2＋6)－2*x*＝18－2x

$\therefore\quad y=10\times(18-2x)\times\dfrac{1}{2}$

$=90-10x\ (6\leqq x\leqq 9)$

よって，グラフは右図。

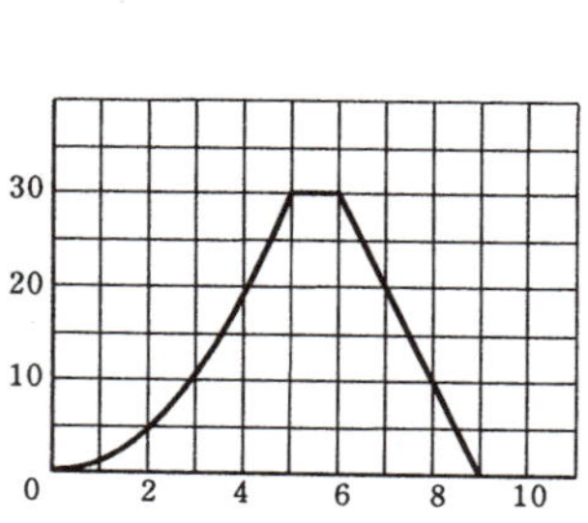

(3) $y=10.8$ を代入。

(3) $y=\frac{6}{5}x^2$ に $y=10.8$ を代入して，
$10.8=\frac{6}{5}x^2$ から $x^2=9$ 　$x>0$ から $x=3$
$y=90-10x^2$ に $y=10.8$ を代入して，
$10.8=90-10x$ から $x=7.92$

答 (1) $\boldsymbol{y=\frac{6}{5}x^2}$ 　(2) **左ページ 解法 の図**
(3) **3 秒後，7.92 秒後**

114. 類題トレーニング

1 右の図は，1 辺の長さが4cmの正方形 ABCD である。点 P は A を出発点として，毎秒 1cmの速さで辺 AB 上を B まで動く。点 Q は B を出発点として，毎秒 2cmの速さで正方形の周上を C を通って D まで動く。いま，点 P が A を，点 Q が B を同時に出発してから x 秒後の△ APQ の面積を $y$cm^2 とする。$x=0$ のとき $y=0$ とする。

(1) 点 Q が辺 BC 上を動くとき，y を x の式で表せ。

(2) 点 P が辺 AB 上を動くとき，x と y の関係を表すグラフをかけ。 （福島）

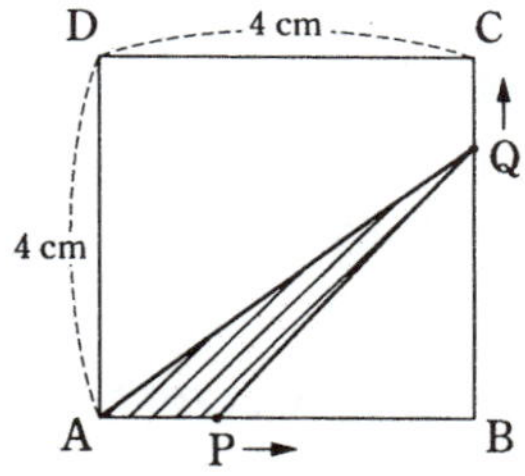

2 1 辺の長さが 6cmの立方体 ABCD—EFGH がある。点 P は A から出発して辺 AB，BC，CD 上を毎秒 2cmの速さで，点 Q は点 P が出発すると同時に A から出発して辺 AD，DC 上を毎秒 1cmの速さで進む。P と Q は，一致したときにそこで止まるものとする。P と Q が A を出発してから x 秒後の三角すい E—APQ の体積を $y$cm^3 とする。

(1) 右のグラフは，P が B に着くまでの，x と y の関係を表したものである。y を x の式で表せ。

(2) P が B を通過してから Q と一致するまでの，x と y の関係を表すグラフをかけ。

(3) 三角すい E—APQ の体積が 8cm^3 になるのは，P と Q が A を出発してから何秒後か。 （栃木）

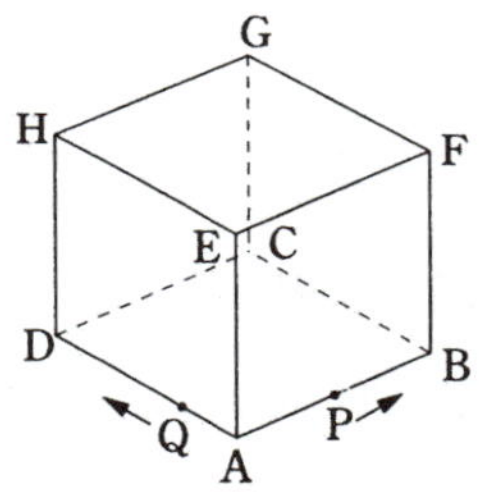

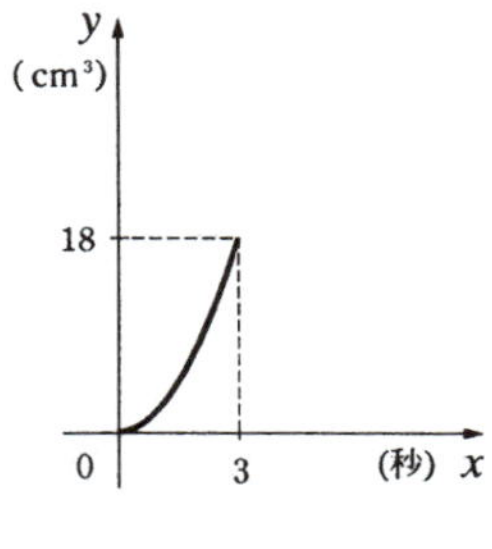

115 2次関数(12) — 直交する2直線 —

例題

右の図のように，定義域が$-2 \leqq x \leqq 4$，値域が$0 \leqq y \leqq 8$である関数$y=ax^2$のグラフがある。

(1) aの値を求めよ。

(2) △AOBの外接円をつくるとき，その中心の座標を求めよ。 （京都）

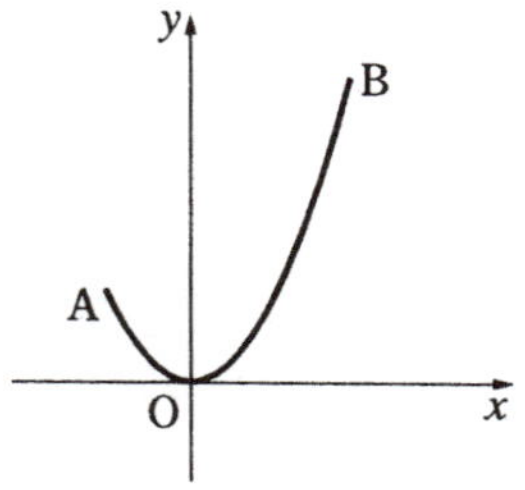

◆考え方

(1) $y=ax^2$のグラフは点$(4,\ 8)$を通る。

(2) **OA，ABの傾きをしらべる。**

解法

(1) $y=ax^2$に$x=4$，$y=8$を代入して，
$8=a \cdot 4^2$から$a=\dfrac{1}{2}$

(2) 直線OAの傾きは-1，ABの傾きは1
すなわち，$\angle \mathrm{OAB}=90^\circ$だから，
外接円の中心はOBの中点
よって，$(2,\ 4)$

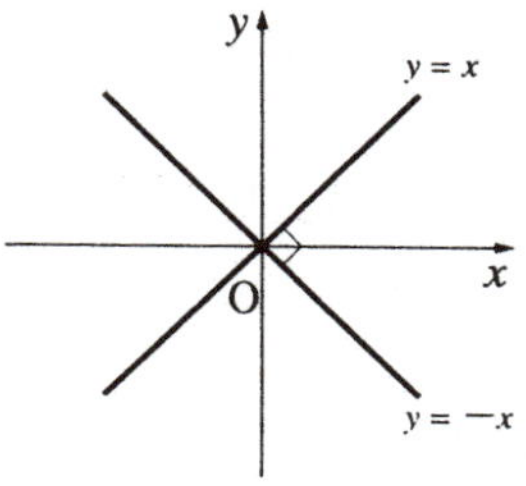

答 (1) $\boldsymbol{a=\dfrac{1}{2}}$ (2) $\boldsymbol{(2,\ 4)}$

参考 一般に2直線$y=ax+b$，$y=a'x+b'$が直交するときには$aa'=-1$の関係がある。

115. 類題トレーニング

1 右の図のように，2つの直線$y=ax-2$……㋐と$y=-x+1$……㋑が点A$(2,\ -1)$で交わっている。

(1) aの値を求めよ。

(2) 点Aを通り㋑の直線と直角に交わる直線が，y軸と交わる点の座標を求めよ。 （京都）

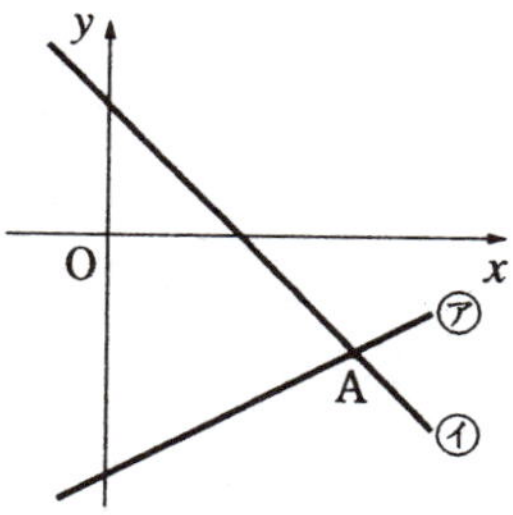

2 関数$y=ax^2$のグラフと直線$y=-x+4$が2点A，Bで交わっている。2点A，Bおよび原点OがOAを直径とする円周上にあるとき，aの値を求めよ。ただし，$a>0$とする。 （千葉）

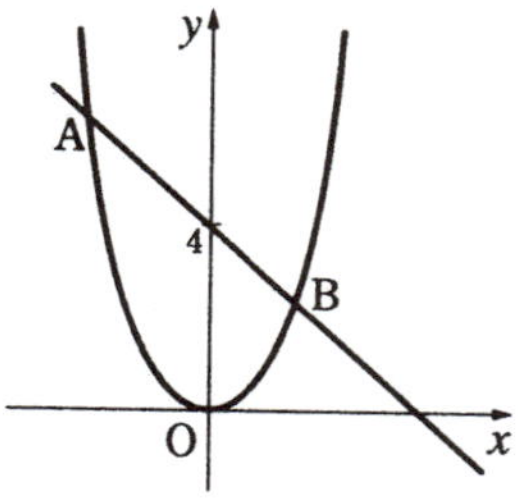

116　角(1)　— 平行線 —

● 例 題 ●

(1)　下図で，$l /\!/ m$ であるとき，$\angle x$，$\angle y$ の大きさを求めよ。

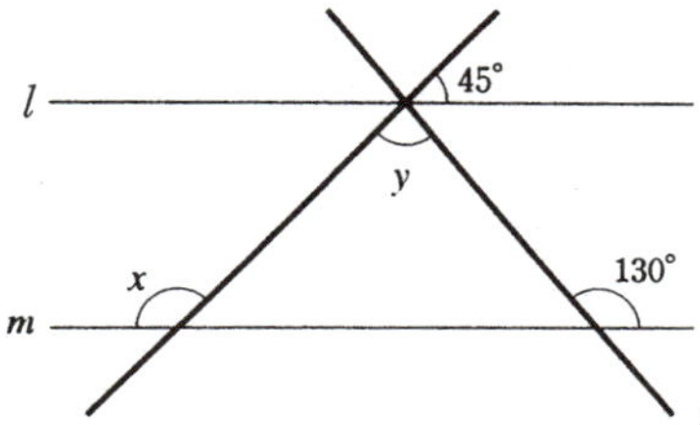

（広島）

(2)　下図で，$l /\!/ m$ であるとき，$\angle x$ の大きさを求めよ。

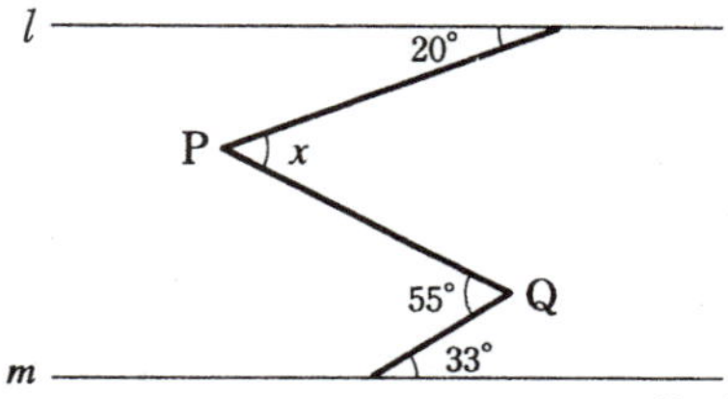

（福島）

◆考え方

(1)　**平行線では同位角は等しい。三角形の内角の和は180°。**

(2)　**点P，Qから l に平行線をひく。平行線では錯角は等しい。**

解 法

(1)　$\angle PQR = 45°$ から $\angle x = 135°$

$\angle PRQ = 50°$

よって $\angle y = 180° - (45° + 50°)$

$= 85°$

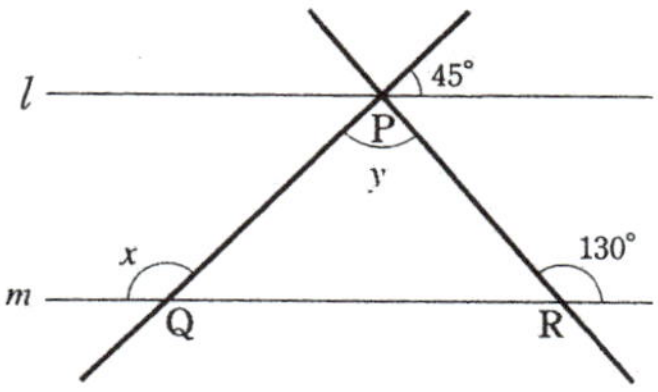

(2)　平行線では錯覚が等しいことから $\angle x = 20° + 22° = 42°$

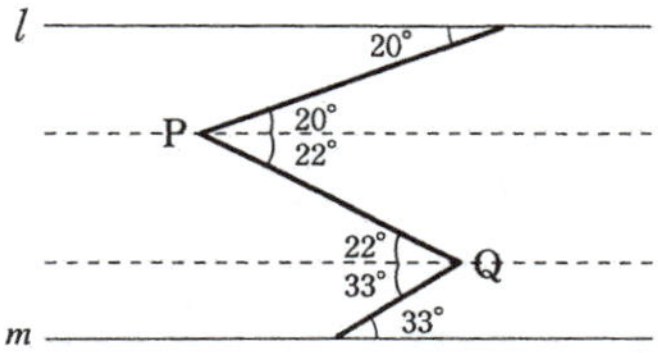

答　(1)　$\angle \boldsymbol{x} = \mathbf{135°}$，$\angle \boldsymbol{y} = \mathbf{85°}$　　(2)　$\angle \boldsymbol{x} = \mathbf{42°}$

116. 類題トレーニング

1　下の図で $l /\!/ m$ のとき，$\angle x$ の大きさを求めよ。

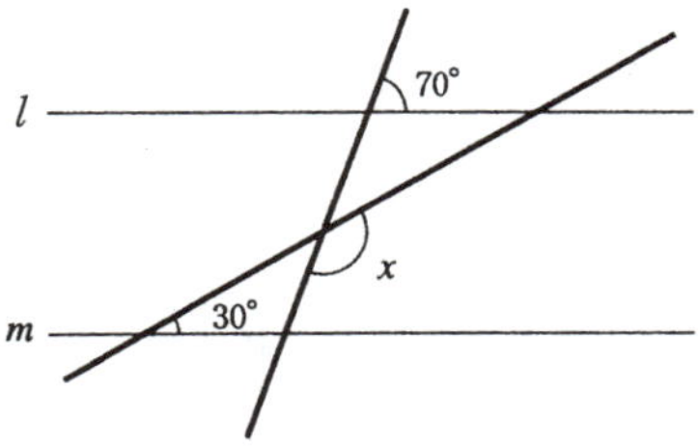

（和歌山）

2　下図で，PQ//RS，AB=AC，∠CAQ=100°，∠BCR=32°である。$\angle x$ の大きさを求めよ。

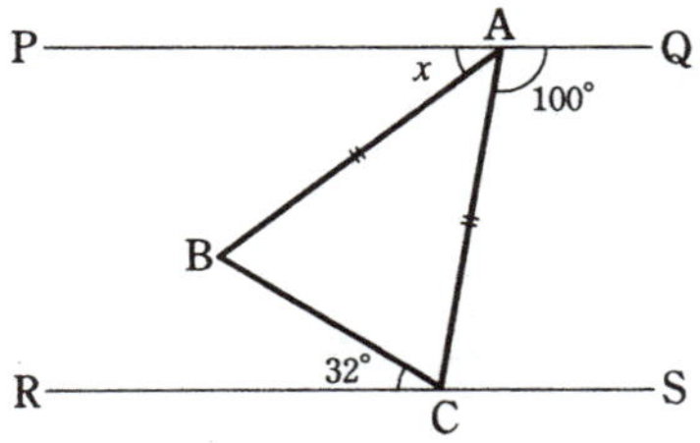

（富山）

3　下図で，$l /\!/ m$ のとき，$\angle x$ の大きさを求めよ。

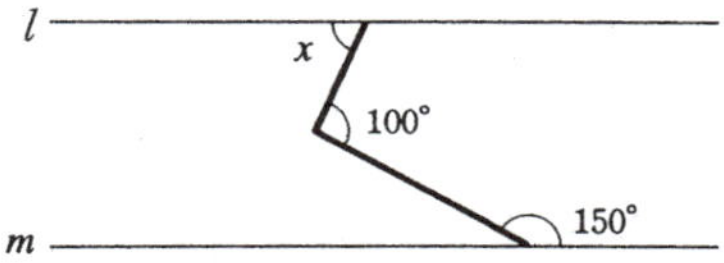

（新潟）

4　下図で $l /\!/ m$ のとき，$\angle x$ の大きさは ☐ °である。

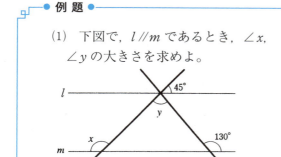

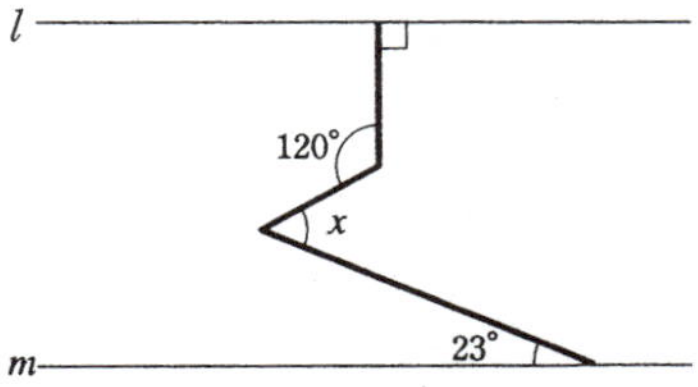

（沖縄）

117 角(2) — 二等分線 —

● 例 題 ●

三角形 ABC の∠B の二等分線が角 C の二等分線と交わる点を P, ∠C の外角の二等分線と交わる点を Q とする。∠A が 64°のとき

(1) ∠BPC = ☐

(2) ∠BQC = ☐ （玉川学園高）

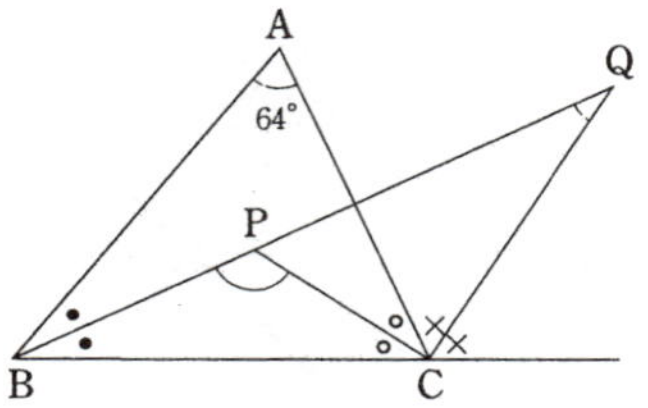

◆考え方

$= 180° - 64° = 116°$ より

$= 116° \div 2 = 58°$

解 法

(1) $\angle B + \angle C = 180° - 64° = 116°$
$\angle ABP = \angle PBC$, $\angle ACP = \angle PCB$ から
$\angle PBC + \angle PCB = 116° \div 2 = 58°$
$\therefore\ \angle BPC = 180° - 58° = 122°$

(2) $\angle PCQ = 90°$ から
$\angle BQC = 122° - 90° = 32°$

答 (1) **122°** (2) **32°**

参考 **$\angle A = a°$ のとき, $\angle BPC = 90° + \dfrac{a°}{2}$, $\angle BQC = \dfrac{a°}{2}$ で計算できる。**

117. 類題トレーニング

1 図で, △ABC の内心を I とする。
∠A = 70°のとき, ∠BIC の大きさを求めよ。 （岐阜）

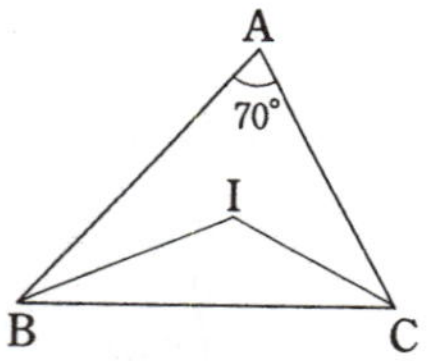

2 下の図で, ∠a, ∠b は何度か。

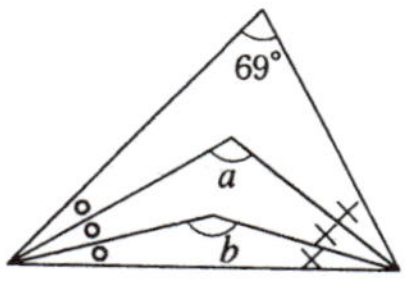

3 図のように, 頂角 A が 40°の二等辺三角形 ABC の∠B の二等分線と∠C の外角の二等分線との交点を D とするとき, ∠BDC の大きさを求めよ。 （山口）

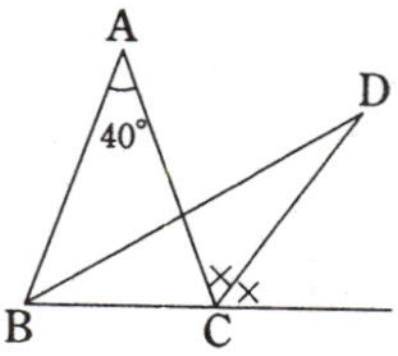

4 図において O は△ABC の内接円の中心, ∠BAC は 50°である。また, 頂点 B, C における外角の二等分線のなす角を x とするとき

(1) ∠BOC は何度か。

(2) x は何度か。

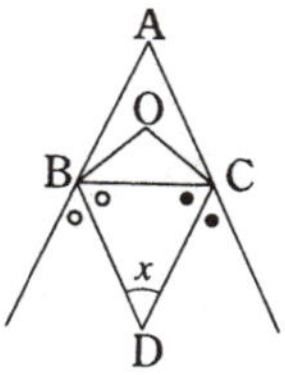

118 角(3) — 二等辺三角形 —

● 例題 ●

(1) 下図は AB＝AC，∠A＝36°の三角形で CD は∠C の二等分線である。∠BCD，∠ADC の大きさを求めよ。

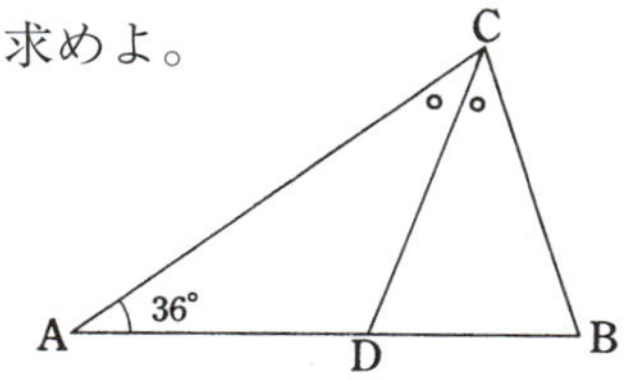

(2) 下の図で，∠XOY＝12°，OA＝AB＝BC＝CD とする。∠BCD の大きさを求めよ。

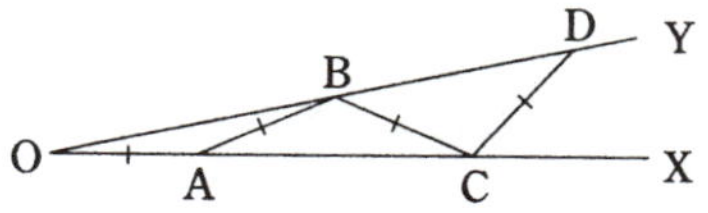

（鳥取）

◆考え方

(1) ∠ACB，∠BCD，∠ADC の順に求める。
「二等辺三角形の底角は等しい。」

(2) ∠BAC＝**∠AOB＋∠ABO**
∠CBD＝**∠BOC＋∠BCO**

解法

(1) ∠ACB＝(180°－36°)÷2＝72°
よって，∠BCD＝72°÷2＝36°
∠ADC＝180°－36°×2＝108°

(2) AO＝AB から∠ABO＝12°
BA＝BC から∠BAC＝∠BCA＝12°×2＝24°
CB＝CD から∠CBD＝∠CDB＝24°＋12°＝36°
よって，∠BCD＝180°－36°×2＝108°

答 (1) **36°，108°**　(2) **108°**

118. 類題トレーニング

1 (1) 下図の△ABC で，点 D は，∠BAC の二等分線と BC との交点である。AD＝DC，∠B＝75°のとき，∠ADC の大きさは何度か。

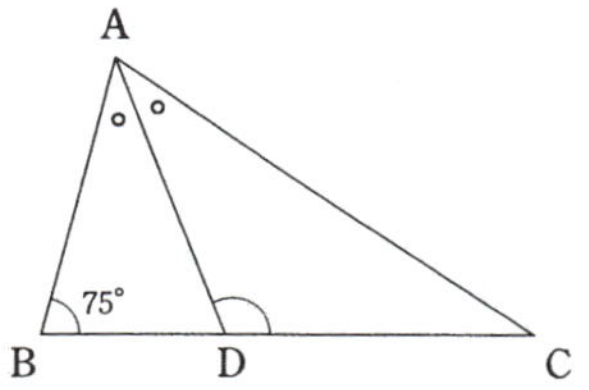

（香川）

(2) 下の図の△ABC において，∠ABC＝120°，AD＝DB＝BC のとき，∠CAB の大きさ x を求めよ。

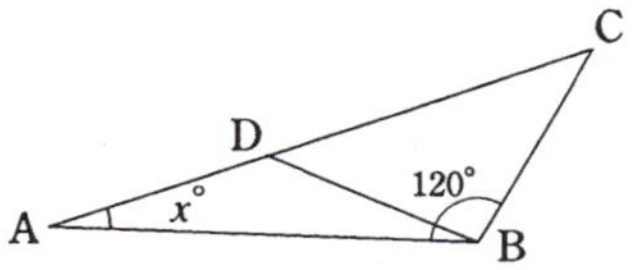

（宮崎）

2 ∠XOY があり，OA＝AB＝BC＝……＝IJ＝……となる点 A，B，C，……，I，J，……を，OX，OY 上に交互に，とれるまでとるものとする。右の図 1 のように，∠XOY＝30°のとき，BC は OY に垂直になる。それでは，図 2 のように，CD が OX に垂直になるとき，∠XOY の大きさを求めよ。

また，IJ が OX に垂直になるとき，∠XOY の大きさを求めよ。ただし，OA を 1 番目とするとき，IJ は 10 番目の線分である。

（石川）

図 1

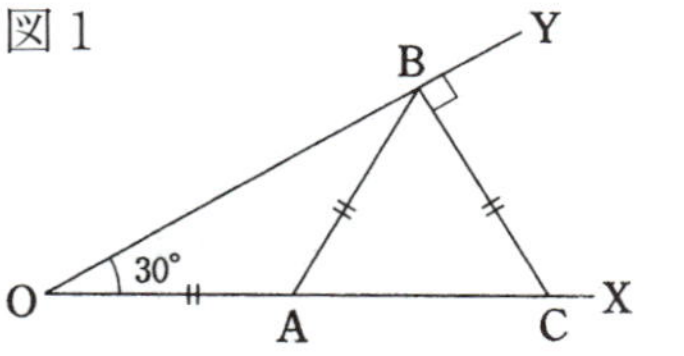

図 2

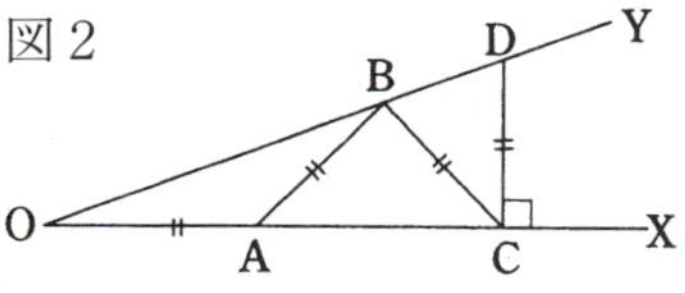

119 角(4) ― 多角形 ―

例題

(1) 三角形の内角の和は［　　］，四角形の内角の和は［　　］，五角形の内角の和は［　　］，……，n 角形の内角の和は［　　］である。したがって，十二角形の内角の和は［　　］である。（山形）

(2) 1つの外角が30°の正多角形は正［　］角形である。

(3) 1つの内角の大きさが140度の正多角形がある。この多角形の対角線の数を求めよ。（石川）

◆考え方

(1) n 角形の内角の和

$180°(n-2)$

n 角形の外角の和

$360°$

n 角形の対角線の数

$\dfrac{n(n-3)}{2}$ 本

解法

(1)

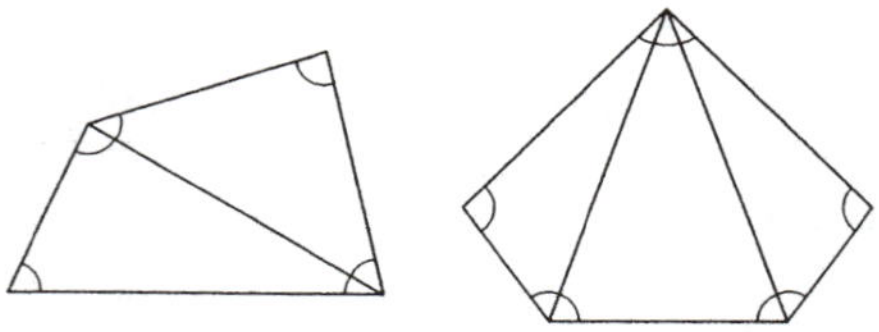

$180°\times 2$　　$180°\times 3$

n 角形は1つの頂点から対角線をひくと $(n-2)$ 個の三角形にわかれる。

よって，$180°(n-2)$　$n=12$ を代入して，$180°(12-2)=1800°$

(2) $360°\div 30°=12$　よって，正十二角形

(3) 1つの外角は $180°-140°=40°$　$360°\div 40°=9$　九角形となるから対角線の数は $\dfrac{9(9-3)}{2}=27$

答 (1) **180°，360°，540°，$180°(n-2)$，1800°**　(2) **十二**
(3) **27本**

119. 類題トレーニング

1 正五角形の1つの内角の大きさを求めよ。（埼玉）

2 内角の和が1260°である正多角形の1つの内角の大きさは何度か。（宮崎）

3 1つの外角の大きさが40度の正多角形の内角の和は［　　］度である。（福岡）

4 頂角が150°の正多角形がある。
(1) この多角形は何角形か。
(2) この多角形には対角線が何本ひけるか。（法政一高）

5 対角線の総数が35本あるような多角形は，［　］角形である。（玉川学園高）

120 三角形の合同(1) — 基本 —

例題

鋭角である∠XOY 内の点 P から辺 OX，OY にひいた垂線 PA，PB の長さが等しいとき，△AOP と△BOP は合同になる。その理由は何か。次の(ア)〜(エ)から選べ。

(ア)　PA＝PB，∠OAP＝∠OBP＝∠R，∠OPB＝∠OPA

(イ)　PA＝PB，OA＝OB，OP は共通

(ウ)　PA＝PB，∠OAP＝∠OBP＝∠R，OP は共通

(エ)　PA＝PB，∠OAP＝∠OBP＝∠R，OA＝OB　（京都）

◆考え方

まず，図をかく。

仮定は∠OAP＝∠OBP＝∠R

PA＝PB

解法

(ア)　∠OPB＝∠OPA は使えない。

(イ)　OA＝OB は使えない。

(ウ)　△OAP，△OBP は直角三角形で斜辺と他の 1 辺がそれぞれ等しい。

(エ)　OA＝OB は使えない。

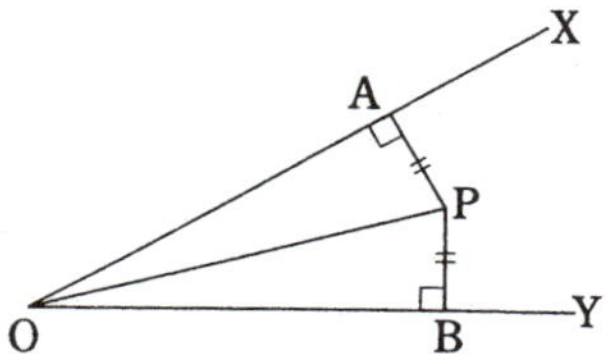

答　(ウ)

参考　**三角形の合同条件…① 3 辺相等　② 2 辺と夾角（きょう）　③ 2 角と夾辺**
直角三角形の合同条件…①斜辺と 1 鋭角　②斜辺と他の 1 辺

120. 類題トレーニング

1　右の図で，AB＝CB，BD は∠ABC の二等分線である。このとき，AD＝CD であることを証明せよ。　（青森）

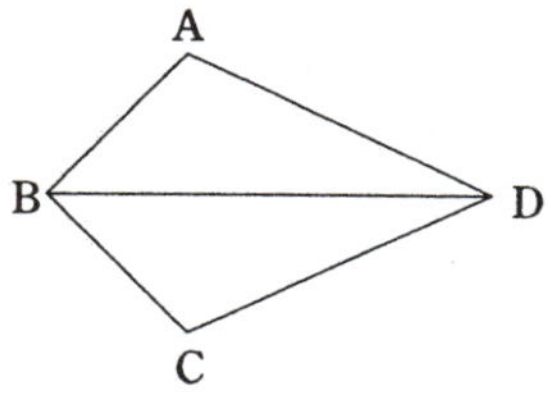

2　右の図で，AB＝CD，AD＝CB であるとき，∠A＝∠C であることを証明せよ。

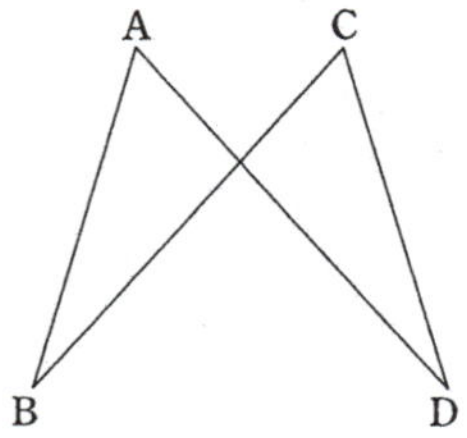

3　正方形 ABCD がある。右の図のように，対角線 BD 上に点 E をとり，AE の延長が辺 CD と交わる点を F とする。∠BCE＝∠AFD であることを証明せよ。　（山形）

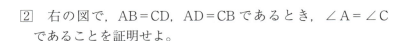

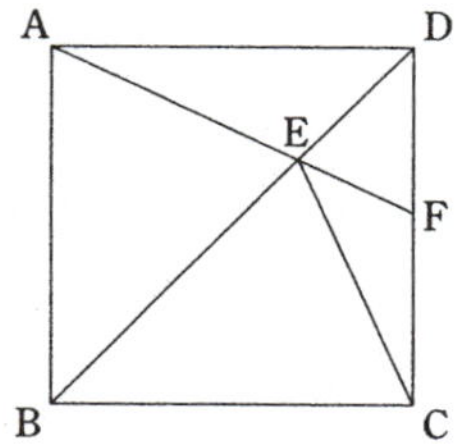

121 三角形の合同(2) ― 重なる図形 ―

● 例 題 ●

右の図は, 長さが10cmの線分 AB 上に点 P をとり, 線分 AP, PB をそれぞれ 1 辺とする正三角形 APQ と正三角形 PBR を AB に関して同じ側につくったものである。

(1) AR＝QB であることを, △APR と△QPB に着目して, 証明せよ。

(2) ∠ASB は何度か。

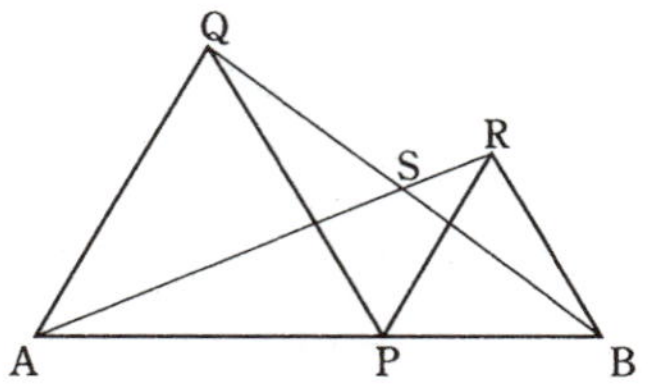

◆考え方

△QAP, △RPB はともに正三角形である。
∠APR＝∠QPB＝120°

解 法

(1) △APR と△QPB において

AP＝QP(正三角形の辺)
RP＝BP(正三角形の辺)
∠APR＝∠QPB(＝120°)

以上より, 2 辺とそのはさむ角がそれぞれ等しいから
△APR≡△QPB　よって, AR＝QB

(2) (1)から∠BQP＝∠RAP
また, ∠PBQ＋∠BQP＝60°
△SAB で∠SAB＋∠SBA＝60°
よって, ∠ASB＝180°－60°＝120°

答 (1) **上記**　(2) **120°**

121. 類題トレーニング

1 正三角形 ABC の辺 BC, CA 上に点 D, E を, BD＝CE となるようにとり, A と D, B と E を結び, その交点を F とすれば, ∠AFE＝60° となることを次のように証明した。

〔証明〕△ABD と△BCE において,
仮定から AB＝□, BD＝□, ∠ABD＝∠□
2 辺とその間の角がそれぞれ等しいから
△ABD≡△BCE　したがって, ∠BAD＝∠□
また, ∠AFE は△AFB の外角だから
∠AFE＝∠BAF＋∠ABF＝∠□＋∠ABF＝∠ABC
よって, ∠AFE＝60°

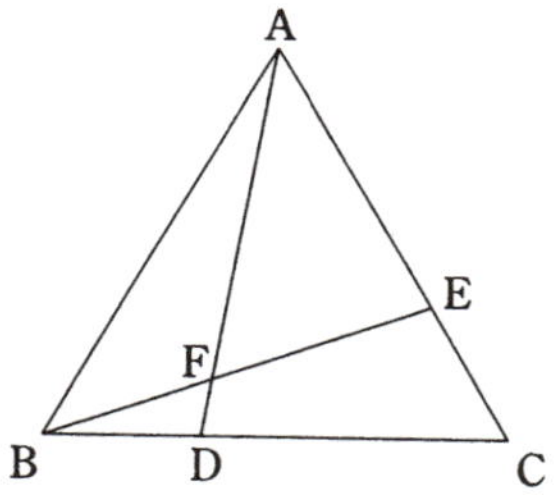

2 長方形の外部に 2 つの辺 CD, DA をそれぞれ 1 辺とする正三角形 CPD と正三角形 DQA をつくり, 線分 CQ が線分 PA, DA と交わる点をそれぞれ E, F とする。

(1) △CDQ において, ∠CDQ の大きさは何度か。

(2) △CDQ≡△PDA であることを証明せよ。

(3) △AEF において, ∠AEF の大きさは何度か。　(熊本)

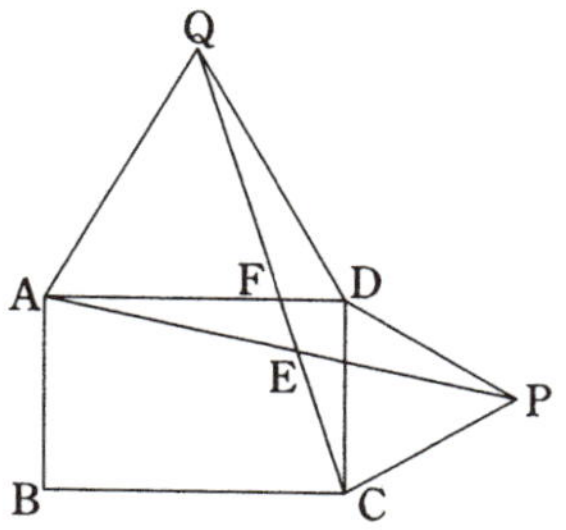

122 三角形の合同(3) ― 二等辺三角形 ―

● 例 題 ●

次の(1)〜(3)のことがらを証明するのに，下の①〜⑤の三角形の合同条件のどれを使えばよいか。(1)〜(3)のそれぞれについて，あてはまるものを選び，その番号を書け。

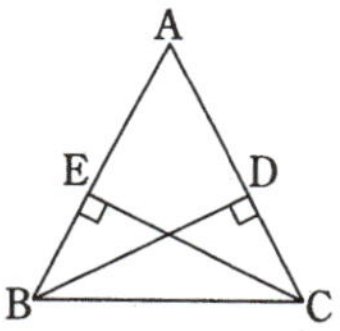

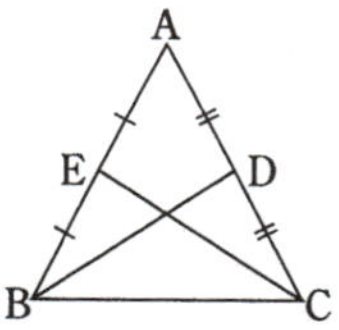

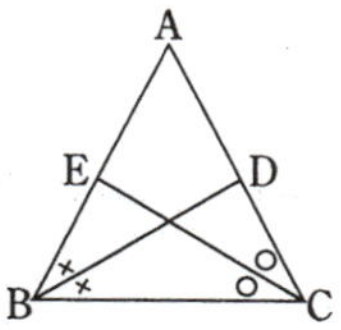

(1) ∠A を頂角とする二等辺三角形 ABC において，点 B，C から辺 AC，AB へ垂線 BD，CE をおろすと，BD＝CE である。

(2) ∠A を頂角とする二等辺三角形 ABC において，点 B，C から辺 AC，AB へ中線 BD，CE をひくと，BD＝CE である。

(3) ∠A を頂角とする二等辺三角形 ABC において，∠B，∠C の二等分線をひき，辺 AC，AB と交わる点をそれぞれ D，E とすると，BD＝CE である。

① 3 辺がそれぞれ等しい。　② 2 辺とそのはさむ角がそれぞれ等しい。

③ 1 辺とその両端の角がそれぞれ等しい。

④ 直角三角形で，斜辺と他の 1 辺がそれぞれ等しい。

⑤ 直角三角形で，斜辺と 1 つの鋭角がそれぞれ等しい。　(山梨)

◆考え方

∠A を頂角とする二等辺三角形から

AB＝AC，∠B＝∠C

△EBC と△DCB，または△ABD と△ACE で考える。

解 法

(1) △EBC と△DCB はともに直角三角形で∠EBC＝∠DCB, BC は共通。よって，斜辺と，1 つの鋭角が等しいから　△EBC≡△DCB

(2) △EBC と△DCB で，∠EBC＝∠DCB, EB＝DC, BC は共通。よって　△EBC≡△DCB

(3) △EBC と△DCB で，∠EBC＝∠DCB，∠ECB＝∠DBC，BC は共通。よって，△EBC≡△DCB

答 (1) **⑤または③**　(2) ②　(3) ③

122. 類題トレーニング

1 右の図のように，AB＝AC の二等辺三角形 ABC の頂点 B，C から，おのおのの対辺 AC，AB に垂線 BD，CE をひき，BD と CE の交点を P とする。PB＝PC であることを証明せよ。　(北海道)

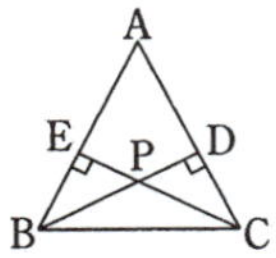

2 右の図のように，△ABC の辺 AB 上の点 D を通り，BC に平行な直線と辺 AC との交点を E とする。D と C を結ぶとき，∠ADE＝∠EDC ならば DB＝DC であることを証明せよ。　(山梨)

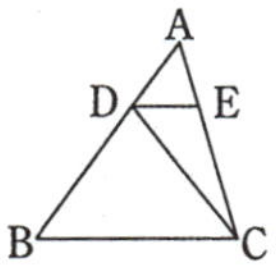

3 右の図のように，∠A が直角である直角三角形 ABC がある。頂点 A から斜辺 BC にひいた垂線が BC と交わる点を D とし，∠B の二等分線が AD，AC と交わる点をそれぞれ E，F とすれば，△AEF は二等辺三角形であることを証明せよ。

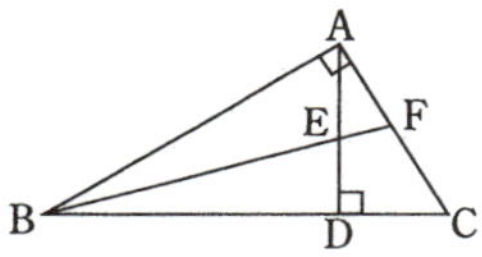

123 平行四辺形の性質

例 題

右の図のように，平行四辺形 ABCD の対角線の交点を O とするとき，OA＝OC，OB＝OD であることを，次のようにして証明したい。次の［ア］には辺の関係を，［イ］には角の関係を，［ウ］には合同になる理由をそれぞれ書け。

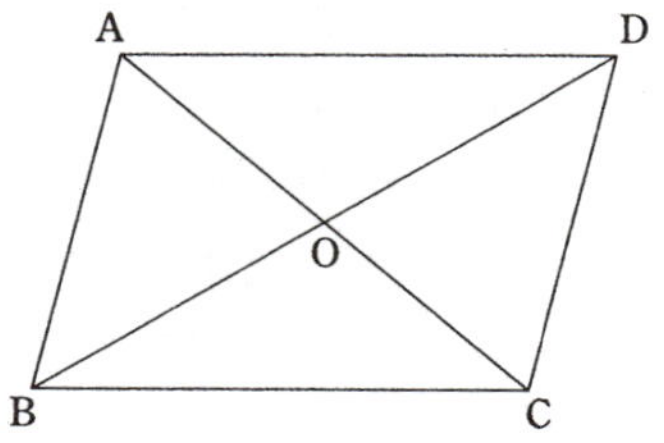

〔証明〕 △ABO と△CDO において，

平行四辺形の対辺はそれぞれ等しいから［ア］

平行線の錯角は等しいから∠ABO＝∠CDO ［イ］

［ウ］がそれぞれ等しいから

△ABO≡△CDO　ゆえに，OA＝OC，OB＝OD　（岩手）

◆考え方

★平行四辺形の性質

① **2 組の対辺が平行（定義）**
② **2 組の対辺はそれぞれ等しい。**
③ **2 組の対角はそれぞれ等しい。**
④ **対角線はおのおのの中点で交わる。**

解 法

△ABO と△CDO において，
平行四辺形の対辺はそれぞれ等しいから AB＝CD
平行線の錯角は等しいから∠ABO＝∠CDO，∠BAO＝∠DCO
よって，一辺とその両端の角がそれぞれ等しいから
△ABO≡△CDO ゆえに，OA＝OC，OB＝OD

［答］ ア. **AB＝CD**　イ. **∠BAO＝∠DCO**　ウ. **一辺と両端の角**

123. 類題トレーニング

1 右の図のように，平行四辺形の対角線上に BE＝DF となるように 2 点 E，F をとる。このとき，CE//AF となることを証明せよ。（富山）

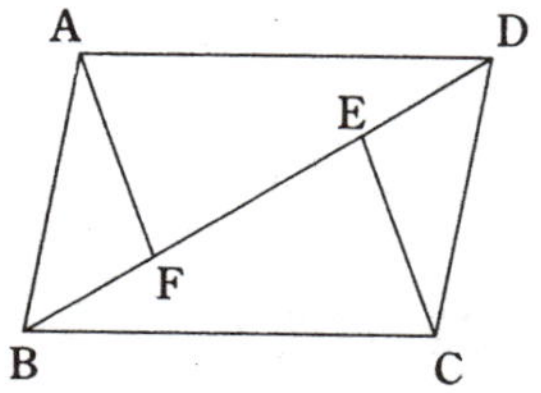

2 平行四辺形 ABCD があり，その対角線の交点を O とする。右の図のように，点 O を通る直線をひき，辺 AD，BC と交わる点をそれぞれ E，F とすれば，AE＝CF であることを証明せよ。（長崎）

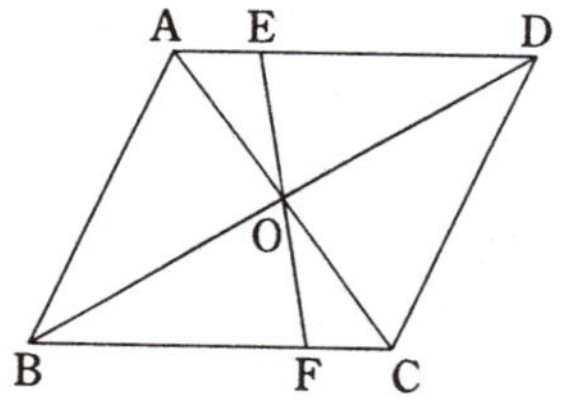

3 右の図のような平行四辺形 ABCD の辺 AD 上に，∠DCE＝∠ABC となるように点 E をとる。このとき，AE＋EC＝BC となることを証明せよ。（栃木）

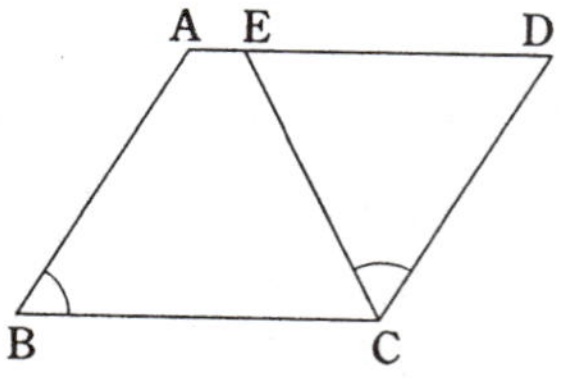

124 平行四辺形となる条件

● 例題 ●

右の図の平行四辺形ABCDにおいて，∠B，∠Dの二等分線が辺AD, BCとそれぞれE, Fで交わっている。このとき，四角形EBFDは平行四辺形であることを証明せよ。

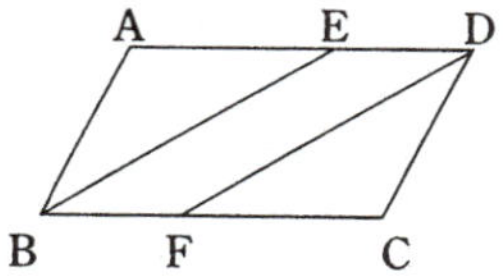

◆考え方

★平行四辺形になるための条件

① 2組の対辺が平行。
② 2組の対辺が等しい。
③ 2組の対角が等しい。
④ 対角線がおのおのの中点で交わる。
⑤ 1組の対辺が平行で，長さが等しい。

解法

四角形EBFDにおいて，ED//BF ………①

$\angle EBC=\frac{1}{2}\angle ABC$，$\angle DFC=\angle FDA=\frac{1}{2}\angle ADC$

ここで，∠ABC＝∠ADC

よって，∠EBC＝∠DFC

同位角が等しいから，EB//DF ………②

①，②から，2組の対辺が平行より

四角形EBFDは平行四辺形である。

答 上記

124. 類題トレーニング

1 右の図の四角形ABCDにおいて，AB＝DC，AD＝BCのとき，AD//BCであることを証明せよ。 （岩手）

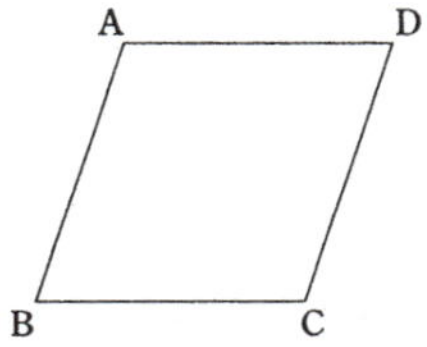

2 平行四辺形ABCDの辺BC，AD上にBE＝DFとなるようにそれぞれ点E，Fをとり，AとE，CとFを結ぶ。このとき，AE＝CFであることを証明せよ。

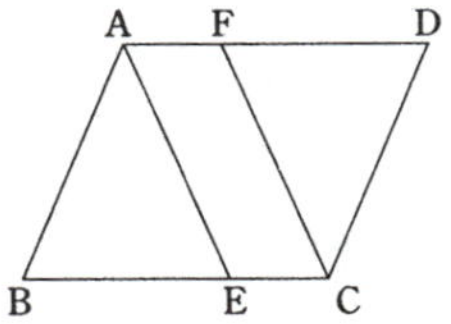

3 平行四辺形ABCDの対角線AC上に，2点E，Fをとり，AE＝CFとすれば，四角形BFDEは平行四辺形であることを証明せよ。

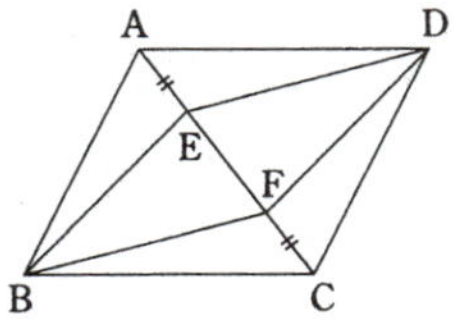

4 次のア～エの四角形ABCDには，必ず平行四辺形になるものが3つと，必ずしも平行四辺形になるとは限らないものが1つある。対角線の交点をOとするとき，

ア．AB＝DC，AD＝BCである四角形ABCD
イ．AB＝DC，AD//BCである四角形ABCD
ウ．AB//DC，∠BAD＝∠DCBである四角形ABCD
エ．AB//DC，BO＝DOである四角形ABCD

(1) 必ずしも平行四辺形になるとは限らない四角形ABCDはどれか。
(2) (1)の四角形ABCDが平行四辺形にならないときの図をかけ。 （大分）

125 平行四辺形 — 長方形，ひし形，正方形 —

● 例 題 ●

平行四辺形の辺 BC の中点を E とする。∠AEB＝∠DEC ならば，この平行四辺形は長方形であることを証明せよ。

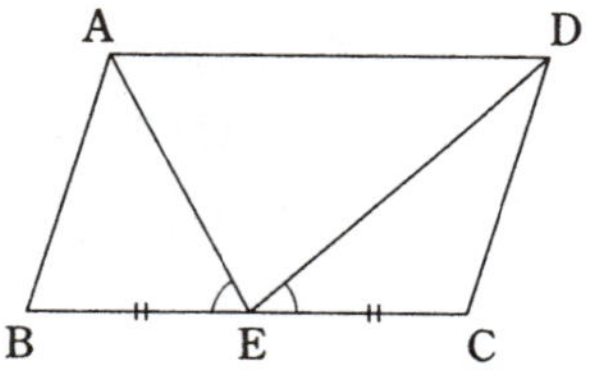

◆考え方

★長方形
平行四辺形で① 4 つの角がみな直角。②対角線の長さが等しい。

★ひし形
平行四辺形で① 4 つの辺の長さが等しい。②対角線は直角に交わる。

★正方形
平行四辺形で① 4 つの角がみな直角。② 4 つの辺の長さが等しい。

解 法

AD//BC から ∠AEB＝∠EAD，∠DEC＝∠EDA
よって，△EAD は二等辺三角形だから AE＝DE
△ABE と △DCE で

$$\begin{cases} BE=CE \\ \angle AEB=\angle DEC \\ AE=DE \end{cases}$$

よって，2 辺とそのはさむ角が相等しいから，△ABE≡△DCE
ゆえに，∠ABE＝∠DCB
四角形 ABCD は平行四辺形だから
∠ABC＝∠CDA，∠DAB＝∠BCD
よって，∠ABC＝∠BCD＝∠CDA＝∠DAB＝90°
ゆえに，平行四辺形 ABCD は長方形である。

答 **上記**

125. 類題トレーニング

1 次の［ア］，［イ］にあてはまるものを，下の 1 ～ 4 からそれぞれ 1 つ選び，記号で答えよ。
四角形 ABCD は，AB//DC，［ア］のとき，平行四辺形であり，さらに，平行四辺形 ABCD は，［イ］のとき，長方形である。

1. AD＝BC　2. AB＝DC　3. AB＝AD　4. ∠A＝∠B

2 右の図の △ABC で，D は AC の中点，E は BD の中点，F は C を通り AE に平行な直線と BD の延長との交点である。

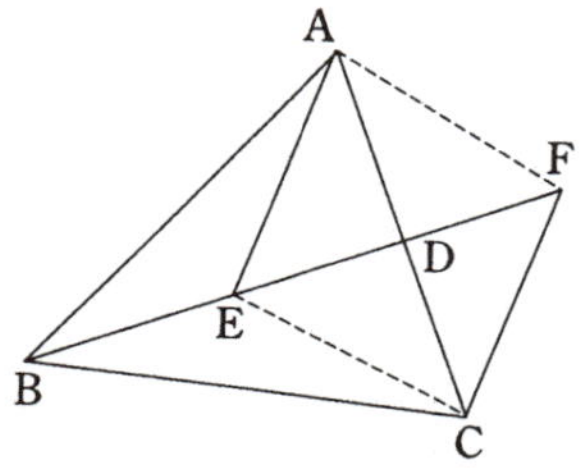

(1) AB＝BC のとき，四角形 AECF はどんな四角形か。
(2) AC＝BD のとき，四角形 AECF はどんな四角形か。

3 四角形について次のア～オの文のうち，正しいものを選べ。
ア．向かいあう 1 組の辺が平行で，他の向かいあう 1 組の辺の長さが等しい四角形は平行四辺形である。
イ．4 辺の長さがすべて等しく，隣りあう 2 つの角の和が 180° である四角形は，正方形である。
ウ．対角線の長さが等しくて，それぞれの中点で交わる四角形は長方形である。
エ．対角線の長さが等しくて，垂直に交わる四角形は，ひし形である。（徳島）

126 相似(1) — 三角形 —

● 例 題 ●

次の図で，DE と BC は平行である。

x と y の値を求めると $x=$ □，$y=$ □ である。

また，△ ABC および△ ADE の面積をそれぞれ $S\text{cm}^2$，$S'\text{cm}^2$ とすれば，$S:S'=$ □ : □ である。

（長崎）

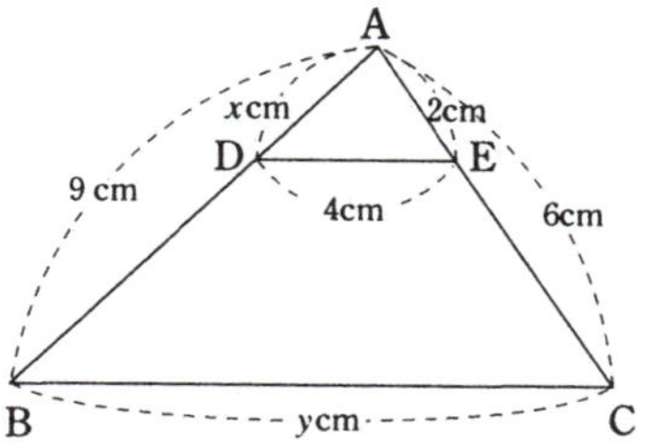

◆考え方

DE//BC から

AD : AB＝AE : AC

AD : AB＝DE : BC

△ ADE ∽△ ABC の相似比が $a:b$ ならば面積の比は $a^2:b^2$

解 法

AD : AB＝AE : AC から

$x:9=2:6$

$6x=18$　∴　$x=3$

AD : AB＝DE : BC から

$3:9=4:y$

$3y=36$　∴　$y=12$

△ ABC ∽△ ADE で相似比は 9 : 3＝3 : 1 から

$S:S'=3^2:1^2=9:1$

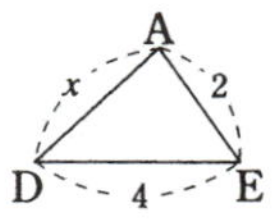

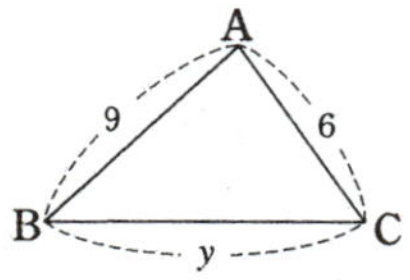

答　**3，12，9，1**

126. 類題トレーニング

1　次の図において，DE//BC である。x の長さを求めよ。

(1)

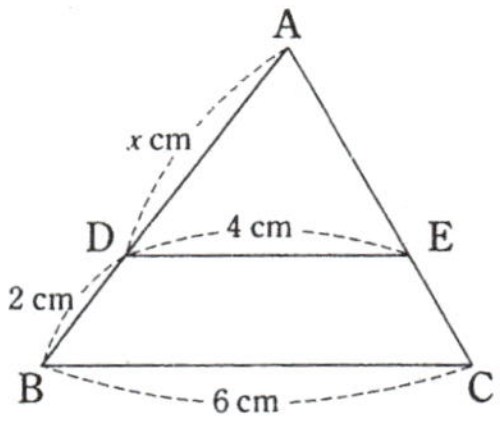

（東京）

(2)

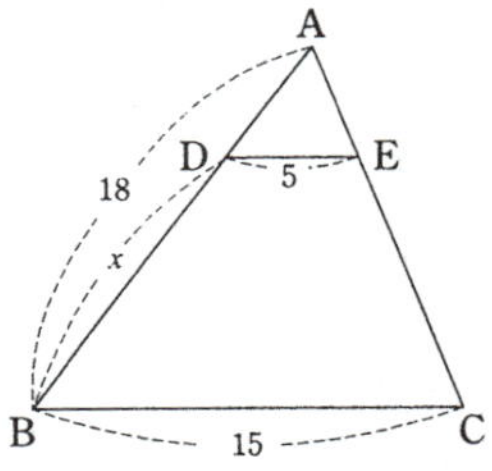

（福島）

2　右の図の△ ABC は，BC＝10cm で面積は 30cm^2 である。

DE//BC，AD : DB＝3 : 2 である。

(1)　DE の長さを求めよ。

(2)　△ ADE の面積を求めよ。　（栃木）

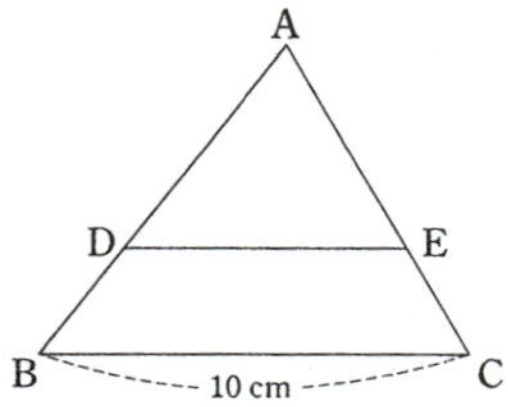

3　右の図で，AD＝6cm，DB＝8cm，DE//BC，DF//AC とし，また，△ ADE の面積を 9cm^2 とする。このとき，四角形 DFCE の面積を求めよ。　（山形）

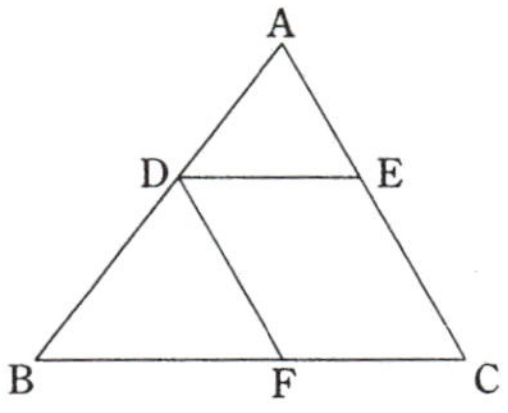

127 相似(2) — 重なる図形 —

● 例 題 ●

右の図の△ ABC において
∠ADE＝∠ACB，AD＝4cm，BD＝8cm，AE＝6cm
である。

(1) △ ABC と△ AED とはどんな関係にあるか。
(2) EC の長さを求めよ。
(3) △ ADE と△ ABC の面積の比を求めよ。 (高知)

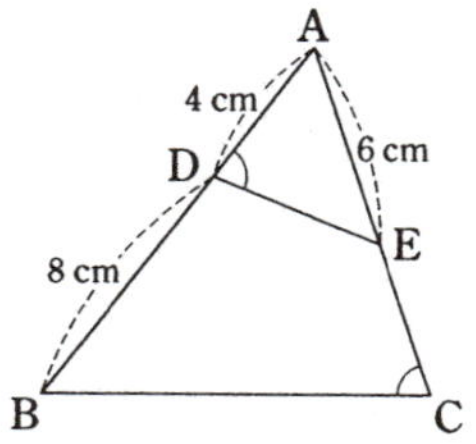

◆考え方

(1) **∠A は共通**である。
(2) AC を求めてみる。
(3) **相似比が $a:b$ のとき面積の比は $a^2:b^2$**

解 法

(1) 相似(2 角相等)
(2) AE：AB＝AD：AC から
6：12＝4：AC
∴ AC＝8 よって，EC＝8－6＝2(cm)
(3) 相似比は 6：12＝1：2
よって面積比は $1^2:2^2$＝1：4

答 (1) **相似** (2) **2cm** (3) **1：4**

127. 類題トレーニング

1 右の図で，∠ACB＝∠AED である。DE の長さを求めよ。 (青森)

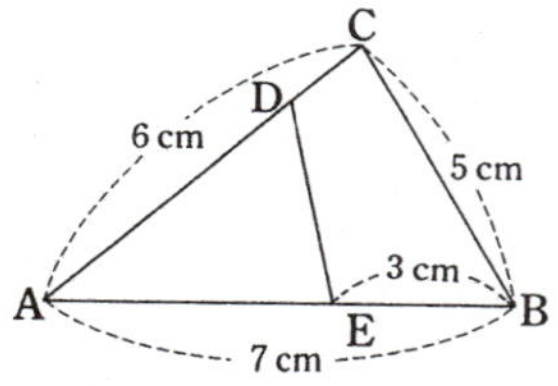

2 右の図で，AB＝6cm，BD＝4cm，DC＝5cm，AD＝3cmのとき，AC の長さを求めよ。 (愛媛)

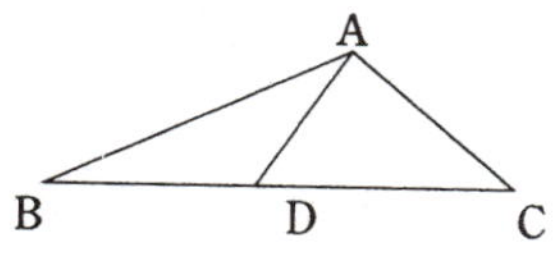

3 右の図の△ ABC において，D は AB 上の点で，∠BCD＝∠A，AD＝5cm，DB＝4cm，AC＝8cmとする。BC の長さを求めよ。 (兵庫)

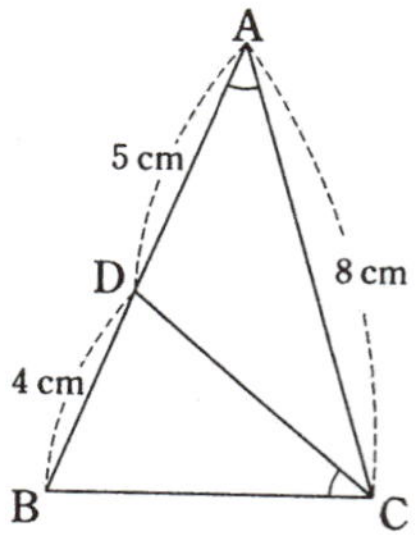

128 相似(3) ― 直角三角形① ―

● 例 題 ●

次の図は，∠A＝∠R の直角三角形である。AD ⊥ BC のとき，x の長さを求めよ。

(1)

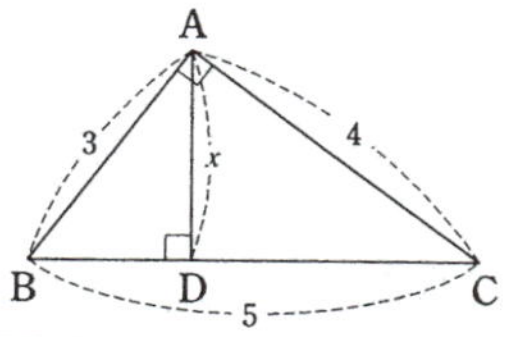

(2)

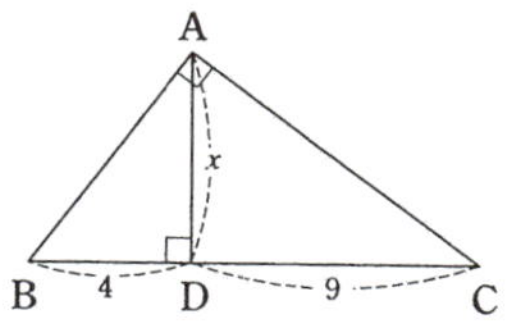

(3)

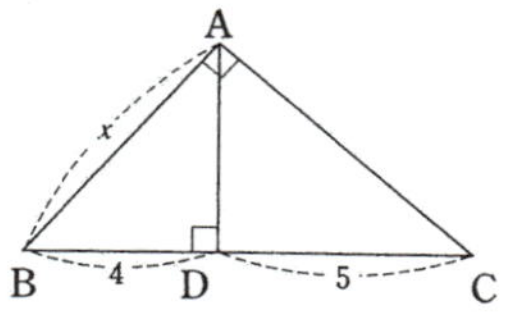

◆考え方

(1) △ ABD ∽△ CBA

(2) △ ABD ∽△ CAD

(3) △ ABD ∽△ CBA

解 法

(1) △ ABD ∽△ CBA より
BA：BC＝AD：AC から 3：5＝x：4
$5x=12$ ∴ $x=\frac{12}{5}$

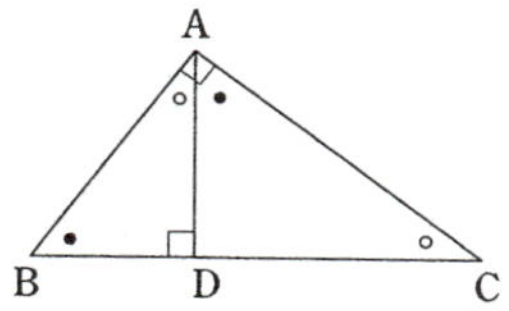

(○＋●＝90°)

(2) △ ABD ∽△ CAD より
BD：AD＝AD：CD から 4：x＝x：9
$x^2=36$ $x>0$ から $x=6$

(3) △ ABD ∽△ CBA より
BA：BC＝BD：BA から x：9＝4：x
$x^2=36$ $x>0$ から $x=6$

答 (1) $x=\frac{12}{5}$ (2) $x=6$ (3) $x=6$

参考 (1)

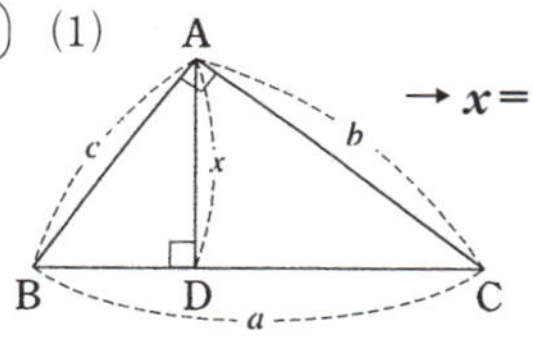

→ $x=\frac{bc}{a}$

(2)

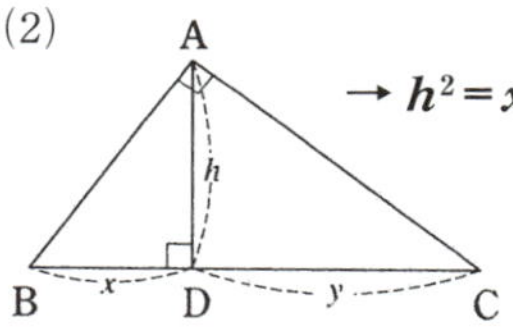

→ $h^2=xy$

(3)

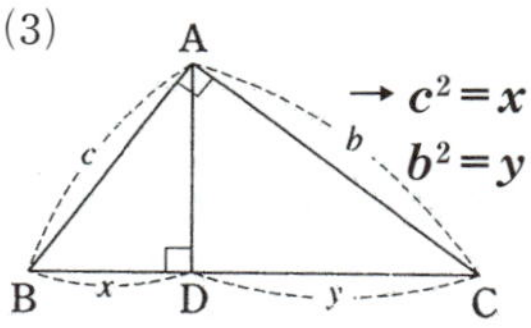

→ $c^2=x(x+y)$
$b^2=y(x+y)$

128. 類題トレーニング

1 右の図の三角形 ABC は直角三角形で，その直角の頂点 A から対辺 BC へ下ろした垂線を AD とする。

(1) AC は何cmか。(2) CD は何cmか。

(3) △ ABD，△ ACD および△ ABC の相似比はいくらか。

(4) また，これら 3 つの三角形の面積の比はいくらか。 (富山)

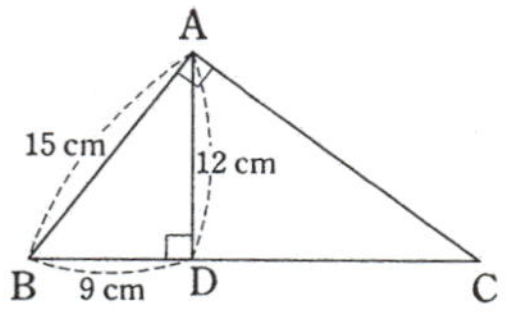

2 右の図で，∠BAC＝∠BDA＝90°，BD＝3cm，CD＝2cmである。このとき AD と AC の長さを求めよ。 (徳島)

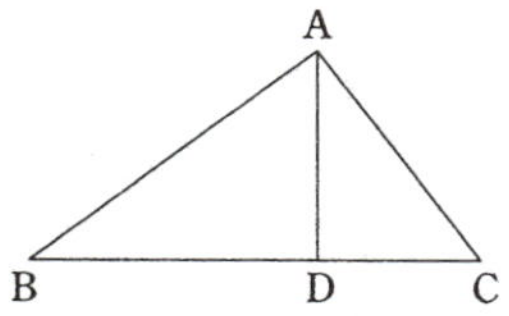

3 右の図で，△ ABC は∠A が直角の直角三角形である。点 D は頂点 A から辺 BC にひいた垂線と辺 BC との交点であり，点 E は点 D から辺 AC にひいた垂線と辺 AC との交点である。
AB＝6cm，BC＝9cmのとき，線分 DE の長さは何cmか。 (香川)

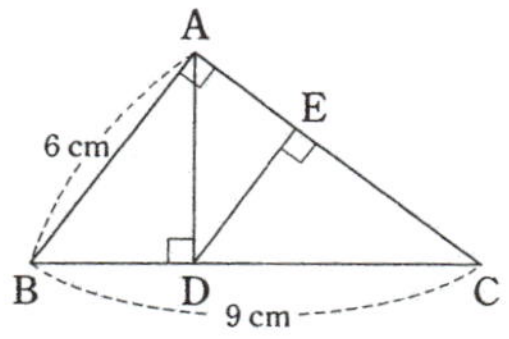

129 相似(4) — 直角三角形② —

● 例題 ●

右の図は，$\angle A=\angle B=90°$，$AB=8$cm，$BC=1$cm，$DA=7$cmの台形ABCDである。点Pが辺AB上で，$\angle DPC=90°$であるときの，APの長さを求めよ。

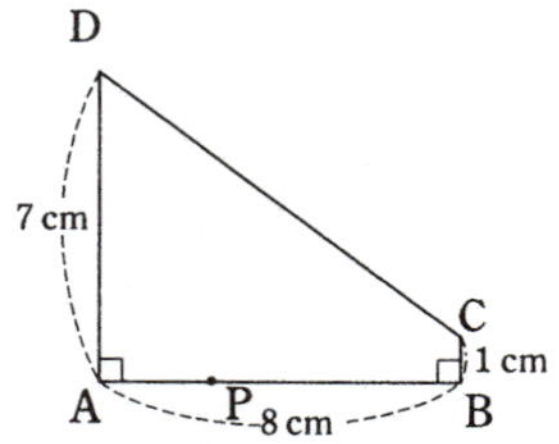

◆考え方

△APD ∽△BCP，
AP＝$x$cmとする。

解法

△APDと△BCPでは

$\angle A=\angle B$ ………①

$\angle DPC=90°$ から

$\angle CPB+\angle DPA=90°$

$\angle CPB+\angle PCB=90°$

∴ $\angle DPA=\angle PCB$ ………②

①，②から2角がそれぞれ等しいから

△APD ∽△BCP

よって　AP：BC＝DA：PB　$x:1=7:(8-x)$

$x(8-x)=7$，$x^2-8x+7=0$　$(x-1)(x-7)=0$　∴　$x=1$，7

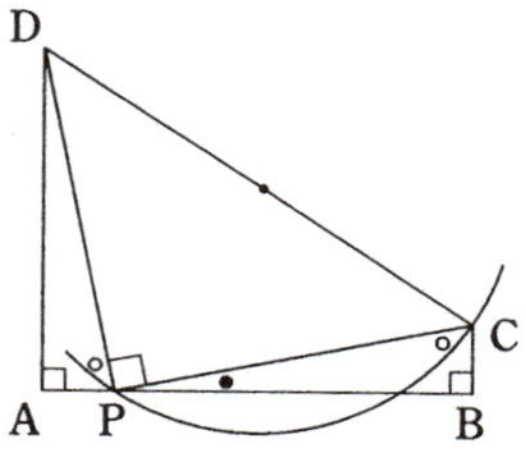

答　**1cm，7cm**

参考　**CDを直径とする円とABとの交点がPで，2つある。**

129. 類題トレーニング

1　右図で，△ABCは$\angle A=90°$，$AB=3$cm，$AC=2$cmの直角三角形である。図のように，頂点Aを通る直線lへB，Cから垂線をひき，lとの交点をそれぞれP，Qとする。$AP=2$cmのとき，AQの長さは何cmか。（愛知）

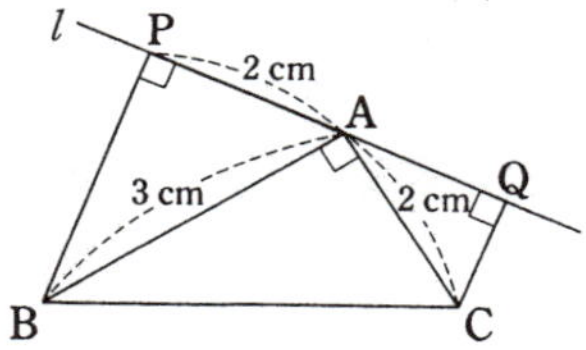

2　右図において，AC⊥AB，BD⊥AB，$AB=10$cm，$AC=4$cmである。線分AB上に点Pをとり，半直線BD上に点QをCP⊥PQとなるようにとる。

(1)　$AP=x$cm，$BQ=y$cmとするとき，yはxのどんな式で表されるか。

(2)　Pが線分AB上を動いて，CQ//ABになるときの線分APの長さを求めよ。（山口）

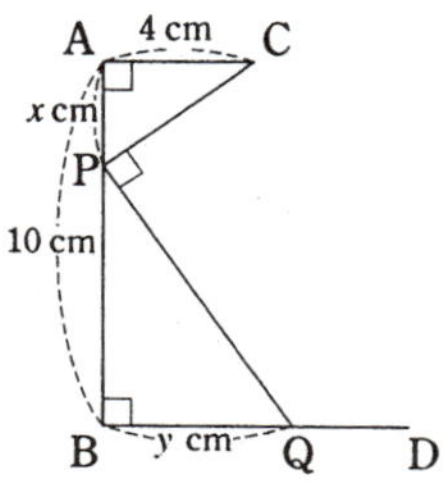

130 相似(5) ── 内接する図形 ──

例 題

直角三角形 ABC に接する正方形(右図)の 1 辺の長さを求めよ。

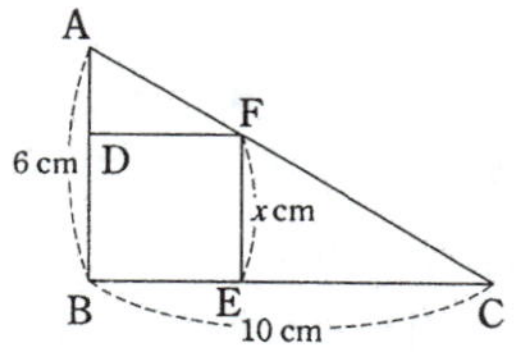

◆考え方

① **相似を用いる方法**

③ **面積から求める方法**などがある。

解 法

① 相似を用いる方法(1)

△ ADF ∽△ ABC から AD：AB＝DF：BC

すなわち，$(6-x):6=x:10$　$6x=10(6-x)$ から

$6x=60-10x$　$16x=60$　$x=\dfrac{15}{4}$

② 相似を用いる方法(2)

AD＝a とおくと，$a:6=x:10$　$\therefore a=\dfrac{6}{10}x=\dfrac{3}{5}x$

AB＝6 から $\dfrac{3}{5}x+x=6$　$8x=30$　$x=\dfrac{15}{4}$

③ 面積の関係から求める方法

B と F を結ぶ。△ ABF＋△ CBF＝△ ABC から

$\dfrac{6\times x}{2}+\dfrac{10\times x}{2}=\dfrac{6\times 10}{2}$　$16x=60$　$x=\dfrac{15}{4}$

答 $\dfrac{15}{4}$ cm

130. 類題トレーニング

1 直角三角形 ABC に内接する正方形の 1 辺の長さを求めよ。

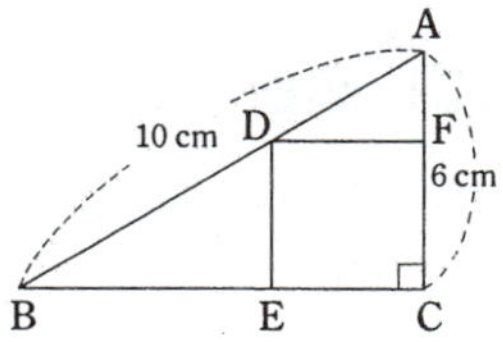

2 右の図のように，斜辺が 13cm，直角をはさむ 2 辺が 12cm，5cmの直角三角形 ABC がある。斜辺 AB 上に中心をもつ半円が，他の 2 辺に接している。この半円の半径を求めよ。

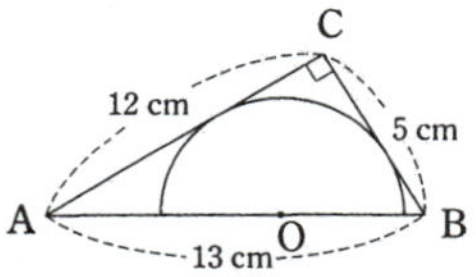

3 右の図において，直角三角形 ABC の辺の長さは，AB＝5cm，BC＝3cm，CA＝4cmとする。また，点 P は辺 AB 上を動くものとし，P から辺 BC と AC に下ろした垂線がそれぞれの辺と交わる点を Q，R とする。

(1) 頂点 C と動点 P との距離が最も短くなるのは，AP の長さが［　　］cmのときである。

(2) △ APR の面積が，△ PBQ の面積の $\dfrac{1}{4}$ になるのは，AP の長さが［　　］cmのときである。

(3) 長方形 PQCR の形が正方形になるのは，AP の長さが［　　］cmのときである。

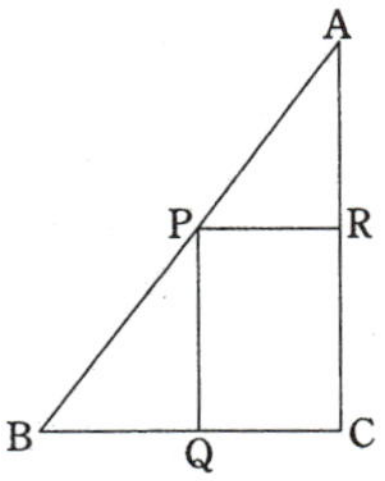

（福岡）

131 相似(6) — 平行四辺形 —

例題

右の図のように，AB＝4cm，BC＝8cmの平行四辺形ABCDがある。辺ADの中点をE，線分BDとCEとの交点をFとし，Fを通り辺BCに平行な直線と辺CDとの交点をGとする。

(1) 線分FGの長さを求めよ。

(2) 平行四辺形ABCDの面積は，三角形DEFの面積の何倍か。 (群馬)

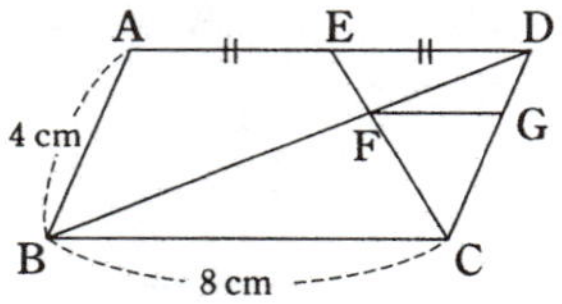

◆考え方

(1) △EFD ∽△CFB

(2) △DEF＝Sとする。
△DFC, △BCFをSで表す。
2×△DBCを求める。

解法

(1) △EFD ∽△CFBから
DF：BF＝DE：BC＝1：2
△DFG ∽△DBCから
DF：DB＝FG：BC
1：(1＋2)＝FG：8　∴　FG＝$\frac{8}{3}$(cm)

(2) △DEF＝Sとすると，
FC＝2EFから△DFC＝2S
BF＝2DFから△BCF＝4S
平行四辺形ABCDの面積は△DBCの面積の2倍から
2(2S＋4S)＝12S　よって，12倍

答 (1) $\frac{8}{3}$ cm　(2) 12倍

131. 類題トレーニング

1 右の図の平行四辺形ABCDの面積は20cm^{2}である。辺CD上にCP：PD＝1：2となるように点Pをとり，APとBDの交点をQとする。このとき，△ABQの面積を求めよ。 (大分)

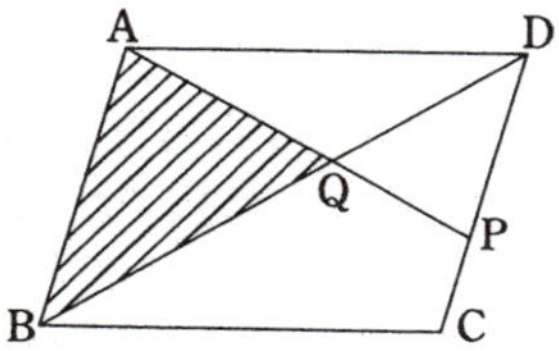

2 右の図のように，平行四辺形ABCDがあり，辺ABを2：3に分ける点をE，線分DEと対角線ACの交点をF，対角線ACの中点をGとする。

(1) AF：FGを求めよ。

(2) 平行四辺形ABCDの面積は△AEFの面積の何倍か。

(京都)

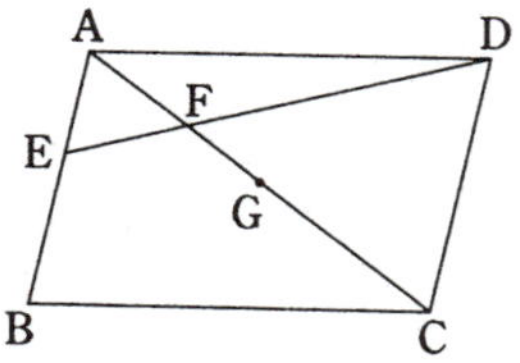

132 相似(7) — 台形① —

● 例題 ●

右の図のような台形ABCDがあり，AD//BCとする。対角線の交点をPとし，AD＝4cm，BC＝6cmとする。

(1) 線分APと線分PCの長さの比を求めよ。

(2) 点Pを通り，辺BCに平行な直線をひき，辺CDとの交点をQとするとき，線分PQの長さを求めよ。 （長崎）

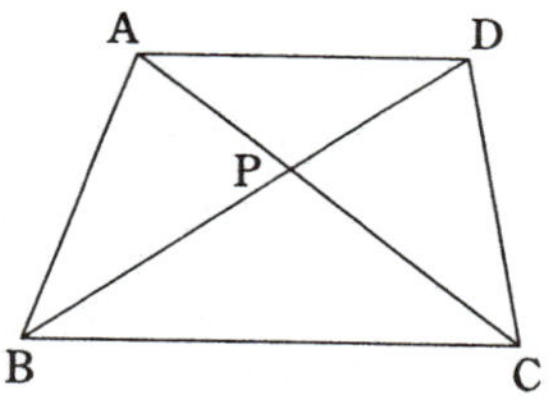

◆考え方

(1) △APD ∽△CPB

(2) △DPQ ∽△DBC

解 法

(1) △APD ∽△CPB から
AP：PC＝AD：CB＝4：6＝2：3

(2) △DPQ ∽△DBC から
DP：DB＝PQ：BC
2：(2＋3)＝PQ：6
$PQ=\frac{12}{5}$

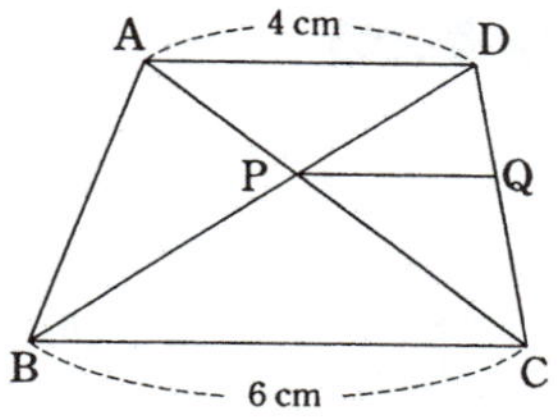

答 (1) **2：3** (2) $\mathbf{\frac{12}{5}}$ **cm**

132. 類題トレーニング

1 次の図の x の値を，それぞれ求めよ。ただし，AB//EF//CD とする。

(1)

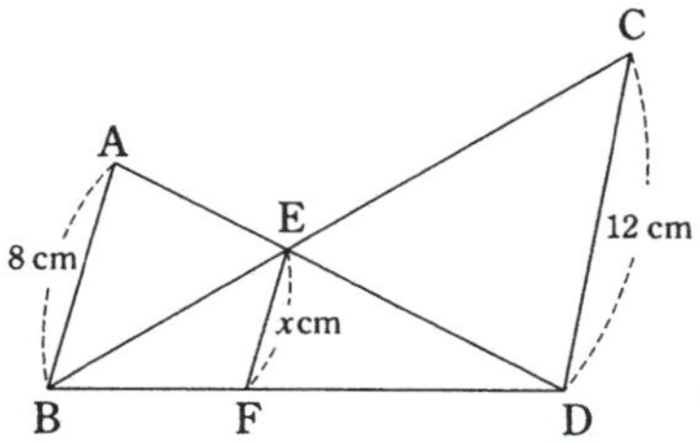

（鳥取）

(2)

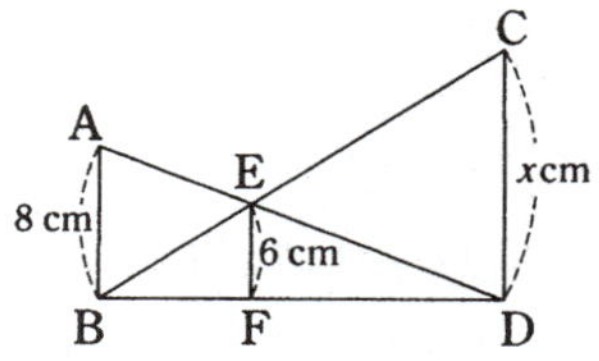

（高知）

2 右の図のように，AD//BC，AD＝8cm，BC＝12cmである台形ABCDがある。いま対角線ACとBDの交点Oを通り，辺AD，BCに平行な直線をひき，辺AB，DCとの交点をそれぞれE，Fとするとき，EFの長さを求めよ。 （岩手）

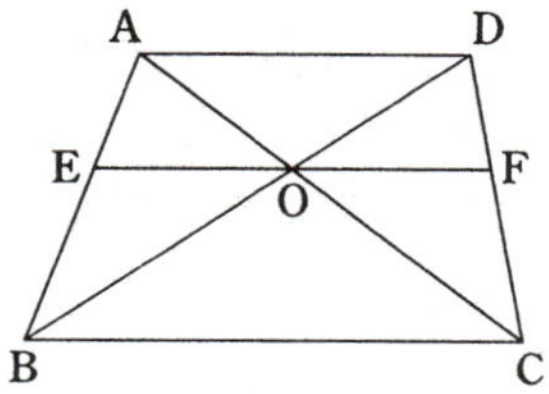

133　相似(8)　— 台形② —

● 例 題 ●

AD//BC である台形 ABCD の対角線 AC，BD の交点を O とする。

(1)　△ ODA ∽△ OBC であることを証明せよ。

(2)　△ AOB＝△ DOC であることを証明せよ。

(3)　△ ODA$=a^2$，△ OBC$=b^2$ のとき，台形 ABCD の面積を a，b を用いて表せ。ただし，a，b は正の数とする。　（福井）

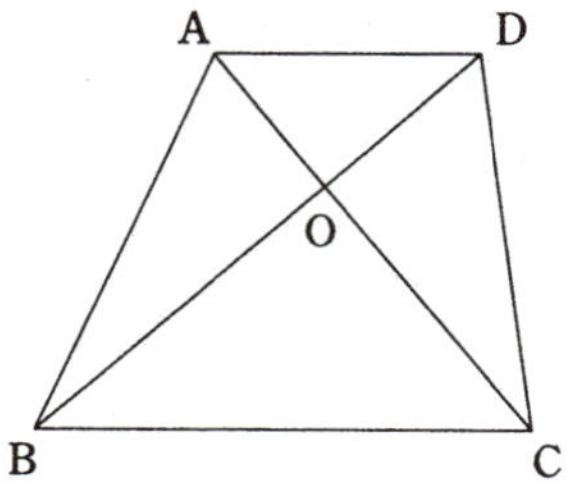

◆考え方

(2)　△ BOC$=a$，△ AOB$=b$，△ DOC$=c$ とすると
△ ABC＝△ DBC から
$a+b=a+c$
両辺から a をひく

(3)　**高さの等しい二つの三角形の面積比は底辺の比に等しい。**

解 法

(1)　△ ODA と△ OBC で
∠AOD＝∠COB（対頂角）
∠OAD＝∠OCB（AD//BC）
} 2 角相等より　△ ODA ∽△ OBC

(2)　△ ABC＝△ DBC（等底等高）
（両辺）－（△ OBC）から△ AOB＝△ DOC

(3)　△ ODA と△ OBC の面積比が $a^2:b^2$ から相似比は $a:b$
よって DO：BO$=a:b$　したがって，△ ADO：△ ABO$=a:b$
以上から，a^2：△ ABO$=a:b$　∴△ ABO$=ab$
よって，台形 ABCD の面積は $a^2+2ab+b^2=(a+b)^2$

答　**上記**

133. 類題トレーニング

1　右の図は，AD//BC で対角線の交点を O とした四角形である。△ AOD の面積が 4cm²，△ COB の面積が 9cm² のとき，△ BCD の面積を求めよ。　（秋田）

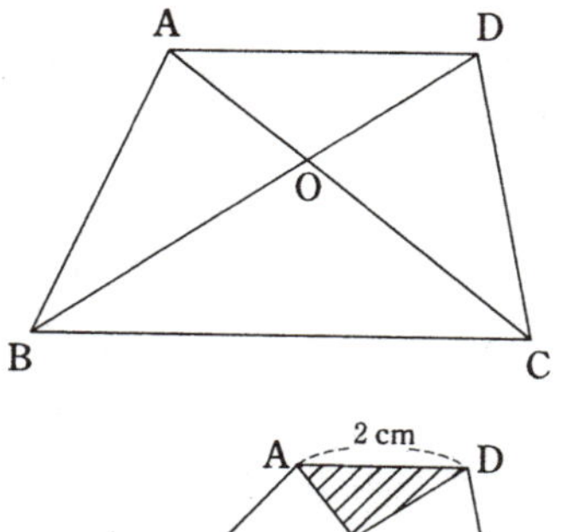

2　右の図の台形 ABCD で，AD//BC，AD＝2cm，BC＝6cmである。対角線の交点を O とするとき，台形 ABCD の面積は△ AOD の面積の何倍か。

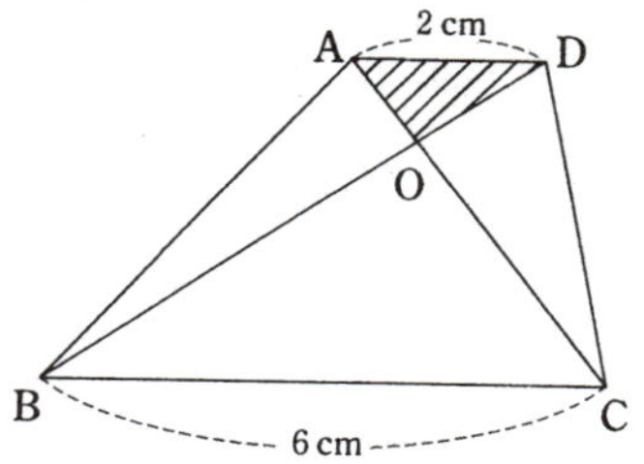

134 相似(9) — 補助線 —

例 題

右の図のように，△ABCの∠BACの二等分線と辺BCの交点をDとし，辺AC上にAE：EC＝2：3となる点Eをとり，ADとBEの交点をPとする。AB＝8cm，AC＝6cmとするとき，BP：PEを求めよ。　（京都）

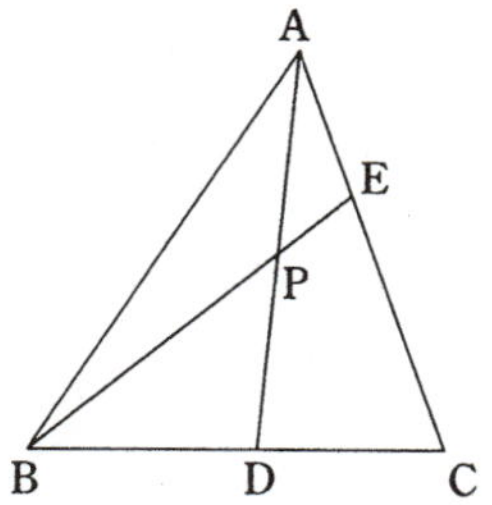

◆考え方

ADは∠BACの二等分線より

AB：AC＝BD：CD

（例題136参照）

DからBEに平行線をひきACとの交点をFとする。

解 法

△ABCでADは∠Aの二等分線だから，

BD：CD＝AB：AC＝8：6＝4：3

DからBEに平行な直線をひきACとの交点をFとし，DF＝$3a$とすると，

CD：CB＝DF：BEから BE＝$7a$

また，AE：EF＝$2:3\times\dfrac{4}{3+4}=7:6$

よって，AE：AF＝PE：DFから

$7:13=\text{PE}:3a$

$\therefore\ \text{PE}=\dfrac{21}{13}a$

したがって，BP：PE＝$\left(7a-\dfrac{21}{13}a\right):\dfrac{21}{13}a=70:21=10:3$

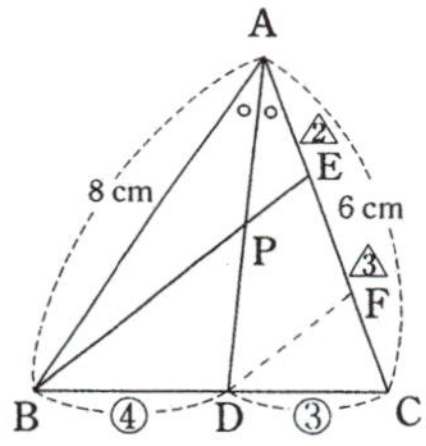

答　**10：3**

134. 類題トレーニング

1　右の図で，△ABCの中線ADの中点をE，BEの延長とACの交点をFとするとき，$\dfrac{\text{AC}}{\text{AF}}$の値を求めよ。　（北海道）

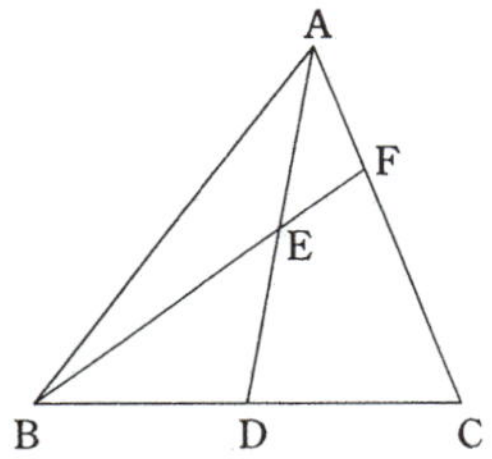

2　△ABCの辺AB上にAD：DB＝2：3，辺BCの延長上にBC：BE＝3：4となる点D，Eをとり，DEとACとの交点をFとする。

(1)　CFとFAの比を求めよ。

(2)　△BDEの面積は，△ABCの面積の何倍か。　（徳島）

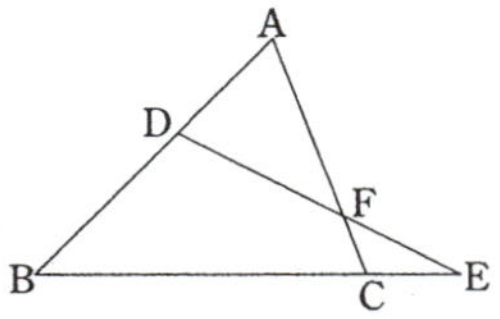

135 平行線と比

● 例 題 ●

(1) 下の図で，2つの直線 l，m が3つの平行な直線と交わっている。図の中の x の値を求めよ。（熊本）

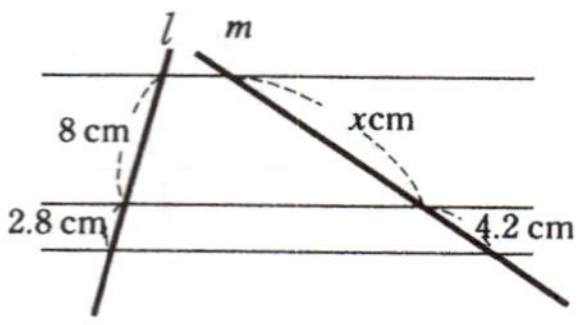

(2) 下の図で AD∥EF∥BC，AD＝4cm，BC＝9cm，AE＝3cm，EB＝2cm のとき，EF の長さを求めよ。（愛媛）

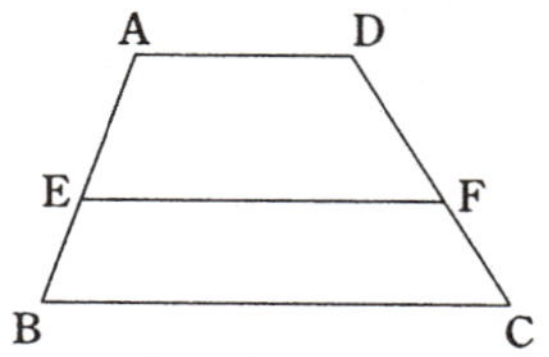

◆考え方

(1) **m を平行移動して点 P を通るようにする。**

(2) **DC を平行移動して点 A を通るようにする。**
AE：AB＝EG：BH

解 法

(1) **◆考え方**と右図より

8：2.8＝x：4.2　$x=\dfrac{8\times4.2}{2.8}=12$

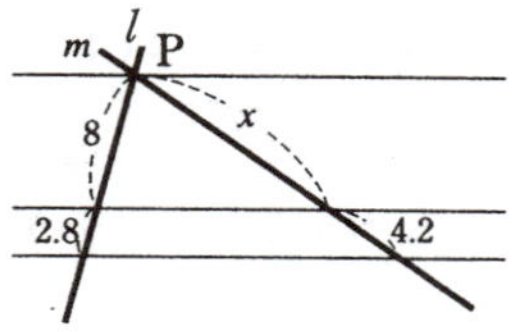

(2) **◆考え方**と右図より
3：5＝x：5 から x＝3
よって，EF＝3＋4＝7

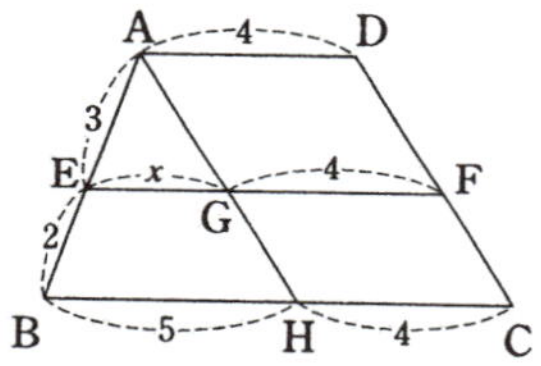

答 (1) x＝12　(2) 7cm

135. 類題トレーニング

1 右の図のように，直線 l，m，n が l∥m，m∥n となるとき，x の値を求めよ。（北海道）

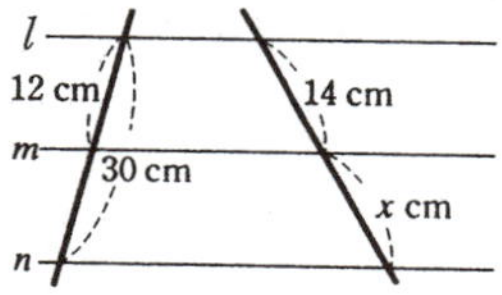

2 右の図では2つの直線 m, n が平行な3つの直線と交わっている。図の中の x の長さを求めよ。（福島）

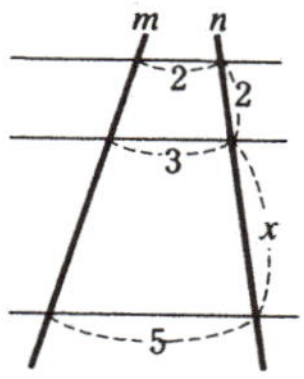

3 右の図で，四角形 ABCD は AD∥BC の台形である。また，点 P，Q はそれぞれ AB，CD 上の点で PQ∥AD である。

AD＝8cm，BC＝18cm，$\dfrac{AP}{AB}=\dfrac{2}{5}$ のとき，PQ の長さを求めよ。（佐賀）

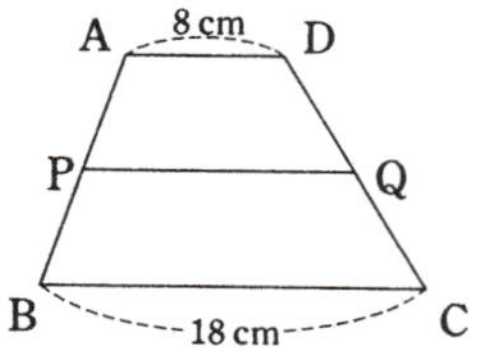

136 角の二等分線

例題

△ ABC の∠A の二等分線と辺 BC との交点を D とすると，$\frac{AB}{AC}=\frac{BD}{DC}$ である。
このことを次のように証明した。ア は適する言葉を，イ と ウ には式を書け。

証明　点 C から線分 DA に平行な直線をひき，
直線 BA との交点を E とする。

AD∥EC だから $\frac{BA}{AE}=\frac{BD}{DC}$ ………①

∠AEC＝∠BAD（ ア ）

イ （錯角）

仮定から∠BAD＝∠CAD，よって ウ

だから，AE＝AC ………②

①，②から，$\frac{AB}{AC}=\frac{BD}{DC}$

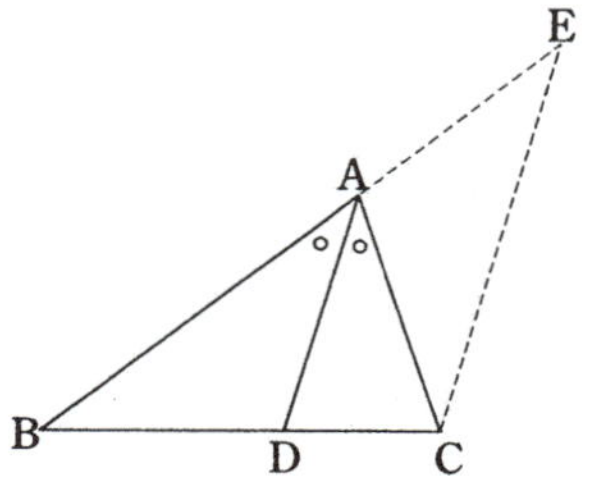

（鳥取）

◆**考え方**

証明方法はよく出題される。作図の方法を覚えておくこと。

解法

AD∥EC から
BA：AE＝BD：DC………①
ここで，∠AEC=∠BAD，∠CAD=∠ACE
から，△ **ACE は二等辺三角形**となる。
∴　AE＝AC
よって，①から BA：AC＝BD：DC

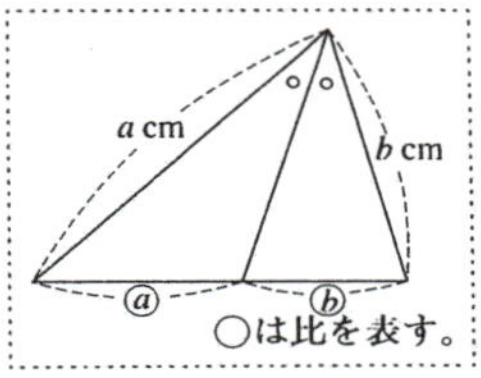

答　ア．**同位角**　イ．**∠ACE＝∠CAD**　ウ．**∠AEC＝∠ACE**

136. 類題トレーニング

1　右の図の△ ABC では∠C＝90°，AC＝6cm，BC＝12cm である。CD は∠ACB の二等分線であるとき，△ BCD の面積を求めよ。

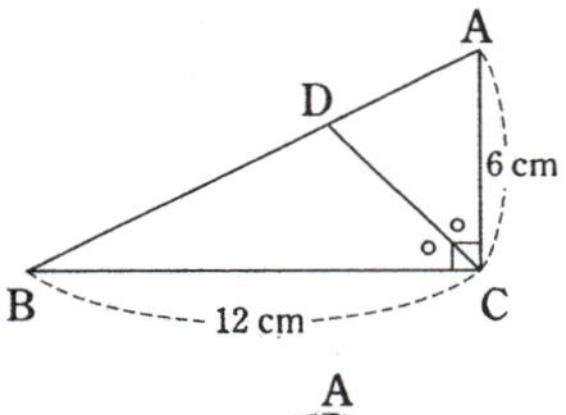

2　右の図のように，AB＝8cm，BC＝10cm，CA＝6cm の△ ABC で，AD が∠A の二等分線である。
(1)　線分 BD の長さを求めよ。
(2)　△ ABD の面積を求めよ。（鳥取）

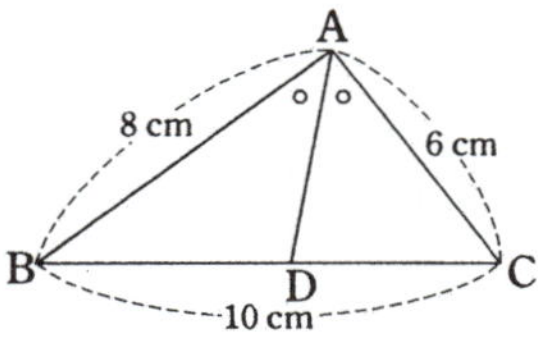

3　右の図のように，AD＝8cm，DC＝6cm の平行四辺形がある。∠A の二等分線をひき，対角線 BD との交点を P，線分 BC との交点を Q とする。△ ABP と△ BQP の面積の比を求めよ。（山梨）

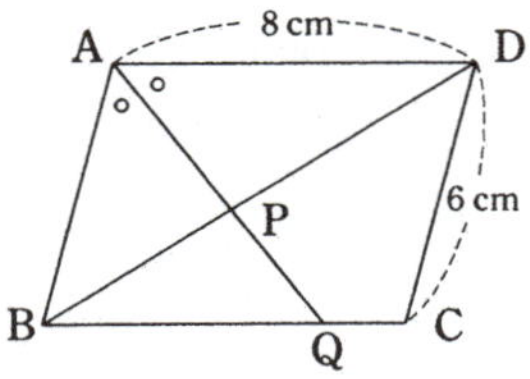

137 重心

例題

右の図のように，三角形ABCの辺BC，CAのそれぞれの中点をD，Eとし，AD，BEの交点をGとする。

(1)　AG：GD＝2：1であることを証明せよ。

(2)　三角形ABCの面積が$48cm^2$であるとき，四角形EGDCの面積を求めよ。（石川）

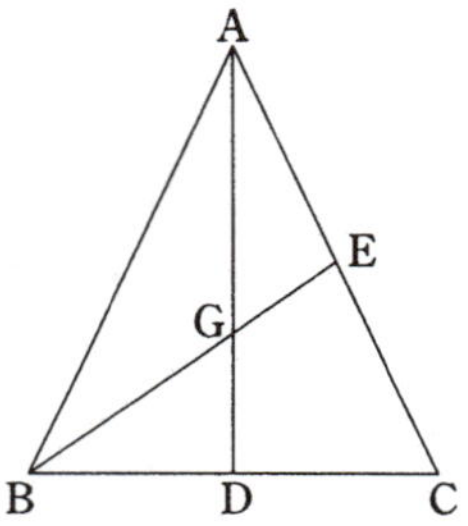

◆考え方

(1)　**DとEを結ぶ。**
中点連結定理を用いる。

(2)　**CとGを結ぶ直線とABとの交点をFとする。**

解法

(1)　△ABGと△DEGで
AE＝EC，BD＝DCからAB∥ED，
AB：DE＝2：1，∠GAB＝∠GDE，
∠GBA＝∠GED，2角が等しいから，
△ABG∽△DEG
∴　AG：GD＝AB：DE＝2：1

(2)　右図のように中線をひくと，**6個の三角形(○印)は面積が等しい。**

よって，$48 \times \frac{2}{6} = 16$

答　(1)　**上記**　　(2)　**$16cm^2$**

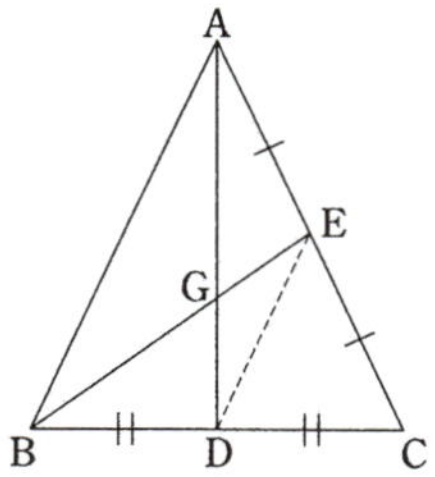

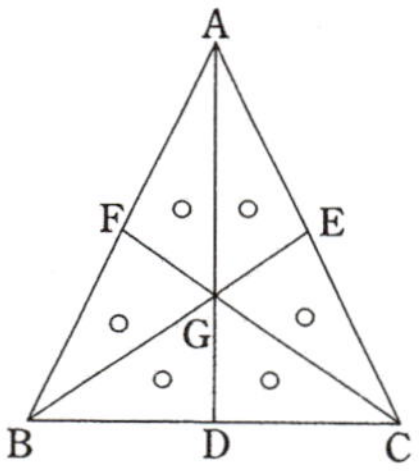

参考　重心では2：1と面積が6等分されることは覚えておくこと。

137. 類題トレーニング

1　三角形ABCの重心Gを通り，辺BCに平行な直線が辺AB，ACと交わる点をそれぞれD，Eとする。
BC＝8cmのとき，辺DEの長さはいくらになるか。（鳥取）

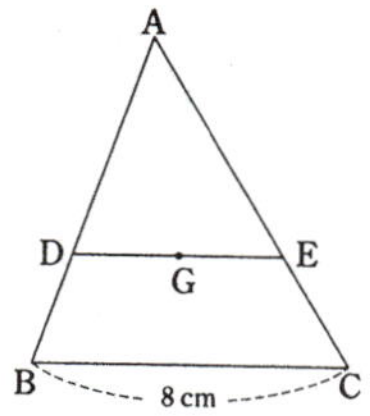

2　右の図のように，∠ABC＝∠R，AB＝8cm，BC＝6cmの三角形ABCがある。中線AD，CEの交点をFとするとき，四角形BDFEの面積を求めよ。（群馬）

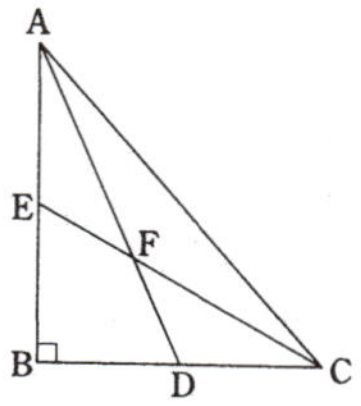

3　右の図のように，AD∥BCで，AD＝2cm，BC＝3cmの台形ABCDがある。対角線AC，BDの交点をE，△EBCの辺EB，ECの中点をそれぞれM，Nとし，BN，CMの交点をPとする。△AEDの面積が$1cm^2$のとき，△BPMの面積を求めよ。（茨城）

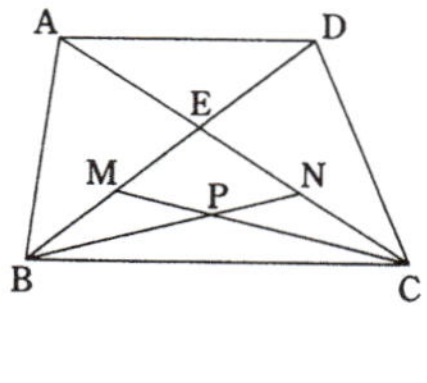

138 中点連結定理(1)

● 例 題 ●

右の図の四角形 ABCD において，AD，BC の中点をそれぞれ P，Q とし，また対角線 AC，BD の中点をそれぞれ R，S とするとき，四角形 PSQR は平行四辺形であることを証明せよ。 （沖縄）

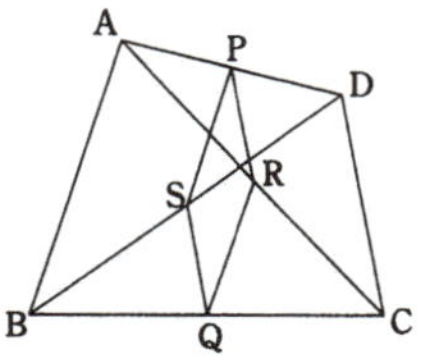

◆考え方

△ABC で
AD＝DB，
AE＝EC
ならば

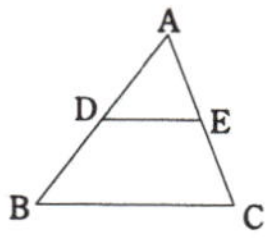

DE∥BC，DE＝$\frac{1}{2}$BC

△ABC で
AD＝DB，DE∥BC
ならば　AE＝EC

解 法

△DAB で，DP＝PA，DS＝SB から

PS＝$\frac{1}{2}$AB，PS∥AB　　………①

△CAB で，CR＝RA，CQ＝QB から

RQ＝$\frac{1}{2}$AB，RQ∥AB　　………②

①，②から，PS＝RQ，PS∥RQ　よって，1 組の対辺が平行で長さが等しいから，四角形 PSQR は平行四辺形である。

答　**上記**

138. 類題トレーニング

1　四角形 ABCD の辺 AB，BC，CD，DA の中点をそれぞれ E，F，G，H とする。このとき四角形EFGHが平行四辺形になることを次のように証明した。

「対角線 BD をひくと，△ABD において，E は AB の中点，H は AD の中点だから　(ア)∥(イ)，(ア)＝$\frac{1}{2}$(イ)

△CDB においても同様に，(ウ)∥(イ)，(ウ)＝$\frac{1}{2}$(イ)

したがって，(ア)∥(ウ)，(ア)＝(ウ)

1 組の対辺が平行でその長さが等しいから，四角形 EFGH は平行四辺形である。 （富山）

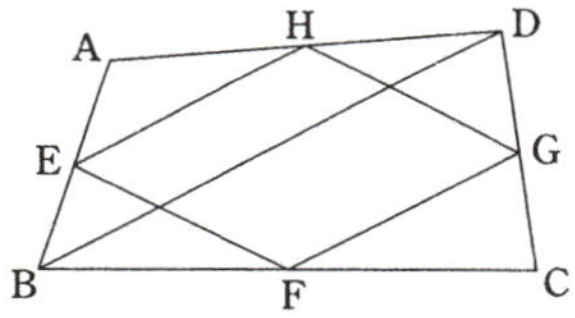

2　下の図において，㋐の M，N はそれぞれ AB，AC の中点であり，また㋑，㋒は AD∥BC で M，N はそれぞれ AB，DC の中点である。

(1)　㋐で BC＝a，MN＝l とすると，$l=\frac{1}{2}a$ である。㋑，㋒で BC＝a，AD＝b(㋒では $a>b$ とする)。MN＝l とするとき，l は a，b のどのような式で表されるか。下の(　)の中にそれぞれあてはまる式を書け。

㋐

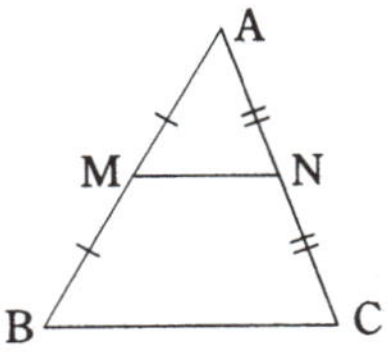

㋑

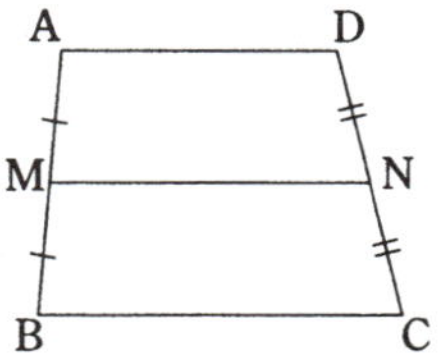

$l=\frac{1}{2}$(　　　)

㋒

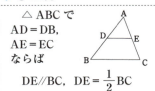

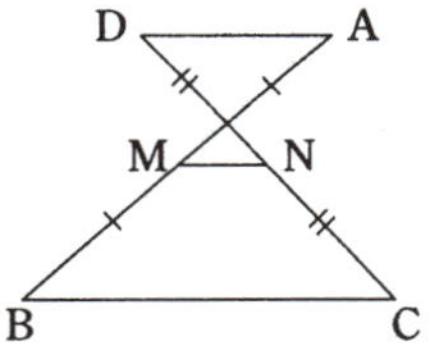

$l=\frac{1}{2}$(　　　)

(2)　㋑の式が成立することを証明せよ。 （山梨）

139 中点連結定理(2)

例題

(1) 四角形ABCDにおいてAB＝CDでM，N，Pはそれぞれ AD，BC，BDの中点である。いま，∠BDC＝70°，∠ABD＝20°であるとき，次の角の大きさを求めよ。

① ∠MPN　② ∠PMN　(鳥取)

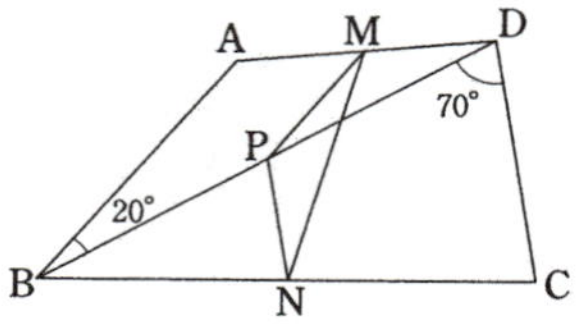

(2) 三角形ABCで，右の図のように辺ABの中点をM，辺BCを3等分する点をD，Eとし，AEとCMの交点をFとする。MD＝4cmであるとき，線分AFの長さを求めよ。　(埼玉)

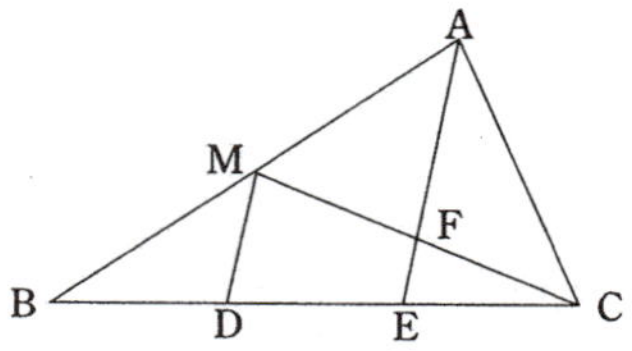

◆考え方

(1) ∠BPN＝70°
∠MPD＝20°

(2) AE＝2MD
$FE=\frac{1}{2}MD$

解法

(1) ① AB∥MPから∠MPD＝20°
PN∥DCから∠BPN＝70°
∴　∠DPN＝180°－70°＝110°
よって，∠MPN＝20°＋110°＝130°

② AB＝CDからMP＝NP　∠PMN＝(180°－130°)÷2＝25°

(2) AE＝2MD＝2×4＝8　$FE=\frac{1}{2}MD=\frac{1}{2}\times4=2$
よって，AF＝8－2＝6

答 (1) ① **130°** ② **25°**　(2) **6cm**

139. 類題トレーニング

1 (1) △ABCでAD＝DB，AE＝ECのときDEの長さを求めよ。

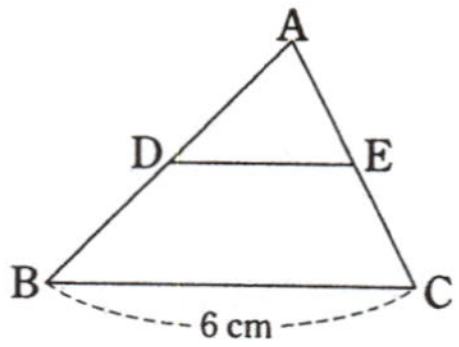

(2) △ABCでDE∥BCのとき，x，yの長さを求めよ。

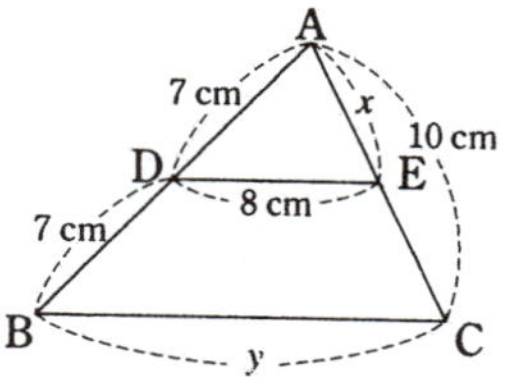

2 右の図で，点M，Nはそれぞれ線分AB，ACの中点で，また，点Cは線分NDの中点である。このとき，BCの長さが10cmならば，CEの長さは[　　]cmである。　(佐賀)

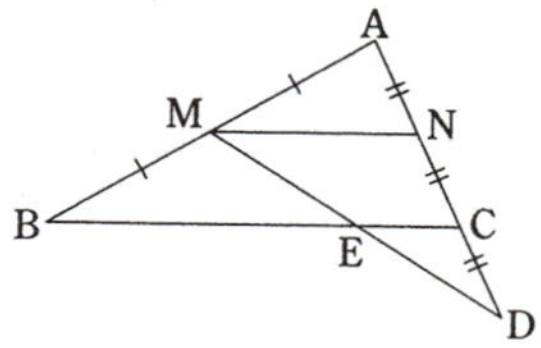

3 四角形ABCDにおいて，AC＝12cm，BD＝16cmで，AC⊥BDである。辺AB，BC，CDの中点を，それぞれL，M，Nとするとき，△LMNの面積を求めよ。

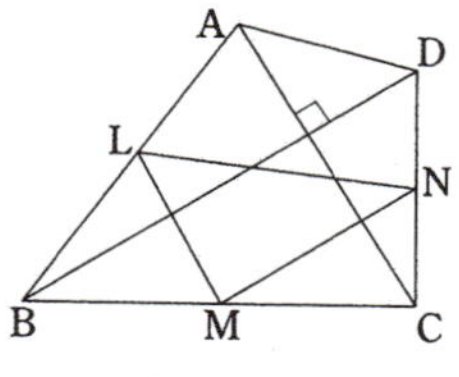

140 三平方の定理(1) — 辺の長さ —

● 例題 ●

次の図の x の長さを求めよ。

(1)

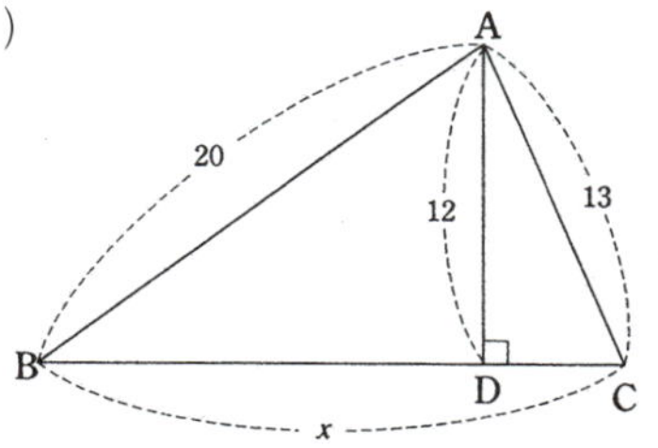

(2)

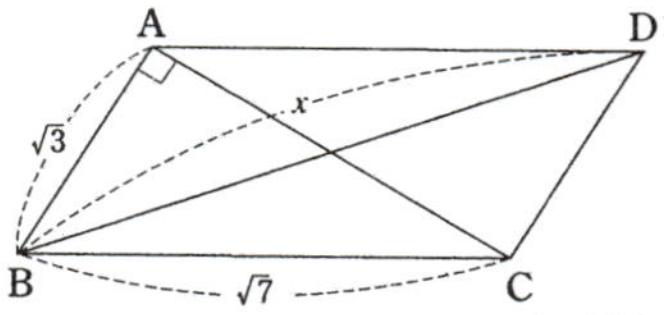

(平行四辺形 ABCD)

(福島)

◆考え方

(1) △ABD で BD を a とおく。△ACD で CD を b とおく。

(2) AC と BD の交点を O とする。AC, AO, BO, BD の順に求める。

解法

(1) BD$=a$ とおくと,

△ABD で　$a^2+12^2=20^2$

$a^2=20^2-12^2$

$=400-144$

$=256$

$a>0$ から　$a=16$

CD$=b$ とおくと,

△ACD で　$b^2+12^2=13^2$

$b^2=13^2-12^2$

$=169-144$

$=25$

$b>0$ から　$b=5$

$\therefore\quad x=a+b=16+5=21$

(2) AC と BD との交点を O とすると,

△ABC で $AC^2+(\sqrt{3})^2=(\sqrt{7})^2$　$AC^2=4$　AC$=2$, AO$=1$

△ABO で $BO^2=(\sqrt{3})^2+1^2=4$　∴　BO$=2$　よって, $x=4$

答 (1) **21**　(2) **4**

参考 3辺が整数となる直角三角形………(3, 4, 5), (5, 12, 13), (8, 15, 17)など

140. 類題トレーニング

1 次の図の x の値を求めよ。

(1)

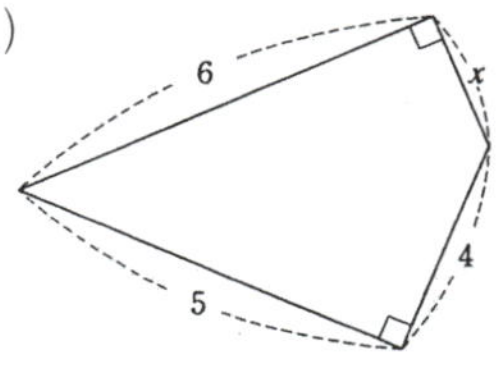

(秋田)

(2)

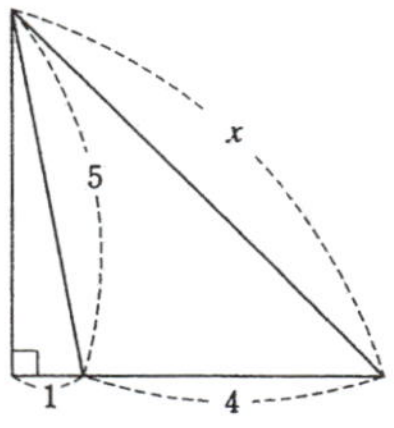

(福島)

(3)

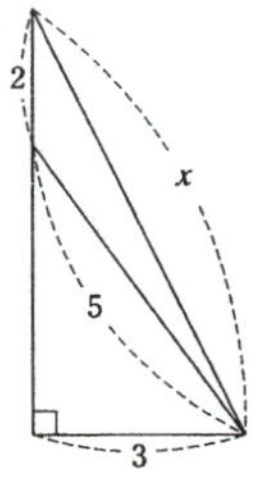

(新潟)

(4)

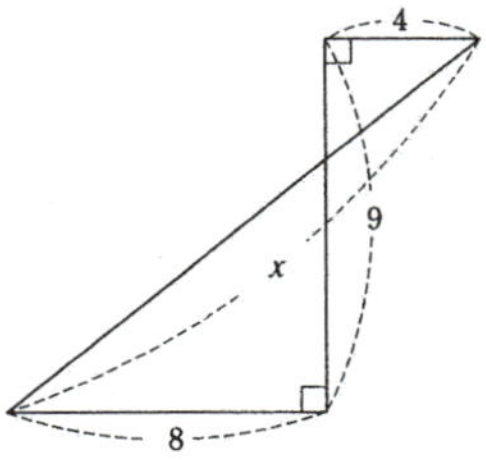

(愛知)

2 右の図のように, AB＝13cm, BC＝11cm, ∠ABC が鋭角の平行四辺形 ABCD がある。この平行四辺形の面積が 132cm² であるとき, 対角線 BD の長さを求めよ。 (山梨)

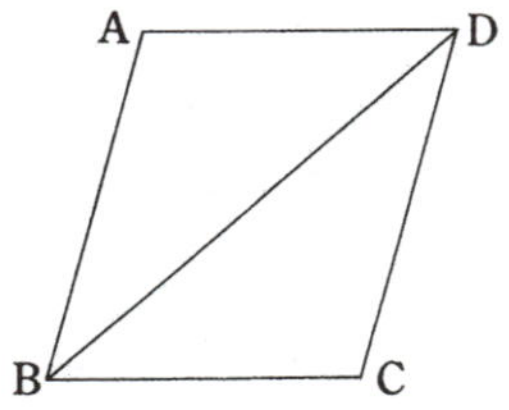

141 三平方の定理(2) ― 面積 ―

● 例 題 ●

(1) 下の二等辺三角形の面積を求めよ。

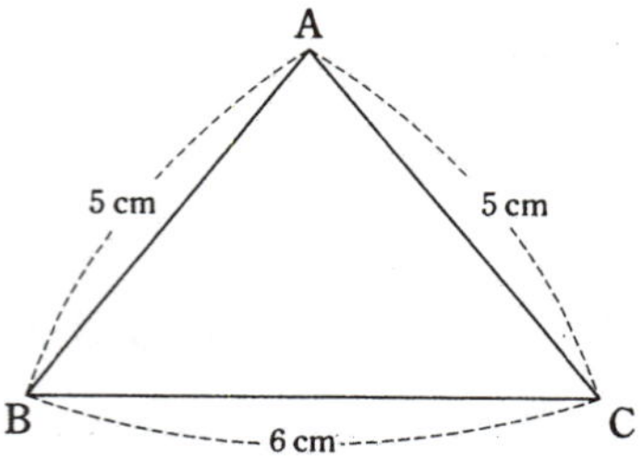

(2) 下の等脚台形の面積を求めよ。

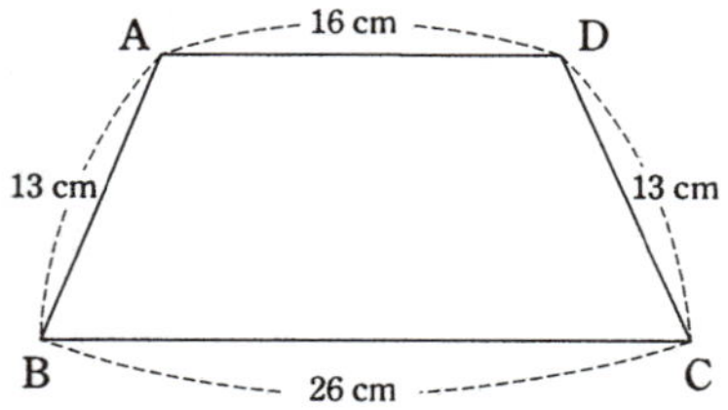

◆考え方

(1) A から BC に垂線 AH を下ろす。

(2) A，D から BC に垂線 AH，DH′ を下ろす。等脚台形では BH＝CH′

解 法

(1) A から BC に垂線 AH を下ろすと，H は BC の中点から BH＝3
△ ABH で $3^2+AH^2=5^2$ から AH＝4
よって，$\dfrac{6\times4}{2}=12$

(2) A，D から BC に下ろした垂線と BC との交点を H，H′ とする。
BH＝CH′，HH′＝16 から $BH=\dfrac{26-16}{2}=5$
△ ABH で $5^2+AH^2=13^2$ から AH＝12
よって，$\dfrac{12(16+26)}{2}=252$

答 (1) **12cm²**　(2) **252cm²**

141. 類題トレーニング

1 右の図のような二等辺三角形がある。この二等辺三角形の面積を求めると［　　］cm² である。（島根）

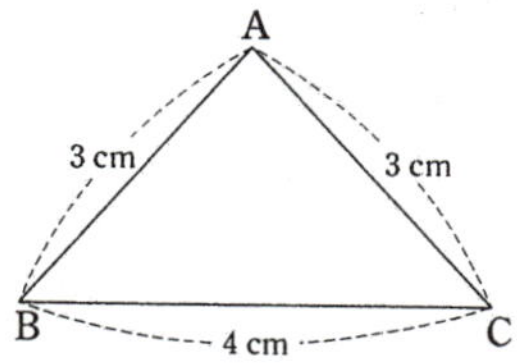

2 右の図のような AB＝AC，BC＝8cm，BD＝15cmの平行四辺形 ABCD がある。この平行四辺形の面積を求めよ。（岐阜）

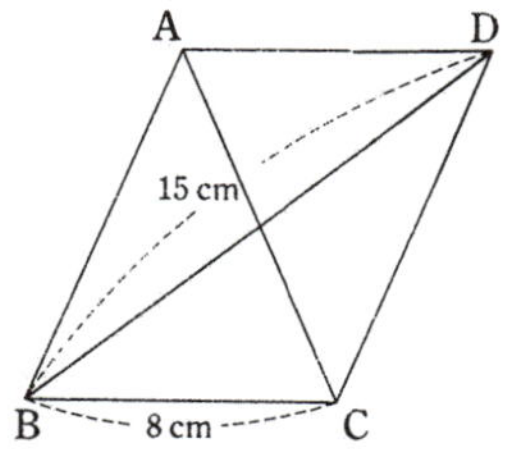

3 右の図のような台形について，次のものを求めよ。
(1) 高さ AH の長さ
(2) 対角線 AC の長さ
(3) △ DAC の面積

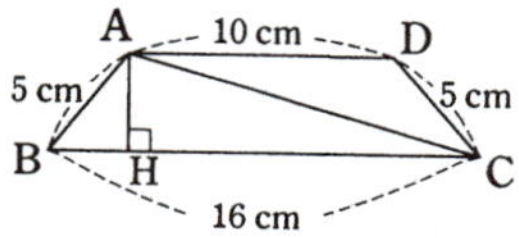

142 三平方の定理(3) — 直方体の対角線 —

例題

右の図のような直方体で，たて，横，高さがそれぞれ $a$cm，$b$cm，$c$cmであるとき，対角線AGの長さを求めよ。

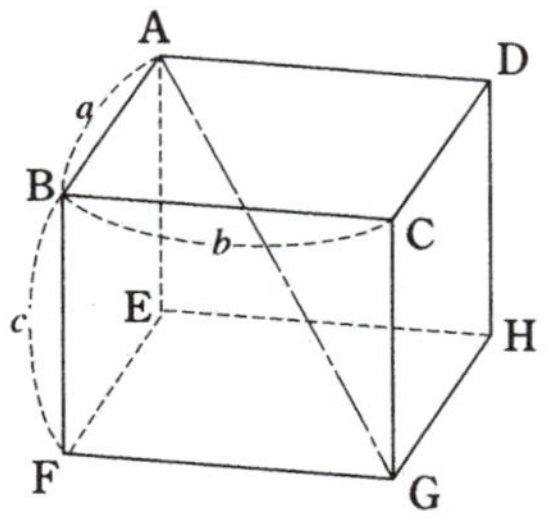

◆考え方

△ACGは直角三角形，AC^2，AG^2 の順に求める。

解法

直角三角形ABCで
$AC^2=AB^2+BC^2=a^2+b^2$
また，直角三角形ACGで
$AG^2=AC^2+CG^2$
$=(a^2+b^2)+c^2$
$=a^2+b^2+c^2$
よって，$AG=\sqrt{a^2+b^2+c^2}$

答 $\sqrt{a^2+b^2+c^2}$

142. 類題トレーニング

1 直方体の3辺が次のとき，対角線の長さを求めよ。

(1) (1，2，2) （岩手）
(2) (4，5，7) （広島）
(3) (2，6，9)
(4) (6，6，7)
(5) (3，4，12) （高知）

2 右の図の立方体の対角線の長さは6cmである。この立方体の体積を求めよ。 （福島）

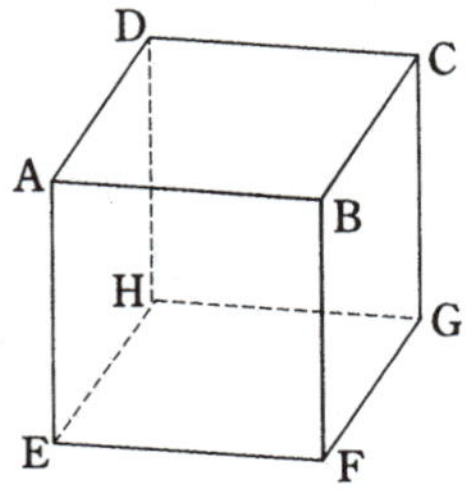

143 三平方の定理(4) ― 方程式① ―

例題

(1) 3辺の長さが$x$cm，$(x+1)$cm，$(x+2)$cmの直角三角形がある。このとき，xについての方程式をつくり，xの値を求めよ。 (栃木)

(2) 周囲の長さが42cm，対角線の長さが15cmの長方形がある。この長方形の面積は，[　　　cm²]である。 (福岡)

考え方

(1) **最大辺$(x+2)$が斜辺，三平方の定理より式をつくる。**

(2) 長方形のたてを$x$cmとすると，**横は$(21-x)$cm**である。

解法

(1) $x^2+(x+1)^2=(x+2)^2$

$x^2+(x^2+2x+1)=x^2+4x+4$

$x^2-2x-3=0$　$(x-3)(x+1)=0$　$x>0$　$\therefore$　$x=3$

(2) 辺の長さは，右図のようになる。

$x^2+(21-x)^2=15^2$

$x^2+441-42x+x^2=225$

$2x^2-42x+216=0$

(両辺)÷2　$x^2-21x+108=0$

$(x-9)(x-12)=0$　$\therefore$　$x=9,\ 12$

たて，横が9cm，12cmとなるから，

$9\times12=108$

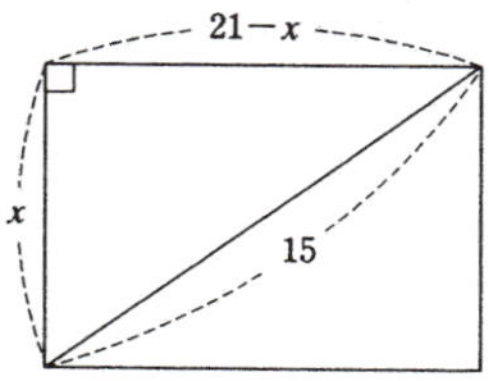

答 (1) $x=3$　(2) **108**

143. 類題トレーニング

1 ある直角三角形の3辺をそれぞれ同じ長さだけ短くすると，残りの長さが5cm，12cm，14cmになった。もとの直角三角形の斜辺の長さを求めよ。 (高知)

2 直角三角形ABCで，ABはBCより1cm長く，BCはCAより7cm長い。斜辺の長さを求めよ。 (石川)

3 面積が24cm²の直角三角形がある。この三角形の直角をはさむ2辺の長さの和が14cmのとき，斜辺の長さは[　　　]cmである。 (茨城)

144 三平方の定理(5) — 方程式② —

● 例 題 ●

横がたてより8cm長い長方形ABCDの紙がある。図のように，頂点CがAに重なるように折り，折り目をPQとすると，PA＝10cmであった。AB＝$x$cmとして

(1) BPの長さをxの1次式で表せ。

(2) xの値を求めよ。 (大分)

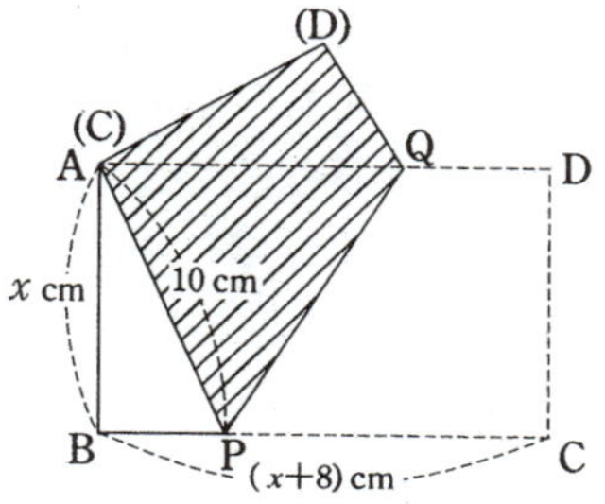

◆考え方

(1) AP＝CP

(2) △ABPで三平方の定理を用いる。

解 法

(1) AP＝CP＝10からBP＝$(x+8)-10=x-2$

(2) △ABPから

$x^2+(x-2)^2=10^2$

$x^2+x^2-4x+4=100$

∴ $2x^2-4x-96=0$

(両辺)÷2から，$x^2-2x-48=0$

$(x-8)(x+6)=0$ $x>0$から$x=8$

答 (1) **$(x-2)$ cm** (2) **$x=8$**

144. 類題トレーニング

1 右の図で，長方形ABCDの辺ABの長さは3cm，辺BCの長さは5cmである。点Pを辺BC上に，点Qを辺AD上にとってひし形BPDQをつくるとき，その1辺の長さを求めよ。(東京)

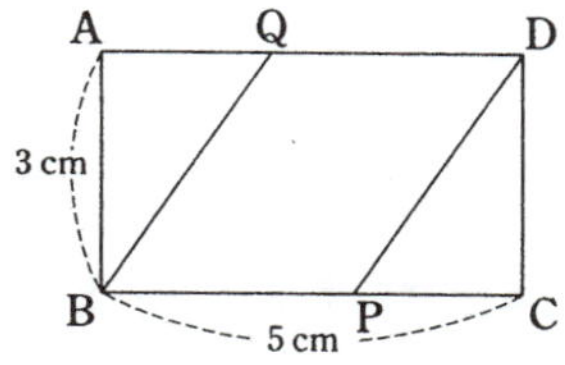

2 次の図は，AB＝BC＝12cmである直角二等辺三角形の紙を線分EFを折り目として，点Aが辺BCの中点に重なるように折ったものである。BEの長さを求めよ。 (福島)

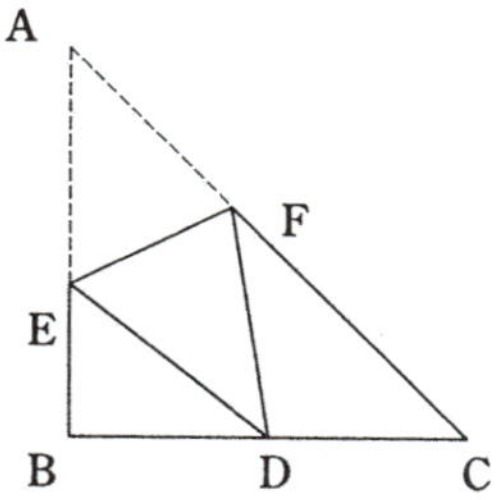

3 右の図の三角形ABCで，AB＝6cm，BC＝3cm，∠ABC＝90°とする。辺ACの垂直二等分線が，辺ABと交わる点をDとすると，CDの長さは□cmである。(岡山)

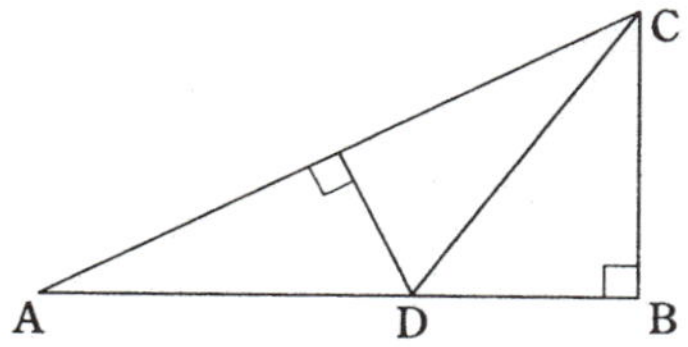

145 三平方の定理(6) — 方程式③ —

例題

円柱が水に浮かんでおり，図Ⅰのようにその一部分が水面上に出ている。円柱の2つの底面の水面上に出ている部分は，いずれも図Ⅱのような弓形になっている。弓形の弦ABの中点をM，Mから$\overset{\frown}{AB}$にひいた垂線と弓形の弧との交点をPとして，AB，PMの長さを測ったら，AB＝40cm，PM＝8cmであった。このとき，この円柱の底面の直径を求めよ。

図Ⅰ

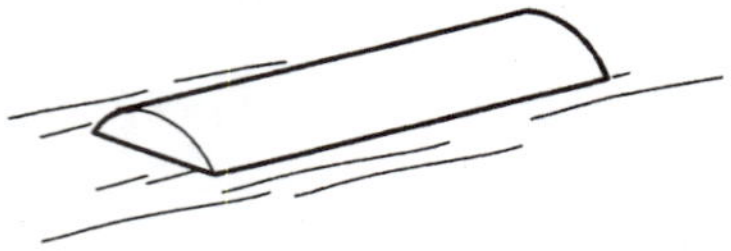

図Ⅱ

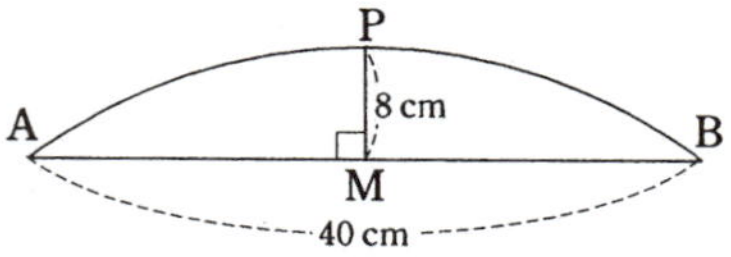

（佐賀）

◆考え方

右の図をかく。
円Oの半径をrとし，
△**AOMで三平方の定理**を用いる。

解法

△AOMで，AO＝r，AM＝20，OM＝$r-8$から
三平方の定理より

$r^2=20^2+(r-8)^2$

$r^2=400+r^2-16r+64$

$16r=464$

$\therefore\quad r=29$

よって，直径は29×2＝58(cm)

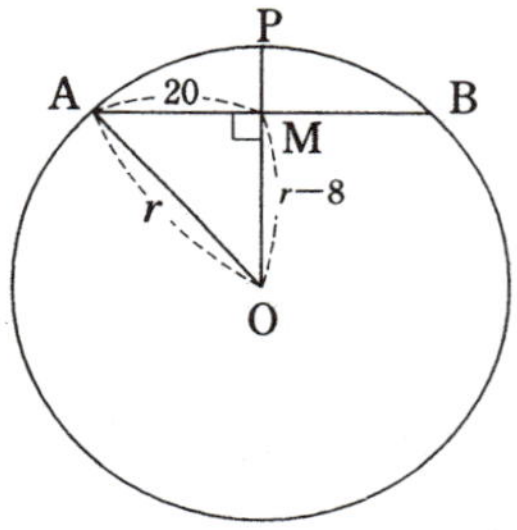

答 **58cm**

145. 類題トレーニング

1　池の水底から直角に1本の水草が生えていたが，それは水面から10cm上へ出ていた。いま，この水草を水面に沿って50cmひっぱったとき水草の先はちょうど水面にきた。池の深さはいくらか。

2　長さ24cmの線分ABを直径とする円Oの内部にAO，BOをそれぞれ直径とする円P，Qがある。いま，これらの3円に接する円Rをえがくとき，

(1)　RO⊥ABとなることを証明せよ。

(2)　円Rの面積を求めよ。

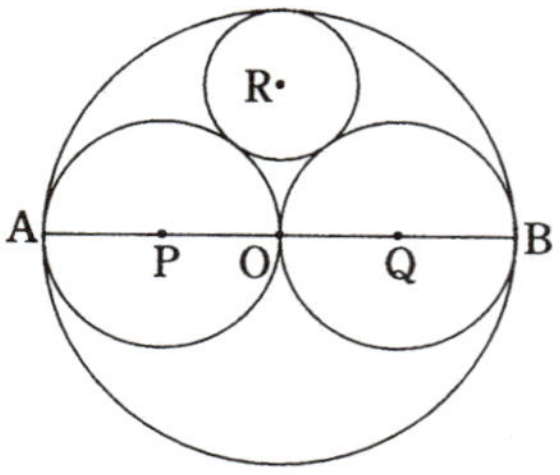

146 三平方の定理(7) — 特別角① —

例 題

(1) 下図の△ ABC の面積を求めよ。　(2) 1 辺 $a$cmの正三角形の面積を求めよ。

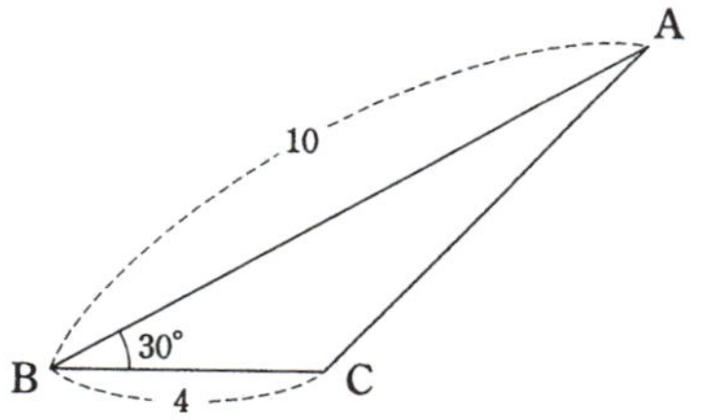

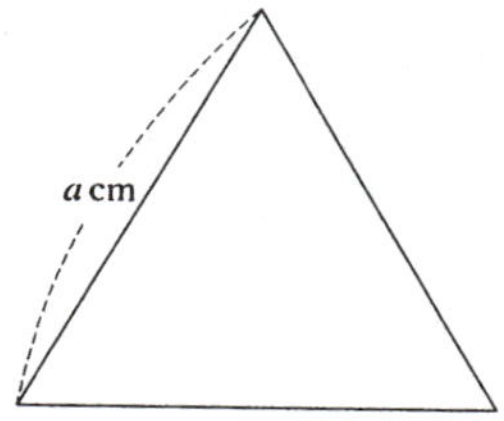

◆考え方

(1) 直角三角形の 3 辺の比
$2:1:\sqrt{3}$

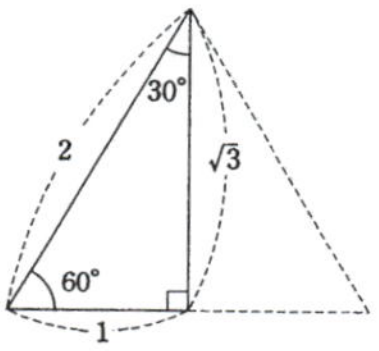

(2) 直角三角形の 3 辺の比
$1:1:\sqrt{2}$

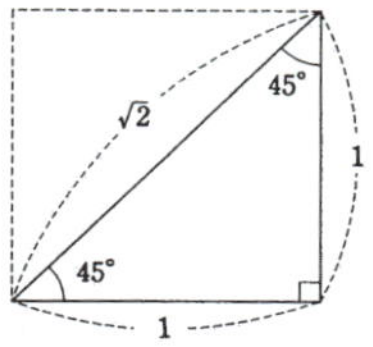

解 法

(1) 右図のように A から辺 BC の延長上に垂線 AH をひく。
BA：AH＝2：1 から AH＝5
よって，$\dfrac{4\times5}{2}=10$

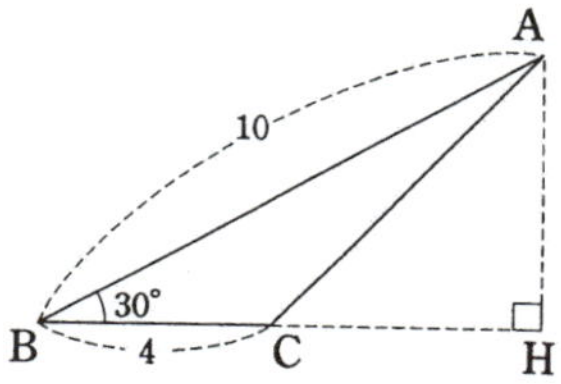

(2) ◆**考え方**と右図より
BA：AD＝2：$\sqrt{3}$ であるから，
a：AD＝2：$\sqrt{3}$　∴　AD＝$\dfrac{\sqrt{3}a}{2}$
よって，$a\times\dfrac{\sqrt{3}}{2}a\times\dfrac{1}{2}=\dfrac{\sqrt{3}}{4}a^2$

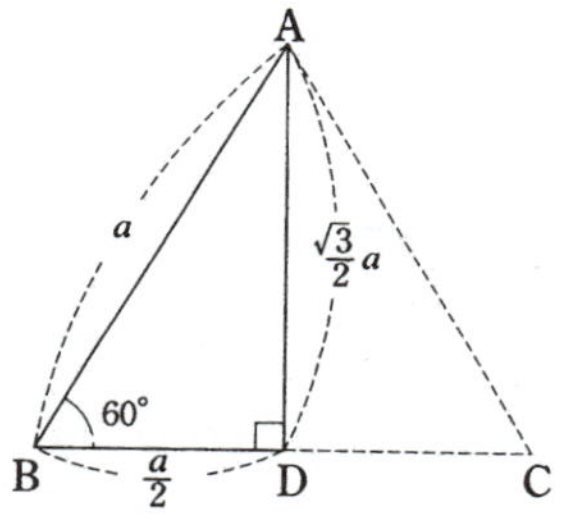

答 (1) **10**　(2) **$\dfrac{\sqrt{3}}{4}a^2$ cm^2**

（注意） **1 辺が a の正三角形の面積は $\dfrac{\sqrt{3}}{4}a^2$**

146. 類題トレーニング

1　下図の三角形の面積を求めよ

(1)

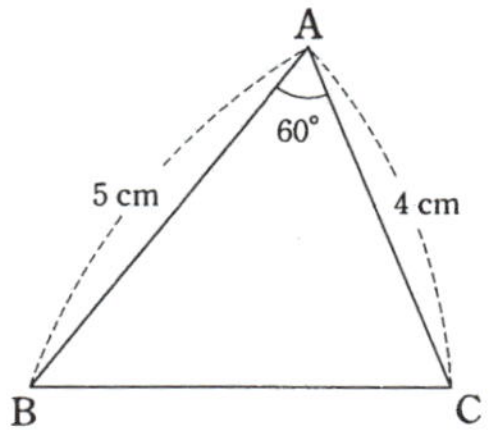

(2)

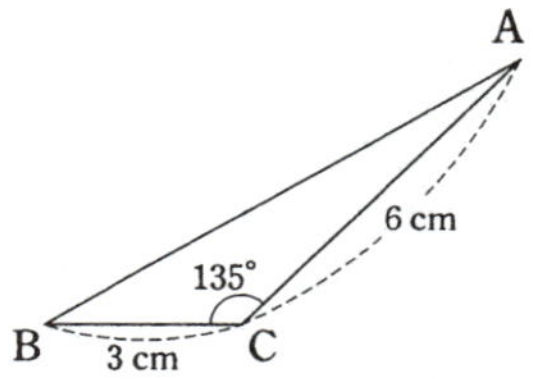

（福島）

2　(1) 1 辺が 10cmの正三角形の面積を求めよ。
(2) 正三角形の面積が $9\sqrt{3}$ であるとき，この正三角形の 1 辺の長さを求めよ。
(3) 1 辺が 4cmの正六角形の面積を求めよ。

147 三平方の定理(8) — 特別角② —

例 題

(1) 下図のように，半径12cm，中心角60°のおうぎ形に内接する円の半径を求めよ。

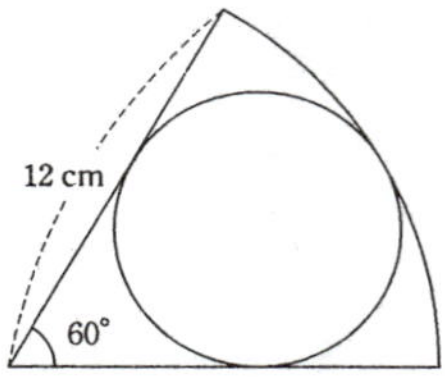

(2) 半径の長さが6cmである円に外接する正三角形の面積を求めよ。

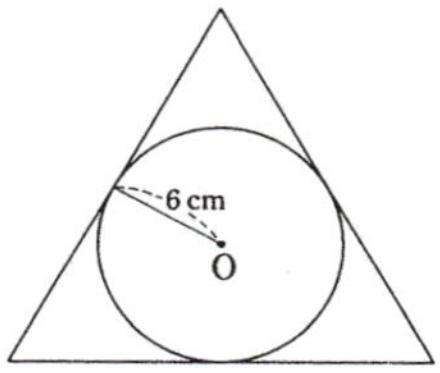

◆考え方

内接円の半径をrとする。

解 法

(1) △O′OPで，O′O：O′P＝2：1より
$O'O=2r$
また，OQ＝12から　$2r+r=12$
$3r=12$　∴　$r=4$

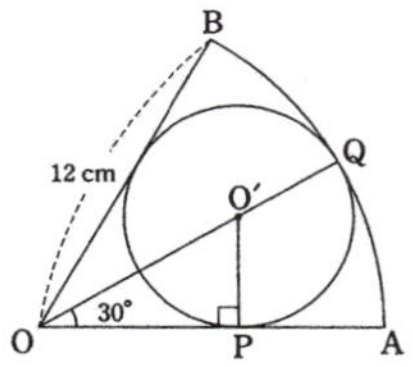

(2) △OBHで，$BH:OH=\sqrt{3}:1$
$BH:6=\sqrt{3}:1$　∴　$BH=6\sqrt{3}$
$BC=12\sqrt{3}$から　$\dfrac{\sqrt{3}}{4}\times(12\sqrt{3})^2=108\sqrt{3}$

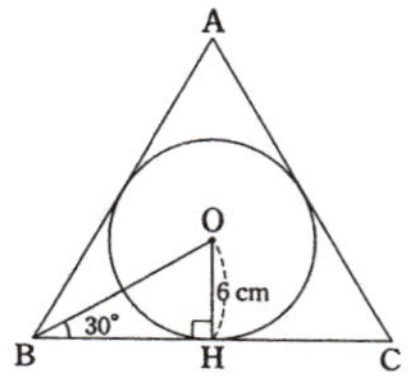

答　(1)　**4cm**　　(2)　**$108\sqrt{3}$ cm²**

147. 類題トレーニング

1 (1) 中心角が60°のおうぎ形OABに，半径2cmの円が内接している。このおうぎ形の弧$\overset{\frown}{AB}$の長さを求めよ。

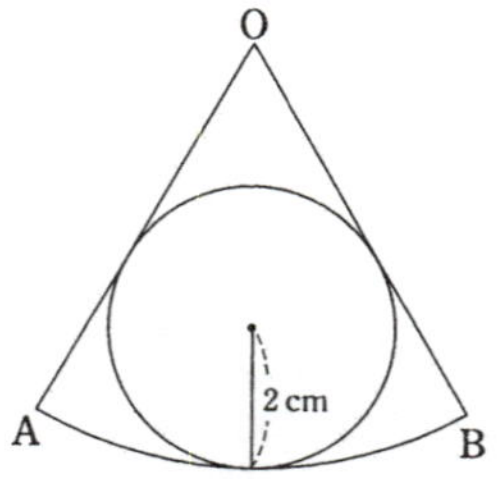

（神奈川）

(2) 半径10cmの円Oに円外の点Pから2本の接線をひき，接点をA，Bとする。∠APB＝60°のとき，円Oおよび2直線PA，PBに，図のように接する円O′の半径の長さを求めよ。

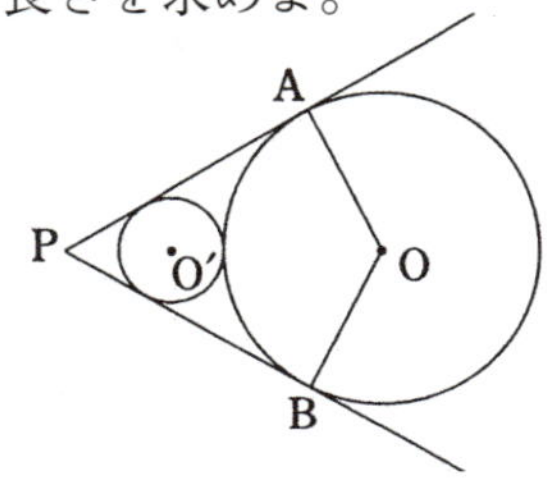

（千葉）

2 (1) 半径1cmの円に内接する正方形の面積を求めよ。

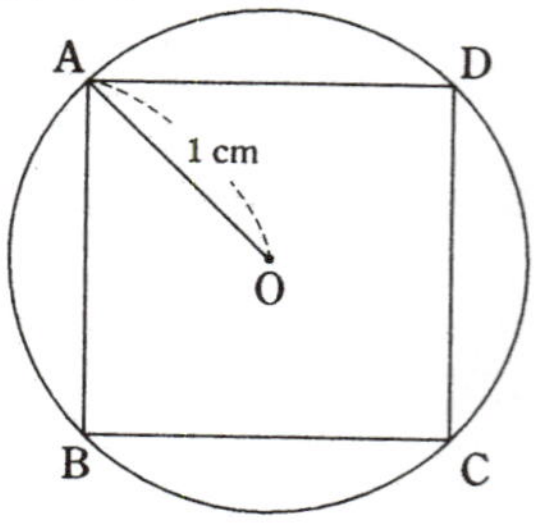

(2) 半径1cmの円に内接する正三角形の面積を求めよ。

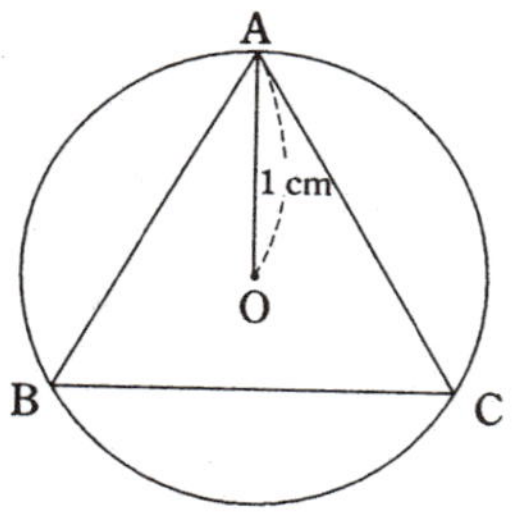

148 円と角(1) — 円周角と中心角 —

例 題

次のそれぞれの角 x の大きさを求めよ。(O は中心)

(1)

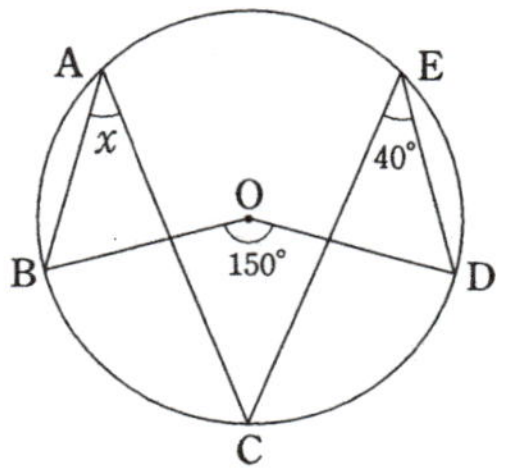

(2)

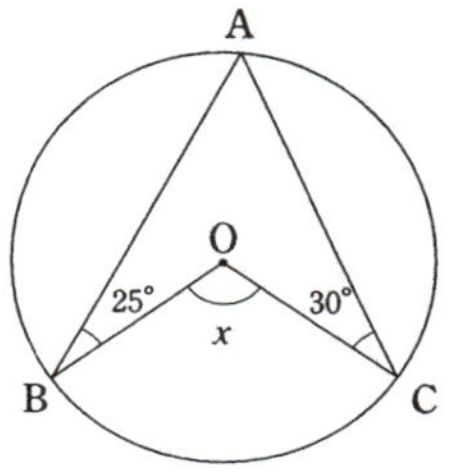

(愛媛)

◆考え方

「中心角は円周角の 2 倍」

(1) O と C を結ぶ

(2) $\angle a + \angle b + \angle c = \angle x$

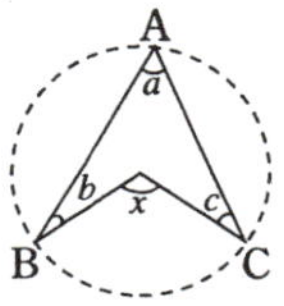

解 法

(1) $\angle COD = 2\angle CED = 2 \times 40^\circ = 80^\circ$

$\angle BOC = 150^\circ - 80^\circ = 70^\circ$

$\therefore \quad x = 70^\circ \div 2 = 35^\circ$

(2) $\angle BAC = \dfrac{1}{2}\angle BOC = \dfrac{1}{2}x$

よって, $\dfrac{1}{2}x + 25^\circ + 30^\circ = x$

$\therefore \quad x = 110^\circ$

答 (1) **35°** (2) **110°**

148. 類題トレーニング

1 次のそれぞれの角 x の大きさを求めよ。(O は中心)

(1)

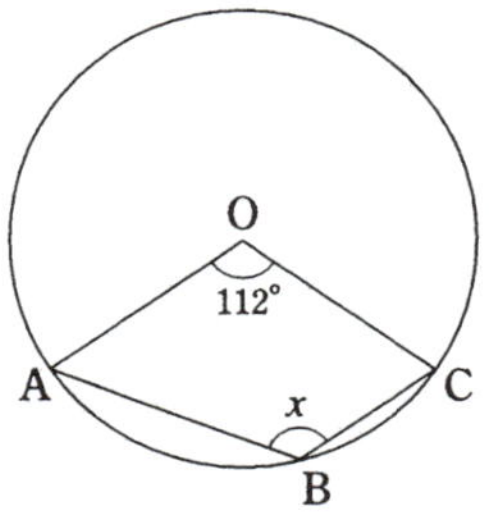

(愛知)

(2)

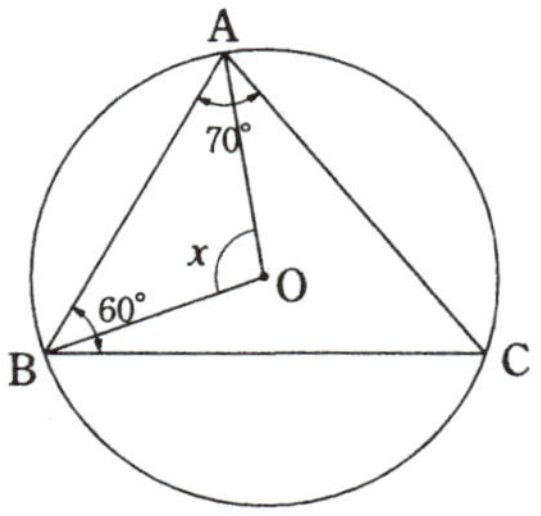

(宮城)

(3)

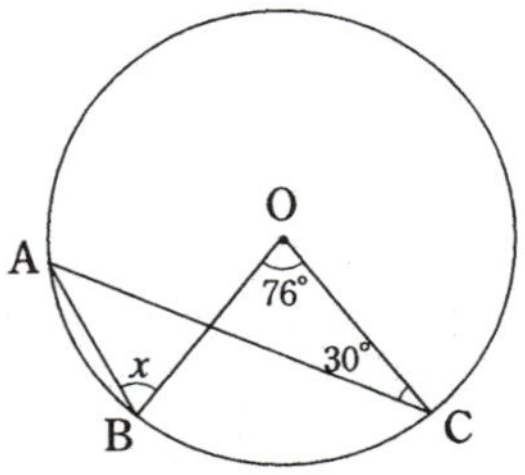

(熊本)

(4)

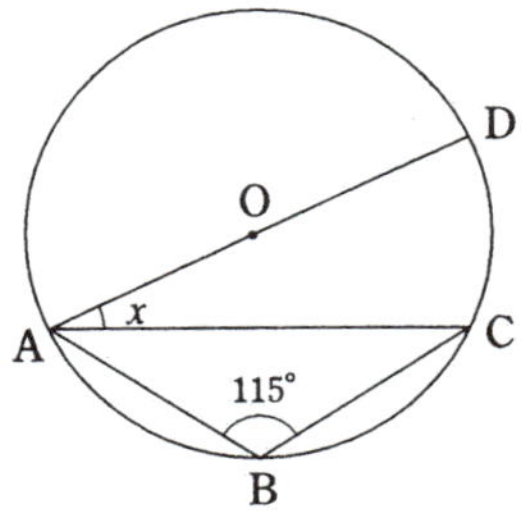

(千葉)

(5)

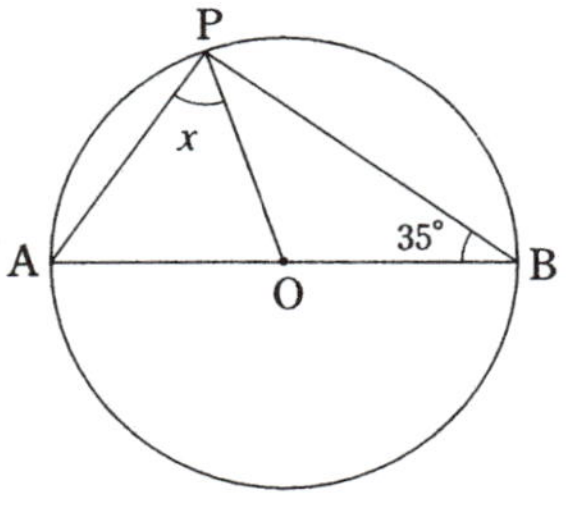

(福島)

(6)

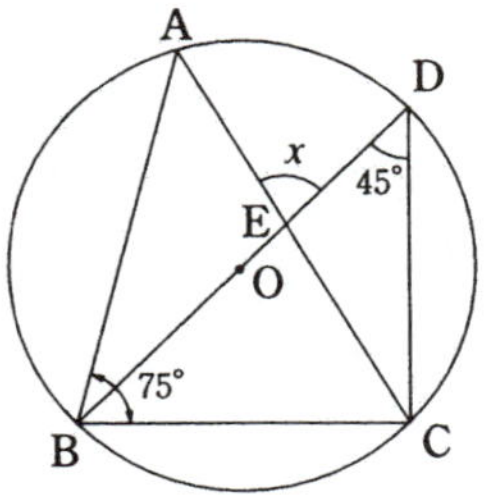

(愛知)

149 円と角(2) — 円周の等分 —

例 題

右の図のA，B，C，D，E，F，G，Hは円周を8等分した点である。

(1) xは＿＿＿度である。

(2) yは＿＿＿度である。

(3) zは＿＿＿度である。

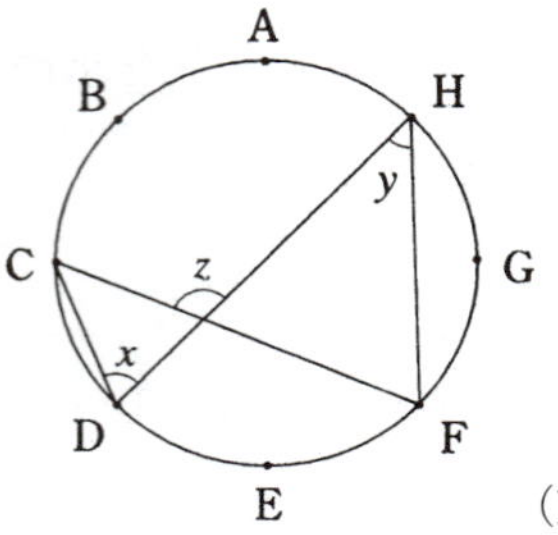

（東京女子学園高）

◆考え方

円周角，中心角でないzの求め方を考える。

円周の8等分→360°の8等分

解 法

(1) 中心をO(DHの中点)とすると　$\angle COH = 360° \times \dfrac{3}{8} = 135°$

よって，$x = 135° \div 2 = 67.5°$

(2) $\angle DOF = 360° \times \dfrac{2}{8} = 90°$

よって，$y = 90° \div 2 = 45°$

(3) $\angle DCF = \angle DHF = y$から

$z = x + y = 67.5° + 45° = 112.5°$

答 (1) **67.5°**　(2) **45°**　(3) **112.5°**

149. 類題トレーニング

1 右の図で，点A，B，C，D，Eは円周の長さを5等分する点である。弦AC，BDの交点をFとするとき，∠AFDの大きさを求めよ。（福島）

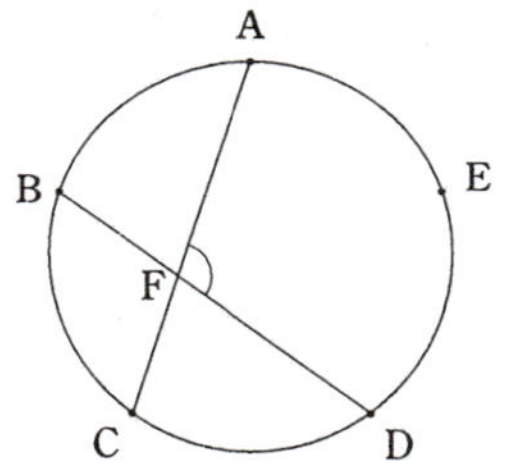

2 右の図で，A，B，C，D，E，Fは円Oの周上にあって，円周を6等分している点であり，GはAC，BFの交点である。∠AGBの大きさを求めよ。（山梨）

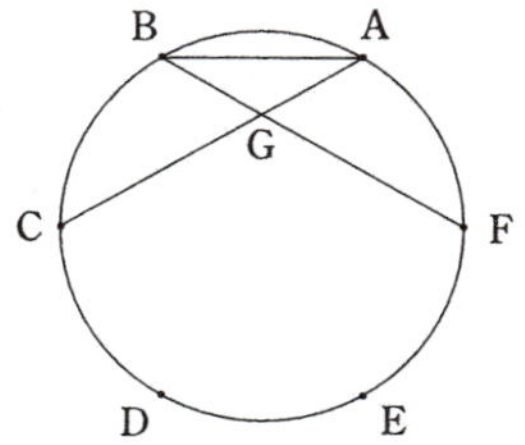

3 右の図で，10個の点A～Jが円Oの円周を10等分した点であるとき，$\angle x$の大きさを求めよ。（大分）

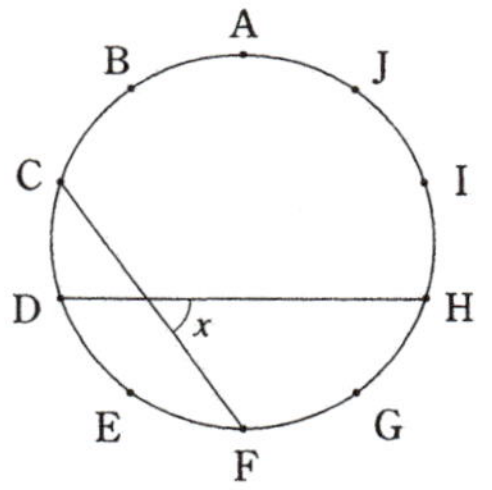

150 円と角(3) — 三角形の外角 —

例題

右の図について

(1) ∠QAD＋∠QDA は何度か。

(2) ∠BAC は何度か。

(3) ∠ACD は何度か。

(4) 弧 BC と弧 AD の長さの比を求めよ。

ただし，弧 BC と弧 AD はいずれも小さいほうの弧とする。 (高知)

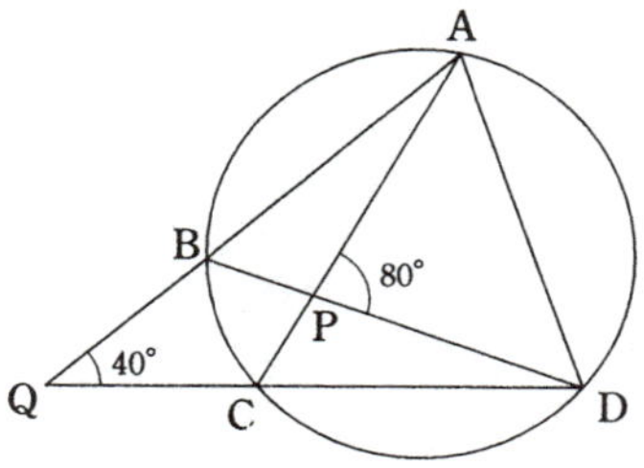

考え方

(2) ∠BAC＝∠BDC

(4) **弧の長さの比→中心角の比→円周角の比**

解法

(1) △AQD で∠QAD＋∠QDA＝180°−40°＝140°

(2) ∠BAC＝x とすると，∠ACD＝40°＋x

∠APD＝∠ACD＋x より

80＝2x＋40 ∴ x＝20

(3) ∠ACD＝40°＋20°＝60°

(4) $\overset{\frown}{BC}$：$\overset{\frown}{AD}$＝∠BAC：∠ACD＝20°：60°＝1：3

答 (1) **140°** (2) **20°** (3) **60°** (4) **1：3**

150. 類題トレーニング

1 右の図で，円 O の弦 AB，CD の延長が円外で交わる点を P，AD と BC の交点を Q とする。∠BAD＝18°，∠BQD＝60° のとき，x の値を求めよ。 (岩手)

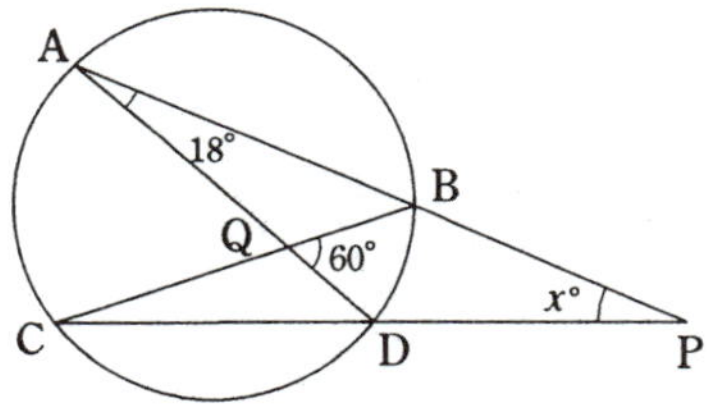

2 右の図で，A，B，C，D は同じ円周上の点で，F は 2 直線 DA と CB の交点である。∠DBC＝72°，∠DEC＝100° のとき，∠DFC の大きさは何度か。 (愛知)

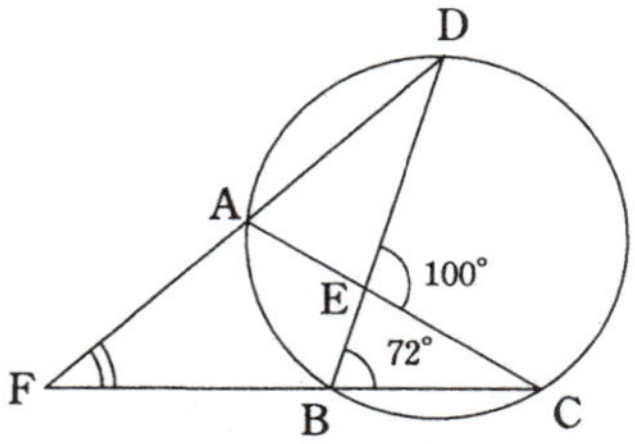

3 図で，$\overset{\frown}{AB}$：$\overset{\frown}{CD}$＝4：1，∠APB＝30° のとき，∠AQB は何度か。

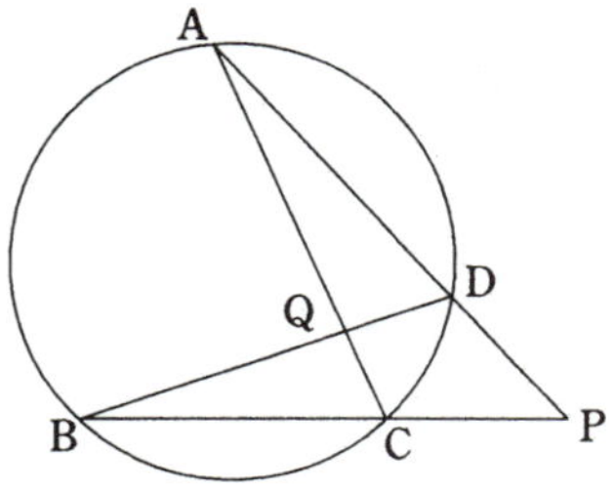

151 円と角(4) — 内接四角形① —

● 例題 ●

次の図の$\angle x$，$\angle y$の大きさを求めよ。

(1)

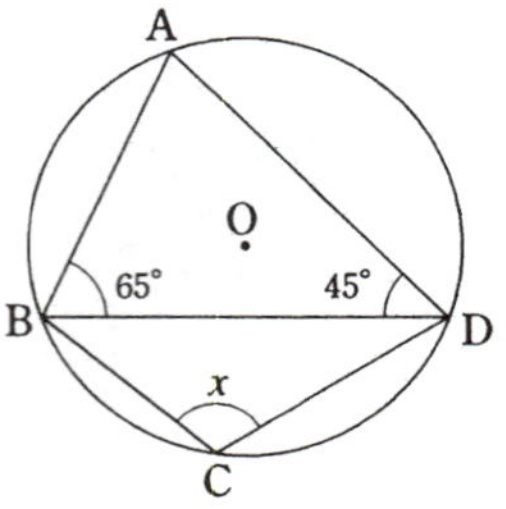

（福島）

(2)

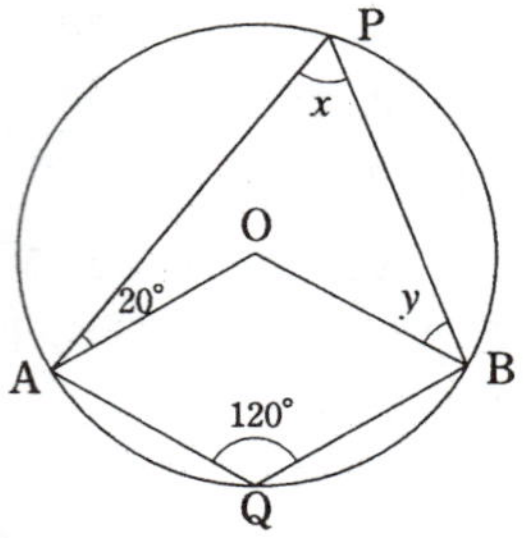

（長野）

◆考え方

「円に内接する四角形の対角の和は 180°」

解法

(1) △ABD で$\angle A = 180° - (65° + 45°) = 70°$
　よって，$x = 180° - 70° = 110°$

(2) **◆考え方**より
$x = 180° - 120° = 60°$
$x + y + 20° = \angle AOB$ から
$60° + y + 20° = 120°$　$y = 40°$

答 (1) **110°**　(2) **$\angle x = 60°$，$\angle y = 40°$**

151. 類題トレーニング

1 次の図の$\angle x$，$\angle y$の大きさを求めよ。

(1)

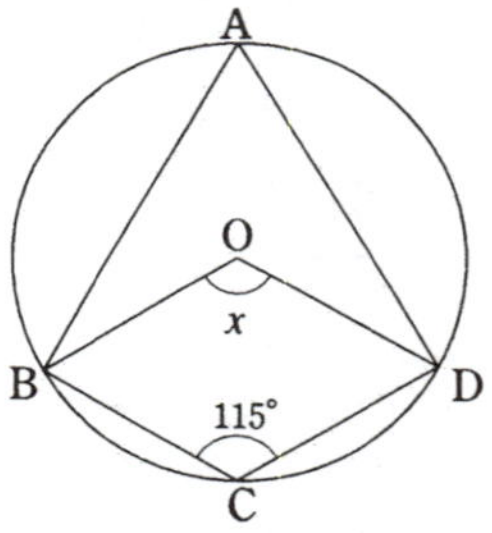

（香川）

(2)

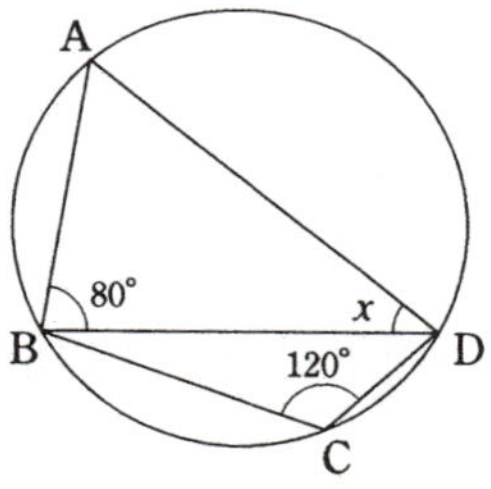

（愛知）

(3)

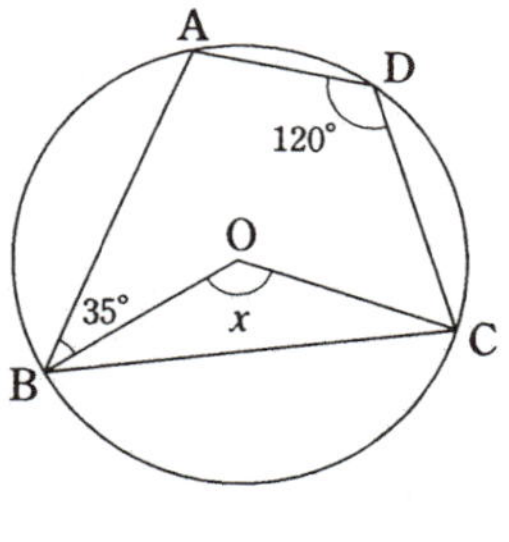

（新潟）

(4)

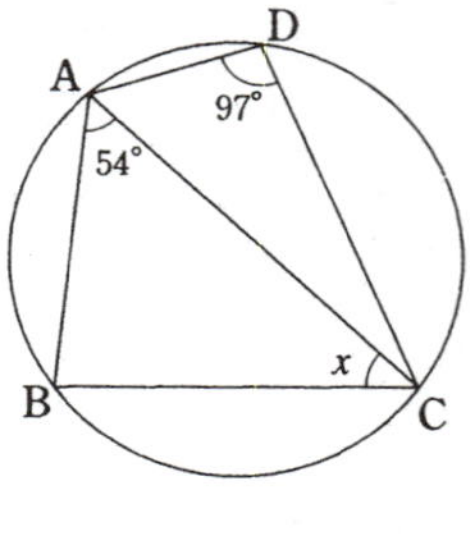

（愛知）

(5)

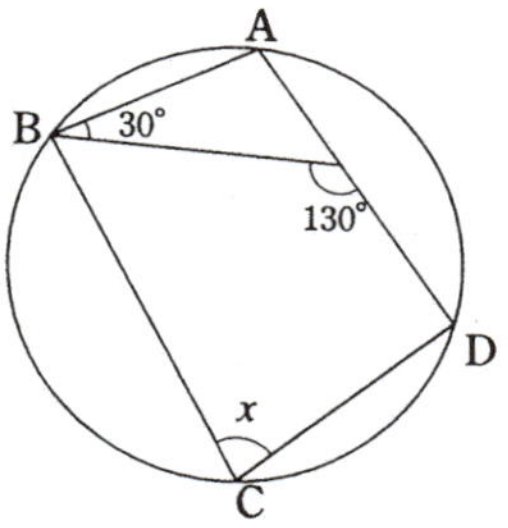

（宮崎）

(6)

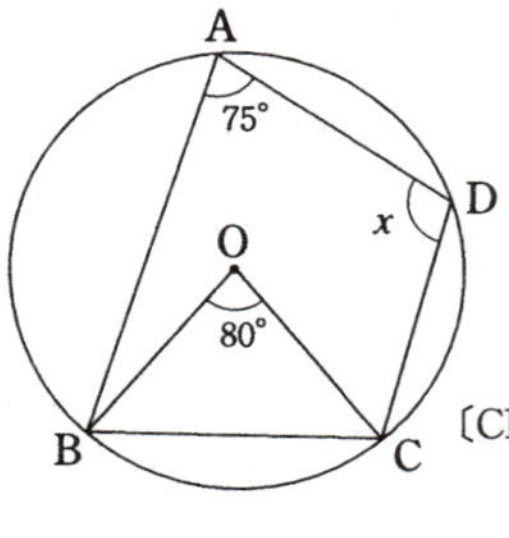

〔CD＝DA〕

（宮崎）

152 円と角(5) — 内接四角形② —

例 題

右の図で，四角形 ABCD は円に内接し，点 E は AB の延長と DC の延長との交点，点 F は AD の延長と BC の延長との交点である。∠CFD = 32°，∠BEC = 56° とするとき，∠BAD，∠ADC の大きさを求めよ。

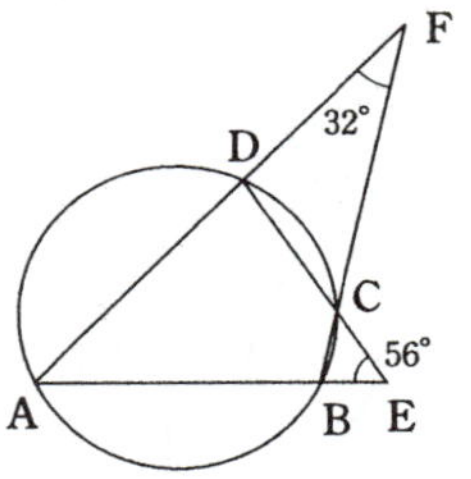

（石川）

◆考え方

「円に内接する四角形の対角の和は 180°」

∠A + ∠BCD = 180°，

∠A = ∠BCE，

△ BEC で考える。

解 法

∠BAD = x とすると，∠FBE = x + 32°，∠BCE = x となるから

△ BEC で

$(x+32)+x+56=180$

$\therefore\ x=46$

△ DAE で　∠ADC = 180° − (46° + 56°) = 78°

答　**46°，78°**

152. 類題トレーニング

1　次の図の角 x，y の大きさを求めよ。

(1)

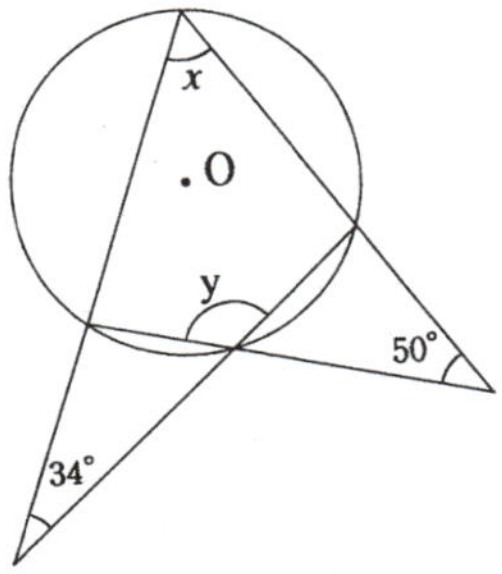

（沖縄）

(2)

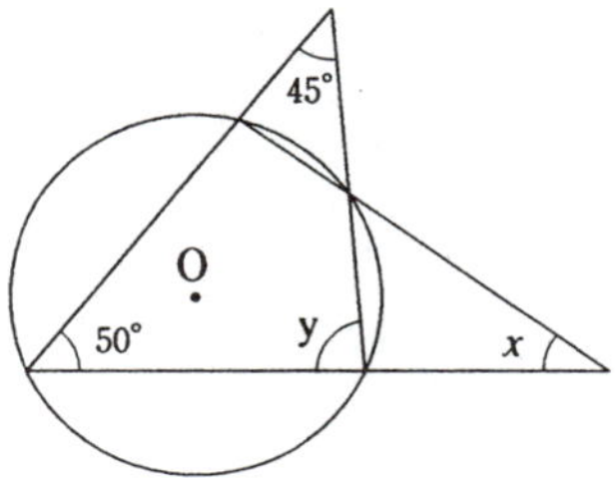

（東洋高）

(3)

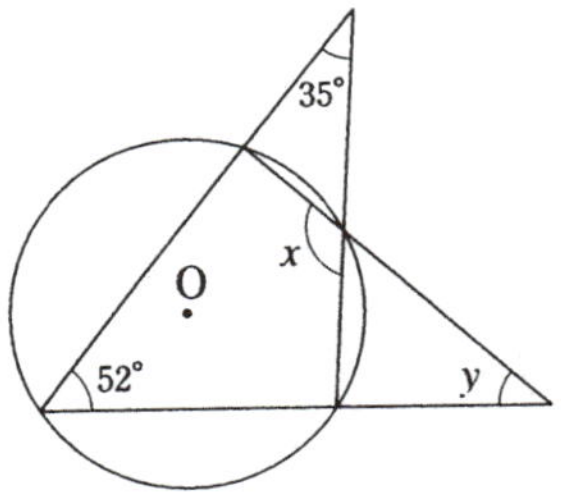

（兵庫）

(4)

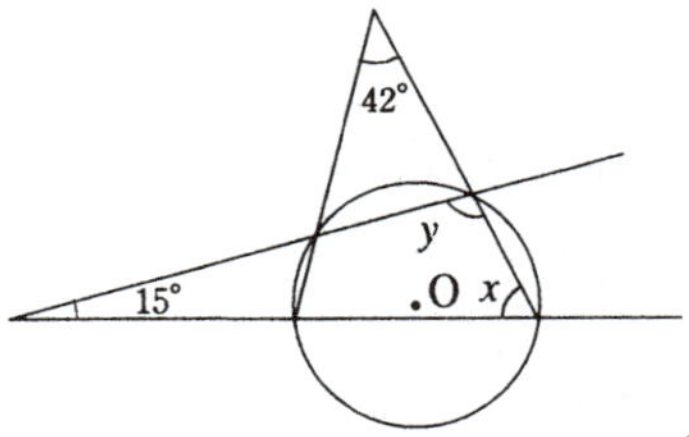

（拓大一高）

153 円と角(6) — 接弦定理 —

● 例 題 ●

次の x の角度を求めよ。

(1) BT は B における円 O の接線

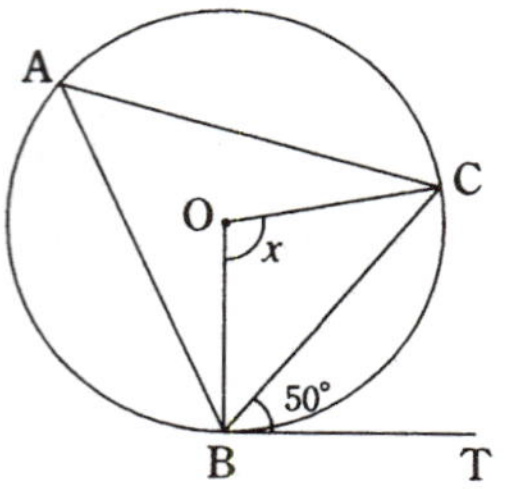

（大分）

(2) PA，PB は円の接線

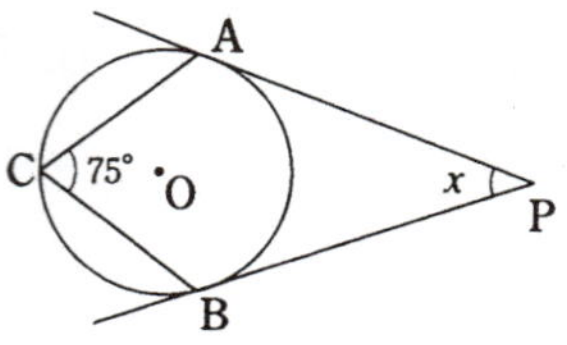

（千葉）

◆考え方

接弦定理「円の接線とその接点を通る弦とのなす角は，その角内にある弧の上に立つ円周角に等しい。」

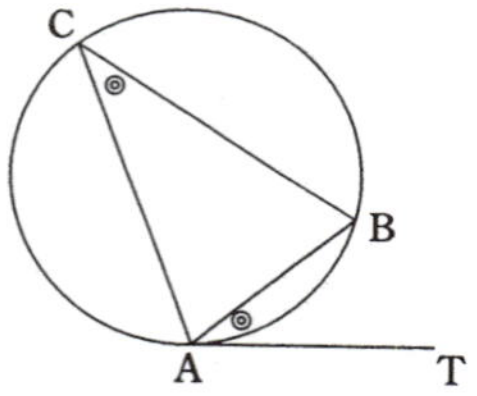

解 法

(1) 接弦定理より，$\angle BAC = \angle CBT = 50°$

中心角は円周角の 2 倍から，$x = 50° \times 2 = 100°$

(2) **① A と B を結ぶ方法**

$PA = PB$ から，$\angle PAB = \angle PBA = 75°$

よって，$x = 180° - 75° \times 2 = 30°$

② A と O，B と O を結ぶ方法

$\angle OAP = \angle OBP = 90°$,

$\angle AOB = 75° \times 2 = 150°$

よって，$x = 360° - 90° \times 2 - 150° = 30°$

答 (1) **100°**　　(2) **30°**

153. 類題トレーニング

1 次の x，y の角度を求めよ。

(1) AT は A における接線

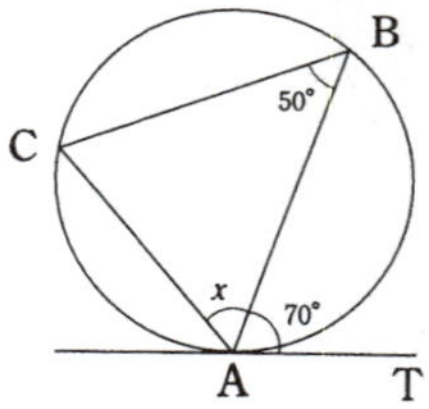

（栃木）

(2) l は B における接線

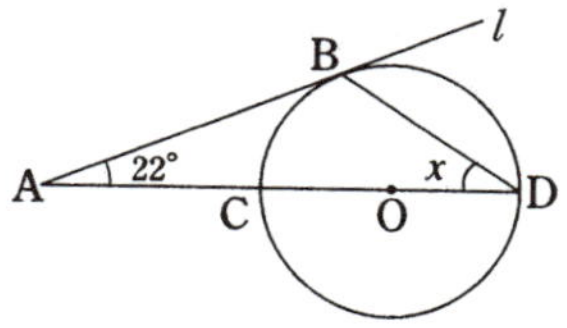

（長野）

(3) AP，BP は円 O の接線

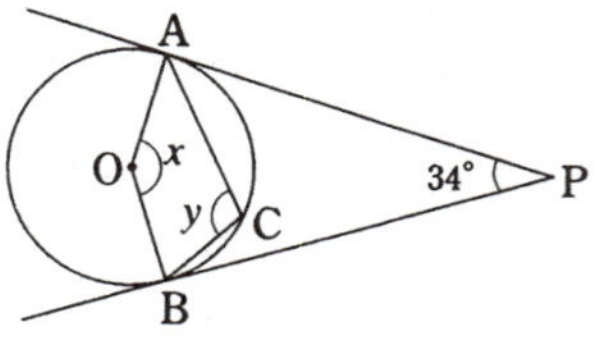

（群馬）

(4) △ABC に内接する円との接点を P，Q，R とする。

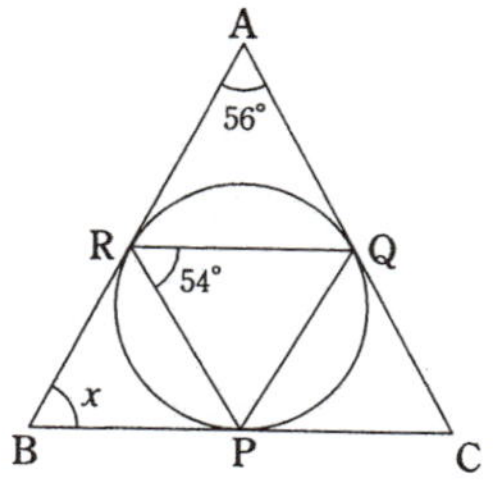

（岡山）

154　4 点を通る円

例題

右の図の三角形 ABC と三角形 DBC において，∠A ＝∠D＝∠R，∠ABC＝30°，∠DBC＝45°とする。

(1)　AC＝1 cm のとき，BD の長さを求めよ。

(2)　線分 AD，BC が交わってできる角のうち，小さい方の角の大きさを求めよ。　　（群馬）

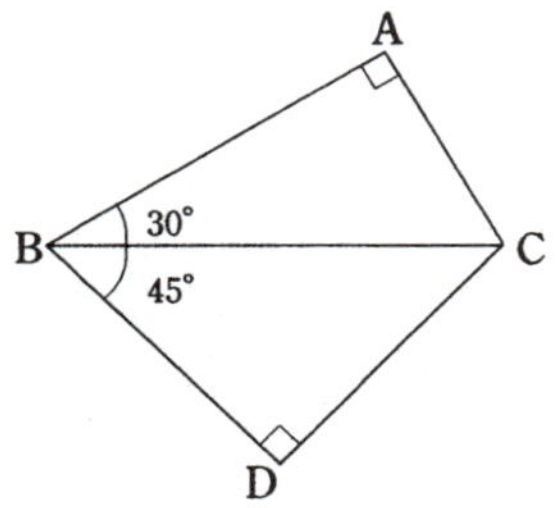

◆考え方

(1)　**∠A＋∠D＝180°　よって，4 点 A，B，D，C は同一円周上の点**

(2)　AD と BC の交点を P とする。

解法

(1)　30°，60° の直角三角形より，
AC：BC＝1：2 から BC＝2
45°，45° の直角三角形より，
BC：BD＝$\sqrt{2}$：1　∴　2：BD＝$\sqrt{2}$：1　BD＝$\sqrt{2}$

(2)　∠A＋∠D＝180° なので，4 点 A，B，D，C は同一円周上の点である。BC と AD の交点を P とする。
∠CAD＝∠CBD＝45°
また，∠ACB＝60° から
∠APC＝180°－(45°＋60°)＝75°

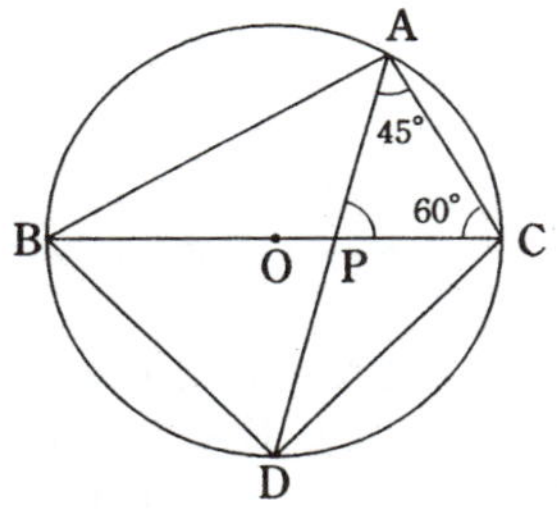

答　(1)　**$\sqrt{2}$ cm**　　(2)　**75°**

154. 類題トレーニング

1　(1)　下図で∠DAC の大きさを求めよ。

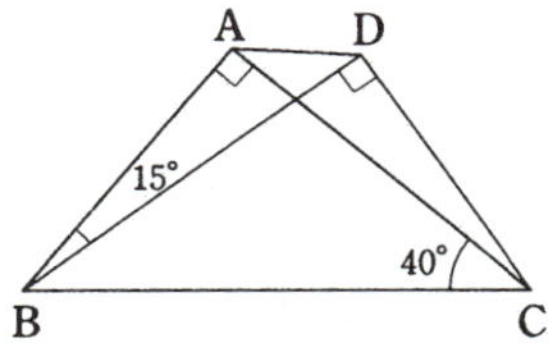

（佐賀）

(2)　下図で，∠CAD の大きさを求めよ。

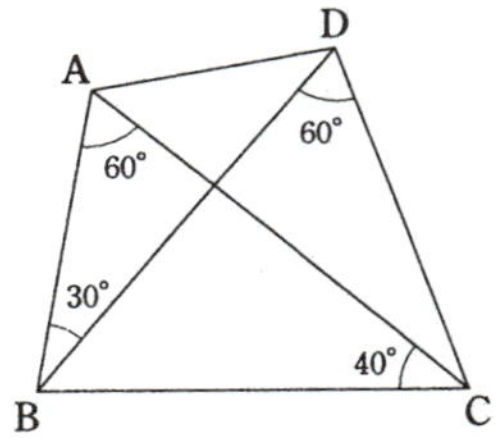

（鳥取）

2　右の図のように，∠A＝∠R の直角三角形 ABC の頂点 A から辺 BC に垂線 AD をひき，∠ADB，∠ADC の二等分線と AB，AC との交点をそれぞれ E，F とする。このとき，AE＝AF であることを証明せよ。　　（茨城）

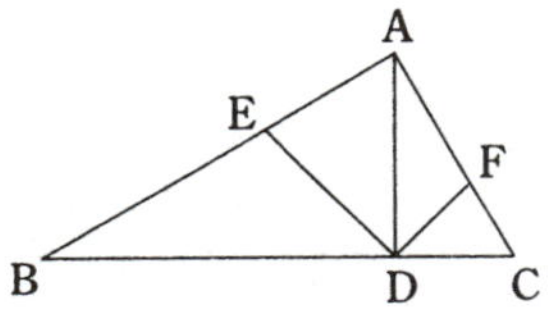

3　右の図のように，線分 BC を斜辺とする直角三角形 ABC と，直角二等辺三角形 DBC がある。このとき，AD は∠BAC を二等分することを証明せよ。　　（宮崎）

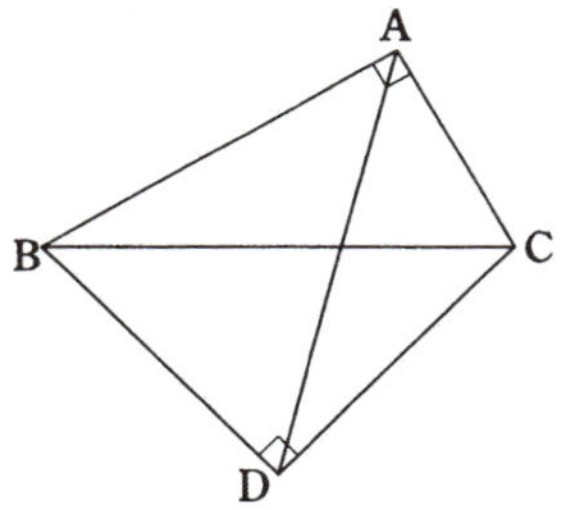

155 円と相似(1) — 方べき —

● 例 題 ●

図の x, y, z の長さを求めよ。

(1)

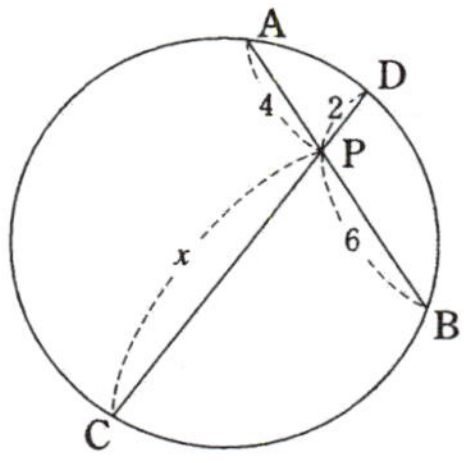

(2)

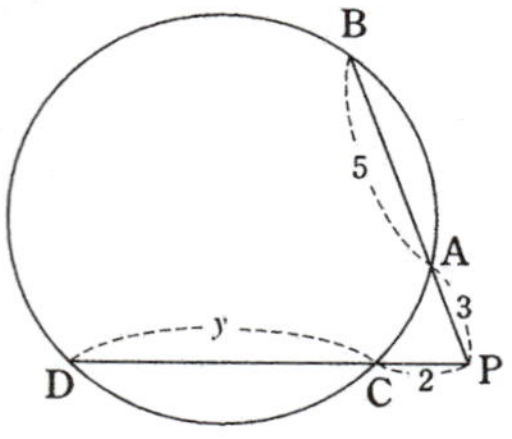

(3)

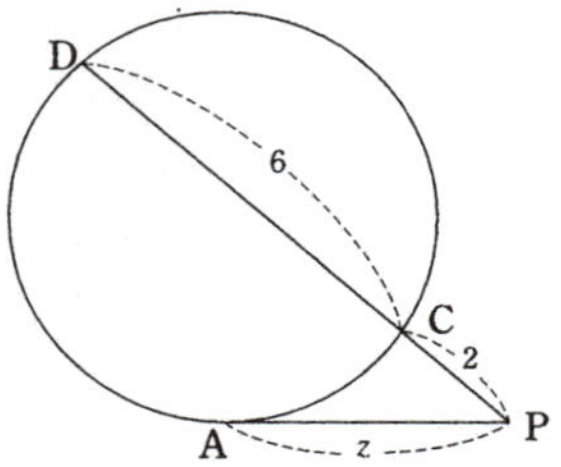

(A：接点)

◆考え方

(1) AとC，DとBを結ぶ。
△**APC** ∽△**DPB**

(2) AとD，BとCを結ぶ。
△PAD ∽△PCB
またはAとC，BとDを結ぶ。
△**PAC** ∽△**PDB**

(3) AとD，Cを結ぶ
△**PAC** ∽△**PDA**

解 法

(1) △APCと△DPBで，∠CAP＝∠BDC，∠APC＝∠DPB
よって相似。PA：PD＝PC：PBから **PA×PB＝PC×PD**
$4\times6=2\times x$ から $x=12$

(2) △PACと△PDBで，∠PAC＝∠PDB，∠Pは共通
よって相似。PA：PD＝PC：PBから **PA×PB＝PC×PD**
$3\times(3+5)=2\times(2+y)$ から $y=10$

(3) △PACと△PDAで，∠PAC＝∠PDA(接弦定理)，∠Pは共通。
よって相似。PA：PD＝PC：PAから **PA²＝PC×PD**
$z^2=2\times(2+6)=16$　$z>0$ から $z=4$

答 (1) $\boldsymbol{x=12}$　(2) $\boldsymbol{y=10}$　(3) $\boldsymbol{z=4}$

155. 類題トレーニング

1 (1) EA＝6cm，EB＝3cm，EC＝4cmのとき，線分EDの長さを求めよ。

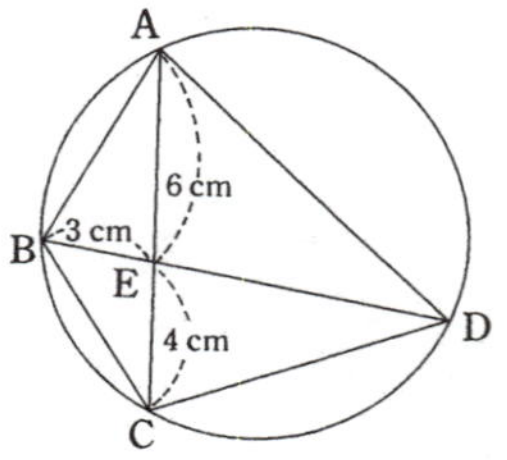

(宮城)

(2) AP＝6，BP＝2，CD＝7のとき，CPの長さを求めよ。(ただし，CP＜DP)

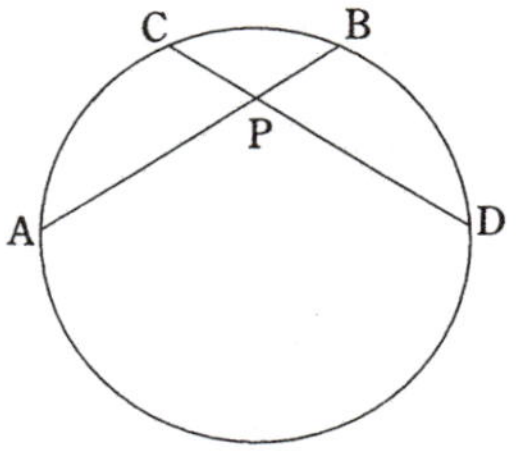

2 (1) 円Oの接線をDCとするとき，ABの長さは□

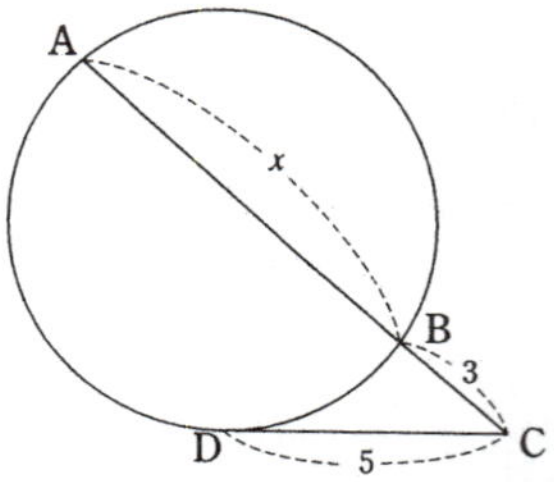

(法政一高)

(2) 四角形DBCEが円に内接し，AD＝2，DB＝4，AC＝4のときCE＝□

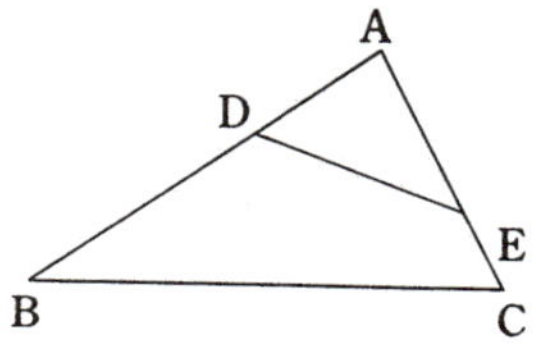

(明治学院高)

156 円と相似(2) ― 円周角 ―

例題

右の図で，A，B，D，C は1つの円周上の点で，AD は∠BAC の二等分線，E は AD と BC との交点である。

AD＝9cm，AE＝5cmのとき，BD の長さは何cmか。

（愛知）

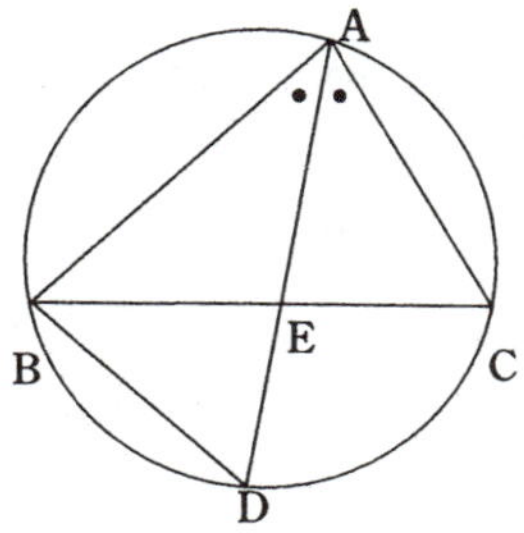

◆考え方

△ADB と△BDE の関係

△ACE ∽△BDE ∽△ADB は大切

解法

△ADB と△BDE で，

∠BAD＝∠CAD（仮定）

∠CBD＝∠CAD（$\overset{\frown}{CD}$ に対する円周角）から

∠BAD＝∠EBD

∠D は共通

よって，△ADB ∽△BDE

BD：ED＝AD：BD　$x：4＝9：x$

∴　$x^2＝36$　$x＞0$ から　$x＝6$

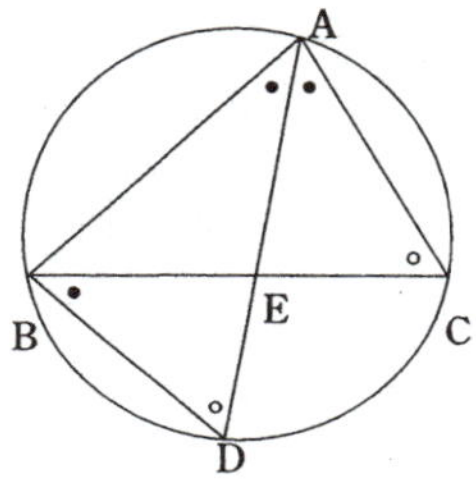

答　6cm

156. 類題トレーニング

1　右の図で，△ABC は円に内接しており，点 D は $\overset{\frown}{AB}$ の中点，点 E は AB と CD の交点である。このとき，△AEC と相似な三角形を，次のア～エから1つ選び符号で答えよ。

ア．△BEC　　イ．△DBC

ウ．△DEA　　エ．△ACD　　（大分）

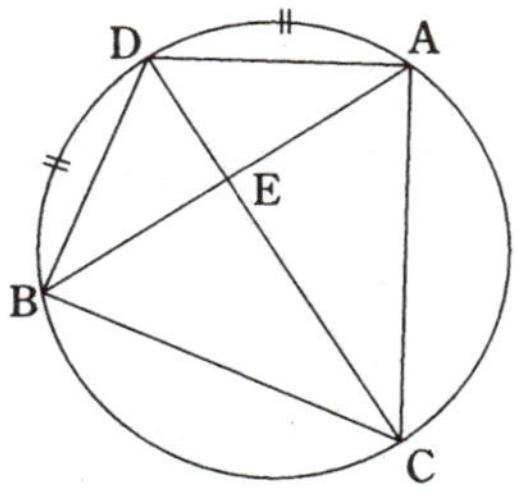

2　AB＝AC の二等辺三角形 ABC がある。AC を直径とする円 O が，右の図のように辺 AB，BC とそれぞれ点 D，E で交わっている。

(1)　△CDB ∽△AEC を証明せよ。

(2)　∠ABC＝70° のとき

㋐　∠ACD の大きさを求めよ。

㋑　$\overset{\frown}{AD}$ と $\overset{\frown}{DE}$ の長さの比を求めよ。　（長野）

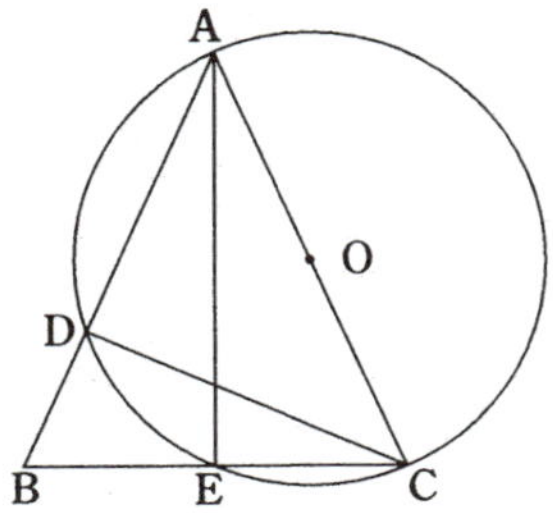

157 円と相似(3) ― 接弦定理 ―

● 例 題 ●

右図のように，△ABCの頂点Aで，この三角形の外接円にひいた接線と辺BCを延長した直線との交点をPとする。また，∠APBの二等分線が2辺AB，ACと交わる点をそれぞれQ，Rとするとき，

(1) AQ＝ARを証明せよ。

(2) AB＝10cm，AC＝6cmであるとき，AQの長さを求めよ。 （長野）

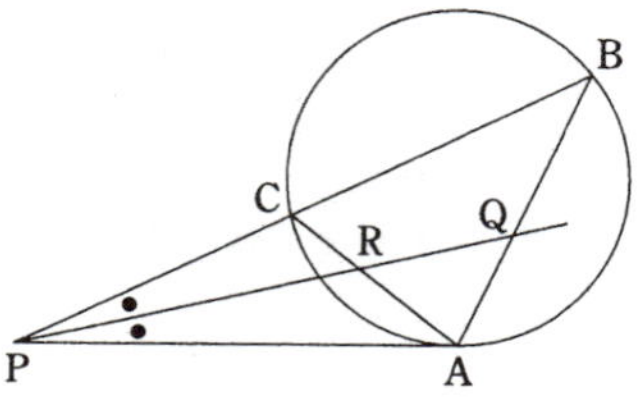

◆考え方

(1) 接弦定理より
∠PAC＝∠ABC
右図（○＋●に注目）

(2) △PAC∽△PBA
PQは∠Pの二等分線から
PA：PB＝AQ：BQ
（例題136参照）

解 法

(1) PAは接線だから
∠PAC＝∠PBA（接弦定理）
∠AQR＝∠BPQ＋∠PBA
∠ARQ＝∠APQ＋∠PAC
ここで∠BPQ＝∠APQから
∠AQR＝∠ARQ
∴ AQ＝AR

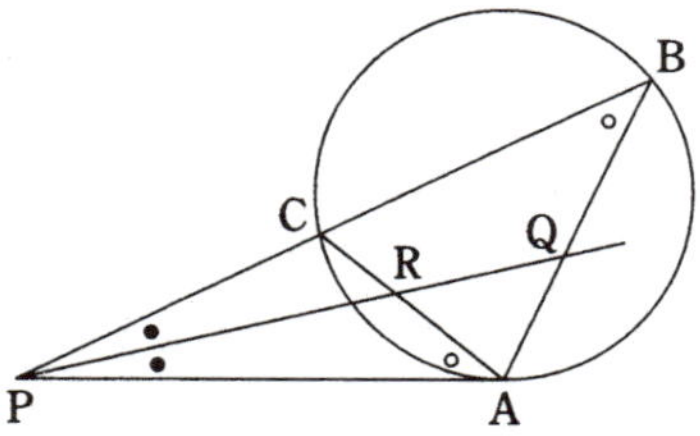

(2) △PAC∽△PBAからPA：PB＝6：10＝3：5

よって，$AQ=10\times\dfrac{3}{5+3}=\dfrac{15}{4}$

答 (1) **上記** (2) $\dfrac{15}{4}$ **cm**

157. 類題トレーニング

1 図のように，円の直径ABの延長上の点Cから，この円に接線を引き，その接点をTとする。また，点Aからその接線に引いた垂線をADとするとき

(1) △DAT∽△TABであることを証明せよ。

(2) ∠ACT＝30°のとき

㋐ △TACは二等辺三角形であることを証明せよ。

㋑ △DATと△TACの面積の比を求めよ。 （福井）

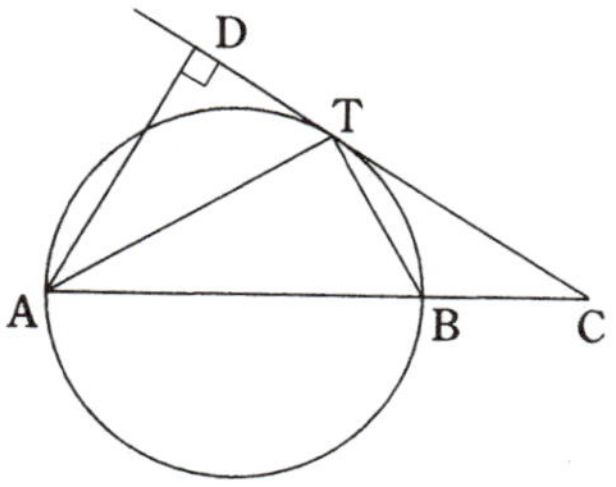

2 円に内接する正三角形ABCがある。点Dを$\overset{\frown}{BC}$上で中点以外にとり，弦ADとBCの交点をEとする。また，弦ADの延長とこの円の点Bにおける接線との交点をFとする。

(1) △ADCと相似な三角形を右の図の中から，1つ選んで答えよ。

(2) △ABFと△BDFが相似であることを証明せよ。 （埼玉）

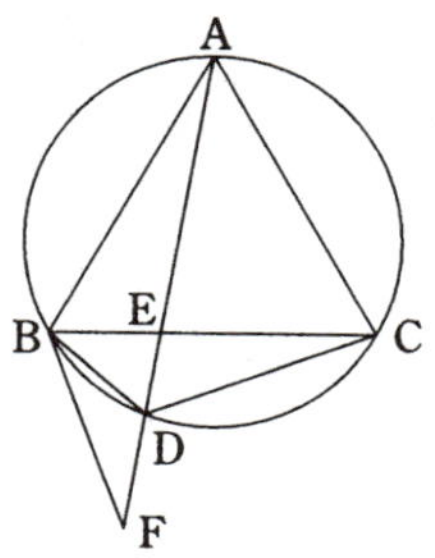

158 円と接線(1) ― 三角形 ―

● 例 題 ●

右の図において PA，PB，DE はそれぞれ A，B，C を接点とする円 O の接線である。AP＝10cmであるとき，△DPE の周囲の長さを求めよ。

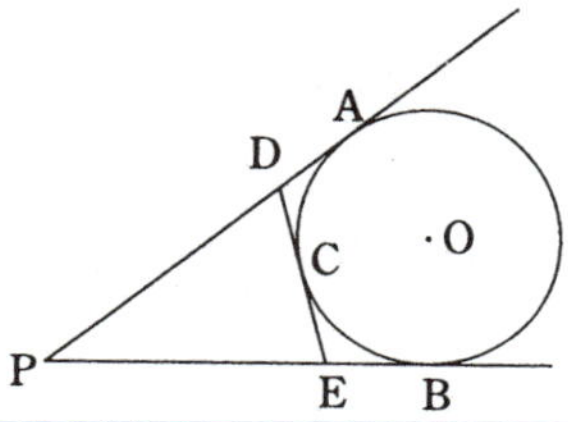

◆考え方

円外の点 P からの接線では
PA＝PB

解 法

点 P からの接線だから，PA＝PB＝10
点 D からの接線だから，DA＝DC
点 E からの接線だから，EC＝EB
△DPE の周の長さは，
PD＋DC＝PD＋DA＝PA＝10
PE＋EC＝PE＋EB＝PB＝10
∴　10＋10＝20

答 **20cm**

158. 類題トレーニング

1　右の図のように，斜辺の長さが，12cmの直角三角形に，半径 2cmの円が内接している。この直角三角形の周の長さは［　　］cmである。（岡山）

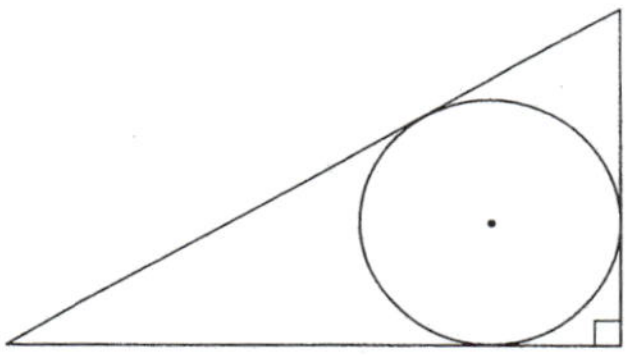

2　右の図において，半径 2cmの円に外接する直角三角形 ABC の接点を D，E，F とする。EC＝8cmならば AF の長さはいくらか。（東京工高）

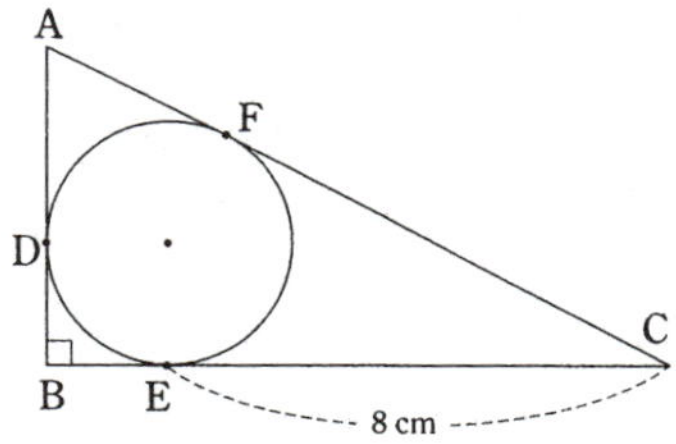

3　右の図のような AB＝AC の二等辺三角形 ABC があり，AB＝AC＝5cm，BC＝6cmである。また，円 O は△ABC の内接円であり，点 D は辺 AB と円 O との接点である。線分 BD の長さは何cmか。（香川）

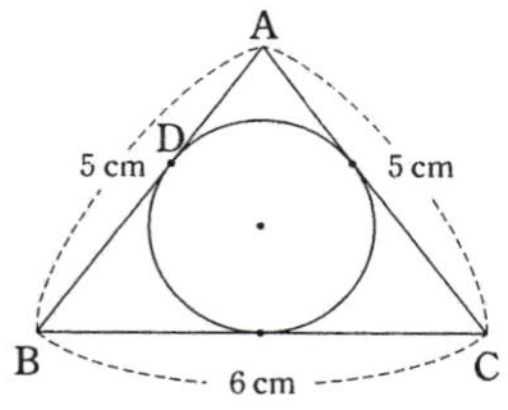

4　右の図で，円 O は△ABC に内接し，辺 AB，BC，CA との接点をそれぞれ P，Q，R とする。AB＝15cm，BC＝13cm，CA＝14cmである。線分 AP の長さを求めよ。（鳥取）

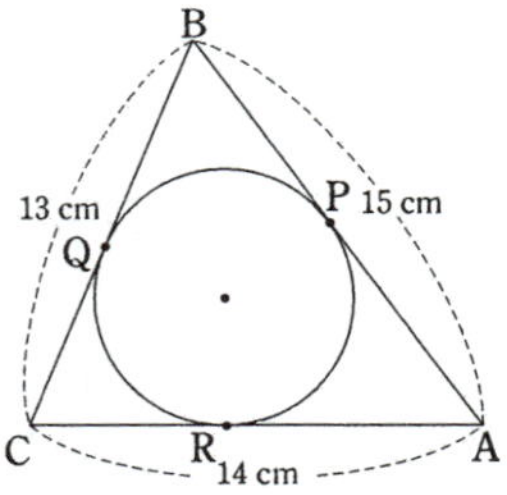

159 円と接線(2) — 四角形 —

例題

右の図で，E は正方形 ABCD の辺 CD 上の点で，AE は，BC を直径とする半円に接している。
AB＝10cmのとき，AE の長さは何cmか。（愛知）

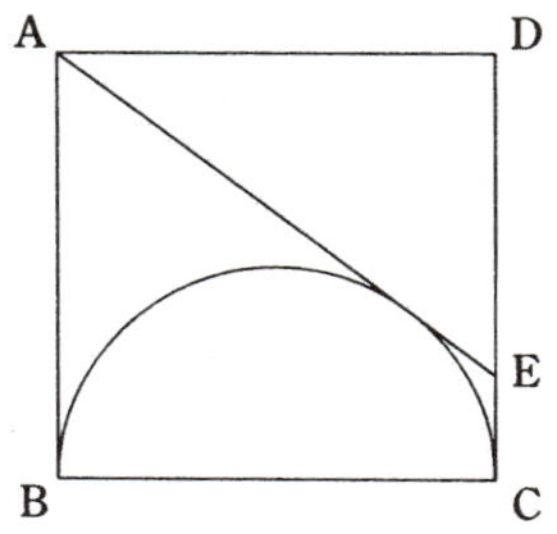

◆考え方

「円外の点から引いた２本の接線の長さは等しい。」
半円と AE との接点を F とする。

解法

AB＝AF，EC＝EF から
△ AED で **EC＝$x$cm**とすると，
AE＝10＋x(cm)，DE＝10－x(cm)
△ AED で，三平方の定理を用いて

$$10^2+(10-x)^2=(10+x)^2$$
$$100+100-20x+x^2=100+20x+x^2$$
$$100=40x$$
$$\therefore\quad x=2.5$$

よって，AE＝10＋2.5＝12.5(cm)

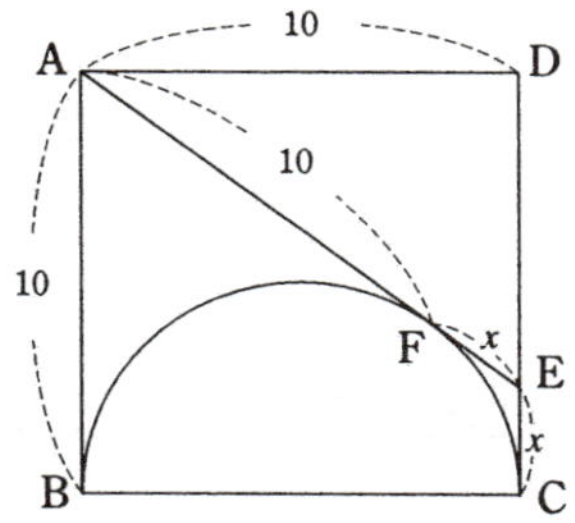

答 **12.5cm**

159. 類題トレーニング

1 右の図で，半円 AB の周上の，ある点 P でひいた接線と，A，B を通り直径 AB に垂直にひいた直線との交点を，それぞれ C，D としたら，AC＝16cm，BD＝25cmとなった。直径は何cmか。

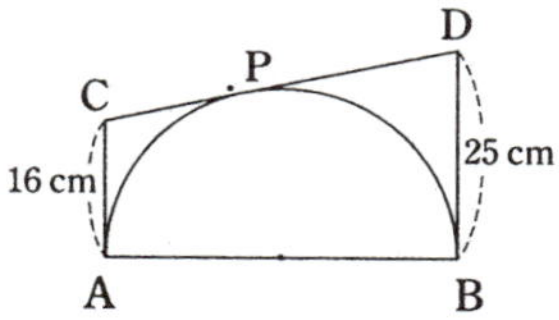

2 長方形 ABCD において，AB＝4cm，AD＝6cmである。図のように辺 BC，CD，DA に接する円 O をかき，A よりこの円に接線をひく。その接線と BC との交点を E とする。円 O と AE，EC，CD，DA との接点をそれぞれ P，Q，R，S とするとき，

(1) AS の長さを求めよ。

(2) EP＝$x$cmとするとき，AE，BE の長さをそれぞれ x の式で表せ。

(3) △ ABE の面積は何cm^2 か。

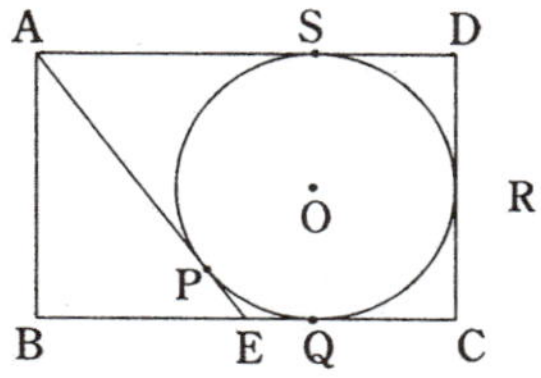

（徳島）

160 円と接線(3) ― 共通内・外接線 ―

例題

右図のように2つの円O，O′がある。円O，O′の半径をそれぞれ2cm，4cmとし，中心間の距離OO′を8cmとするとき，共通接線AA′，BB′の長さを求めよ。　（平安高）

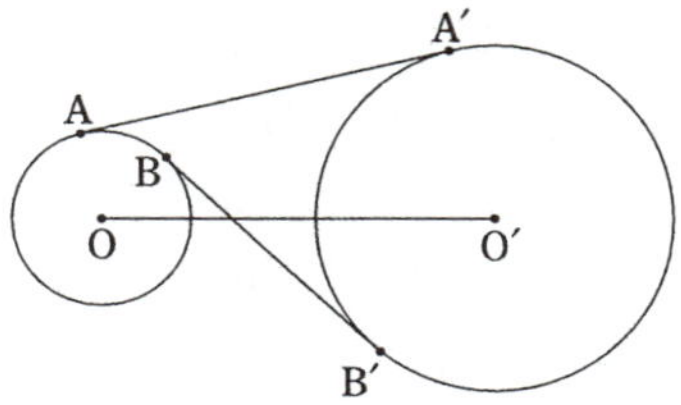

◆考え方

AA′を共通外接線，BB′を共通内接線という。

求めるための作図法を覚えること。

解法

AA′：OからO′A′に垂線OHをひく。

△OO′HでOO′＝8，O′H＝4－2＝2

よって，$OH^2=8^2-2^2=60$

∴　$OH=2\sqrt{15}$ から $AA'=2\sqrt{15}$

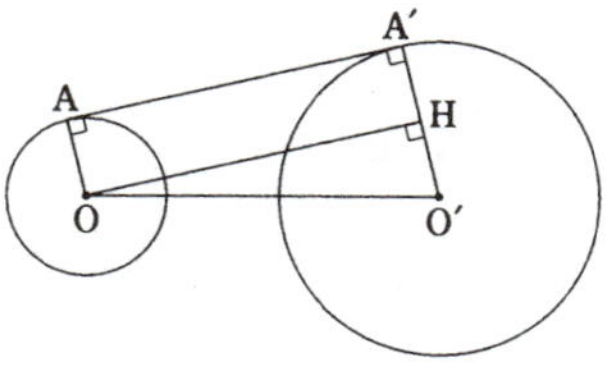

BB′：OからO′B′の延長に垂線OH′をひく。

△OO′H′でOO′＝8，O′H′＝4＋2＝6

よって，$OH'^2=8^2-6^2=28$

∴　$OH'=2\sqrt{7}$ から $BB'=2\sqrt{7}$

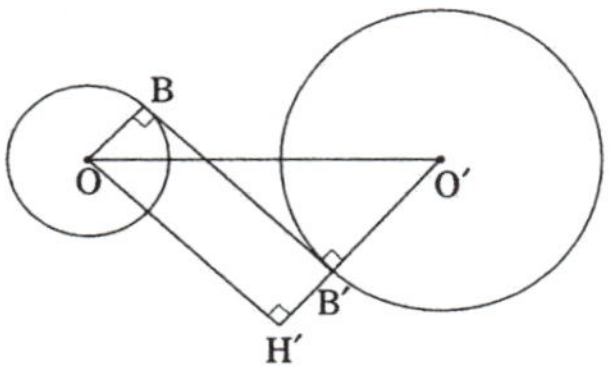

答　**$2\sqrt{15}$cm，$2\sqrt{7}$cm**

160. 類題トレーニング

1 (1)　半径1cmの円Oと半径2cmの円O′が外接している。直線mは2つの円の共通な接線で，点A，Bはそれぞれの接点である。線分ABの長さを求めよ。

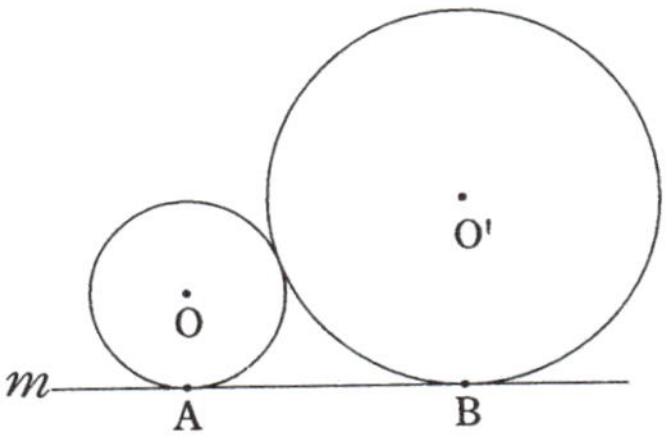

（大分）

(2)　2円の共通接線lが円O，O′と接する点をA，Bとするとき，ABの長さを求めよ。円O, O′の半径はそれぞれ4cm, 5cmである。

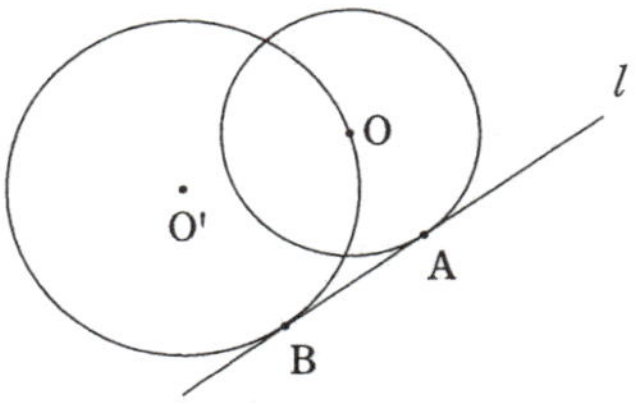

（北海道）

2　右の図で，A，Bは円Pの周上の点，C，Dは円Qの周上の点で，直線AC，BDは2つの円P，Qに接している。またE，Fはそれぞれ直線AC，BD上の点で，線分EFは2つの円P，Qに接しており，EF⊥BDである。

2つの円P, Qの半径の長さをそれぞれ5cm，3cmとするとき

(1)　線分PQの長さは何cmか。

(2)　線分EFの長さは何cmか。　（愛知）

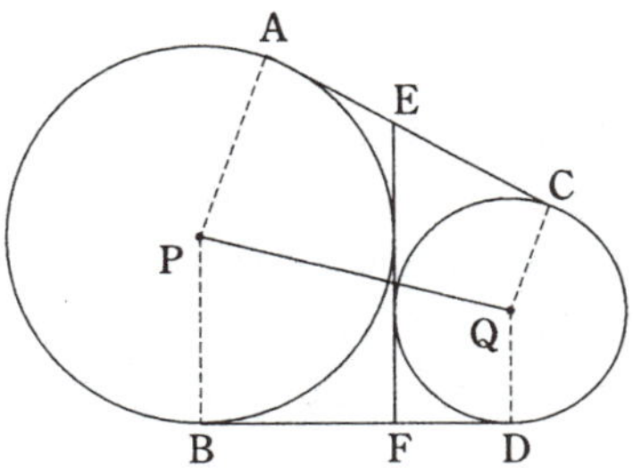

161 内接円(1) — 三角形 —

● 例題 ●

右の図の△ ABC において，AB＝6cm，BC＝8cm，∠ABC＝90° である。

(1)　△ ABC の面積を求めよ。

(2)　△ ABC の内接円の中心を O とするとき，

　△ ABC＝△ OAB＋△ OBC＋△ OCA

であることを利用して，△ ABC の内接円の半径 r を求めよ。　（沖縄）

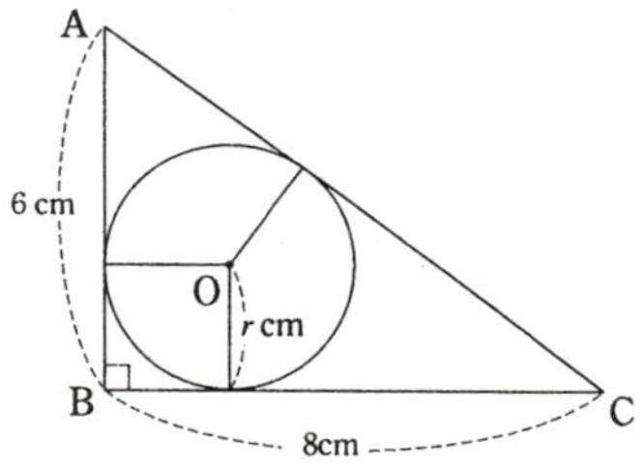

◆考え方

(1)　三角形の面積

$$=\frac{(\text{底辺})\times(\text{高さ})}{2}$$

(2)　**AC の長さは三平方の定理で 10cm**

解 法

(1)　$\dfrac{6\times 8}{2}=24$

(2)　三平方の定理から $AC^2=AB^2+BC^2$

　∴　$AC=10$

　△ ABC ＝△ OAB＋△ OBC＋△ OCA

$$24=\frac{6r}{2}+\frac{8r}{2}+\frac{10r}{2}$$

$$=\frac{6r+8r+10r}{2}$$

$$=\frac{r(6+8+10)}{2}=12r$$

よって，$r=2$

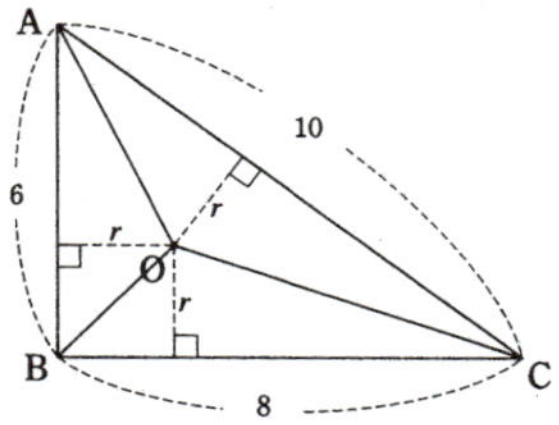

答　(1)　**$24cm^2$**　　(2)　**2cm**

参考　1. 右図のように円と直角三角形との接点を P，Q，R とするとき BP＝BQ＝r で接線の定理を用いて

$AP=AR=(6-r)$　$CQ=CR=(8-r)$ から

$(6-r)+(8-r)=10$ より $r=2$

2. **3 辺が 3，4，5 の直角三角形の内接円の半径は 1**

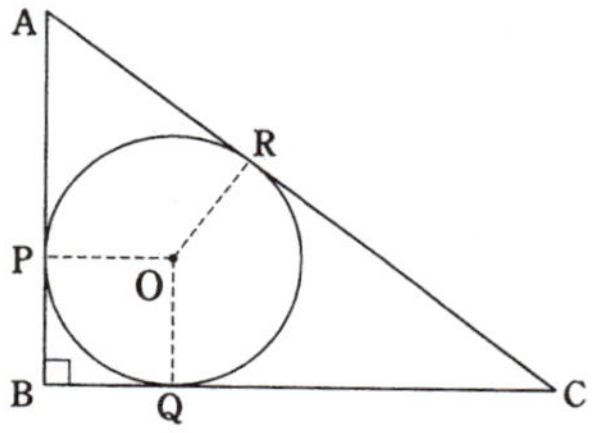

161. 類題トレーニング

1　3 辺が次の三角形に内接する円の半径の長さを求めよ。

(1)　9，12，15　　(2)　5，12，13　　(3)　8，15，17

2　右の図のような AB＝AC の二等辺三角形 ABC があり，AB＝AC＝5cm，BC＝6cm である。また円 O は△ ABC の内接円である。円 O の半径は何 cm か。　（香川）

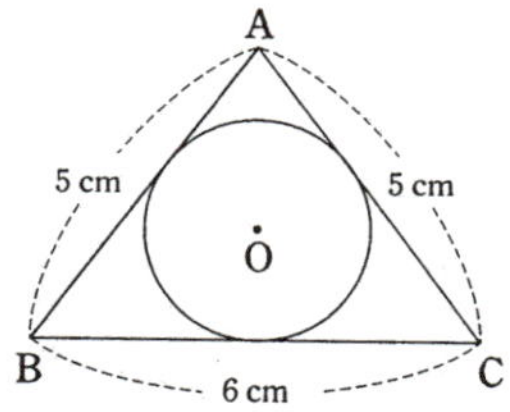

3　右の図の△ ABC で AB＝15cm，BC＝13cm，CA＝14cm である。円 O は△ ABC に内接していて，△ ABC の面積は $84cm^2$ である。内接円の半径を求めよ。　（鳥取）

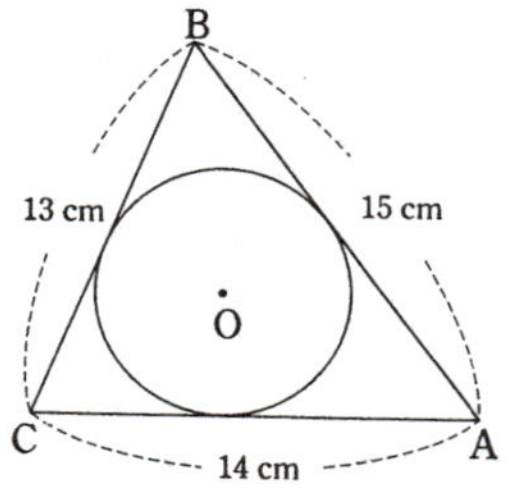

162 内接円(2) — 四角形 —

例題

右の図のように，台形 ABCD が円 O に外接している。$\angle A=\angle B=90°$，$AB=10$cm，$CD=15$cmのとき，この台形 ABCD の面積を求めよ。

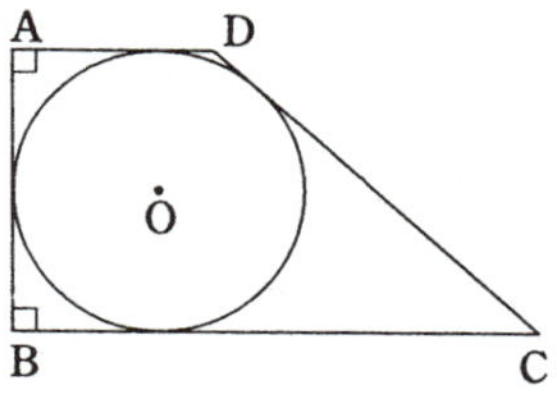

◆考え方

台形の面積 S は

$$S=\frac{h(a+b)}{2}$$

「円に外接する四角形では AB＋DC＝AD＋BC が成り立つ。」

解法

$AB=10$，$CD=15$ から

$AD+BC=10+15=25$

よって，$S=\dfrac{10\times25}{2}=125$

答 **125cm²**

162. 類題トレーニング

1 右の図のように，円 O に外接する四角形 ABCD があり，$\angle ABC=90°$ とする。円 O と四角形 ABCD の辺 AB との接点を P とする。$AP=4$cm，$OP=3$cm，$CD=6$cmのとき，四角形 ABCD の周の長さは何cmか。 （長崎）

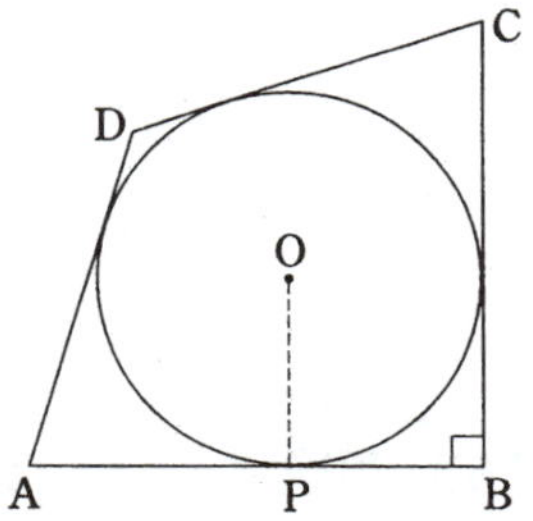

2 右の図のように，円 O に外接する四角形がある。点 P は辺 AD と円 O との接点である。円 O の半径が 5cm，$BC=12$cm，$CD=11$cm，$\angle B=90°$ であるとき，線分 DP の長さは何cmか。 （香川）

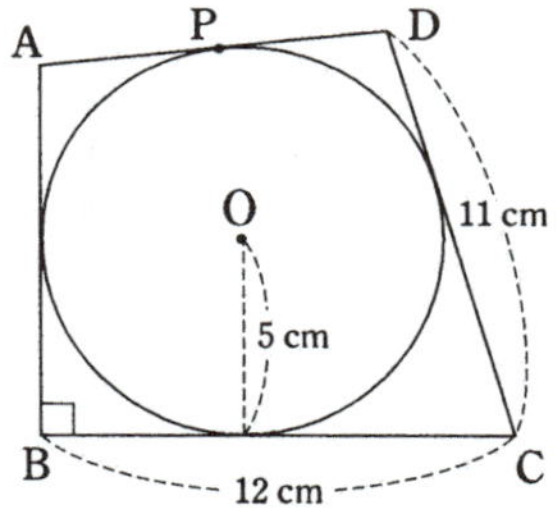

3 右の図のように，台形 ABCD が円 O に外接している。$AD=10$cm，$BC=15$cm，$\angle A=\angle B=90°$ である。

(1) 台形 ABCD の周の長さを求めよ。

(2) 円 O の半径の長さを求めよ。 （福島）

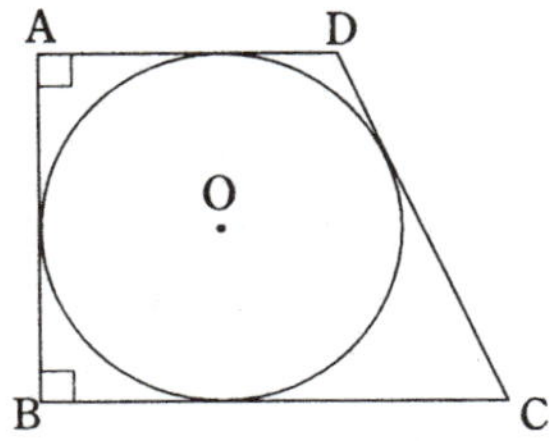

163 外接円(1) — 三角形① —

例題

次の△ ABC の外接円の半径を求めよ。

(1)

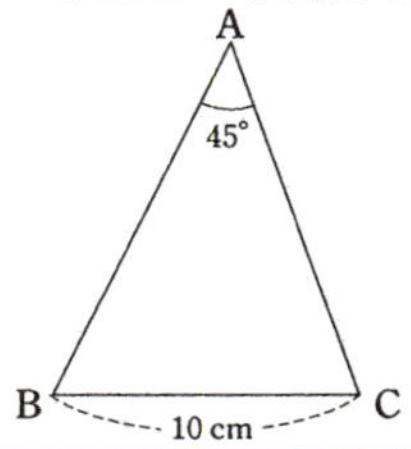

(2)

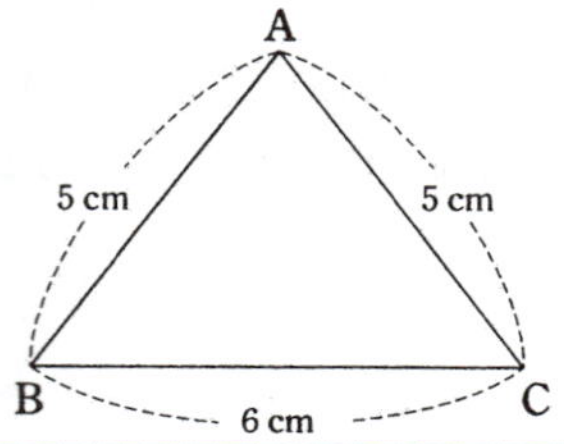

◆考え方

(1)，(2)とも，3 点 A，B，C を通る円をかく。

(1) **中心角は円周角の 2 倍**

(2) **中心は AH 上にある。**

解法

(1) 右図のとおり

$\angle A=45^\circ$ から，外接円の中心を O とすると，

$\angle BOC=90^\circ$ $\angle OBC=\angle OCB=45^\circ$

$\therefore$ $OB : BC=1 : \sqrt{2}$ $r : 10=1 : \sqrt{2}$

よって，$r=\dfrac{10}{\sqrt{2}}=5\sqrt{2}$

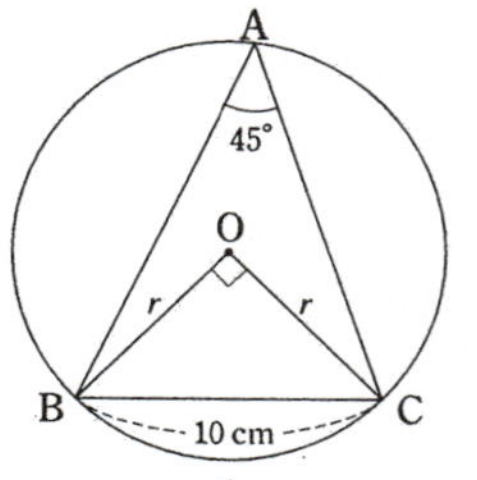

(2) A から BC に垂線 AH を下ろすと，

$AH=\sqrt{5^2-3^2}=4$

△ OBH で，$OB^2=BH^2+OH^2$ から

$r^2=3^2+(4-r)^2$，$r^2=9+16-8r+r^2$

$8r=25$ $\therefore$ $r=\dfrac{25}{8}$

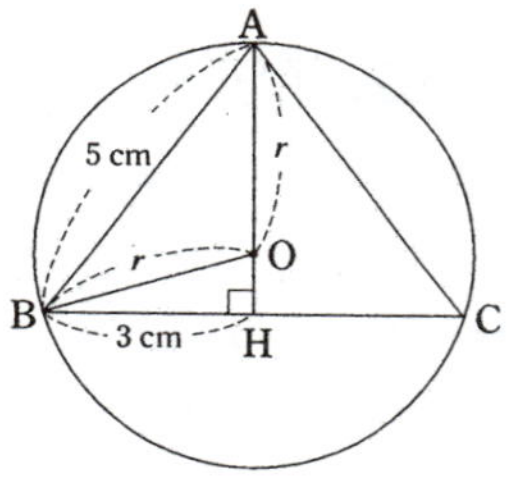

答 (1) **$5\sqrt{2}$ cm** (2) **$\dfrac{25}{8}$ cm**

163. 類題トレーニング

1 次の△ ABC の外接円の半径を求めよ。

(1)

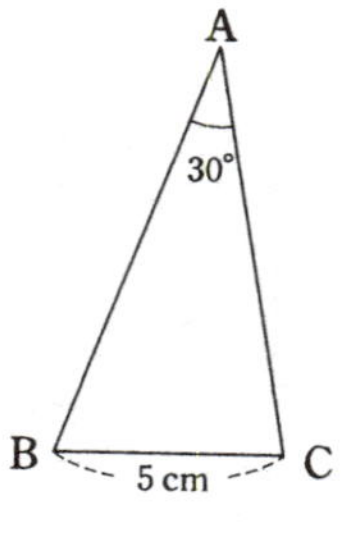

(2)

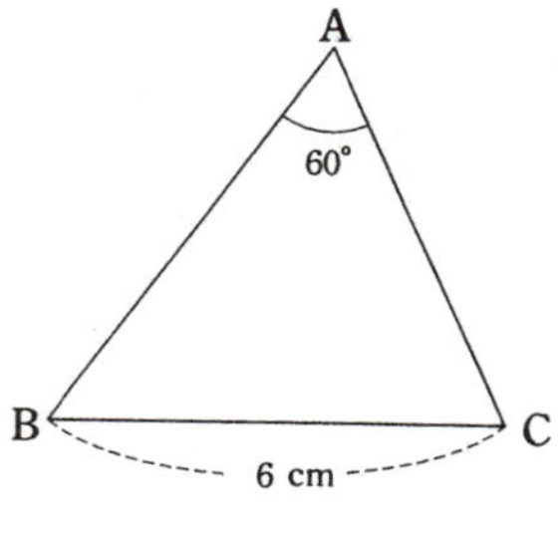

2 次の△ ABC の外接円の半径を求めよ。

(1)

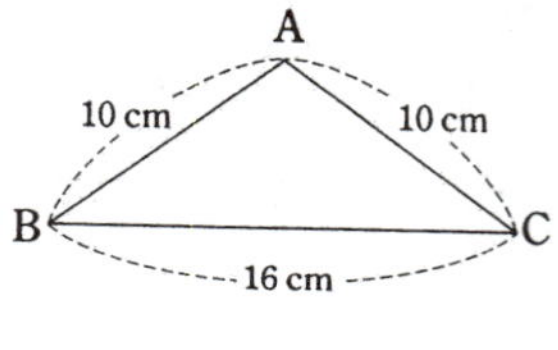

(2)

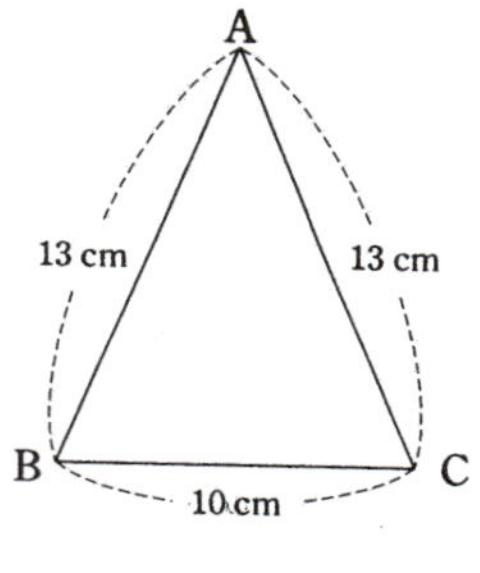

164 外接円(2) — 三角形② —

● 例題 ●

右の図において，AD は△ ABC の外接円の直径である。また，AE は A から辺 BC にひいた垂線である。

(1) △ ABD ∽△ AEC を証明せよ。

(2) AB＝8cm，AC＝6cm，CE＝2cmとするとき，円 O の面積を求めよ。

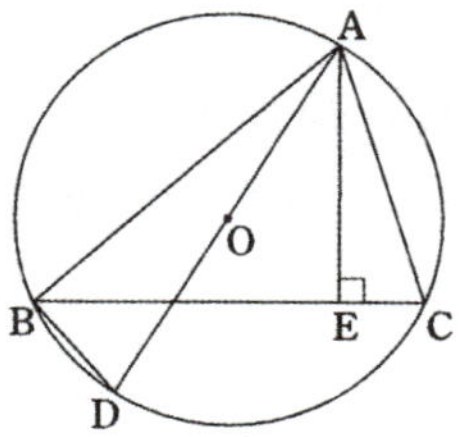

（佐賀）

◆考え方

(1) **AD は直径，∠ABD＝90° である。**

(2) **AE を求めてから。**

解法

(1) △ ABD と△ AEC で
∠ABD＝∠AEC＝90°
∠ADB＝∠ACE（$\overset{\frown}{AB}$ に対する円周角）
よって，2 角がそれぞれ相等しい。
∴　△ ABD ∽△ AEC

(2) $AE=\sqrt{6^2-2^2}=4\sqrt{2}$,
OA＝$r$cmとすると，
AB：AE＝AD：AC　$8:4\sqrt{2}=2r:6$
よって，$r=3\sqrt{2}$　円 O の面積は $\pi\times(3\sqrt{2})^2=18\pi$

答 (1) **上記**　(2) **18π cm^2**

164. 類題トレーニング

1 右の図で円 O に内接する△ ABC の頂点 A から対辺 BC に垂線をひき，交点を H とする。

AB＝6cm, AC＝8cm, AH＝5cmのとき, 円Oの半径を求めよ。

（十文字高）

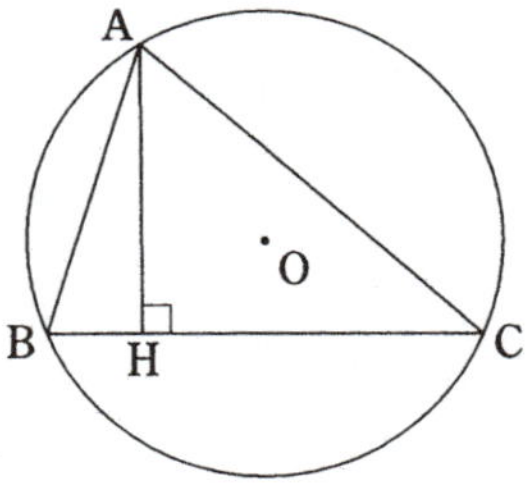

2 右の図の△ ABC は，AB＝13cm，BC＝14cm，CA＝15cmである。A から BC に垂線を下ろし，交点を H とするとき，

(1) AH の長さを求めよ。

(2) △ ABC に外接する円の半径を求めよ。

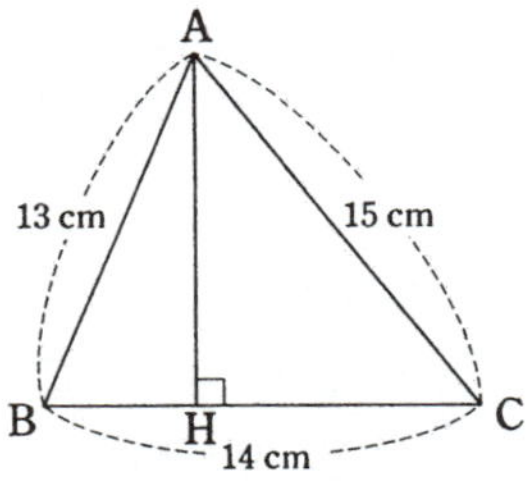

165 三角形の面積比(1) — 等高 —

● 例 題 ●

右の図で，点 M は△ ABC の辺 BC の中点であり，点 D は線分 AM 上の点で，AD：DM＝3：1 である。

△ ABC の面積は△ DBM の面積の何倍であるか求めよ。

（千葉）

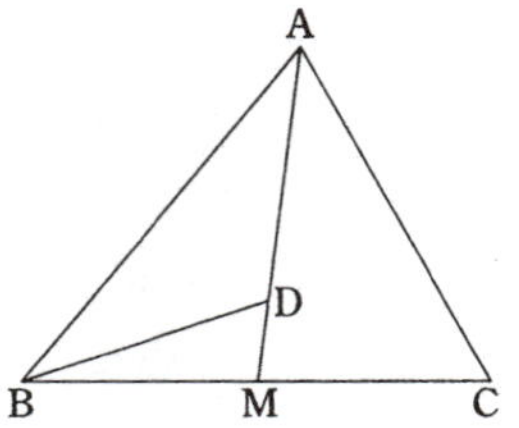

◆考え方

高さが等しい 2 つの三角形の面積の比は，底辺の比に等しい。

△ DBM＝Scm² とする。

解 法

△ DBM＝S とすると，

AD：DM＝3：1 から

△ DBM：△ ABD＝1：3

　∴　S：△ ABD＝1：3

よって，△ ABD＝3S

したがって，△ ABM＝△ ABD＋△ DBM

　　　　　　　＝S＋3S＝4S

また，BM＝CM から　△ ABC＝4S×2＝8S

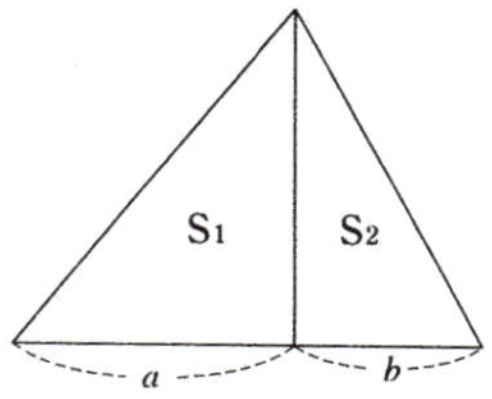

⇩

S_1：S_2＝a：b

答　**8 倍**

165. 類題トレーニング

1　右の図で，点 D は辺 BC 上にあって，BD：DC＝3：2，また，点 E は線分 AD 上にあって，AE：ED＝1：2 であるとき，△ ABE の面積は△ ABC の面積の何倍か。（鹿児島）

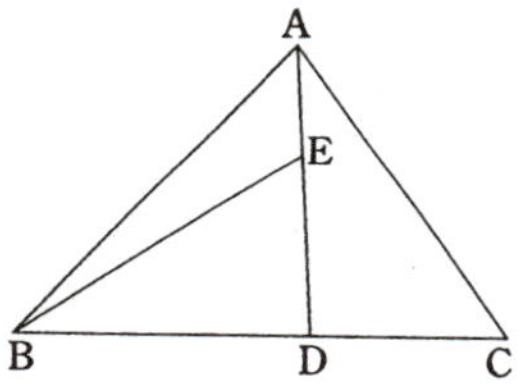

2　右の図で，BD＝$\frac{1}{2}$CD，DE＝$\frac{1}{3}$AE のとき，△ ABE の面積と△ ABC の面積の比を求めよ。

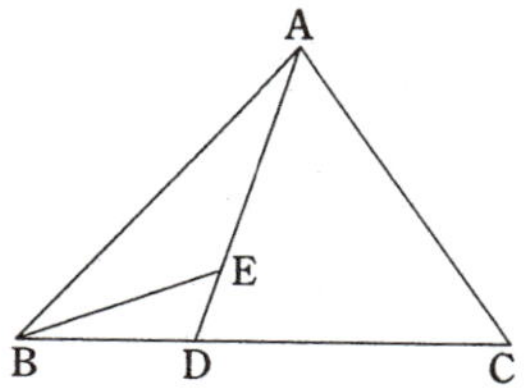

3　右の図において，BD：DC＝5：4 で，△ ABE の面積が△ ABC の面積の$\frac{1}{6}$であるとき，AE：ED を表せ。（京都）

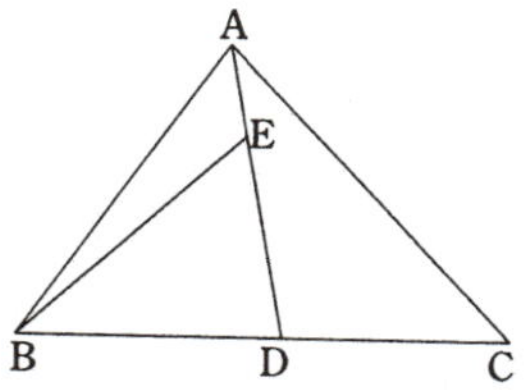

4　右の図の△ ABC で AB，BC，CA をそれぞれ延長し，AB＝BP，2BC＝CQ，3CA＝AR となる点 P，Q，R をとる。△ PQR の面積は△ ABC の面積の何倍か。

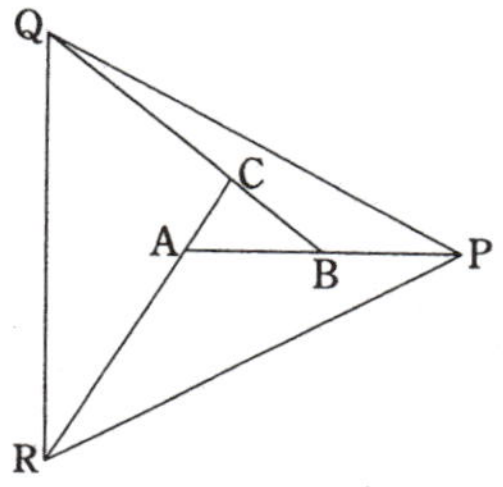

166 三角形の面積比(2) ― 1角共通 ―

● 例 題 ●

右の図の△ABCで，点Mは辺ABの中点，点Nは辺ACを2：3に分ける点である。

△AMNの面積が$a$cm^{2}のとき，△ABCの面積をaを用いて表せ。 （青森）

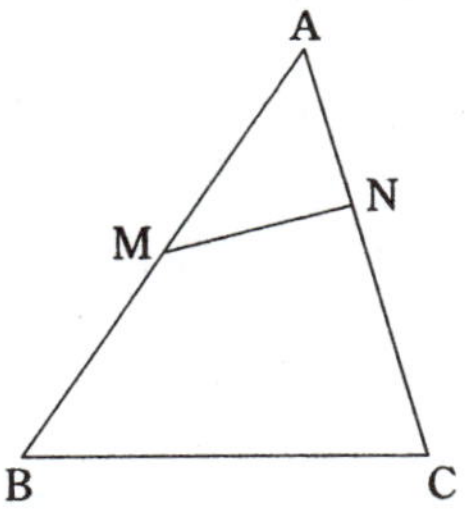

◆考え方

MとCを結ぶ。NとBを結んでもよい。

解 法

AN：NC＝2：3から AN：AC＝2：5

∴ △AMC＝$\dfrac{5}{2}a$

AM＝BMから△AMC＝△BMC

よって，△ABC＝$\dfrac{5}{2}a\times2=5a$

(別解) 右上の定理を用いて，

△AMN：△ABC＝1×2：2×5

∴ a：△ABC＝1：5

∴ △ABC＝5a

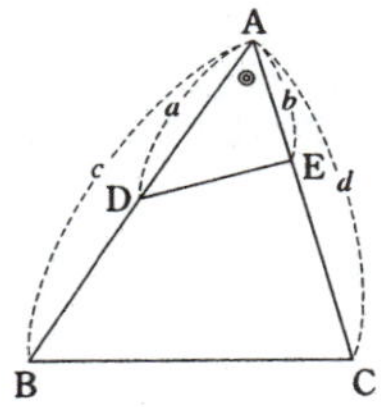

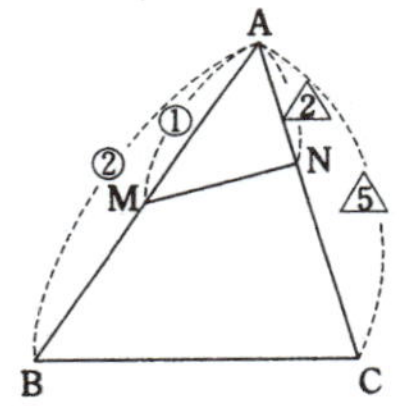

答 **5a** cm^2

166. 類題トレーニング

1 下図の△ABCと△ADEの面積の比を求めよ。

(1)

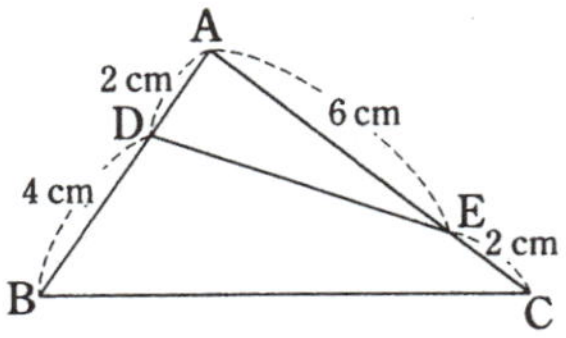

(2)

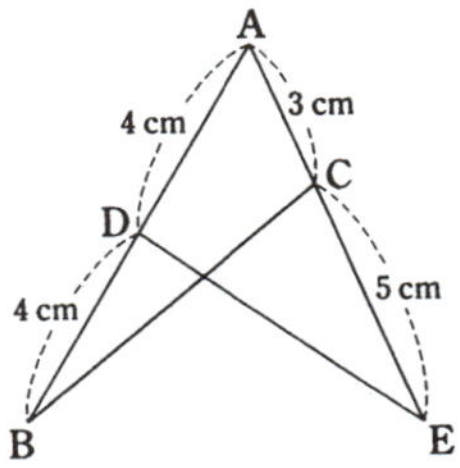

2 右の図で線分PQは△ABCの面積を2等分している。
AQ：QCを求めよ。

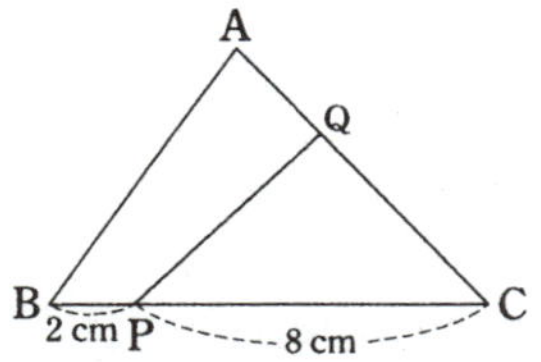

3 右の図は，AC＝40cmの△ABCにおいて，点D，Eをそれぞれ辺BC，AC上にとり，BD：DC＝3：4となるようにする。

△EDCの面積は△ABCの面積の$\dfrac{1}{10}$に等しい。このとき，ECの長さを求めよ。 （福島）

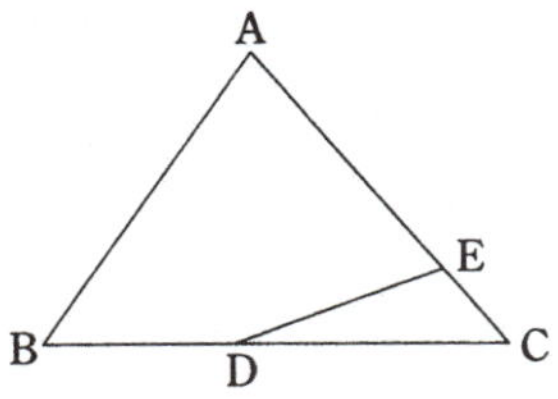

167 等積変形

● 例 題 ●

平行四辺形 ABCD の頂点 A を通る直線が辺 CD と P で，辺 BC の延長と Q で交わっている。△ BCP の面積と△ DPQ の面積は等しくなることを証明せよ。 （静岡）

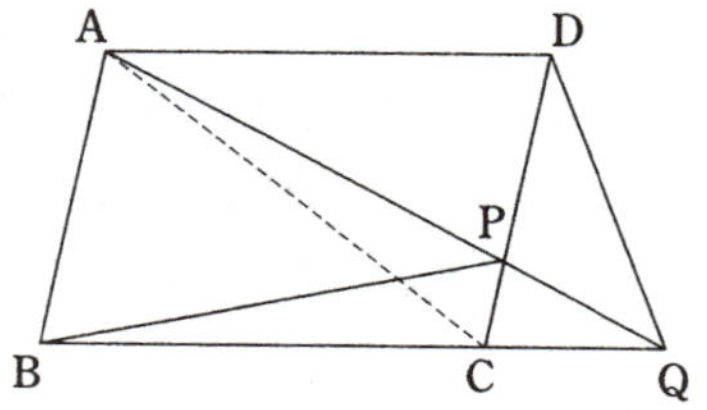

◆考え方

2つの三角形では，底辺と高さが等しければ，面積は等しい。

解 法

△ APC と△ BCP で，AB∥PC，PC は共通
よって，△ ACP＝△ BCP ………①
△ ACQ と△ DCQ で，AD∥CQ，CQ は共通
よって，△ ACQ＝△ DCQ
両辺から△ PCQ をひくと
△ ACQ－△ PCQ＝△ DCQ－△ PCQ
よって，△ ACP＝△ DPQ ………②
①，②から△ BCP＝△ DPQ

答 **上記**

167. 類題トレーニング

1 右の図は，四角形 ABCD の辺 BC の延長上に点 P をとったものである。

四角形 ABCD と△ ABP の面積を等しくするためには，直線 BC 上の点 P はどのようにきめればよいか。 （島根）

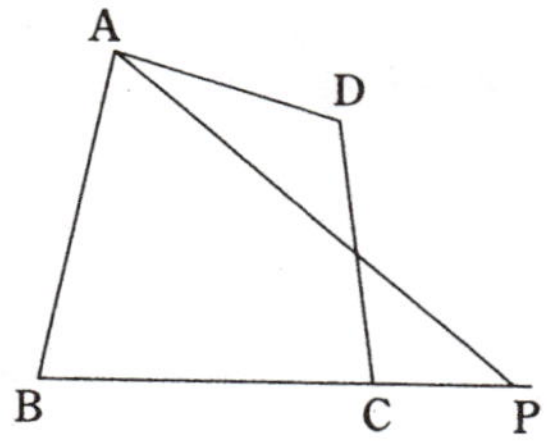

2 同じ平面上に，右のような直線 *l*，*m* と△ ABC がある。*l* 上または *m* 上に点 P をとって，△ ABC と△ ABP の面積を等しくしたい。点 P のとり方は全部で何通りあるか。 （山口）

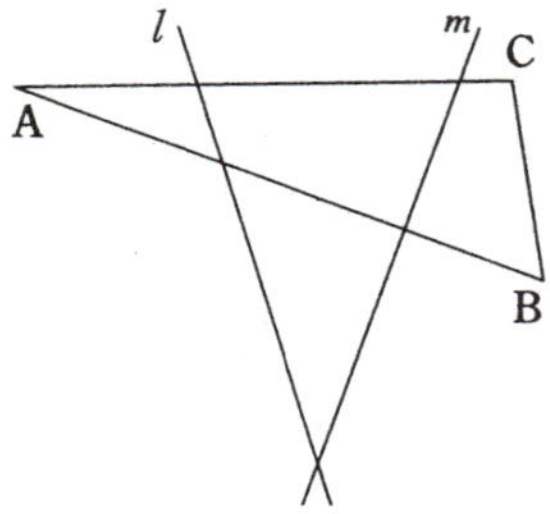

3 右の図のように，1 辺の長さが 12cmの正方形 ABCD で，対角線の交点を O とし，AO の中点を M とする。また，BM の延長が AD と交わる点を E とする。このとき，△ EMC の面積を求めよ。 （埼玉）

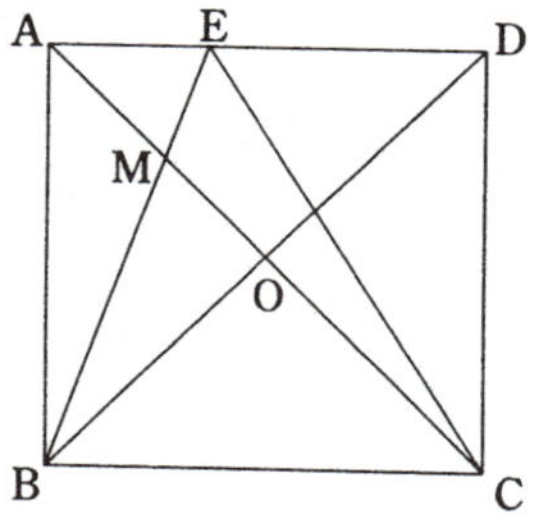

168 折り重ねた図形(1) ―― 三角形 ――

例題

右の図のように，AB＝AC である二等辺三角形を，点 A が点 C に重なるように折りまげて，四角形 DBCE をつくった。

(1) $\angle BCD=15^\circ$ のとき，$\angle B$ の大きさを求めよ。

(2) AB＝12cm，DB＝3cmのとき，四角形 DBCE の面積を求めよ。 （山口）

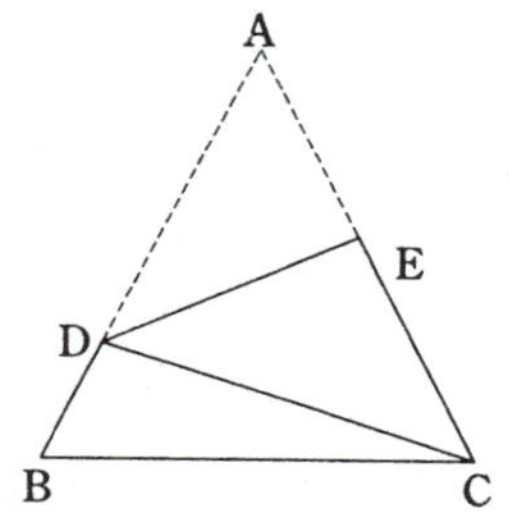

◆考え方

(1) $\angle B=x$ とすると，$\angle C=x$ で $\angle A=\angle DCE=x-15^\circ$

(2) （△ ABC の面積）－（△ ADE の面積）

解法

(1) △ ADE ≡△ CDE から $\angle B=\angle C=x$ とすると，

$\angle A=\angle DCE=x-15^\circ$

よって，$2x+(x-15^\circ)=180^\circ$

$\therefore\ x=65^\circ$

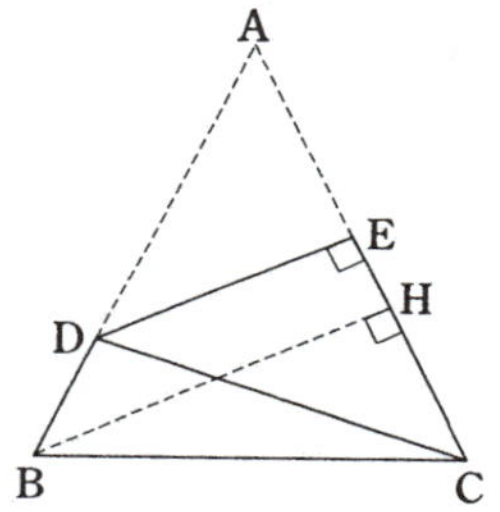

(2) AB＝AC＝12，DB＝3 より，

AE＝6，AD＝9，$\angle AED=90^\circ$ から

$DE=\sqrt{9^2-6^2}=3\sqrt{5}$

B から AC に垂線 BH を下ろすと

AD：AB＝DE：BH から $9:12=3\sqrt{5}:BH$

よって，$BH=4\sqrt{5}$

求める面積は△ ABC －△ ADE だから，

$$\frac{12\times4\sqrt{5}}{2}-\frac{6\times3\sqrt{5}}{2}=15\sqrt{5}$$

答 (1) **65°** (2) **$15\sqrt{5}$ cm²**

168. 類題トレーニング

1 右の図で，三角形 ABC は直角三角形で，L は AC 上の点，M は BC の中点である。AB＝6cm，AC＝8cm，BC＝10cm，LM ⊥ BC のとき，LM の長さを求めよ。 （青森）

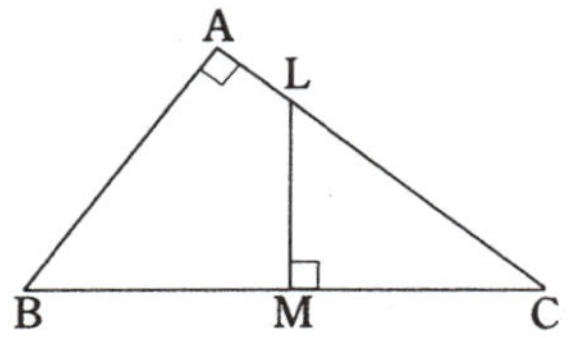

2 右の図は，正三角形 ABC の紙片を，頂点 A が辺 BC 上の点 F に重なるように，線分 DE を折り目として折ったときの図である。

(1) △ FDB ∽△ EFC であることを証明せよ。

(2) BF＝3cm，FD＝7cm，DB＝8cmのとき，もとの正三角形 ABC の線分 AE の長さを求めよ。 （熊本）

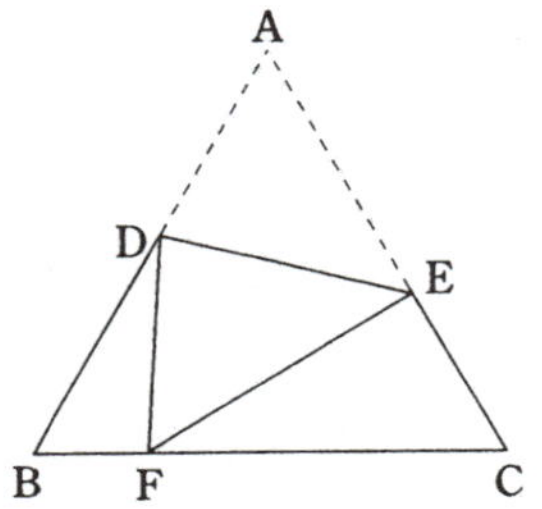

169 折り重ねた図形(2)

例題

右の図のような長方形 ABCD がある。いま，相対する頂点 A と C が重なるように折った。

(1) AC：EC を求めよ。

(2) 折り目 EF の長さを求めよ。 (埼玉)

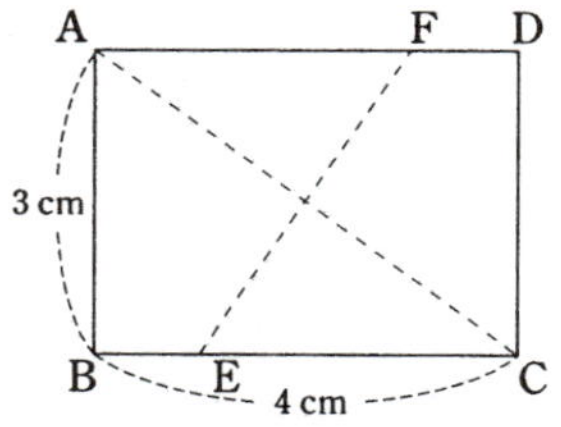

◆考え方

AC と EF の交点を H とする。
EF は AC の垂直二等分線である。

解法

(1) $AC=\sqrt{3^2+4^2}=5$

AC と EF の交点を H とすると，

AH＝CH から $CH=\frac{5}{2}$

△CAB ∽△CEH から

AC：EC＝BC：CH＝4：$\frac{5}{2}$＝8：5

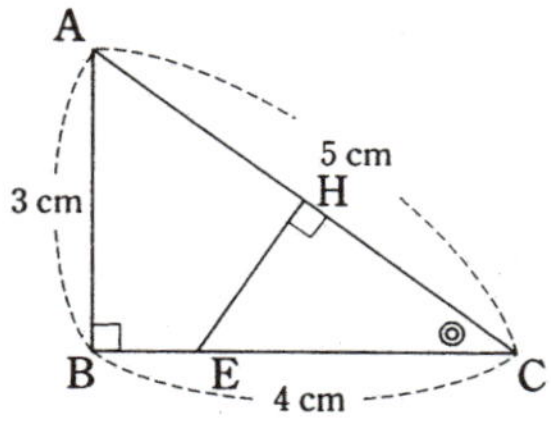

(2) また，3：EH＝8：5

∴ $EH=\frac{15}{8}$

よって，$EF=2EH=\frac{15}{4}$

答 (1) **8：5** (2) **$\frac{15}{4}$ cm**

169. 類題トレーニング

1 右の図で，四角形 CPQD′ は長方形 ABCD(AB>BC)の頂点 A が頂点 C に重なるように折り返してできたものである。

(1) ∠PCB＝40° のとき，∠PQD′ の大きさを求めよ。

(2) AB＝8cm，BC＝6cmのとき，PC の長さを求めよ。

(秋田)

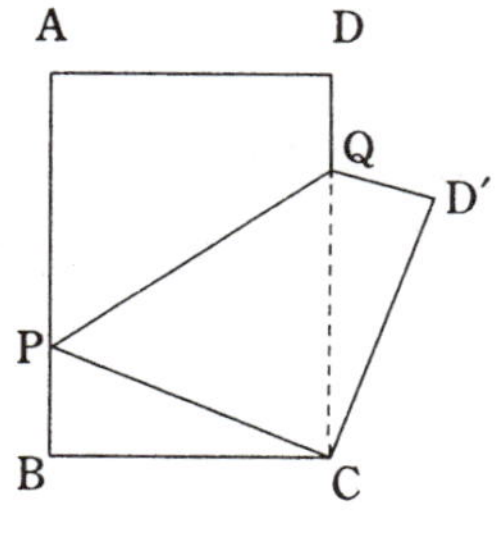

2 右の図のように辺 AB，BC の長さがおのおの 2cm，4cm の長方形 ABCD がある。対角線 BD を折り目として折ったとき，点 C が折り返された点を C′ とし，AD と BC′ の交点を E とする。

(1) BE の長さを求めよ。

(2) △BDE の面積を求めよ。 (日大習志野高)

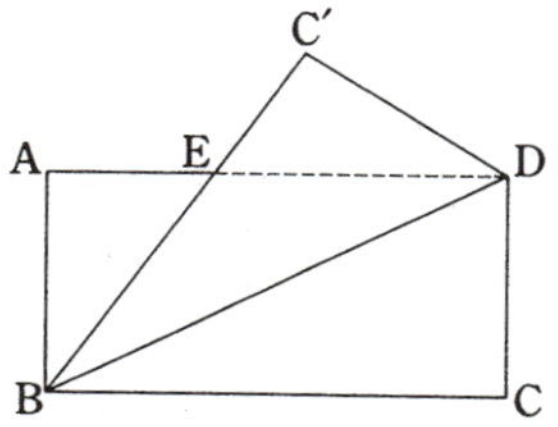

170 立体の体積(1) ―― 角すい ――

例題

右の図の四角すい O-ABCD において，底面 ABCD は長方形で，AB＝10cm，BC＝12cmとし，辺 OA＝OB＝OC＝OD＝13cmとする。

(1) △OAB の面積を求めよ。

(2) 四角すいの体積を求めよ。（熊本）

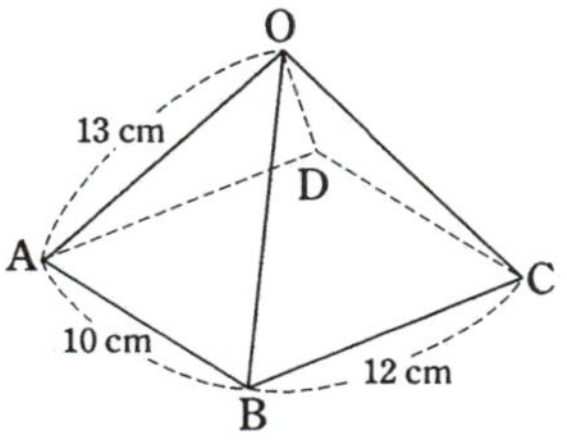

◆考え方

(1) **OA＝OB の二等辺三角形**

(2) 高さ OH を求めるには，**△OMH** かまたは**△OAH** を用いる。

解法

(1) O から AB へ垂線 OM を下ろす。

△OAB は二等辺三角形だから

AM＝MB

AM＝5 から $OM=\sqrt{13^2-5^2}=12$

よって，$\triangle OAB=\dfrac{10\times12}{2}=60$

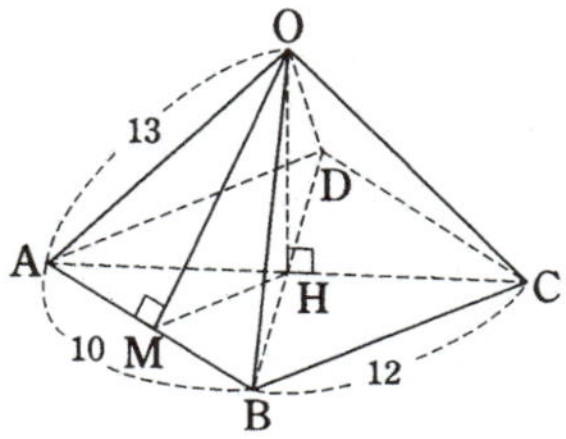

(2) △OMH で OM＝12，また，△ABC で中点連結定理より $MH=\dfrac{1}{2}BC=6$

∴ $OH=\sqrt{12^2-6^2}=6\sqrt{3}$

よって，四角すいの体積は，$10\times12\times6\sqrt{3}\times\dfrac{1}{3}=240\sqrt{3}$

答 (1) **60 cm²** (2) **$240\sqrt{3}$ cm³**

170. 類題トレーニング

1 (1) 下の図のような正四角すいの体積を求めよ。（福島）

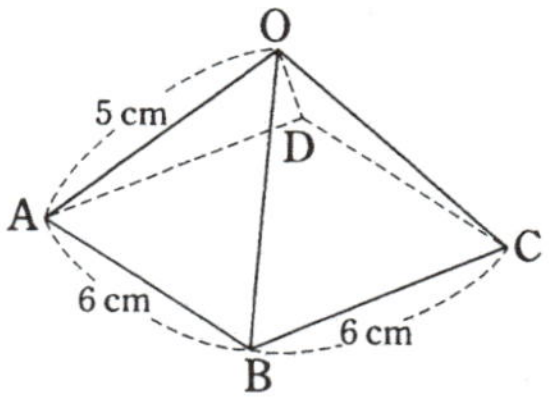

(2) 下の図のような正四角すいの体積を求めよ。（秋田）

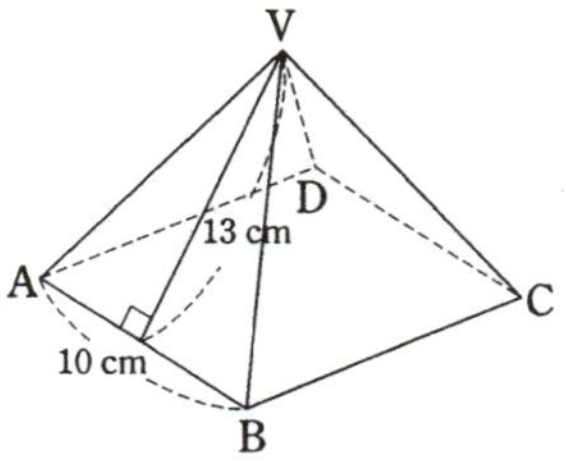

2 図の正四角すい OABCD において，底面の正方形 ABCD の 1 辺 AB は 6cmで，高さ OH は 4cmである。

また，OG は頂点 O から辺 BC へひいた垂線である。

(1) 正四角すい OABCD の体積は何cm³ か。

(2) OG の長さは何cmか。

(3) AC の長さは何cmか。

(4) △OAH の面積は何cm² か。

(5) 辺 AB 上を点 P が，A から B まで動くとき，三角すい OAPH の体積は，AP の長さに応じて変化する。このとき，AP の長さを x cm，三角すい OAPH の体積を y cm³ とすると，y は x のどんな式で表されるか。（ただし，点 P が点 A 上にあるときを除く。）（長崎）

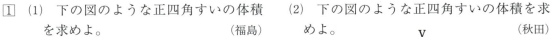

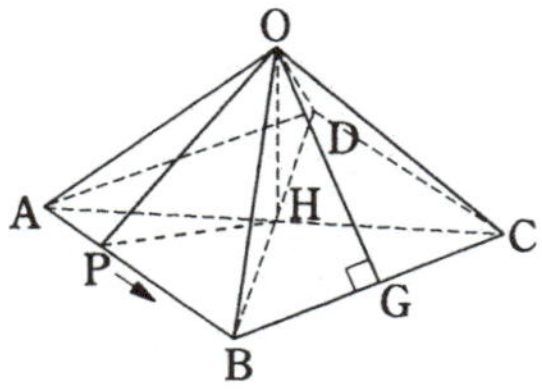

171 立体の体積(2) ── 正四面体 ──

例題

1辺の長さが6cmの正四面体がある。

(1) 各辺の長さの和は何cmか。

(2) 底面の三角形の面積は何cm^2か。

(3) 正四面体の頂点から底面に下ろした垂線は底面の重心を通る。このことを用いて，この正四面体の高さを求めよ。

(4) 正四面体の体積は何cm^3か。 (埼玉)

◆考え方

(1) 正四面体は6つの辺がある。

(2) **1辺 $a$cm の正三角形の面積は $\dfrac{\sqrt{3}}{4}a^2$ cm²**

(3) **AH : HD＝2 : 1，△OAH で OH を求める。**

(4) $V=\dfrac{1}{3}Sh$

解法

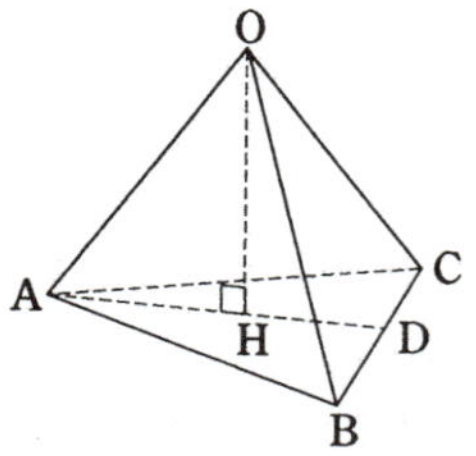

(1) $6\times6=36$

(2) $\dfrac{\sqrt{3}}{4}\times6^2=9\sqrt{3}$

(3) 頂点Oから底面に下ろした垂線と底面との交点をHとする。

$AB : AD=2 : \sqrt{3}$ から $6 : AD=2 : \sqrt{3}$

$\therefore$ $AD=3\sqrt{3}$ $AH=3\sqrt{3}\times\dfrac{2}{3}=2\sqrt{3}$

よって，△OAH で

$OH=\sqrt{6^2-(2\sqrt{3})^2}=2\sqrt{6}$

(4) $V=\dfrac{1}{3}\times9\sqrt{3}\times2\sqrt{6}=18\sqrt{2}$

答 (1) **36cm** (2) **$9\sqrt{3}$cm²** (3) **$2\sqrt{6}$cm** (4) **$18\sqrt{2}$cm³**

171. 類題トレーニング

1 1辺の長さが1の正四面体の高さと体積を求めよ。

2 右の図は，1辺6cmの正四面体ABCDの見取図である。底面の三角形BCDの重心をGとすると，AGは底面に垂直で，長さは$2\sqrt{6}$cmである。

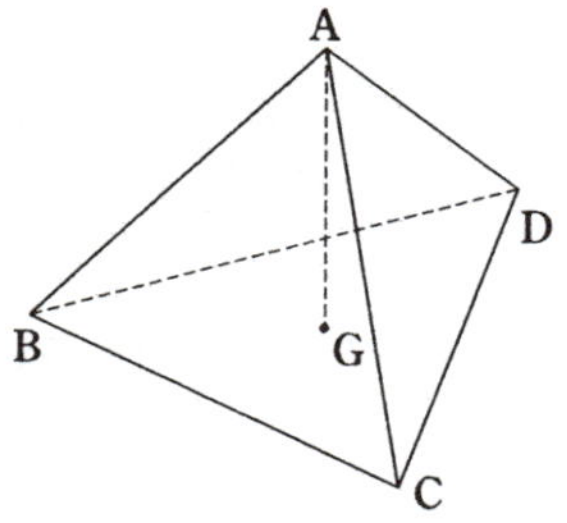

(1) この立体の表面積は[　　]cm^2である。

(2) この立体を，対称な2つの立体に分ける面(この立体の対称面)は[　　]個ある。

(3) この立体を，頂点Aを通り，底面に垂直でBCに平行な平面で切ったときにできる切断面の面積は[　　]cm^2である。

(4) この立体を，底面から高さの$\dfrac{2}{3}$の位置で底面に平行な平面で切ったとき，上部にできる三角すいと下部の三角すい台の体積の比は[　　]:[　　]である。 (福岡)

172 立体の体積比 ―― 相似 ――

● 例 題 ●

右の図のように，底面の半径が12cmの円すいを底面に平行な平面で切ったところ，上の円すいの底面の半径が3cmになった。もとの円すいの体積が a cm^3 のとき，上の円すいの体積を求めよ。 （青森）

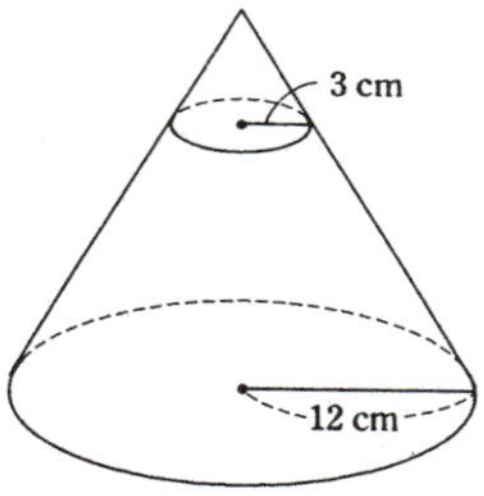

◆考え方

２つの立体 A，B があって，その**相似比が** $a:b$ **ならば体積の比は** $a^3:b^3$ である。

解 法

（底面の半径３の円すい）と（底面の半径 12 の円すい）とは相似で相似比は３：12＝1：4

よって，体積比の関係から，上の円すいの体積を x cm^3 とすると，

$1^3:4^3=x:a$

$x=\dfrac{a}{64}$

答 $\dfrac{a}{64}$ cm^3

172. 類題トレーニング

1 相似な２つの円すいがある。A と B の表面積の比が 4：3 であるとき，A と B の体積比はいくらか。 （奈良）

2 図のような円すいの容器に，200 cm^3 の水を入れたら，水面の高さが，10cmになった。水面をさらに5cm高くするには，何cm^3 の水を追加すればよいか。 （福井）

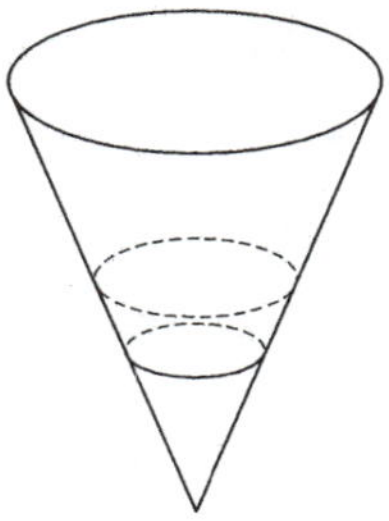

3 右の図で，四角すい OABCD の体積は 324 cm^3，高さは 12cm であり，２点 P，Q は辺 OA 上の点で，OP＝PQ＝QA である。

(1) 底面 ABCD の面積は何cm^2 か。

(2) 点 P を通り底面 ABCD に平行な平面と，点 Q を通り同じく底面 ABCD に平行な平面とで，この四角すい OABCD を切り，図のように３つの立体 L，M，N に分けるとき，立体 M の体積は何cm^3 か。 （高知）

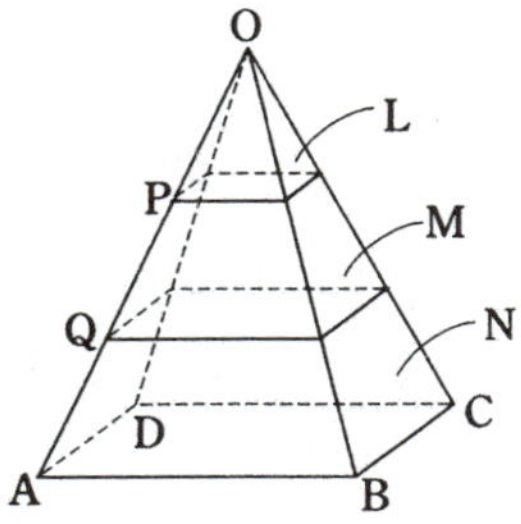

173 立体の高さ

● 例 題 ●

右の図のように1辺の長さが6cmの立方体を3つの頂点A, C, Fを通る平面で切り取ってできる三角すいについて，次の各問いに答えよ。

(1)　△ABCの面積を求めよ。

(2)　この三角すいの体積を求めよ。

(3)　この三角すいで，△ACFを底面としたときの高さを求めよ。　　（沖縄）

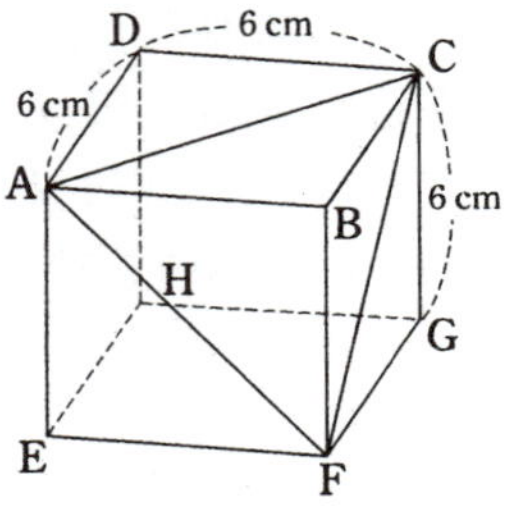

◆考え方

(1)　AB＝BC＝6

(2)　$V=\frac{1}{3}Sh$

(3)　1辺aの正三角形の面積は$\frac{\sqrt{3}}{4}a^2$

求める高さをhとして体積を2通りで表す。

解 法

(1)　$\frac{6\times6}{2}=18$

(2)　$\frac{1}{3}\times18\times6=36$

(3)　△ACFは1辺$6\sqrt{2}$の正三角形だから，その面積は

$\frac{\sqrt{3}}{4}\times(6\sqrt{2})^2=18\sqrt{3}$

よって，$\frac{1}{3}\times18\sqrt{3}\times h=36$　　$\therefore$　$h=\frac{6}{\sqrt{3}}=2\sqrt{3}$

答　(1)　**18 cm²**　　(2)　**36 cm³**　　(3)　**$2\sqrt{3}$ cm**

173. 類題トレーニング

1　㋐図のように1辺が6cmの正方形の紙がある。この紙を図の点線の所でおり㋑図のような三角すいをつくる。このとき，△AMNを底面とする三角すいの高さを求めよ。

㋐図

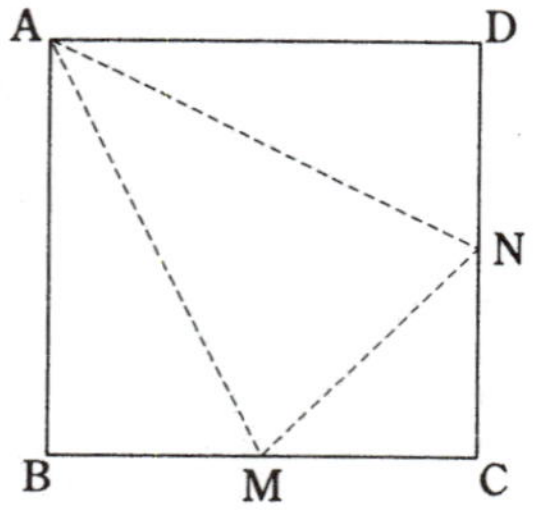

㋑図

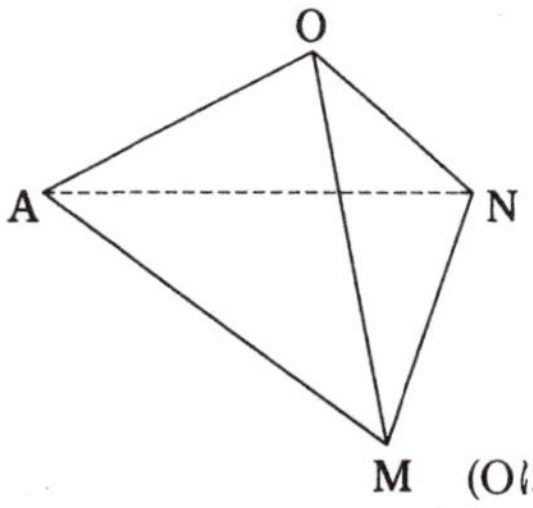

(OはB,C,Dが重なった点)

2　1辺の長さが4cmの立方体がある。右の図のように，DL：LA＝1：3となる点をL，辺ABの中点をMとする。この立方体を，3点E, M, Lを通る平面で切る。四面体AEMLについて，

(1)　この四面体の体積を求めよ。

(2)　頂点Mから辺LEに垂線MKをひき，LK＝x cmとするとき，線分MKに目をつけて方程式をつくり，xの値を求めよ。

(3)　頂点Aと平面EMLの距離を求めよ。　　（鳥取）

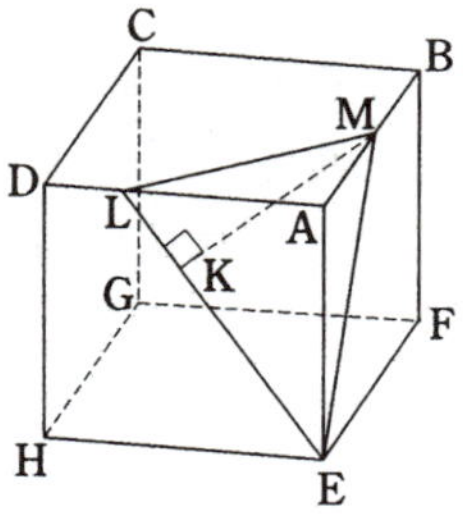

174 展開図(1) —— 円すい① ——

例題

(1) 右の図は，母線の長さが5cm，底面の円の半径が3cmの円すいの展開図である。
① おうぎ形の中心角は何度か。
② もとの円すいの高さは何cmか。 (京都)

(2) 底面の半径が5cm，母線の長さが10cmの円すいがある。この円すいの表面積を求めよ。 (広島)

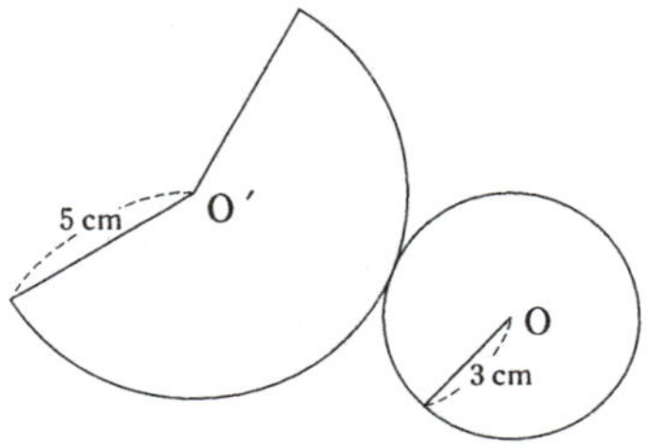

◆考え方

(1) ① おうぎ形の中心角 (x) は，$x=360°\times\dfrac{r}{l}$

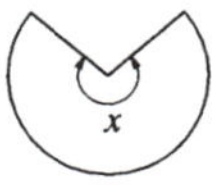

(2) 円すいの側面積は $\boxed{\pi lr}$

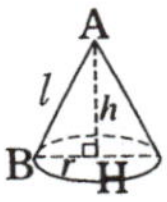

解法

(1) ◆**考え方**より，

① $l=5$，$r=3$ から $360°\times\dfrac{3}{5}=216°$

② △ABH で AB＝5，BH＝3 から
$h=\sqrt{5^2-3^2}=4$

(2) 底面積は $\pi\times5^2=25\pi$，側面積は $\pi\times10\times5=50\pi$
よって，$25\pi+50\pi=75\pi$

答 (1) ① **216°** ② **4cm** (2) **75π cm²**

174. 類題トレーニング

1 右の図は，円すいの展開図である。側面にあたるおうぎ形の中心角が120°で，その半径が15cmであるとき，これによってつくられる円すいについて
(1) 底面の円の半径を求めよ。また，円すいの高さを求めよ。
(2) 円すいの体積を求めよ。 (北海道)

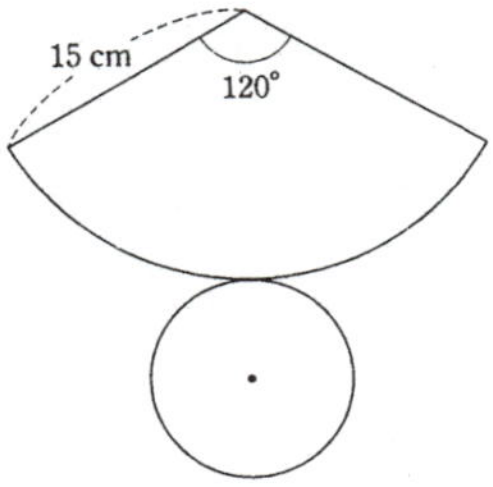

2 右の図のような円すいがあり，点Aは円すいの頂点で，点Bは底面の円周上の点である。この円すいを3点A，O，Bを含む平面で切ったときの切り口は，1辺の長さが12cmの正三角形になった。もとの円すいの体積は何cm³か。 (香川)

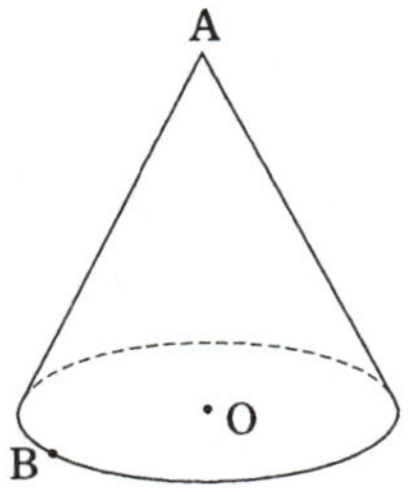

3 底面の半径15cm，高さ20cmの円すいがある。この円すいの側面積と，底面積との比を求めよ。 (国立高専)

175　展開図(2)　—— 円すい② ——

● 例 題 ●

幅 10cmのあつ紙があったので，これを使って直円すいを作ろうと思い，右図のような展開図をかいた。

(1)　底面の円の半径を求めよ。

(2)　この図の場合，必要なあつ紙の長さ(x)を求めよ。

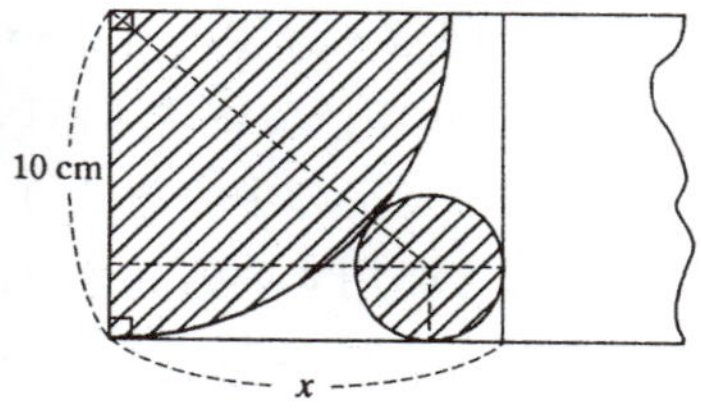

（武庫川高）

◆考え方

(1)　(底面の円周)

$=\left(\text{半径 AB の円周の}\dfrac{1}{4}\right)$

(2)　右図の△ AOH で三平方の定理より OH の長さを求める。

解 法

(1)　底面の円の半径を r とすると，

$2\pi r=2\pi\times10\times\dfrac{90}{360}$　∴　$r=2.5$

(2)　右図より，

$\mathrm{OH}=\sqrt{(10+2.5)^2-(10-2.5)^2}$

$=\sqrt{4\times10\times2.5}=10$

よって，$x=\mathrm{BD}=10+2.5=12.5$

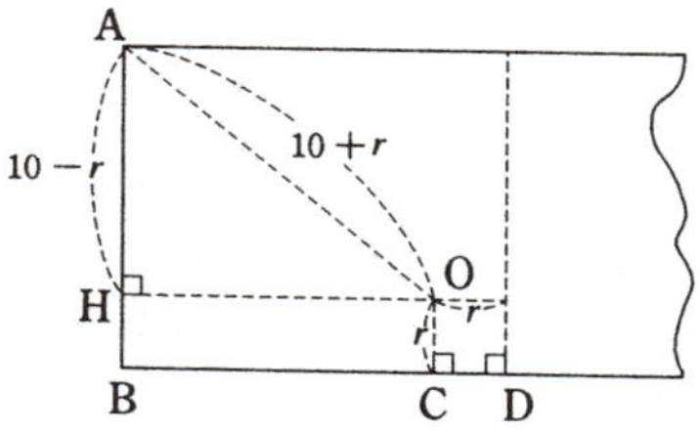

答　(1)　**2.5 cm**　　(2)　**12.5 cm**

175. 類題トレーニング

1　ある学級で，運動会の応援に使うために，全員が円すいの形をしたぼうしを作ることになった。学級委員は，たての長さ 30cm，横の長さ 45cmの長方形の厚紙を準備して，その厚紙には右の図のような展開図を印刷した。

(1)　おうぎ形 ABC の中心角の大きさを求めよ。

(2)　円すいの底面の半径 BH，高さ AH を求めよ。（高知）

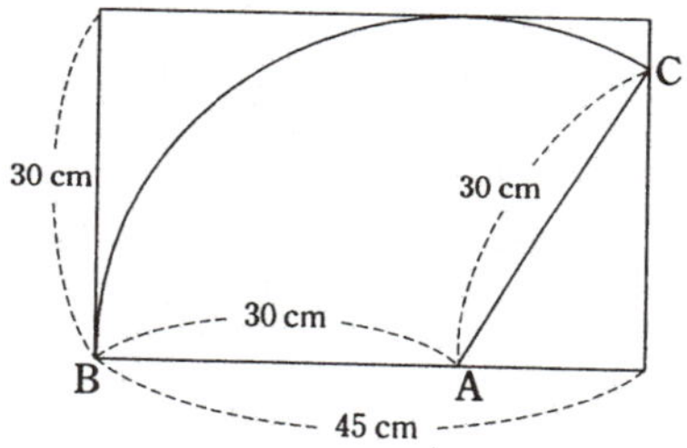

2　底面の半径が 4cm，母線の長さが 12cmの円すいがある。この円すいを，底面に平行で，高さ OH を 2 等分する点を通る平面で切り，右図のような円すい台をつくる。

(1)　切り口の円(円すい台の上底)の半径を求めよ。

(2)　この円すい台の側面を展開した図形を，右図のように長方形に内接させてかくとすれば，

①　おうぎ形の中心角∠AOB の大きさはくらか。

②　この長方形のたて，横の長さを求めよ。　（大阪）

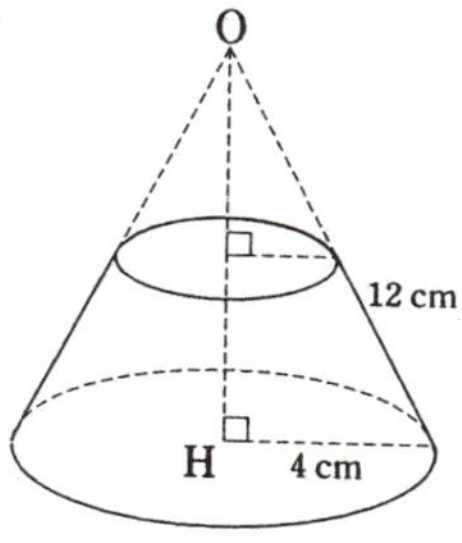

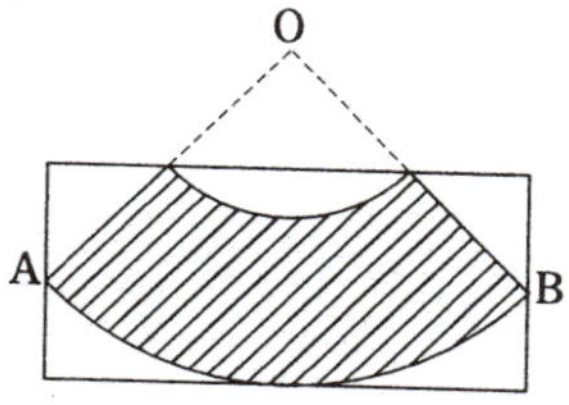

176 図形の回転(1) —— 平面① ——

● 例 題 ●

半径4cm，中心角90°のおうぎ形OABが，図に示すように直線l上をころがり，1回転して，おうぎ形O′A′B′の位置で止まった。

図の太線は，点Oが動いたあとの線である。

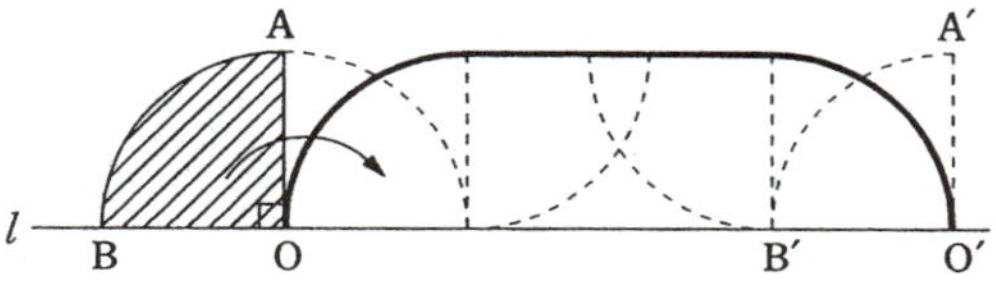

(1) 点Oが動いたあとの線の長さを求めよ。

(2) 点Oが動いたあとの線と直線lで囲まれた図形の面積を求めよ。 (福井)

◆考え方

(1) 図の太線の長さを求める。

解 法

(1) $2\pi\times4\times\frac{1}{4}+\left(2\pi\times4\times\frac{1}{4}\right)+2\pi\times4\times\frac{1}{4}=6\pi$

(2) $\pi\times4^2\times\frac{1}{4}+4\times\left(2\pi\times4\times\frac{1}{4}\right)+\pi\times4^2\times\frac{1}{4}=16\pi$

答 (1) **6π cm** (2) **16π cm²**

176. 類題トレーニング

1 1辺の長さが2cmである正三角形ABCが直線lにそってころがり，図の正三角形A′B′C′の位置まできた。このとき，点Bは点Pを通って点B′の位置まで動いた。

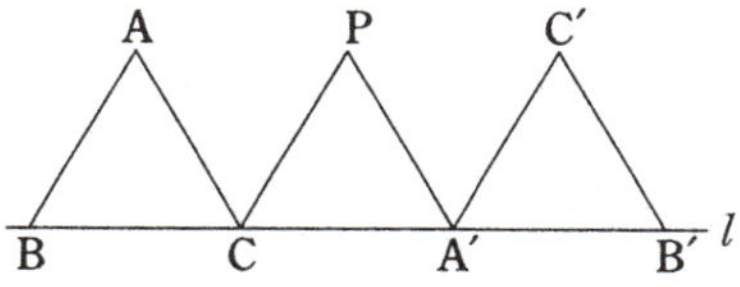

(1) 点Bのえがく曲線を図にかき入れよ。

(2) (1)でえがいた曲線と直線lとで囲まれた部分の面積を求めよ。 (石川)

2 1辺の長さが2cmの正方形ABCDが直線l上をすべることなく1回転して，正方形A′B′C′D′に重なるとき

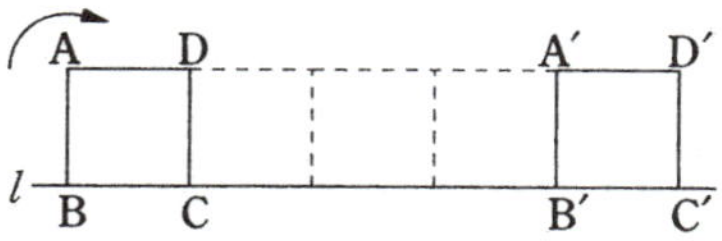

(1) 頂点Dが動いたあとを示す線を，コンパスを用いて右の図に記入せよ。

(2) 頂点Dが動いたあとを示す線の長さを求めよ。 (新潟)

177 図形の回転(2) ―― 平面② ――

● 例題 ●

右の図で，直角三角形 A′ B′ C は，直角三角形 ABC を，点 C を中心として回転したものである。点 B，C，A′ は直線 l 上にあり，BC＝1 cm，∠A＝30°，∠B＝90° とするとき

(1) 斜線の部分の周囲の長さを求めよ。

(2) 斜線の部分の面積を求めよ。

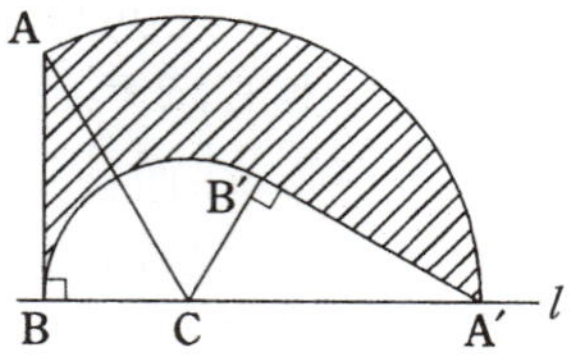

（京都）

◆考え方

(1) △ ABC で∠B＝90°，∠A＝30° から
AC：BC：AB＝2：1：$\sqrt{3}$，
∠ACA′ ＝∠BCB′ ＝120°

(2) **（全体の面積）－（斜線がつかない部分の面積）**

解法

(1) AC：CB：AB＝2：1：$\sqrt{3}$ で BC＝1 から AC＝2，AB＝$\sqrt{3}$

$$AB+\overset{\frown}{AA'}+\overset{\frown}{BB'}+B'A'=\sqrt{3}+2\pi\times2\times\frac{120}{360}+2\pi\times1\times\frac{120}{360}+\sqrt{3}$$
$$=\sqrt{3}+\frac{4}{3}\pi+\frac{2}{3}\pi+\sqrt{3}=2\sqrt{3}+2\pi$$

(2) （△ ABC＋おうぎ形 CAA′ ）－（おうぎ形 CBB′ ＋△ A′ B′ C）

$$=\left(\frac{1\times\sqrt{3}}{2}+\pi\times2^2\times\frac{120}{360}\right)-\left(\pi\times1^2\times\frac{120}{360}+\frac{1\times\sqrt{3}}{2}\right)$$
$$=\left(\frac{\sqrt{3}}{2}+\frac{4}{3}\pi\right)-\left(\frac{1}{3}\pi+\frac{\sqrt{3}}{2}\right)=\pi$$

答 (1) **$(2\sqrt{3}+2\pi)$ cm** (2) **π cm^2**

177. 類題トレーニング

1 AB＝3 cm，BC＝4 cm の長方形 ABCD が直線 l と辺 BC が重なるようにおかれている。この長方形を，右の図のように，頂点 C を中心として矢印の方向に辺 CD が直線 l に重なるまで回転させた。

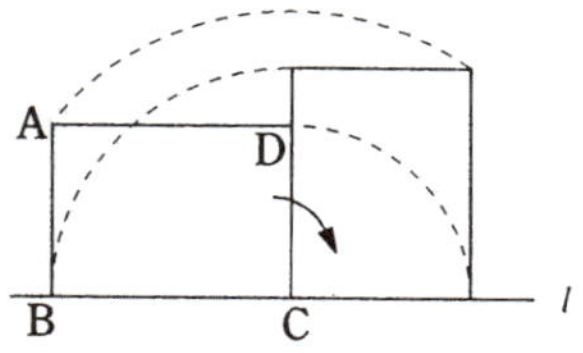

(1) 頂点 B，D が動いたあとにできる曲線の長さをそれぞれ，a cm，b cm とするとき，$a:b$ を求めよ。

(2) 頂点 A が動いたあとにできる曲線の長さを求めよ。

(3) 辺 AB が動いたあとにできる図形の面積を求めよ。

（鳥取）

2 右の図の△ ABC は，∠A が直角で，AB＝$2\sqrt{3}$ cm，BC＝4 cm，∠C＝60° である。

(1) 辺 AC の長さを求めよ。

(2) 図の△ A′ B′ C は，△ ABC を同じ平面上で，点 C を中心とし，時計の針と同じ向き（矢印の方向）に 120° 回転したものである。このとき，辺 BC の動いたあとと，辺 CA の動いたあととの重なり合わない部分（斜線部分）の面積を求めよ。

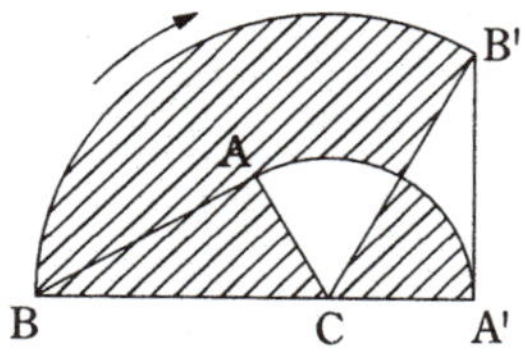

（山口）

178 図形の回転(3) ―― 空間① ――

● 例 題 ●

右の図1の台形 ABCD を直線 l を軸として回転したら，図2のような円すい台ができた。

(1) CD の長さを求めよ。

(2) 円すい台の体積を求めよ。（沖縄）

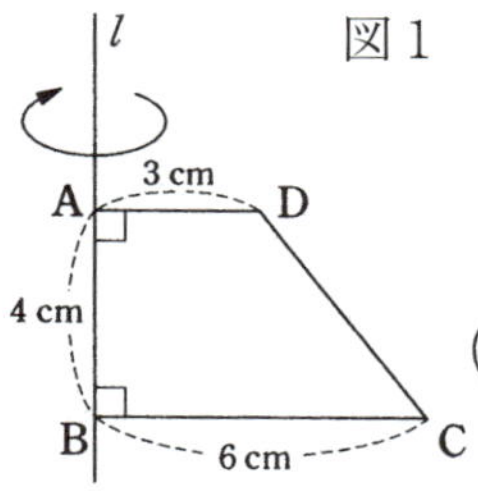

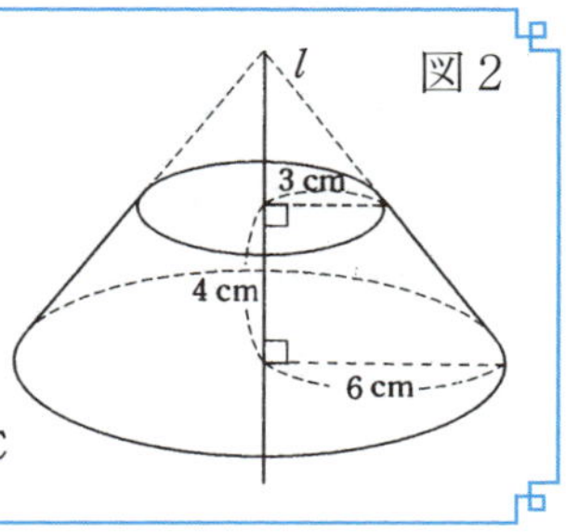

◆考え方

(1) **D から BC に垂線をひき，BC との交点を H とする。△DCH で三平方の定理を用いる。**

(2) BA と CD を延長し，交点を O とする。**(底面の半径 6，高さ OB の円すいの体積)－(底面の半径 3，高さ OA の円すいの体積)**

円すいの体積 V は $V=\frac{1}{3}\pi r^2 h$

解 法

(1) D から BC に垂線をひき，BC との交点を H とする。
CD＝x．DH＝4，CH＝6－3＝3 から
$x^2=3^2+4^2$　　∴　$x=5$

(2) BA と CD の延長線との交点を O とする。
OA＝y とすると OA：OB＝AD：BC から
$y:(y+4)=3:6$　$y=4$
よって，$\frac{1}{3}\times\pi\times6^2\times8-\frac{1}{3}\times\pi\times3^2\times4=96\pi-12\pi=84\pi$

答 (1) **5 cm**　(2) **84π cm^3**

178. 類題トレーニング

1 △ABC で AB＝AC＝7 cm，BC＝10 cm のとき，△ABC を BC を軸として1回転してできる立体の体積を求めよ。（熊本）

2 右の図のように，辺 AB＝4 cm，辺 BC＝5 cm，対角線 BD＝3 cm の平行四辺形 ABCD がある。直線 AB を軸として平行四辺形 ABCD を1回転させてできる立体の体積を求めよ。（滋賀）

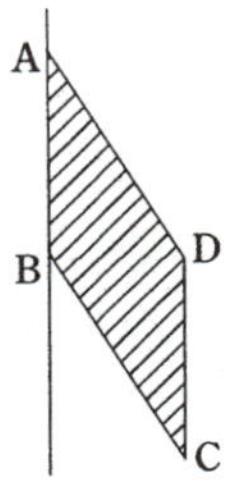

3 右の図のような台形 ABCD があり，AD⊥DC，BC⊥DC である。また，AB＝$2\sqrt{5}$ cm，BC＝3 cm，CD＝4 cm である。この台形 ABCD を，辺 DC を軸として1回転してできる立体の体積を求めよ。（香川）

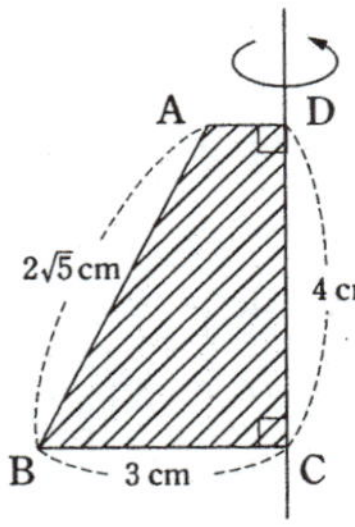

4 右の図の斜線部は，直角三角形からおうぎ形を取り除いた図形である。この図形を，直線 l を軸として1回転させてできる立体の体積を求めよ。（福島）

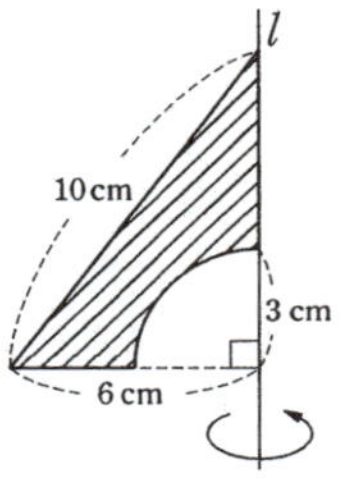

179 図形の回転(4) —— 空間② ——

例題

右の図のように，△ABCがある。点Hは頂点Aから直線BCにひいた垂線と直線BCとの交点である。BC＝9cm，AH＝4cmであるとき，△ABCが直線BCを軸として1回転してできる立体の体積は何cm^3か。

（香川）

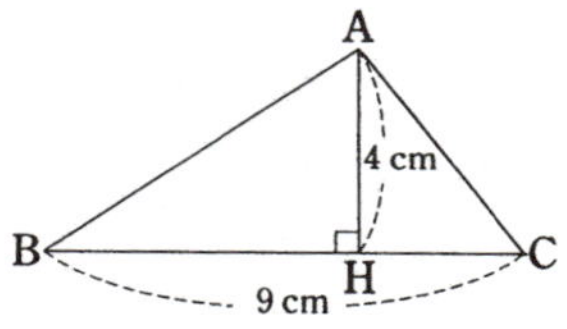

◆考え方

BH＝a，CH＝bとして体積を求める。

$a+b=9$

解 法

BH＝a，CH＝bとする。$a+b=9$

（△BAHの回転体）＋（△CAHの回転体）

$=\pi\times4^2\times a\times\dfrac{1}{3}+\pi\times4^2\times b\times\dfrac{1}{3}$

$=\dfrac{1}{3}\pi\times4^2(a+b)$

$=\dfrac{1}{3}\pi\times4^2\times9=48\pi$

答 **48π cm^3**

（参考） 辺BCを軸として1回転してできる立体の体積は $\boxed{\dfrac{1}{3}\pi h^2 l}$

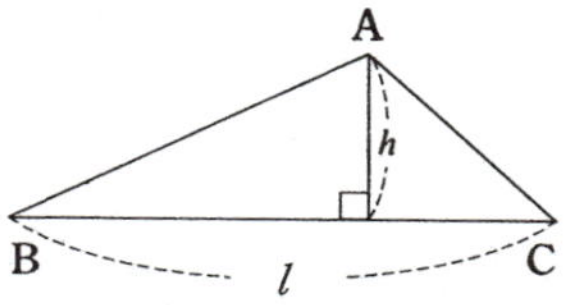

179. 類題トレーニング

1 右の図の△ABCは1辺の長さが2cmの正三角形でBC ⊥ l である。

(1) 点Aから直線lに垂線をひき直線lとの交点をDとするとき，線分ADの長さを求めよ。

(2) △ABCを直線lを軸として1回転したときにできる立体の体積を求めよ。

（沖縄）

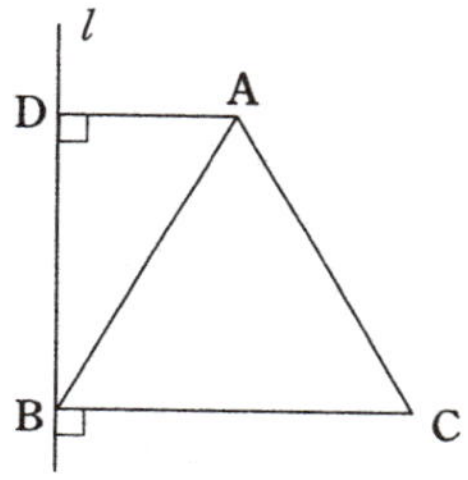

2 右の図で，三角形ABCの面積は$30cm^2$，AC＝BC＝10cmである。

(1) △ABCにおいて，辺ACを底辺としたときの高さを求めよ。

(2) △ABCを辺ACを軸として1回転させてできる立体の体積を求めよ。

（高知）

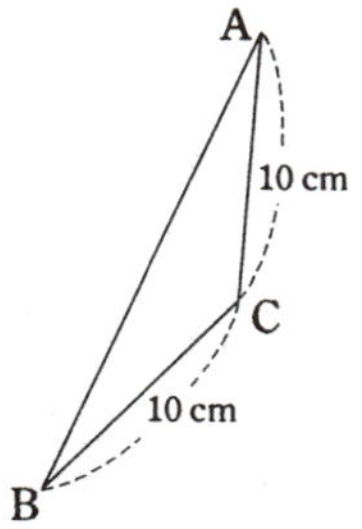

180 最短距離(1) —— 平面 ——

例 題

右の図のように，直線 l と２点Q，Rがある。l 上に点Pをとり，２つの線分の長さQPとPRの和を最小にしたい。このとき，Pの位置を見つけるのに次のように考えた。

［　　］にもっとも適した文字，式などを記入せよ。

> ［　　］を軸として，Qと対称な点Sをとると，QP＋PR＝［　　］　この式の右辺は［　　］の長さより小さくならないから，Pの位置を［　　］と［　　］の交点にとればよい。

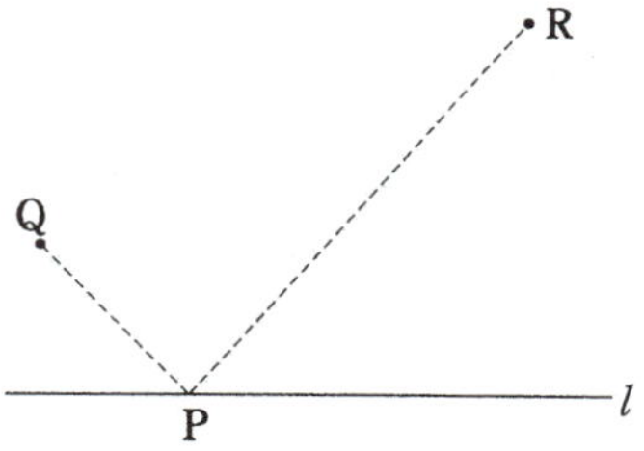

（国立高専）

◆考え方

折れ線の和の最小値の作図法。**Qの l に関して対称な点Sをとる。**SとRを結ぶ。

解 法

l を軸として，Qと対称な点Sをとり，QSと l との交点をHとすると，

△QPH≡△SPH から QP＝SP

よって，QP＋PR＝SP＋PR

この式の右辺はSRより小さくならない（$SR < SP_1 + P_1R$）から，Pの位置をSRと l の交点にとる。

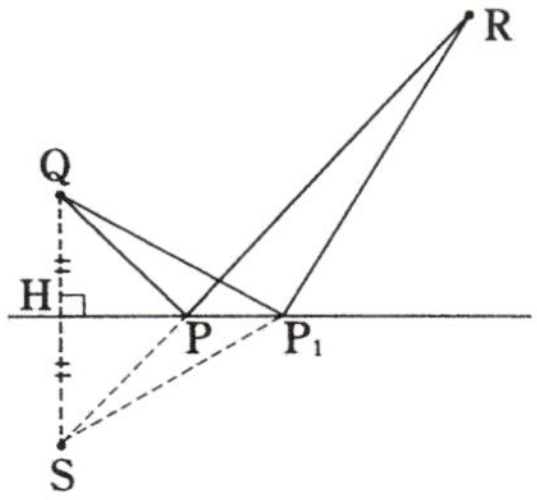

答 **l，SP＋PR，SR，l，SR**

180. 類題トレーニング

1 右の図のように，２点A(1，2)，B(3，1)がある。x 軸上に点Pをとり，AP＋PBが最も小さくなるようにしたときの点Pの座標を求めよ。（福島）

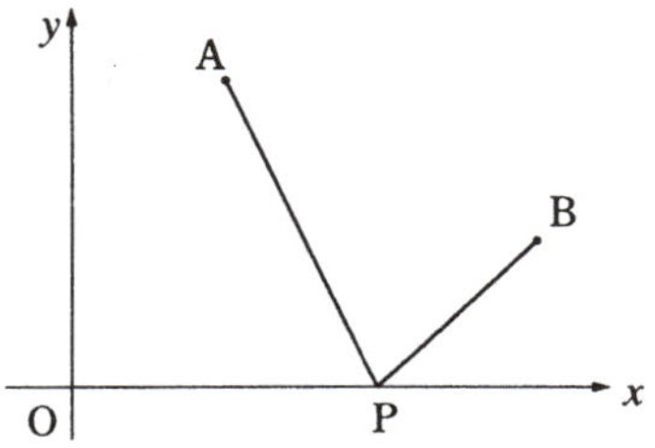

2 右図について

(1) AP＋DPが最小になるのは，BPの長さが何cmのときか。

(2) AP＋DPの最小値を求めよ。（奈良）

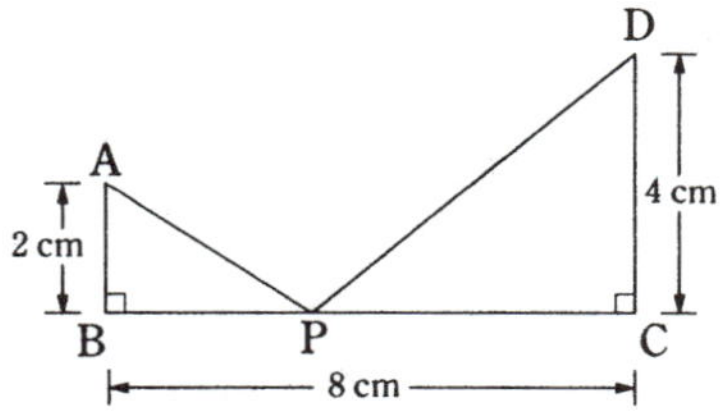

3 図のように，２点P(2，3)，Q(3，2)が与えられている。y 軸上に点A，x 軸上に点Bをとり，折れ線PABQの長さが最小となるようにするには，点A，Bをどこにとればよいか。

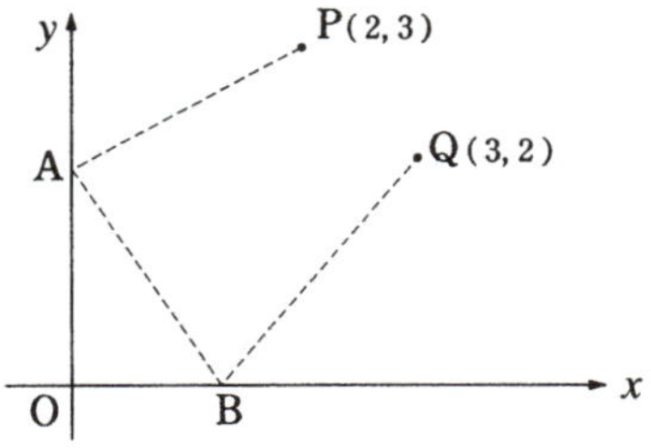

181 最短距離(2) ―― 角柱 ――

● 例 題 ●

AB＝6cm，BC＝3cm，AE＝2cmの直方体がある。AB 上に点 P，EF 上に点 Q をとり，DP＋PQ＋QG の長さを最小になるようにしたとき

(1) AP：PB を求めよ。

(2) DP＋PQ＋QG の長さを求めよ。

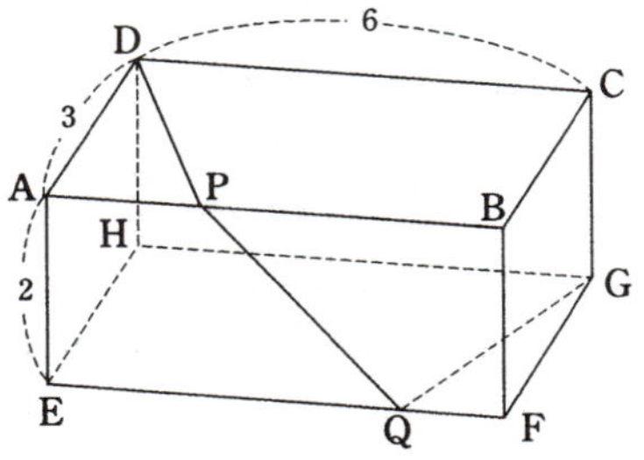

◆考え方

側面の最短距離を求めるときは，**展開図**をかく。

解 法

(1) DA：DH＝AP：HG から 3：8＝AP：6

$\therefore$ AP＝$\dfrac{9}{4}$

よって，AP：PB＝$\dfrac{9}{4}:\left(6-\dfrac{9}{4}\right)$＝3：5

(2) 右図の三角形で，三平方の定理より，

$DG^2=8^2+6^2$ $\therefore$ DG＝10

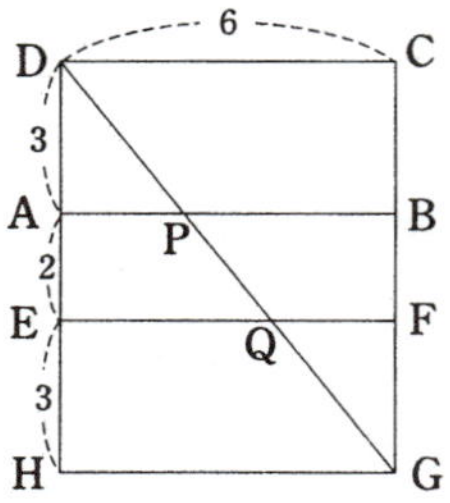

答 (1) **3：5** (2) **10 cm**

181. 類題トレーニング

1 右の図で，正四角柱 ABCD-EFGH は AB＝BC＝6cm，BF＝8cmである。

(1) 頂点 A から，辺 DH 上の点 I，辺 CG 上の点 J を通って F にいくとき，AI＋IJ＋JF の最短の長さを求めよ。

(2) 上の(1)の最短となる場合にできる台形 BFJC の面積 S と台形 CJID の面積 S' の比を求めよ。 （国立高専）

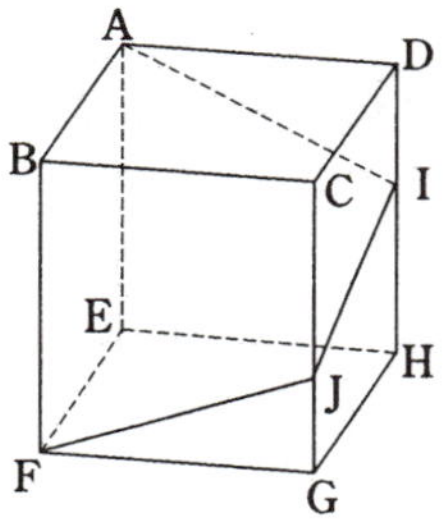

2 下の図 I のように，正四角柱 ABCD-EFGH の側面に沿って，A から E まで糸をらせん状に 2 回巻いた。糸の長さが最短になるときの糸の跡(あと)を図 II の展開図にかけ。また，このときの糸の長さを求めよ。ただし，AE＝10cm，EF＝3cmとする。

図 I

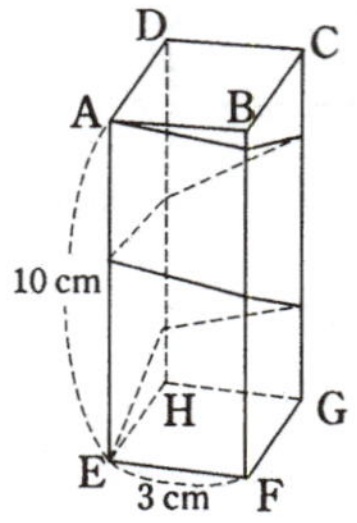

図 II

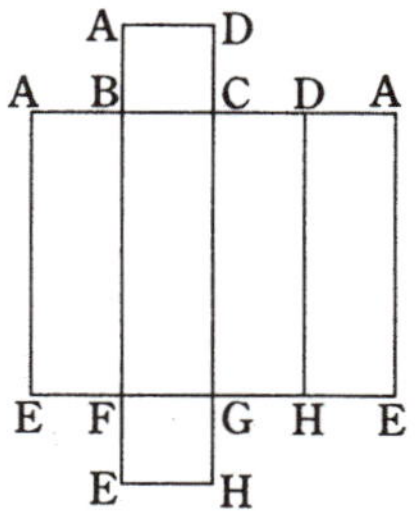

（福井）

182 最短距離(3) ―― 角すい ――

● 例 題 ●

右の図のような，1辺の長さが2cmの正四面体ABCDがある。頂点Aから辺BCに引いた垂線をAEとする。

(1) ∠BAEの大きさを求めよ。

(2) 辺AC上に点Pをとるとき，EP+PDの長さの最も短い値を求めよ。 (山口)

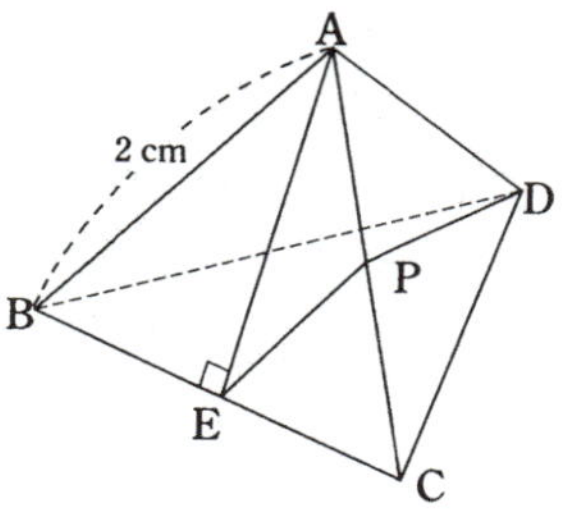

◆考え方

立体の側面の最短距離は**展開図**をかく。

解 法

(1) △ABCは正三角形だから

∠BAE＝30°

(2) 右図の展開図でEからBDに垂線EFを下ろす。∠BOC＝90°，

∠CBO＝30°から

BC：CO：BO＝2：1：$\sqrt{3}$で

BC＝2から

CO＝1，BO＝$\sqrt{3}$

△DEFでEF＝$\frac{1}{2}$CO＝$\frac{1}{2}$，DF＝$\sqrt{3}+\frac{\sqrt{3}}{2}=\frac{3\sqrt{3}}{2}$

よって，

$$ED=\sqrt{\left(\frac{3\sqrt{3}}{2}\right)^2+\left(\frac{1}{2}\right)^2}=\sqrt{\frac{27}{4}+\frac{1}{4}}=\sqrt{7}$$

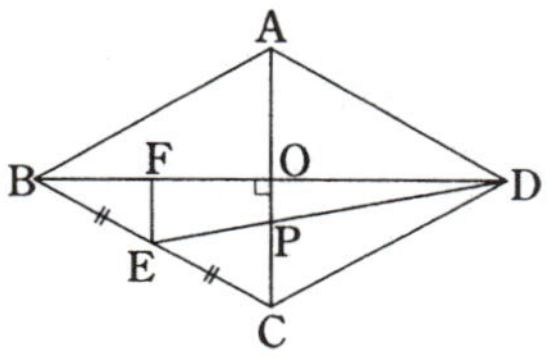

答 (1) **30°** (2) **$\sqrt{7}$cm**

182. 類題トレーニング

1 右の図は，1辺の長さが10cmの正四面体である。AC上に点PをとるときBP+PDの最小値を求めよ。

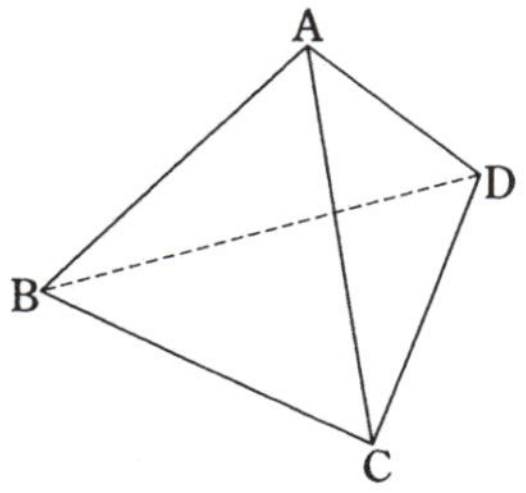

2 右の図のように，点A，B，C，Dを頂点とする1辺の長さが6cmの正四面体がある。辺BC，BD上に点P，QをそれぞれBP：PC＝1：2，BQ：QD＝1：2となるようにとる。

(1) △ABCの面積を求めよ。

(2) この正四面体の面ABC，ACD，ADB上を通って，点Pから点Qに至る最短距離を求めよ。 (千葉)

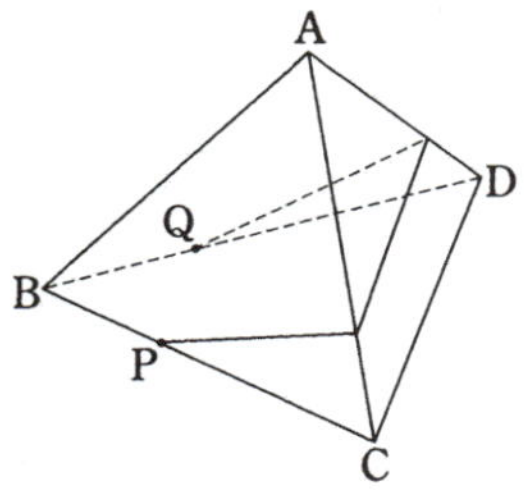

183 最短距離(4) ―― 円すい ――

例 題

図Ⅰの円すいの展開図は，図Ⅱのようになる。図Ⅱのおうぎ形の半径は18cm，中心角は120°である。

(1) おうぎ形の面積を求めよ。

(2) 円すいの底面の円の半径を求めよ。

(3) 図Ⅰに示すように，点PはAを出発し，円すいの側面を1周してAにもどる。このときの径路の最短距離を求めよ。

図Ⅰ

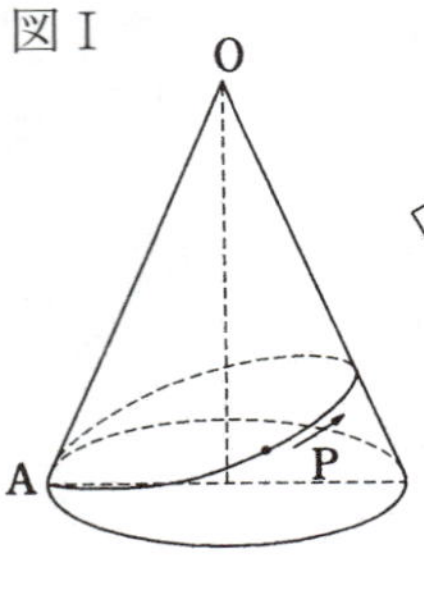

図Ⅱ

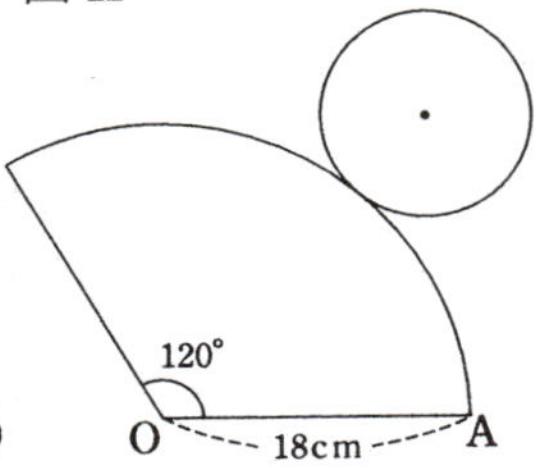

（宮崎）

◆考え方

(1) おうぎ形の面積は中心角を $a°$ とすると，

$$\pi r^2 \times \frac{a}{360}$$

(2) $360 \times \frac{r}{l} = a$

(3)

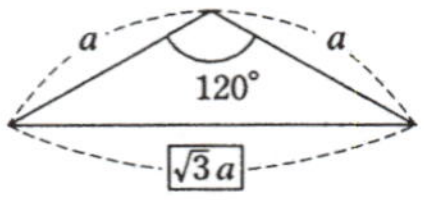

解 法

(1) $\pi \times 18^2 \times \frac{120}{360} = 108\pi$

(2) 底面の半径を r cmとすると，$2\pi r = 2\pi \times 18 \times \frac{120}{360}$ から $r=6$

(別解) $360 \times \frac{r}{18} = 120$ から $r=6$

(3) 最短距離は右図のAA′となるから，
$AA' = 18\sqrt{3}$

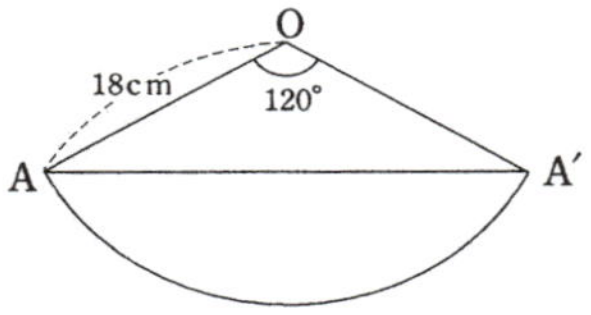

答 (1) **108π cm²** (2) **6cm** (3) **$18\sqrt{3}$ cm**

183. 類題トレーニング

1 次の円すいの側面で(1)，(2)はAからA，(3)，(4)はAからBまでの最短距離を求めよ。

(1)

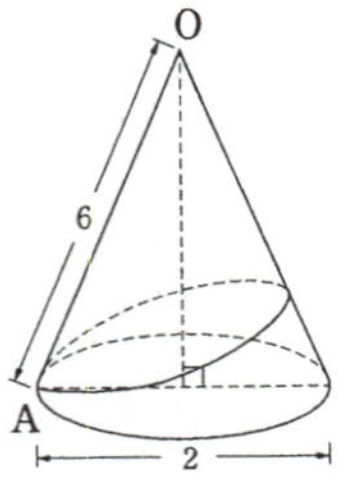

(2)

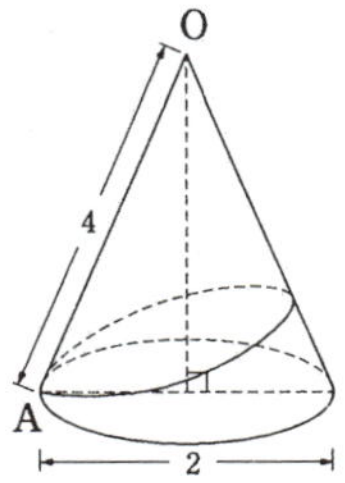

(3)

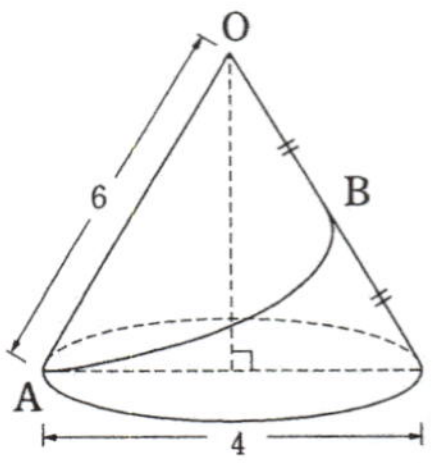

(4)

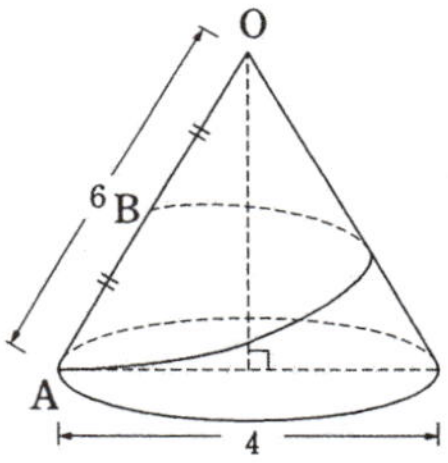

184 立体の切断(1) —— 立方体① ——

例題

右の図は１辺の長さが3cmの立方体である。

(1) この立方体を３つの頂点C，A，Eを通る平面で切ると，切り口はどんな図形になるか。次のア～エから１つ選び，符号で書け。

ア．正方形　　イ．長方形
ウ．直角三角形　　エ．二等辺三角形

(2) この立方体を３つの頂点C，A，Fを通る平面で切ってできる三角すいABCFの体積を求めよ。

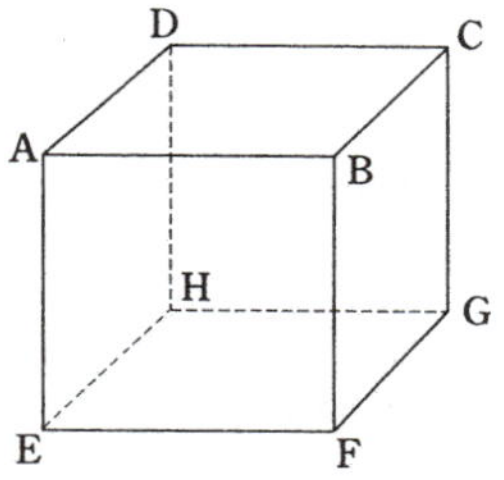

（岐阜）

◆考え方

(1) $\angle CAE = 90°$

(2) 三角すいの体積
$V = \frac{1}{3}Sh$

解法

(1) ∠CAEは直角だから，イ

(2) △ABCの面積は$\frac{3 \times 3}{2}$，高さはBFで3

$\therefore \quad \frac{3 \times 3}{2} \times 3 \times \frac{1}{3} = \frac{9}{2}$

答 (1) **イ**　(2) $\frac{9}{2}$ cm^3

184. 類題トレーニング

1 右の図のような立方体がある。ABを通る平面で切ると，その切り口はいろいろな図形になる。二等辺三角形，正三角形，台形，正方形，長方形のうち，切り口の図形として実際にできないものを答えよ。（北海道）

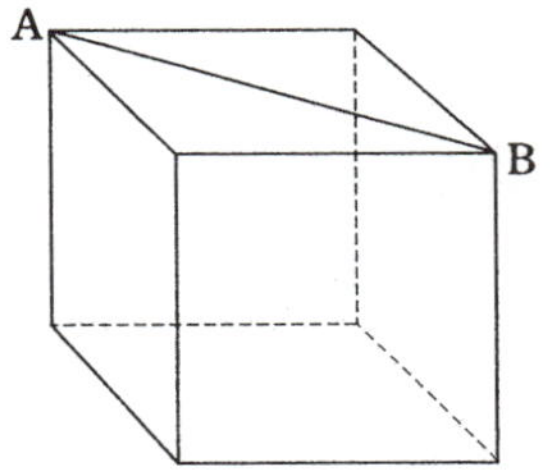

2 右の図のように，立方体ABCD-EFGHにおいて，辺AD，CDの中点をそれぞれM，Nとする。この立方体を，３点M，N，Fを通る平面で切ったときの切り口の図形はどれか。

ア．三角形　　イ．四角形　　ウ．五角形　　エ．六角形

（岩手）

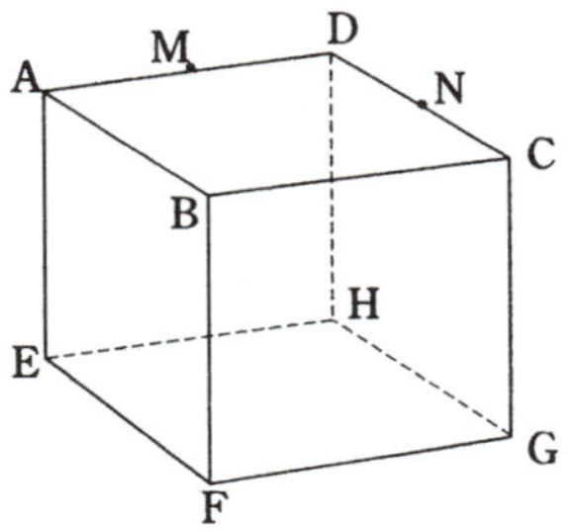

3 右の図は立方体の見取図で，点PはDHを３等分している点である。辺上の各点もそれぞれの辺を３等分している。この立方体を３点A，P，Gを通る平面で切ったとき，その切り口の図形の辺を右の図にかき入れよ。（富山）

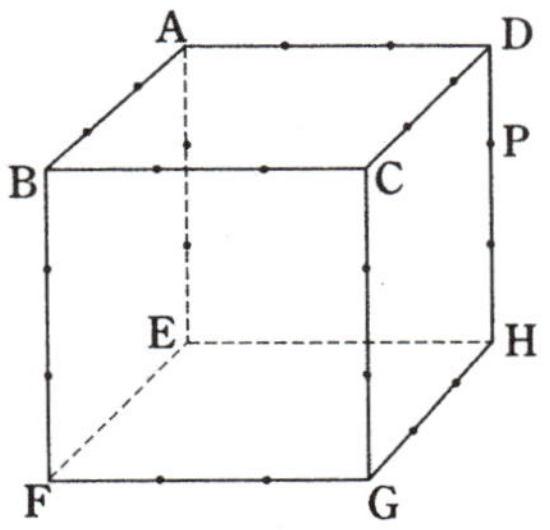

185 立体の切断(2) ―― 立方体② ――

● 例 題 ●

右の図は1辺の長さが4cmの立方体である。

(1) 3点B, G, Dを通る平面で切ったときの切り口の面積を求めよ。

(2) 辺BC, CDの中点をそれぞれP, Qとするとき4点P, F, H, Qを通る平面で切ったときの切り口の面積を求めよ。

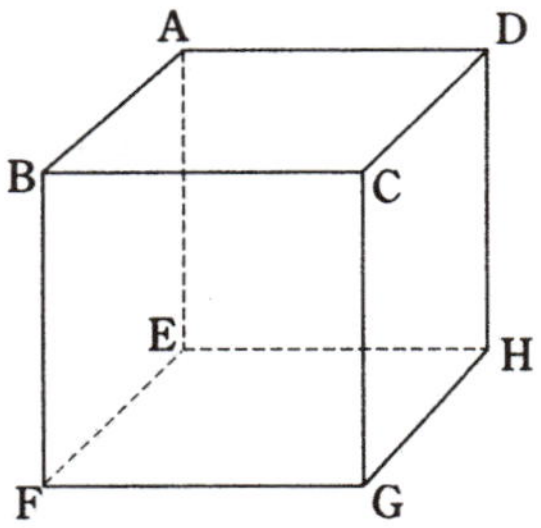

◆考え方

(1) BG＝GD＝DB
1辺 a の正三角形の面積は $\frac{\sqrt{3}}{4}a^2$

(2) PF＝QH,
PQ//FH

解 法

(1) △BGDは1辺が$4\sqrt{2}$cmの正三角形となるから,
$\frac{\sqrt{3}}{4}\times(4\sqrt{2})^2=8\sqrt{3}$

(2) 切り口は**等脚台形**となり,
$PQ=2\sqrt{2}$, $FH=4\sqrt{2}$
$PF=QH=\sqrt{4^2+2^2}=2\sqrt{5}$
△PFKで $FK=(4\sqrt{2}-2\sqrt{2})\div 2=\sqrt{2}$
$PK=\sqrt{(2\sqrt{5})^2-(\sqrt{2})^2}=3\sqrt{2}$
よって, $\frac{3\sqrt{2}(2\sqrt{2}+4\sqrt{2})}{2}=18$

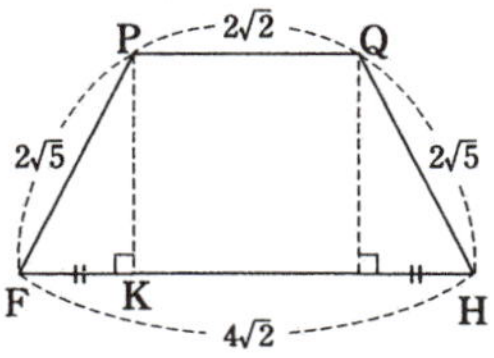

答 (1) $8\sqrt{3}$cm² (2) 18cm²

185. 類題トレーニング

1 次の図は1辺4cmの立方体である。(1)〜(4)の場合の切り口の面積を求めよ。

(1) 辺FG, GHの中点をそれぞれM, Nとする。3点C, M, Nを通る平面で切るとき

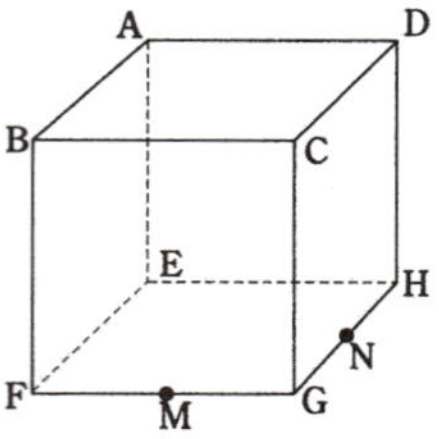

(2) 3点B, D, Fを通る平面で切るとき

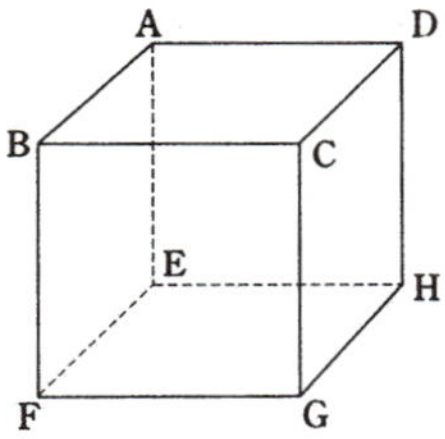

(3) 辺CGの中点をMとするとき3点D, M, Fを通る平面で切るとき

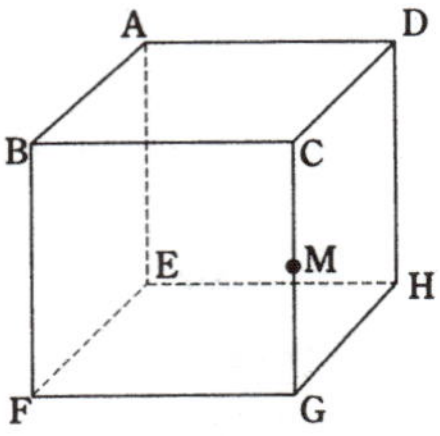

(4) 辺AB, AD, FGの中点をそれぞれP, Q, Rとするとき, 3点P, Q, Rを通る平面で切るとき

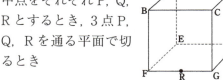

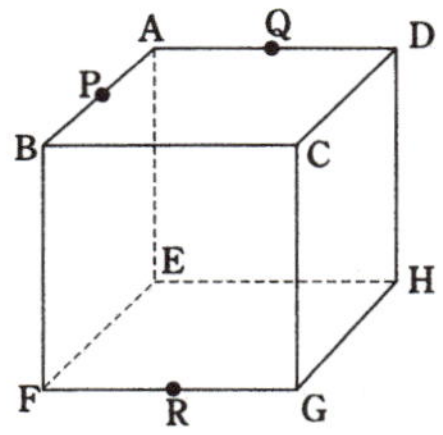

(鳥取)

186 立体の切断(3) ―― 立方体③ ――

● 例 題 ●

図は，A，B，C，D，E，F，G，H を頂点とする立方体である。この図で，I，J はそれぞれ辺 EF，FG の中点である。この立方体の1辺の長さを6cmとするとき，A，B，C，I，F，J を頂点とする立体の体積は何cm^3か。

（愛知）

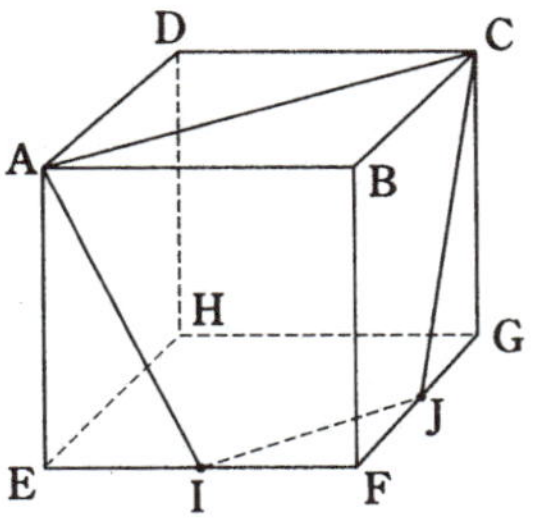

◆考え方

AI，BF，CJ を延長して交点を O とする。

（三角すい O-ABC）

−（三角すい O-IFJ）

解 法

右図で OF：OB＝IF：AB＝1：2 より

OF＝6

よって，$\frac{6\times6}{2}\times12\times\frac{1}{3}-\frac{3\times3}{2}\times6\times\frac{1}{3}=63$

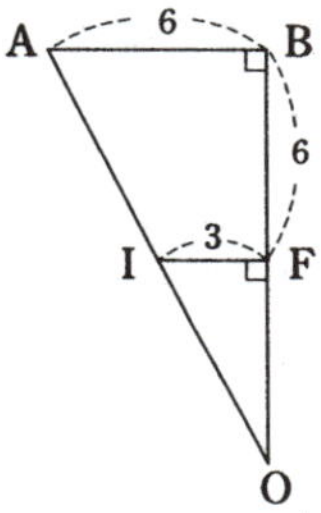

答 **63 cm^3**

参考　相似の関係を用いると，相似比が1：2のとき，体積比は $1^3：2^3=1：8$

よって，$\left(\frac{6\times6}{2}\times12\times\frac{1}{3}\right)\times\frac{\mathbf{8-1}}{\mathbf{8}}=63$

186. 類題トレーニング

1　右の図は，1辺の長さ6cmの立方体 ABCD-EFGH であり，点 I, J はそれぞれ辺 BC，辺 AD 上の点で，BI＝DJ＝2cmである。この立方体を，3点 F，I，J を通る平面で切って2つに分けるとき点 C を含む側の立体の体積を求めよ。（群馬）

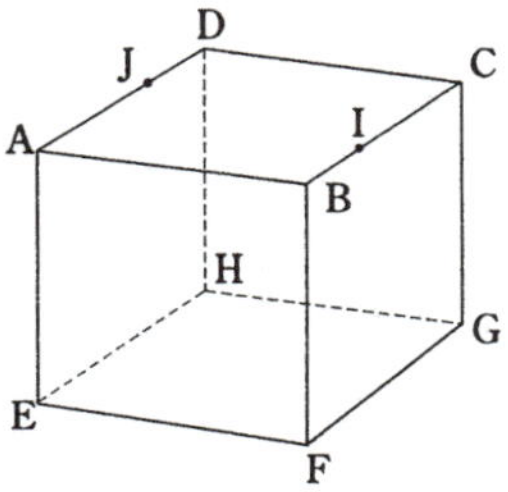

2　右の図は，1辺の長さが6cmの立方体を1つの平面で切りとってできた立体で，AB＝CD＝4cm，FG＝HI＝2cmとするとき，この立体の体積を求めよ。

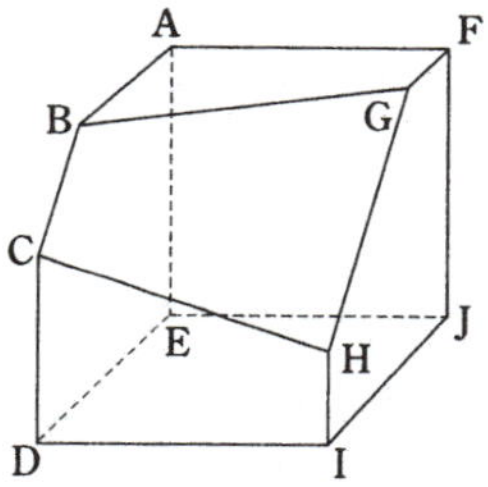

3　1辺が4cmの立方体があり，その辺 AE，EF，FG，GC，CD，DA の中点を結んだ図形は正六角形になる。この正六角形を底面とし，点 B を頂点とする正六角すいの体積を求めよ。

（兵庫）

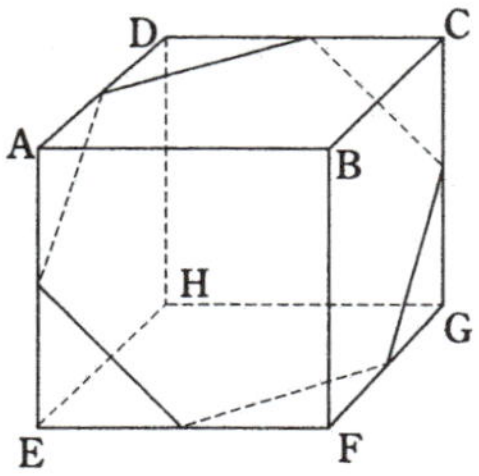

187 立体の切断(4) ―― 直方体 ――

例題

右の図は，底面が1辺4cmの正方形で，高さが7cmの直方体ABCD-EFGHである。また，点P，Qはそれぞれ辺BF，CG上にあり，PF＝2cm，CQ＝3cmである。この直方体を，3点P，E，Qを通る平面で2つの立体に分けたとき，大きい方と小さい方の体積の比を求めよ。（青森）

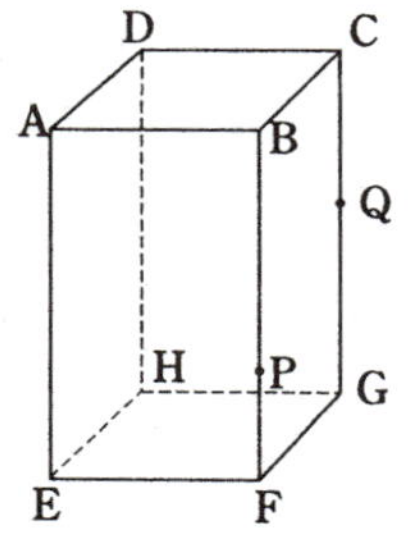

◆考え方

切り口の平面とDHとの交点をRとする。
PF＋RH＝QG
Qを通り四角形ABCDに平行な平面で切る。

解法

RH＝2cmで，小さい方の体積は
$4\times4\times4$ の立方体の $\frac{1}{2}$ から $32\,\mathrm{cm}^3$
もとの直方体の体積は
$4\times4\times7=112\,\mathrm{cm}^3$
したがって，$(112-32):32=80:32$
$=5:2$

答 **5：2**

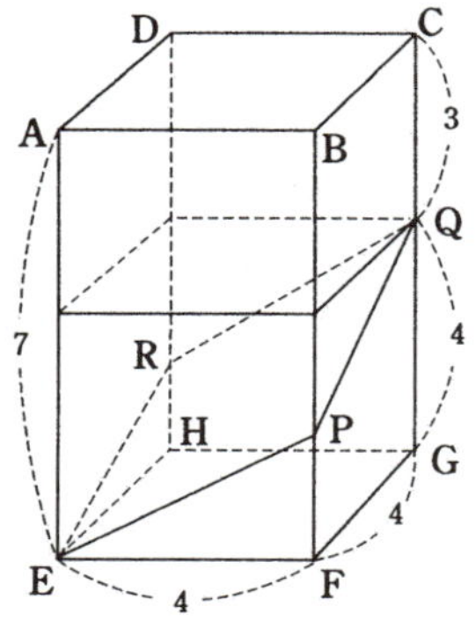

187. 類題トレーニング

1 右の図のように，AB＝BC＝4cm，AE＝6cmの直方体がある。辺EFの中点をLとし，辺CD上に点KをCK＝3cmとなるようにとり，3点L，G，Kを通る平面でこの直方体を切るとき

(1) 切り口の形を次のア～エのうちから1つ選びその記号を書け。

ア．三角形　　イ．四角形
ウ．五角形　　エ．六角形

(2) 切り口の周の長さを求めよ。（千葉）

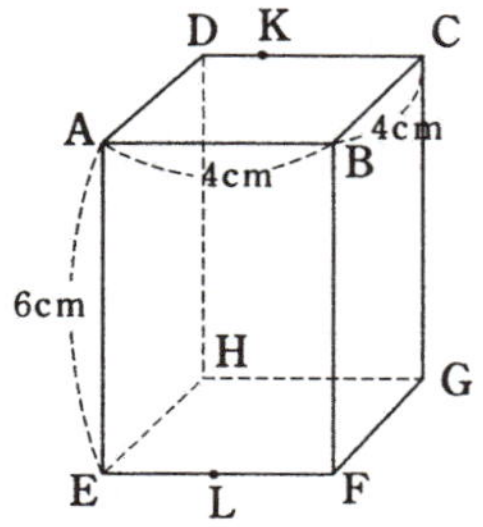

2 右の図は，直方体ABCD-EFGHのBのかどを3点A，F，Mを通る平面で切り落としてできた立体であり，MはBCの中点で，AD＝AE＝4cm，EF＝3cmである。

(1) FMの長さを求めよ。

(2) この立体の体積を求めよ。

(3) 3点D，H，Fを通る平面でこの立体を切るとき，その切り口の面積を求めよ。（熊本）

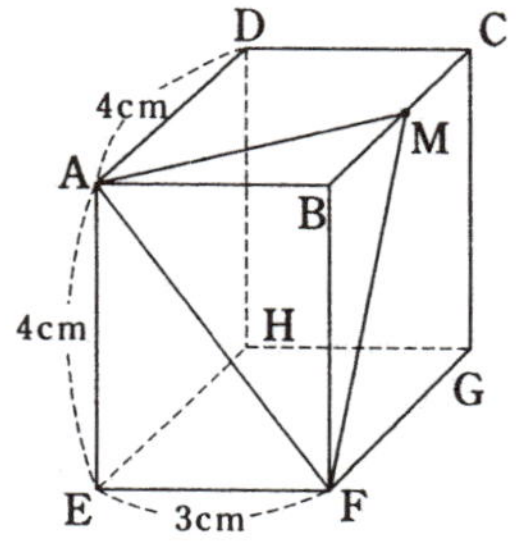

188　立体の切断(5)　―― 角すい ――

● 例題 ●

右の図のように，1辺の長さが12cmの正四面体ABCDにおいて，辺AB，AC，AD上にそれぞれ点P，Q，Rをとる。AP＝6cm，AQ＝8cm，AR＝9cmとするとき

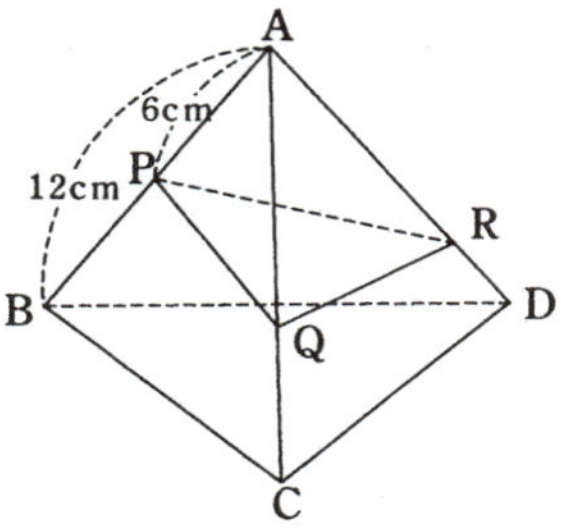

(1)　△APQ：△ABQ＝□：□

　　△ABQ：△ABC＝□：□

　したがって，△APQ：△ABC＝□：□である。

(2)　△APQと△ABCを，それぞれ四面体APQRと正四面体ABCDの底面とするとき，この2つの四面体の高さの比を求めよ。

(3)　四面体APQRと正四面体ABCDの体積の比を求めよ。　（長崎）

◆考え方

(1)　BとQを結ぶ。

△APQ：△ABC

＝AP×AQ：AB×AC

（例題136参照）

(2)　R，Dから平面に垂線RH，DH′をひくと，

RH：DH′＝RA：DA

解法

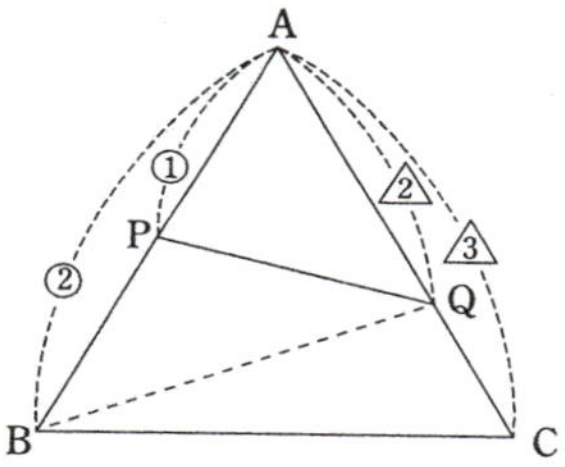

(1)　△APQ：△ABQ

＝AP：AB＝6：12＝1：2

　△ABQ：△ABC

＝AQ：AC＝8：12＝2：3

　よって，△APQ：△ABC＝1：3

(2)　高さの比はRA：DA＝9：12＝3：4

(3)　△APQ＝Sとすると△ABC＝3S，高さはRH＝3hとするとDH′＝4hから

$S\times3h\times\frac{1}{3}:3S\times4h\times\frac{1}{3}=1:4$

答　(1)　**1，2，2，3，1，3**　　(2)　**3：4**　　(3)　**1：4**

188. 類題トレーニング

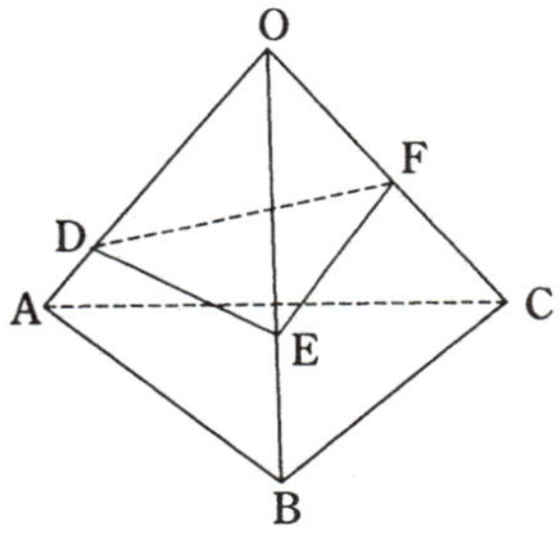

1　右の図のような，1辺の長さが6cmの正四面体O-ABCがある。点D，E，Fはそれぞれ辺OA，OB，OC上の点で，OD＝5cm，OE＝4cm，OF＝3cmである。3点D，E，Fを通る平面で，この正四面体を切って2つの立体に分ける。

(1)　△ODEの面積は，△OABの面積の何倍か。

(2)　2つに分けた立体のうち，頂点Oを含む方の立体の体積は，もとの正四面体の体積の何倍であるか。　（愛媛）

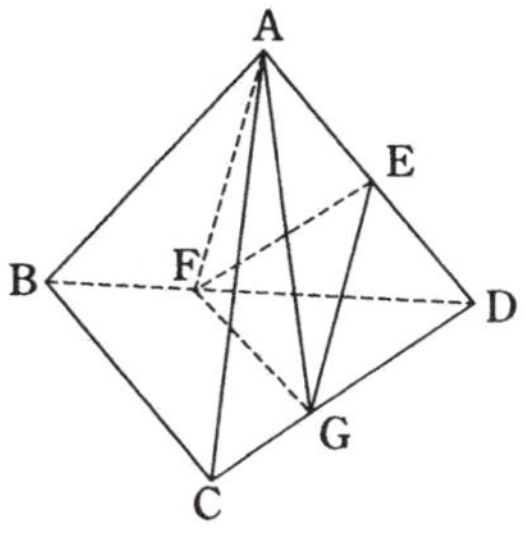

2　図は，A，B，C，Dを頂点とする正四面体である。この図で，Eは辺ADの中点であり，F，Gはそれぞれ辺BC，CD上の点でBF＝$\frac{1}{3}$BD，CG＝$\frac{1}{3}$CDである。

A，E，F，Gを頂点とする立体の体積は，正四面体A-BCDの体積の何倍か。　（愛知）

189 作図(1) ―― 垂線・二等分線など ――

● 例 題 ●

次の２つの条件ア，イをみたす長方形 ABCD を定規とコンパスで１つだけ作図せよ。

ア．右の図の AC を対角線とする。

イ．辺 AB は与えられた長さ a に等しい。

ただし，作図の過程でえがく直線や円は消さないこと，作図についての説明はしなくてもよい。 （石川）

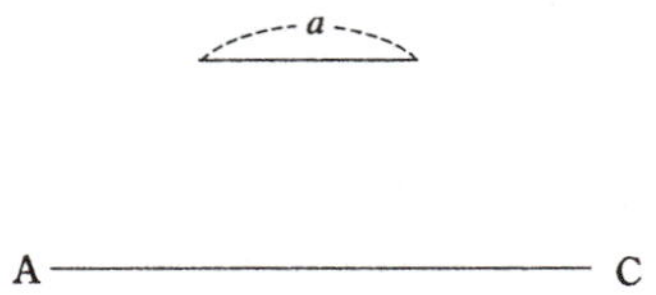

◆考え方

２つの方法

① AB＝a をかく。
B において垂線 BC をひく。

② **AC を直径とする円をかく。**

解 法

①の方法を用いて，

AB を a に等しくとる。B から AB に垂線 BE をひく。A を中心として，AC を半径として円弧をかき BE との交点を C とする。C を中心とし a を半径とする円と，A を中心とし BC を半径とする円との交点を D とする。

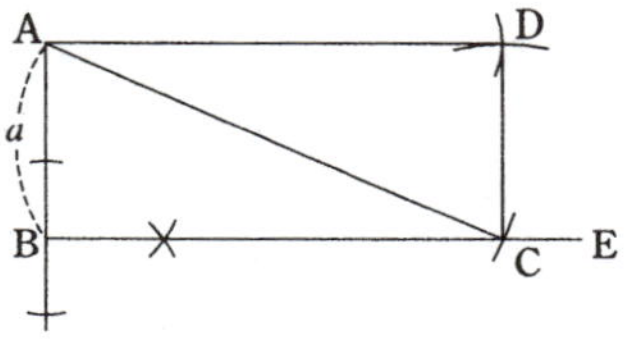

②の方法を用いて，

AC の中点を O とする。O を中心とし，OA を半径とする円をかく。A，C を中心とし，半径 a の円と円 O との交点を B，D とする。

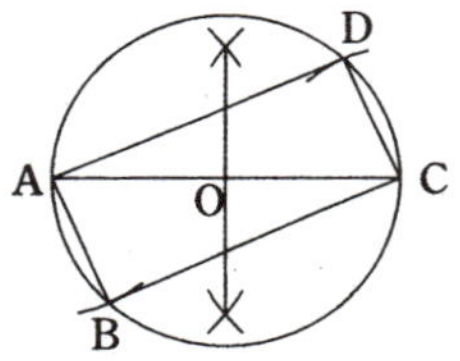

答 **上記**

189. 類題トレーニング

1 右の図の∠AOB の二等分線を作図せよ。 （青森，福井）

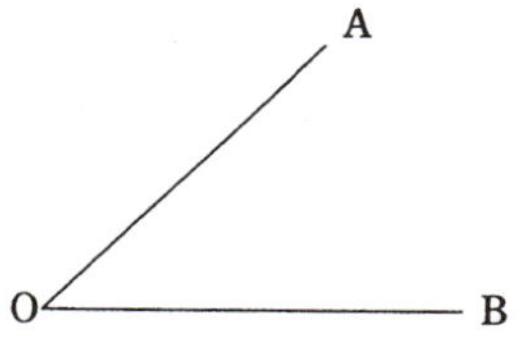

2 右の図のように，直線 l とその直線上にない点 P がある。点 P を通り直線 l に垂直な直線を作図せよ。 （山梨）

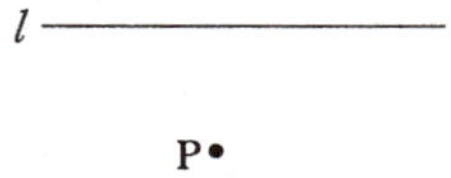

3 点 R を通る直線 l を折り目として，正三角形 AED を折り曲げて，頂点 E が辺 AD 上にくるようにする。直線 l を作図せよ。 （奈良）

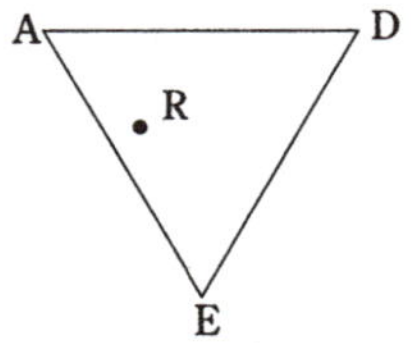

4 右の図のような三角形がある。三角形の３辺から等しい距離にある点 I を作図せよ。 （山梨）

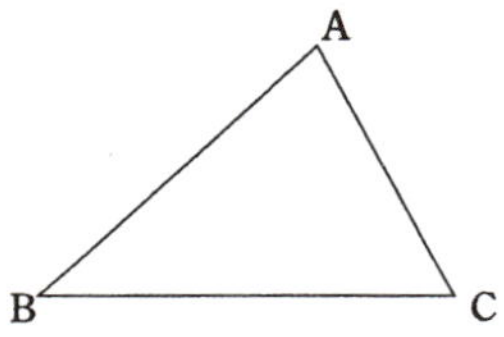

190 作図(2) —— 円の中心・接線など ——

例題

右の図の円で，その中心Oを定規とコンパスを使って作図せよ。ただし，作図に用いた線は消さないこと。

（山口，鹿児島）

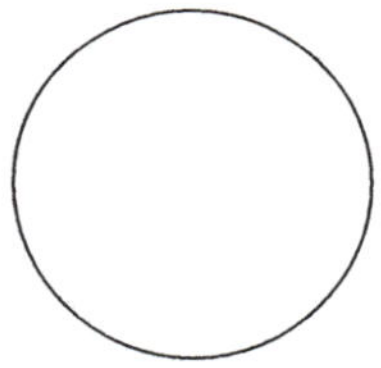

◆考え方

中心Oは弦ABの垂直二等分線上にある。

解法

円周上に3点A，B，Cをとる。

弦ABの垂直二等分線 l とBCの垂直二等分線 m との交点をOとする。

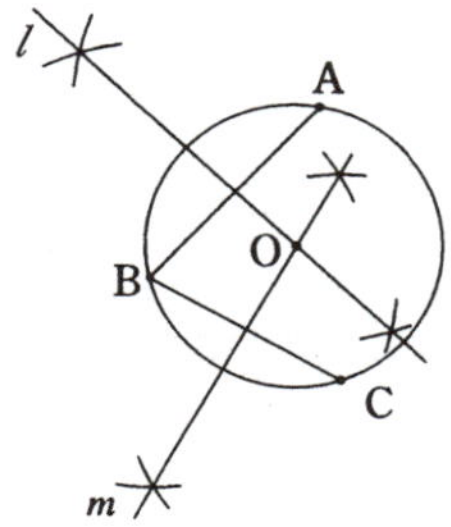

190. 類題トレーニング

1 右の図のように，2点A，Bと直線 l がある。直線 l 上にあって，2点A，Bからの距離が等しい点Pを作図せよ。（熊本）

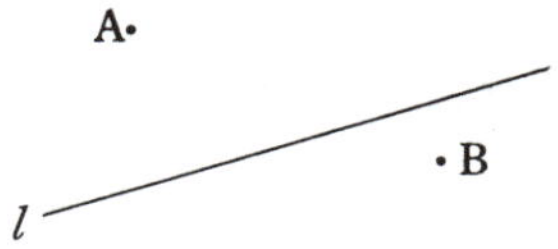

2 右の図の点Pは，円Oの円周上の点である。Pを通るこの円の接線を作図せよ。（石川）

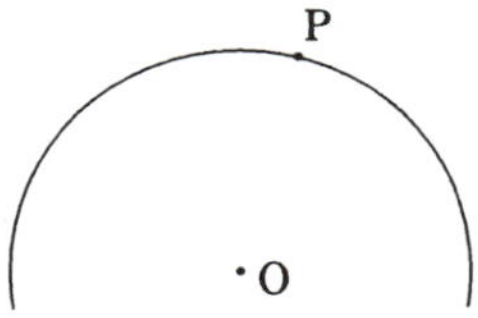

3 ∠XOYのOYに点Aで接し，OXにも接する円の中心Pを作図せよ。（北海道）

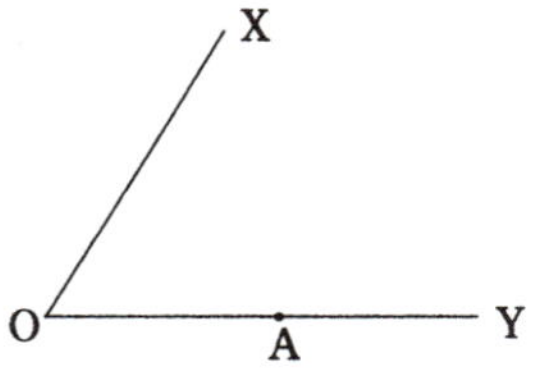

4 円Oの周上の点Aと円外の点Bとが与えられている。点Aで円Oに接し，点Bを通る円をかきたい。求める円の中心Cを作図せよ。（山口）

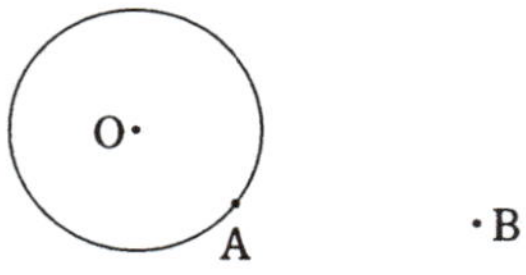

191 確率(1) —— さいころ ——

● 例 題 ●

2つのさいころ A，B を投げるとき，

(1) 目の数の和が4となる確率を求めよ。

(2) 目の数の和が5以上となる確率を求めよ。 （富山）

◆考え方

(1) 表をつくってみる。

(2) 表をつくってみる。**5以上では多すぎるから4以下を考える。**

解 法

(1) 全部で $6\times6=36$ 通りあり，和が4となるのは3通りある。

A	1	2	3
B	3	2	1

よって，$\dfrac{3}{36}=\dfrac{1}{12}$

(2)

和	2	3	4
A	1	1　2	上記
B	1	2　1	

4以下は $1+2+3=6$ 通りある。

よって，$\dfrac{36-6}{36}=\dfrac{5}{6}$

答 (1) $\boldsymbol{\dfrac{1}{12}}$　(2) $\boldsymbol{\dfrac{5}{6}}$

191. 類題トレーニング

1 2つのさいころ A，B がある。この2つのさいころを同時に投げるとき，出る目の数の和が3になる確率は[　　]であり，出る目の数の積が奇数になる確率は[　　]である。

（岡山）

2 A，B 2つのさいころを同時に投げるとき，出た目の数をそれぞれ a，b とする。

(1) $ab=4$ となる確率を求めよ。

(2) $\sqrt{ab}$ が2以下となる確率を求めよ。 （長野）

3 2つのさいころ A，B を同時に投げて，A のさいころに出る目の数を一の位とし，B のさいころに出る目の数を小数第1位とする数をつくる。このとき，その数の小数第1位が1となる確率は[　　]であり，その数が4.2以上となる確率は[　　]である。 （岡山）

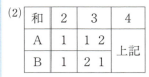

192 確率(2) —— カード ——

例 題

1, 2, 3, 4の4枚のカードがある。このカードをよくきり，1枚ずつ続けて2回ひいて，ひいた順にならべ，2けたの整数をつくる。
(1) 2けたの整数は全部で何通りあるか。
(2) 3の倍数になる確率を求めよ。 (沖縄)

◆考え方
(1) **1回目4通り，2回目3通り**
(2) **各位の数字の和が3の倍数**

解 法
(1) $4 \times 3 = 12$
(2) 3の倍数となるのは
12, 21, 24, 42
の4通りあるから $\frac{4}{12} = \frac{1}{3}$

答 (1) **12通り** (2) $\mathbf{\frac{1}{3}}$

192. 類題トレーニング

1 1, 2, 3, 4, 5, 6の数字が1枚ずつ書いてある6枚のカードをよくきり，同時に2枚をとり出すとき，一方が他方の約数となる確率を求めよ。 (三重)

2 数字2, 3, 4, 5, 6を書いたカードがそれぞれ1枚ずつある。この5枚のカードをよくきって，同時に2枚をとり出すとき，書かれている数の積が，4の倍数である確率を求めよ。 (愛知)

3 4枚のカード1, 2, 3, 4がある。これらのカードを数字が見えないように裏向け，よくかきまぜてから1枚ずつ続けて2枚とり出す。このとき，先にとり出すカードの数字を十の位，後にとり出すカードの数字を一の位としてつくる2けたの整数が23以下になる確率を求めよ。 (大阪)

193 確率(3) —— 色玉 ——

例題

青玉1個と白玉2個と赤玉3個の入った袋がある。この袋から玉を1個とり出して色を調べ，それを袋の中にもどすことを2回くり返すとき，

(1) 1回目，2回目ともに白玉である確率を求めよ。

(2) 1回目と2回目で異なる色の玉が出る確率を求めよ。（京都）

◆考え方

(1) **全部で6×6＝36通り，白玉2個をとる……2通り**

(2) **1回目が青で2回目が白のときと1回目が白で2回目が青のときとは別。同様に白と赤，赤と青について考える。**

解法

(1) 1回目，2回目ともに2通りあるから2×2＝4通り

よって，$\dfrac{4}{36}=\dfrac{1}{9}$

(2) 青と白のとき……1×2　　白と青　2×1

白と赤のとき……2×3　　赤と白　3×2

赤と青のとき……3×1　　青と赤　1×3　　計22通り

よって，$\dfrac{22}{36}=\dfrac{11}{18}$

(別解) 1回目，2回目ともに赤玉であるのは　9通り

〃　　青玉　〃　　1通り

よって，1回目，2回目ともに同じ色の玉が出るのは

4＋9＋1＝14通りだから，その確率は$\dfrac{14}{36}=\dfrac{7}{18}$

ゆえに，1回目と2回目で異なる色の玉が出る確率は

$1-\dfrac{7}{18}=\dfrac{11}{18}$

答 (1) $\mathbf{\dfrac{1}{9}}$　　(2) $\mathbf{\dfrac{11}{18}}$

193. 類題トレーニング

1 袋の中に，赤，白，青，黄色の玉がそれぞれ1個ずつ，合計4個入っている。この袋から任意に(無作為に)2個取り出すとき，1個が白玉である確率を求めよ。（大分）

2 赤玉3個と白玉2個の入った袋がある。この袋から玉を1個とり出して色を調べ，それを袋にもどしてから，また，玉を1個とり出して色を調べる。とり出した2個の玉が同じ色である確率を求めよ。（愛知）

3 袋の中に玉がa個入っている。その中の4個は白玉で，残りは赤玉である。この袋の中から玉を1個とり出すとき，赤玉の出る確率は$\dfrac{3}{5}$である。aを求めよ。（北海道）

194 確率(4) ―― 順列 ――

例題

男子 A，B，C，女子 D，E の 5 人グループがある。

(1) この 5 人が横一列に並ぶとき，両端に女子がくる並び方は何通りあるか。

(2) この 5 人の中から 3 人の当番を選ぶことにした。3 人の中に A と D がともに選ばれる確率を求めよ。　(北海道)

◆考え方

(1) 男子 3 人が並ぶ方法，女子 2 人が並ぶ方法

(2) **A と D はきまっているので (5−2) 人から 1 人を選ぶ。**

解法

(1) 男子 3 人が並ぶ方法は $3\times2\times1=6$ 通り
女子は D○○○E と E○○○D の 2 通りあるから　$6\times2=12$

(2) A と D がきまるからのこり 3 人から 1 人を選べばよい。3 通り
5 人から 3 人を選んで組をつくる数は全部で
$\dfrac{5\times4\times3}{3\times2\times1}=10$ 通りある。よって，$\dfrac{3}{10}$

答　(1) **12 通り**　　(2) $\boldsymbol{\dfrac{3}{10}}$

194. 類題トレーニング

1　正子さん，和代さん，明美さん，良子さんの 4 人がリレーの選手に選ばれた。走る順番を決めるとき，必ず，正子さんから和代さんに直接バトンが渡されるものとすると，走る順番は何通りあるか。　(北海道)

2　父，母，花子，太郎，二郎の 5 人が，父と母を両端にして横一列に並ぶとき，5 人の並び方は何通りあるか。　(千葉)

3　5 人の生徒 A，B，C，D，E がいる。そのうち，A，B の 2 人は男子で，C，D，E の 3 人は女子である。これらの生徒の中から，くじびきで 2 人を選ぶとき，

(1) 2 人の選び方は全部で何通りあるか。

(2) 2 人のうち，男子が 1 人，女子が 1 人選ばれる確率を求めよ。　(栃木)

195 確率(5) —— 図形① ——

例題

右の図のように，円周を 12 等分するとき，その 12 等分点から 3 つの点を結んでできる次の三角形の個数をそれぞれ求めよ。

(1) 正三角形

(2) 直角三角形　（宮崎）

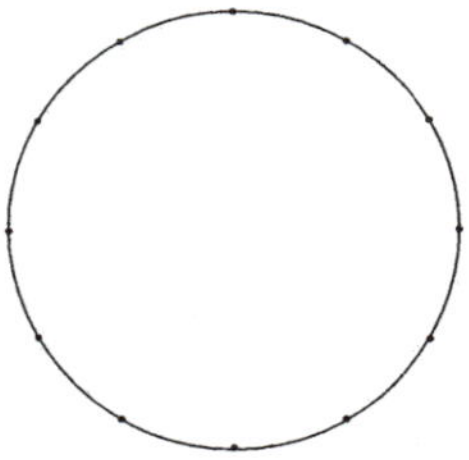

◆考え方

(1) A_1 をきめると A_2, A_3 がきまる。

(2) **AG が直径より**
$\angle ABG = 90°$

解法

(1)

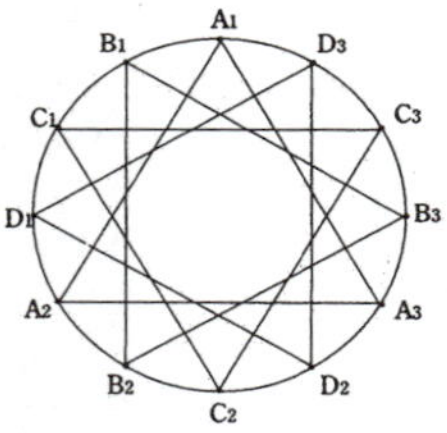

$\triangle A_1A_2A_3$　$\triangle B_1B_2B_3$
$\triangle C_1C_2C_3$　$\triangle D_1D_2D_3$　4 個

(2)

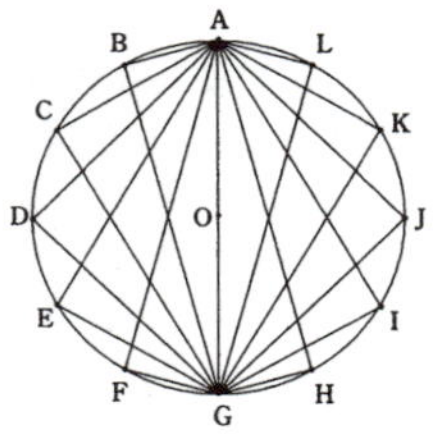

直径が AG のとき 10 通り
直径が BH，CI，DJ，EK，FL のときも 10 通り
よって，10×6＝60

答　(1)　**4 個**　(2)　**60 個**

195. 類題トレーニング

1　1 つの円の周を 10 等分した点を順に A，B，C，D，E，F，G，H，I，J とし，この 10 等分点のうちから，3 つの点を選び，これらを頂点とする三角形をつくるとき

(1) AC を 1 辺とする二等辺三角形をすべてあげよ。

(2) A を 1 つの頂点とする三角形の個数は全部でいくつあるか。

（石川）

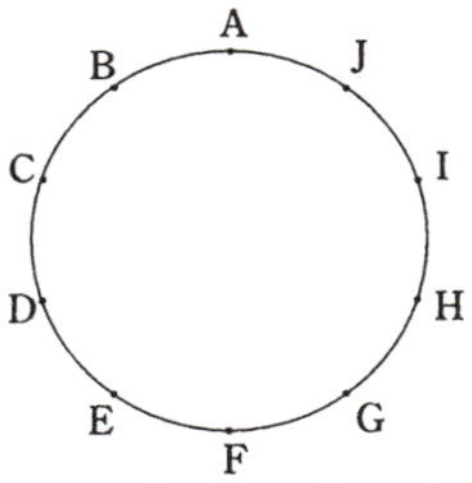

2　右の図で，4 つの直線 a, b, c, d は互いに平行であり，3 つの直線 l, m, n も平行である。この図の中に平行四辺形はいくつあるか。

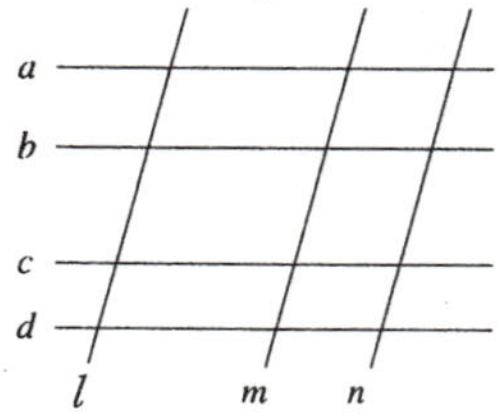

3　図のように，直線 l 上に 4 個の点 A，B，C，D があり，直線 m 上に 3 個の点 E，F，G がある。この 7 個の点から 3 個の点を選んで，その 3 点を頂点とする三角形をできるだけ多くつくるとき，三角形は全部で ▭ 個できる。　（福岡）

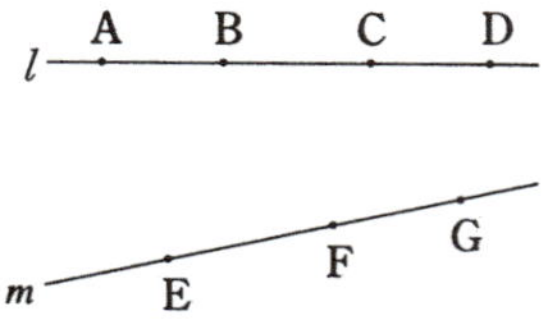

196 確率(6) —— 図形② ——

例題

右の図のように正六角形がある。大小2つのさいころを投げて，2つのさいころの出た目の数の積だけ矢印の方向に進むものとする。

Aから出発してAにもどる確率を求めよ。　（玉川学園高）

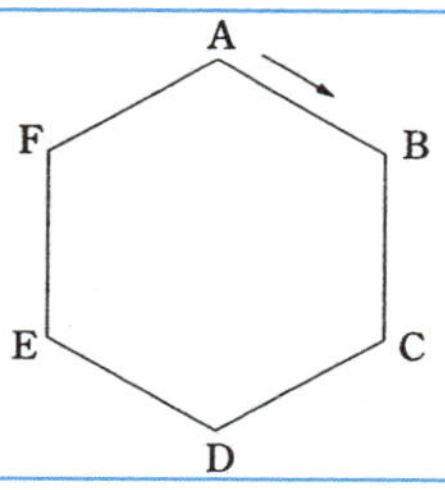

◆考え方

大小2つのさいころの目の数を a，b とする。

$ab=6$，12，18，…，36 となる場合を数える。

解法

Aにもどるのは，ab が6の倍数となるときである。

ab	6	12	18	24	30	36
a	1 2 3 6	2 3 4 6	3 6	4 6	5 6	6
b	6 3 2 1	6 4 3 2	6 3	6 4	6 5	6

15通り。

全部で 6×6=36 通りあるから

$$\frac{15}{36}=\frac{5}{12}$$

答 $\frac{5}{12}$

196. 類題トレーニング

1　図のように，正方形ABCDの頂点Aの位置に点Pがある。いま，大小2つのさいころを同時に投げて，出た目の数の和だけ，点Pを図の矢印の方向に，正方形の頂点の上を順に進めるものとする。たとえば，出る目の数の和が6のときは，点Pは，A→B→C→D→A→B→Cと進み，Cで止まる。

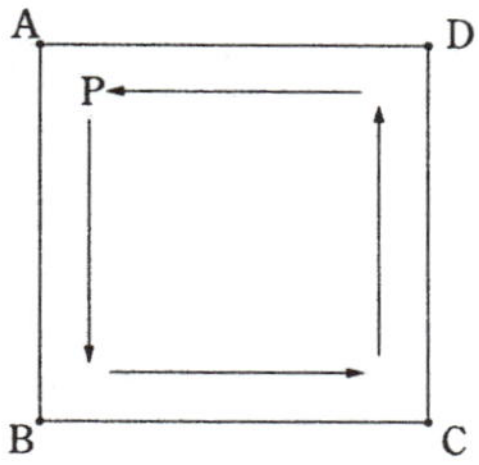

(1)　出る目の数の和が9になるときの，さいころの目の出かたは何とおりあるか。

(2)　点Pが頂点Bで止まらない確率を求めよ。　（福井）

2　右の図のように，1辺が3cmの正五角形ABCDEの頂点Aの位置に2点P，Qがある。2点P，Qは次の規則にしたがって，正五角形ABCDEの頂点を移動する。

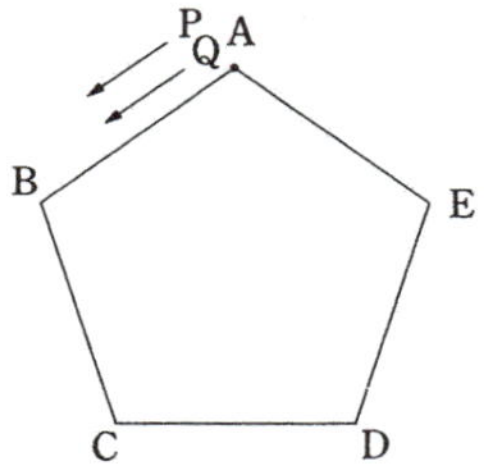

規則

大，小2つのさいころを同時に1回投げ，点Pは大きいさいころの出た目の数だけ，点Qは小さいさいころの出た目の数だけ，それぞれ左回り，矢印の方向に，正五角形ABCDEの頂点を移動する。

大，小2つのさいころを同時に1回投げるとき，

(1)　2点P，Qが同じ位置に動く確率を求めよ。

(2)　3点A，P，Qによって，2辺の長さが3cmの二等辺三角形ができる確率を求めよ。

（神奈川）

197 確率(7) —— 余事象 ——

● 例 題 ●

A，B 2つのさいころを同時に投げるとき，次の確率を求めよ。

(1) 出る目の数の和が6になる確率を求めよ。

(2) 少なくとも1つは，3以上の目が出る確率を求めよ。 (沖縄)

◆考え方

(1) A，Bのさいころの目の出方は全部で $6\times6=36$ 通り。

(2) **少なくとも1つは3以上，2つとも2以下を考える。**

解 法

(1) 和が6となる場合は

A	1	2	3	4	5
B	5	4	3	2	1

5通りあるから $\frac{5}{36}$

(2) A，Bともに2以下の場合は

(1，1)，(1，2)，(2，1)，(2，2)

の4通りあるから，少なくとも1つは3以上となる確率は

$1-\frac{4}{36}=\frac{8}{9}$

答 (1) $\frac{5}{36}$ (2) $\frac{8}{9}$

197. 類題トレーニング

1 2つのさいころを同時に投げるとき，少なくとも1つは2より大きい目が出る確率を求めよ。 (愛知)

2 袋の中に黒玉2個と白玉4個が入っている。この袋から同時に2個の玉をとり出すとき，少なくとも1個が黒玉である確率を求めよ。 (高知)

3 5人の生徒A，B，C，D，Eがいる。これらの生徒の中から，くじびきで2人を選ぶとき

(1) Aが選ばれる場合は何通りあるか。

(2) A，B 2人のうち，少なくとも1人が選ばれる確率を求めよ。 (栃木)

198 記数法

例 題

(1) 10進法で表された次の数を2進法で表せ。

① 10　　② 45

(2) 2進法で表された数 $100_{(2)}$ から $1000_{(2)}$ までの整数は全部で何個あるか。

（鹿児島）

◆考え方

2の累乗を位取りのもととし，0と1だけで数を表す方法を2進法という。

解 法

(1) ①

$$\begin{array}{r|l} 2\,) & 10 \\ 2\,) & 5 \cdots 0 \\ 2\,) & 2 \cdots 1 \\ & 1 \cdots 0 \end{array}$$

∴ $1010_{(2)}$

②

$$\begin{array}{r|l} 2\,) & 45 \\ 2\,) & 22 \cdots 1 \\ 2\,) & 11 \cdots 0 \\ 2\,) & 5 \cdots 1 \\ 2\,) & 2 \cdots 1 \\ & 1 \cdots 0 \end{array}$$

∴ $101101_{(2)}$

(2) $100_{(2)}=1\times2^2+0\times2+0=4$

$1000_{(2)}=1\times2^3+0\times2^2+0\times2+0=8$

よって，4から8より5個

答 (1) ① **$1010_{(2)}$**　② **$101101_{(2)}$**　(2) **5個**

注意 **10進法で表された数を2進法になおす，また，その逆の方法は覚えておくこと。**

198. 類題トレーニング

1 10進法で表された数26を2進法で表すと，□になる。　（岡山）

2 10進法で111と表す数を2進法で表せ。　（花園高）

3 2進法で表された数 $10101_{(2)}$ を10進法で表せ。　（香川）

4 11001が2進法で表された数とすると，この数は10進法ではどんな数になるか。　（石川）

5 2進法で表された数 $10101_{(2)}$ がある。各位の数字1，0，1，0，1を並べかえて，2進法で表された数をつくるとき，最も大きい数を10進法になおせ。　（熊本）

6 $a=4\times(2^3+2+1)$ のとき，a を2進法で表せ。　（茨城）

199 統計(1) —— 平均 ——

● 例 題 ●

右の表は，5 人の生徒 A ～ E の身長を，C 君の身長($l$cm)を基準にして示したものである。

生徒	A	B	C	D	E
(身長) $-l$	2	-5	0	4	-3

(1) D 君の身長は，最も低い生徒の身長よりどれだけ高いか。

(2) E 君の身長を，l の式で表せ。

(3) 5 人の身長の平均を，l の最も簡単な式で表せ。　(長崎)

◆考え方

(1) 最も低い生徒はB君である。

(2) E 君は $l$cmより 3cm低い

(3) **平均 $= \dfrac{\text{5 人の身長の和}}{5}$**

解 法

(1) D 君は 4，B 君は -5 から $4-(-5)=9$

(2) $(l-3)$ cm

(3) $\dfrac{(l+2)+(l-5)+l+(l+4)+(l-3)}{5}=\dfrac{5l+2-5+4-3}{5}$

$=l+\dfrac{2-5+4-3}{5}=l-\dfrac{2}{5}$

答 (1) **9cm**　(2) **$(l-3)$ cm**　(3) **$\left(l-\dfrac{2}{5}\right)$ cm**

参考 平均 $=l+\dfrac{2-5+4-3}{5}$ から(平均) = (仮の平均) + (仮の平均との差の平均)

199. 類題トレーニング

1 右の度数分布表は，40 人の生徒について，ある 1 日のテレビの視聴時間を調べたものである。この表から，視聴時間の平均値を求めよ。　(秋田)

階級(時間)	度数(人)
以上 未満 0 ～ 1	12
1 ～ 2	20
2 ～ 3	8
計	40

2 右の図は，10 人の生徒にあるテストを行ったときの解答時間のヒストグラムである。

(1) 解答時間が 3 分以上かかった生徒は何人か。

(2) 解答時間の平均は何分か。　(沖縄)

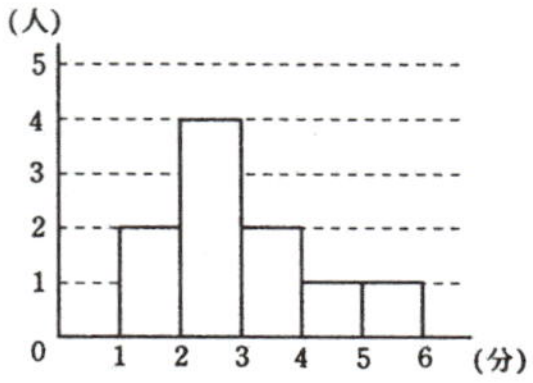

3 右の表は，ある年の 4 月の大阪における毎日の最高気温を幅 2℃ずつの 8 つの区間に分け，仮の平均を 19℃として整理したものである。

(1) 表の空欄ア，イ，ウにあてはまる数を書け。

(2) この表から，この月の，毎日の最高気温の平均値を四捨五入により小数第 1 位まで求めよ。　(大阪)

階級(℃)	階級値(℃)	度数(日)	階級値－仮の平均(℃)	(階級値－仮の平均)×度数
以上 未満 12 ～ 14	13	6	－ 6	－ 36
14 ～ 16	15	2	－ 4	－ 8
16 ～ 18	17	4	－ 2	－ 8
18 ～ 20	19	7	0	0
20 ～ 22	21	3	2	6
22 ～ 24	23	4	ア	イ
24 ～ 26	25	3	6	18
26 ～ 28	27	1	8	8
計		30		ウ

200 統計(2) ―― 相対度数 ――

例 題

右の表は，あるクラスの男子生徒のハンドボール投げの記録である。

(1) 投げた距離が22m未満の生徒の相対度数を求めよ。

(2) a，bの値を求めよ。 (石川)

階級(m)	度数(人)
以上 未満 10 ～ 14	1
14 ～ 18	a
18 ～ 22	b
22 ～ 26	7
26 ～ 30	4
30 ～ 34	2
計	20

(クラス平均 23.0m)

◆考え方

(1) 相対度数＝$\dfrac{\text{(その階級の度数)}}{\text{(度数の合計)}}$

(2) **連立方程式をつくる。**

解 法

(1) 22m未満の度数は
$1+a+b=20-(7+4+2)=7$　よって，$\dfrac{7}{20}=0.35$

(2) $(12\times1+16\times a+20\times b+24\times7+28\times4+32\times2)\div20=23.0$ から
$16a+20b=104$ ………①
また，　$a+b=6$ ………②
①，②から　$a=4$，$b=2$

答 (1) **0.35**　(2) $\boldsymbol{a=4}$，$\boldsymbol{b=2}$

200. 類題トレーニング

1 右の表は，60人の生徒の体重を累積度数で表したものである。体重が45kg以上50kg未満の階級の相対度数を求めよ。 (大阪)

階級(kg)	累積度数
以上 未満 35 ～ 40	3
40 ～ 45	14
45 ～ 50	32
50 ～ 55	48
55 ～ 60	56
60 ～ 65	60

2 右の表は，ある学級の生徒40人の体重を調べ，その結果を階級ごとに度数と相対度数で表したものである。この表のxにあてはまる数を求めよ。 (千葉)

体重(kg)	度数(人)	相対度数
以上 未満 30 ～ 40	2	0.05
40 ～ 50	x	y
50 ～ 60	18	0.45
60 ～ 70	z	0.15
70 ～ 80	2	w
計	40	1.00

3 右の表は，ある中学校の2年生女子の50m走の記録である。この表の中のa，bの値を求めよ。 (山梨)

階級(秒)	度数(人)	相対度数
以上 未満 7.5 ～ 8.0	4	0.1
8.0 ～ 8.5	a	b
8.5 ～ 9.0	16	0.4
9.0 ～ 9.5	8	0.2

201 統計(3) ── 相関表 ──

● 例題 ●

右の表は，あるクラス全員の数学と英語の成績（10 点満点）の関係を示した相関表である。この表中で⑧は数学が 7 点，英語で 6 点のものが 8 人いることを表している。

数　学（点）

	4	5	6	7	8	9	10	計
10					1		1	2
9			3		2	1		6
8					2	2		4
7		1	3	4	3		1	12
6		4	7	⑧				19
5	1	2	1					4
4	1	2						3
計	2	9	14	12	8	3	2	50

(1) 数学の平均点は□点（四捨五入して小数第 1 位まで求める）で，メジアンは□点で，モードは□点である。

(2) 数学と英語の得点の合計が 10 点以下のものは□人，16 点以上の生徒は全体の□%である。

(3) 数学，英語の得点をそれぞれ x，y で表すとき，$x+y=13$ となる生徒は□人いる。

◆考え方

(1)○ **メジアン（中央値）**
50 人の場合だから 25，26 番目の人の成績
○ **モード**
最も人数が多い得点

解法

(1) $4\times2+5\times9+6\times14+7\times12+8\times8+9\times3+10\times2=332$
よって，$332\div50=6.64$ から四捨五入して 6.6
メジアンは $(6+7)\div2=6.5$　モードは 6 点

(2) $1+2+1+2=6$，$1+1+2+1+2+2+1=10$，
$\dfrac{10}{50}\times100=20$

(3) $3+8=11$

答 (1) **6.6，6.5，6**　(2) **6，20**　(3) **11**

201. 類題トレーニング

1 右の表は，ある学級の生徒 40 人の国語と数学の小テスト（いずれも 5 点満点）の結果の相関表である。

(1) 国語の得点が 3 点である生徒の数学の平均点を求めよ。ただし，四捨五入して小数第 1 位まで求めよ。

(2) 数学の得点が国語の得点より高い生徒は何人いるか。（大分）

（点）

数学の得点 ＼ 国語の得点	0	1	2	3	4	5
5					3	5
4			2	2	4	2
3		1	2	3	2	2
2		2	2	2	2	
1		1	1	2		
0						

2 右の表は，あるクラスの生徒一人一人が，A，Bの２種類のゲームを行い，その得点の関係を人数でまとめたものである。

(1) Bのゲームの得点の方がAの得点よりも高い生徒の人数は全体の何％にあたるか，求めよ。

(2) この表から，Aのゲームの得点とBのゲームの得点との間には，ほぼ，どのような関係があると考えられるか。 (石川)

B＼A	0点	1点	2点	3点	4点	5点	6点	7点	8点
8点									
7点								1	1
6点						1	2	1	
5点					2	3	1		
4点				1	3	1	1		
3点				2	2				
2点			1	1					
1点		1							
0点									

先輩からのことば

※（　）内はその他の合格高校名

佐藤先生の添削が数学の持つ理論的な楽しさを教えてくれました。

都立立川高合格

正直言って私の中２のときの数学はあまりよくなかった。佐藤先生の添削をやってからこの教科の持つ理論的な楽しさがわかるようになり，成績もメキメキ上がった。先生が出す問題や，出版された問題集の中の，わからない問題を大学ノートに書き出すと６冊にもなったのはおどろいた。入試の１カ月ぐらい前から，それらのノートを何回も何回も見直し「類似問題がでたら，絶対ものにする」という意気ごみで試験に挑戦したのがよかったのだと思う。

私にとって，佐藤先生は，“足ながおじさん”のような方でした。なぜかというと，私は佐藤先生と，お会いしたことが１度もないからです。佐藤先生は私にとって月に２回，すばらしい問題をくださる“数学の足ながおじさん”だったのです。

私は入試に行くとき，宝物を持っていきました。その宝物とは，先生が最後の添削の類題研究のところに書いてくださったはげましのことばの紙です。試験のはじまる前に私は何度も何度も先生のことばを読み返しました。不思議に，回りの人達はちっとも秀才に見えませんでした。私のうしろには父もいる。母もいる。そして佐藤先生もいる。そんな思いが緊張をゆるめてくれたんですね。この紙は白い封筒にいれて大事に机のひきだしの中にしまってあります。大学入試の時に，また持っていくつもりです。佐藤先生に知りあえて良かったという気持でいっぱいです。

佐藤先生万歳！

入試には佐藤数学でやった問題が!! 自信が持てて，とても助かった！

日本女子附高合格（共立女子高）

夏休みから，予想問題までずっと通いました。教科書の問題ですら，自信を持てなかったのですが，佐藤数学教室へ通ったおかげで成績も上がり，数学が面白くなった。共立では，佐藤数学でやったことのある問題ばかりがでて，とても助かった。答えを覚えていたものすらあった。

このままでは数学で不合格に！ そんな私も佐藤数学で救われました。

青山学院高合格（恵泉女学園高）

１年生のころから英・国に関しては自信を持っていたが数学は苦手でした。３年になっても数学の悩みはひどく，どこの会場テストでも50点よりとれなく，代ゼミの公開では何と５点というあり様。あきらめかけていた私に先生の数学を勧めてくれたのはおととし早大学院に入ったいとこでした。このままでは数学で不合格になってしまう。夏休みごろから先生の数学に真剣にとりくみ，これまでの分をとり返すつもりで必死でした。入試直前まで「入試によくでる数学」その他先生の講座でできなかったものを存分にくり返した。このやり方は私に大切な役目を果たしたように思う。はじめはたじろぐ問題も慣れるにつれて大きな自信につながった。恵泉女学園の入試問題を見た時の喜びはひとしおでした。先生の数学で学習したものがほとんどそのまま全問のおよそ５割もでたのです。特に最後の問題はあのラ・サール高でだされたものです。まったく夢のようでした。青山学院の最後に面積と関数の類題がでたことも単に偶然とは思えない。受験数学に関して先生の数学をたんねんに解いた事が良かったのだと思う。

感動しました！　これも，これも佐藤の数学でやった問題ばかり。

慶応志木高合格（早稲田実業高）

慶応志木の入試の時のあの感動はわすれることができない。合図と共にテストをめくった時「あっ」とゴクリとつばをのみこんだ。「何だこれは。これも，これも，佐藤数学でやった問題じゃないか」急に私の世界が開けてきたようでした。第一志望校をこんなに簡単にかたづけてしまってよいものかと思った。本当にありがとう。「佐藤数学に栄光あれ！」

苦手の数学に自信がついたのは，佐藤数学のおかげ。ありがとう！

慶応女子高合格（青山学院高）

佐藤先生，本当におせわになりました。いつもはやさしいはずの慶応女子の数学がことしは非常にむずかしかったのでやっていくうちにあせってしまったのですが，関数の問題がやったことのあるのがでて，できました。もちろん数学教室のプリントでやったのです。この問題で落ち着いたおかげで合格することができました。苦手だった数学に自信がついたのも佐藤数学のおかげです。ありがとうございました。

数学が難問だったが，合格のポイントは佐藤先生と同じ問題だった。

中央大附高合格

中央大附高の時は非常に数学が難問だった。しかし，佐藤先生のと同じ問題が２題でていて，そこが解けたのが合格のポイントとなったと思う。桐蔭では９割がまったく同じ問題がでているのにはただただ驚くばかりでした。

模擬試験の偏差値が急上昇。自分でも夢のよう。佐藤数学バンザイ！

翠嵐高合格（慶応高，早大学院）

ぼくはほんとうに先生と知り合えてよかったと思っています。実を言って３年の一学期ごろは，代ゼミの模試などでは常に偏差値 56 ～ 60 の間だったのに，二学期に入って急に 75 以上をとり，それ以来数学に関しては絶対的なものになりました。ほんとに夢のようでした。先生の著による『入試によくでる数学』は，我がクラスの三分の二が持っているという恐るべき本です。佐藤数学バンザイ!! !!

体調不調の受験でも，佐藤の数学でつちかった自信で波に乗った。

都立青山高合格（海城高，早大学院）

入試では前日に 40℃の熱がでてたいへんだった。しかし，海城に受かって波に乗った。思えばあのスランプの９月，得意の数学だったのが偏差値 59。あわてて添削と「入試によくでる数学」に。続いて冬期，予想とやるうちに，偏差値は 75 をわらないばかりか 80 にもなった。本当に佐藤の数学は救世主です。

佐藤先生の添削はやっていて損はない。受験数学に強くなります。

都立九段高合格

私は添削だけでお世話になりました。佐藤先生の数学は，どこの進学教室の数学よりも難しかったと思います。開成には合格しませんでしたが数学だけは，添削をやっていたおかげですらすら解けました。開成，武蔵などの一流高校を受験する人は，一度は佐藤先生の問題をやってみたらよいと思います。絶対にそれだけの効果は上がるでしょう。

佐藤先生からのメッセージ

『入試によくでる数学――標準編』の手応えはどうだっただろうか。この問題集では，よくでる問題を扱っているので，繰り返しその解法を覚えるまで練習してほしい。その応用としていかなる問題も射程距離にあるのだということをしっかり認識してほしい。解法を覚え，問題にあたったときは，どの解法とどの解法が融合された問題かを見抜くこと，それが君の応用力だ。

さて，そんな応用力を速成するためには，過去の入試問題を研究しつくして作成された予想問題を解くことである。予想問題はやる気を促す。この『入試によくでる数学』を世に出して以来,「『入試によくでる数学』をもっと研究してみたい」「佐藤先生のものすごくよくわかる解き方をもっと知りたい」「佐藤先生の創作予想問題をやってみたい」と，特に国語，英語はまあまあだけれど数学が弱い，という受験生の諸君から切実な要望があった。

確かに，入試当日，予想した問題が１つ的中すれば，それによって精神的に有利になるという利点があり，それだけ時間の制約から気持ちが自由になれる。そして，それが他の科目にまで影響して，合格へ一直線ということにつながる。

そこで「佐藤の入試によくでる数学」を勉強している生徒からの強い要望に応えて全国の受験生，海外の留学生のために通信添削を実施している。興味のある方はぜひこの通信教育を利用してほしい。

◎問い合わせ先：「佐藤数学塾」通信添削係
電話：042-725-0033　〒194-0023 町田市旭町 3-19-2
042-791-0081（代々木町田ゼミナール内）

新装版　入試によくでる数学　標準編

2019年 4 月 15 日　新装版　第 1 刷
2025年 2 月 10 日　　　　　第 8 刷

＊定価はカバーに
表示します。

『入試によくでる数学　標準編』
1996年8月15日　第 1 刷（以後計 34 刷）

著　　者　佐藤　茂
発　　行　株式会社ニュートンプレス
発 行 人　松田洋太郎

販売　株式会社ニュートンプレス
東京都文京区大塚3-11-6（〒112-0012）

本書は1996年8月発行『入試によくでる数学 標準編』を元に，より読みやすく，使いやすくなるように再編集したものです。

落丁本・乱丁本はお取り替えいたします。　Printed in Japan　ISBN978-4-315-52155-9

入試によくでる数学

標準編

●解答●

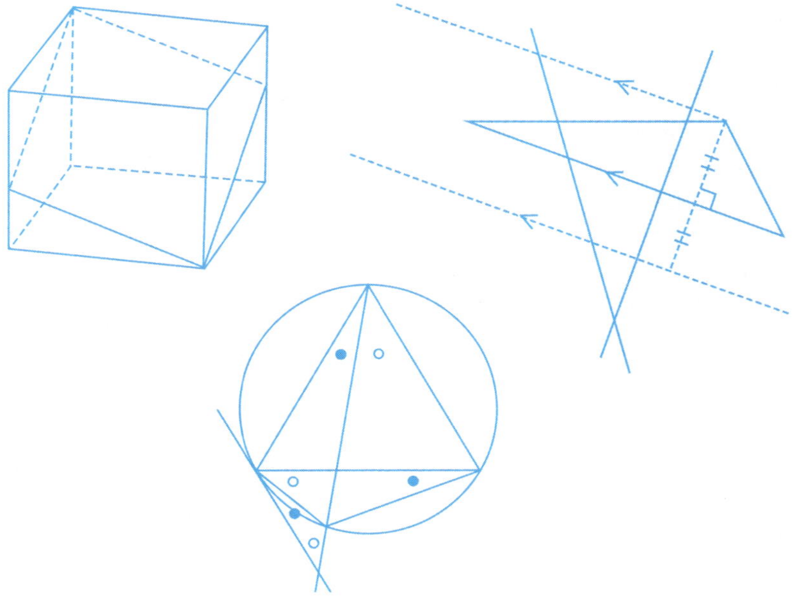

Newton Press

1. 整数(1) — 最大公約数と最小公倍数① —

1 (1) $\mathbf{2^3\times 3^2}$ (2) $\mathbf{2\times 3^2\times 5}$
(3) $\mathbf{2^4\times 3^2}$ (4) $\mathbf{2^2\times 3^2\times 7}$
(5) $\mathbf{2^2\times 3^3\times 7}$

2 (1) **6，60** (2) **12，144**
(3) **6，36** (4) **9，108**

3 $(24,\ 42)=6$ から $\{15,\ 6\}=$**30**

2. 整数(2) — 最大公約数と最小公倍数② —

1 $12\times a'\times 2=72$ から $a'=3$
よって，$a=12\times 3=$**36**

2 $3a+3b=21$ から $a+b=7$
$(a,\ b)=(1,\ 6),\ (2,\ 5),\ (3,\ 4)$ から
3 と 18，6 と 15，9 と 12

3 $13ab=91$ から $ab=7$
よって，$13\times 7-13\times 1=$**78**

4 $2^4\times 3\times 5=(2^2\times 3)\times 2^2\times 5$ から
また，2 けたの 2 数より
$(2^2\times 3)\times 2^2,\ (2^2\times 3)\times 5$
よって，**48 と 60**

3. 整数(3) — 平方数 —

1 (1) $2^2\times 6$ から **6** (2) $3^2\times 5$ から **5**
(3) $2^2\times 30$ から **30** (4) $5^2\times 7$ から **7**
(5) $2^2\times 3^2\times 7$ から **7** (6) $3^2\times 35$ から **35**

2 (1) $7^2\times 6$ から **6** (2) $20^2\times 5$ から **5**

3 $(2^4\times 3^2)\times 3$ から $(2^2\times 3)^2\times 3$ より
$n=2^2\times 3=$**12**

4. 整数(4) — 商と余り① —

1 $52-10=42$　42 の約数で 10 より大きく，最も小さいのは **14**

2 4，5，6 の最小公倍数は 60
よって，$60+1=$**61**

3 $52-4=48$，$78-6=72$ から 48 と 72 の最大公約数 24 の約数で，最も大きいものから **24**

4 8，9 で割って 1 不足することから
$72-1=$**71**

5 商と余りを n とすると，
$13n+n\geqq 100\quad n\geqq 7\frac{1}{7}$
余りは 13 より小さいから $n<13$
よって，$7\frac{1}{7}\leqq n<13$ から **5** 個

5. 整数(5) — 商と余り② —

1 $100m+10n+6=2(50m+5n+3)$ から
$\mathbf{50m+5n+3}$

2 $16x+11=4(4x+2)+3$ から
商 $\mathbf{4x+2}$，余り **3**

3 (1) $A=\mathbf{6p+5}$
(2) $p=4q+1$ から
$A=6(4q+1)+5=\mathbf{24q+11}$
(3) $A=8(3q+1)+3$　　∴ **3**

6. 整数(6) — 倍数の証明 —

1 $(10a+b)+(10b+a)=11(a+b)$
$a+b$ は自然数から **11 の倍数**

2 $2n+(2n+2)+(2n+4)=6(n+1)$
$n+1$ は整数から　6 の倍数

3 $(10a+b)+2(10b+a)=3(4a+7b)$ から
ア $\mathbf{10a+b}$　イ $\mathbf{10b+a}$
ウ **3**　エ $\mathbf{4a+7b}$

4 連続した 2 つの奇数を $2n-1$，$2n+1$ とすると，
$(2n+1)^2-(2n-1)^2=8n$
n は整数から 8 の倍数となる。

7. 整数(7) — 整数の和 —

1 7 の最後の数は，はじめから
$\frac{7(7+1)}{2}$ 番目すなわち 28 番目の数であるから，はじめての 8 は **29** 番目

2 $4=2^2$，$9=3^2$ から奇数を n 個加えたときの和は n^2 となるから
$13^2=$**169**

3 (1) $5+10=$**15**
(2) 3 段目の数の和は $8=2^3$，4 段目の数の和は $16=2^4$ から，$2^{10}=$**1024**

8. 分数

1 6 と 28 の最小公倍数から **84**

2 分母を x とすると，分子は $61-x$ から
$x=2(61-x)-14$　　∴ $x=36$　$\mathbf{\frac{25}{36}}$

3 $\frac{2a}{5a}$ とおく。$2a+5a=56$ から $a=8$
よって，**40**

4　$\dfrac{2a}{3a}$ とおく。$2a\times 3a=150$　$6a^2=150$

$a^2=25$　$a>0$　　∴　$a=5$　$\mathbf{\dfrac{10}{15}}$

9. 正負の数(1) ― 代数和 ―

(1) **−4**　(2) **−5**　(3) **−10**　(4) **−6**
(5) **−2**　(6) **−12**　(7) **−2**　(8) **−4**
(9) **6**　(10) **−28**　(11) **−3**　(12) **2**

10. 正負の数(2) ― 乗除先行 ―

(1) $-6-8=\mathbf{-14}$　(2) $17-20=\mathbf{-3}$
(3) $10+21=\mathbf{31}$　(4) $-4-6=\mathbf{-10}$
(5) $-7-2=\mathbf{-9}$　(6) $12+2=\mathbf{14}$
(7) $14-18=\mathbf{-4}$　(8) $18-19=\mathbf{-1}$
(9) $-5+4=\mathbf{-1}$　(10) $-5+78=\mathbf{73}$

11. 正負の数(3) ― 累乗 ―

(1) $-9+25=\mathbf{16}$　(2) $-9+16=\mathbf{7}$
(3) $-3\times(-4)=\mathbf{12}$
(4) $-8\times 5\times(-3)=\mathbf{120}$
(5) $25-15=\mathbf{10}$　(6) $9+4=\mathbf{13}$
(7) $-27+36=\mathbf{9}$　(8) $-4+24=\mathbf{20}$
(9) $-18-36=\mathbf{-54}$　(10) $45+2=\mathbf{47}$

12. 正負の数(4) ― 分数・小数を含む ―

(1) $-\dfrac{1}{6}+\dfrac{4}{6}=\mathbf{\dfrac{1}{2}}$　(2) $6\times\dfrac{2}{3}=\mathbf{4}$

(3) $\dfrac{3}{4}-\dfrac{2}{4}=\mathbf{\dfrac{1}{4}}$　(4) $\dfrac{3}{2}-\dfrac{2}{3}=\mathbf{\dfrac{5}{6}}$

(5) $\dfrac{9}{4}\times\dfrac{8}{3}\times\left(-\dfrac{2}{3}\right)=\mathbf{-4}$

(6) $-\dfrac{2}{5}\times\dfrac{10}{3}\times 36=\mathbf{-48}$

(7) $\dfrac{3}{4}-\dfrac{14}{10}\times\dfrac{10}{21}=\mathbf{\dfrac{1}{12}}$　(8) $0.2-0.5=\mathbf{-0.3}$

(9) $8-2=\mathbf{6}$　(10) $-6+9=\mathbf{3}$

13. 正負の数(5) ― かっこの用法 ―

(1) $5-2\times(-2)=\mathbf{9}$　(2) $3-2\times(-3)=\mathbf{9}$

(3) $2-5\times(-1)=\mathbf{7}$　(4) $\dfrac{1}{3}-\dfrac{1}{4}=\mathbf{\dfrac{1}{12}}$

(5) $\dfrac{1}{6}\times\dfrac{12}{5}=\mathbf{\dfrac{2}{5}}$　(6) $\dfrac{3}{4}\times\dfrac{2}{15}=\mathbf{\dfrac{1}{10}}$

(7) $\dfrac{3}{4}\div\dfrac{1}{36}=\mathbf{27}$

(8) $\left(\dfrac{1}{3}-\dfrac{1}{4}\right)\times\dfrac{3}{5}=\mathbf{\dfrac{1}{20}}$

(9) $10-2=\mathbf{8}$　(10) $-24+4=\mathbf{-20}$

14. 比例式

1　(1) $x=\mathbf{2}$　(2) $x=\mathbf{2}$　(3) $x=\mathbf{9}$
　(4) $x=\mathbf{9}$　(5) $x=\mathbf{8}$

2　(1) **5：3**　(2) **9：10**　(3) **9：5**

15. 連比

1　(1) $a:3=\dfrac{1}{3}:\dfrac{1}{2}$　$\dfrac{1}{2}a=1$　　∴　$a=2$

$3:6=\dfrac{1}{2}:b$　$3b=3$　　∴　$b=1$

2，1

(2) $\dfrac{1}{2}:0.02=a:1$，$50:2=a:1$　$a=25$

$0.02:1=1:b$，$2:100=1:b$　$b=50$

25，50

2　(1)

$$\begin{array}{ccccc} a & : & b & : & c \\ 3 & : & 2 & & \\ & & 5 & : & 6 \\ \hline \mathbf{15} & : & \mathbf{10} & : & \mathbf{12} \end{array}$$

(2)

$$\begin{array}{ccccc} a & : & b & : & c \\ 3 & : & 2 & & \\ 4 & & & : & 5 \\ \hline \mathbf{12} & : & \mathbf{8} & : & \mathbf{15} \end{array}$$

(3) $a:b=7:5$，$b:c=3:4$

$$\begin{array}{ccccc} a & : & b & : & c \\ 7 & : & 5 & & \\ & & 3 & : & 4 \\ \hline \mathbf{21} & : & \mathbf{15} & : & \mathbf{20} \end{array}$$

16. 比例配分

1　$180^\circ\times\dfrac{4}{2+3+4}=\mathbf{80^\circ}$

2　(1)

$$\begin{array}{ccccc} A & : & B & : & C \\ 8 & : & 7 & & \\ 4 & & & : & 5 \\ \hline 8 & : & 7 & : & 10 \end{array}$$

から B：C＝**7：10**

(2) $1000\times\dfrac{8}{8+7+10}=\mathbf{320}$**(円)**

3

$$\begin{array}{ccccc} A & : & B & : & C \\ 3 & : & 2 & & \\ & & 4 & : & 5 \\ \hline 6 & : & 4 & : & 5 \end{array}$$

$360^\circ\times\dfrac{4}{6+4+5}=\mathbf{96^\circ}$

④ $1200 \div (8-5) = 400$
$400 \times (5+7+8) = 8000$
(別解) はじめの金額を x 円とすると，
最高額 $= \frac{8}{20}x$，最低額 $= \frac{5}{20}x$
すなわち，$\frac{8}{20}x - \frac{5}{20}x = 1200$
よって，$3x = 24000$ **$x = 8000$(円)**

17. 正比例

① (3)

② $y = \frac{1}{3}x$ から $y = \mathbf{\frac{10}{3}}$

③ $y = -\frac{2}{3}x$ から $y = -\frac{2}{3} \times (-6) = \mathbf{4}$

④ $\mathbf{a = 0,\ b = 12}$

⑤ $x = \mathbf{-4}$

18. 反比例

① $\mathbf{y = -\frac{18}{x}}$

② $y = -\frac{12}{x}$ から $6 = -\frac{12}{x}$，$6x = -12$
$\mathbf{x = -2}$

③ アは 10，イは 5 から **2 倍**
(別解) $1.5 \div 3 = \frac{1}{2}$ より **2 倍**

④ $y = \frac{12}{x}$ から $x = 1, 2, 3, 4, 6, 12, -1, -2, -3, -4, -6, -12$ の **12 個**

⑤ x の値が 25%増→ 1.25 倍 $= \frac{5}{4}$ 倍
よって，y の値は $\frac{4}{5}$ 倍となる。 **20%減**

19. 正比例と反比例

① $y = 4x$，$z = \frac{12}{y}$ から $z = \frac{12}{4x} = \frac{3}{x}$
$\therefore\ z = \frac{3}{15} = \mathbf{\frac{1}{5}}$

② (1) $y = \frac{36}{x}$ $-6 = \frac{36}{a}$ から $a = \mathbf{-6}$
(2) $y = 4x$ から $y = 4 \times (-6) = \mathbf{-24}$

③ $y = ax + \frac{b}{x}$ (a，b は比例定数)とおく。
$\begin{cases} 3 = a + b \\ 3 = 2a + \frac{b}{2} \end{cases}$ から $a = 1$，$b = 2$
よって，$y = x + \frac{2}{x}$ に $x = 3$ を代入して，
$y = 3 + \frac{2}{3} = \mathbf{\frac{11}{3}}$

20. 文字式(1)

① a 時間は $60a$ 分，c 秒は $\frac{c}{60}$ 分から
$\mathbf{60a + b + \frac{c}{60}}$ **(分)**

② $300 \times \frac{a}{100} = \mathbf{3a}$ **(g)**

③ $a \times (1 - 0.2) \times n = \mathbf{0.8an}$ **(円)**

④ $\frac{x}{6} + \frac{x}{4} = \mathbf{\frac{5}{12}x}$ **(時間)**

⑤ $a \times \frac{12}{12+5} = \frac{12}{17}a$ から
銅 $\mathbf{\frac{12}{17}a}$ **(g)** **すず** $\mathbf{\frac{5}{17}a}$ **(g)**

⑥ 46 人の身長の合計は $21a + 25b$(cm)から
$\mathbf{\frac{21a + 25b}{46}}$ **(cm)**

⑦ 食塩の量は $\frac{5}{100}(100 - a) = 5 - \frac{1}{20}a$，全部の量は 100 g から
$\frac{5 - \frac{1}{20}a}{100} \times 100 = \mathbf{5 - \frac{1}{20}a}$ **(%)**

21. 文字式(2)

① $2(x + y) = 10$ から $x + y = 5$
$\therefore\ \mathbf{y = -x + 5}$

② $c + (c - b) = a$ から $\mathbf{c = \frac{a + b}{2}}$

③ $\frac{a + x}{2} = m$ $a + x = 2m$
$\therefore\ x = \mathbf{2m - a}$

④ 昨年の男子を x 人とすると，女子は$(a - x)$人から，
$-0.03x + 0.05(a - x) = 0$
(両辺)×100
$-3x + 5(a - x) = 0$

$-3x+5a-5x=0$

$-8x=-5a \quad \therefore \quad \boldsymbol{x=\frac{5}{8}a}$

5 1年生 a 人，2年生 b 人，3年生 $\frac{6}{5}b$ 人，全体は $3a$ 人から，

$a+b+\frac{6}{5}b=3a$

$5a+5b+6b=15a \quad \therefore \quad \boldsymbol{b=\frac{10}{11}a}$

22. 単項式の乗除(1)

1 (1) a^6 (2) a^3 (3) x^5 (4) a
(5) $a^{1+(m-1)}=a^m$ (6) $a^{(m+1)-(m-1)}=a^2$
(7) a^{7m} (8) $\frac{4}{9}x^6y^2z^4$

2 (1) 3 (2) 3，3，6
(3) 3，3，3 (4) 5

23. 単項式の乗除(2)

1 (1) $-2a^2b^3$ (2) $\frac{1}{3}x^3y$ (3) $-24x^5$
(4) $2a^3b$ (5) $3x$ (6) $-3b^2$
(7) $12x$ (8) $\frac{3}{4}xy$

2 (1) $4a^2b^2$ (2) $2a^3b^2$
(3) $9x^3y$ (4) $\pm 2xy$

24. 単項式の乗除(3)

1 (1) $6xy$ (2) $-2y$ (3) $2b$ (4) $2a$
(5) $2x$ (6) $3ab$ (7) $-8x^2$ (8) $9x^2$

2 (1) x^3y (2) $-2b$

25. 多項式の加減

1 (1) $7a-2$ (2) $6x^2+5y^2$ (3) $x-6y$
(4) $x-16y$ (5) $7x-6$ (6) $\frac{5x+2y}{3}$
(7) $\frac{x+10}{6}$ (8) $\frac{1}{36}$ (9) $\frac{a+3b}{2}$
(10) $\frac{9x-2y}{2}$

2 (1) $\frac{11a-19b}{12}$ (2) 1

26. 式の値

1 (1) 2 (2) $-\frac{8}{9}$ (3) 12 (4) -6
(5) $\frac{5}{12}$

2 (1) 5 (2) 1 (3) $\frac{5}{6}$ (4) 16

27. 分配法則

1 (1) $2x^2-3xy$ (2) $-4x^3+3x^2$
(3) $a-3$ (4) $3a-1$
(5) $5x-2y$ (6) $2xy-\frac{1}{2}$
(7) $-3a^2+2b$ (8) $2x^2-4x+1$

2 (1) $-3a+2b$ から -13
(2) $a-2b+c$ から -4

28. 多項式の乗法(1) ― 公式利用① ―

1 (1) $2x^2+7x+3$ (2) $6x^2+xy-15y^2$
(3) $2x^2+7x-15$ (4) x^3+1
(5) a^2-4b^2+a+2b (6) x^2+5x+6
(7) $x^2+3x-10$ (8) $x^2+4x-21$
(9) $x^2-8x+15$ (10) $x^2-21x+110$
(11) $x^2y^2-xy-20$ (12) $x^2+\frac{1}{6}x-\frac{1}{6}$

2 (1) 2，x (2) 5，2
(3) 5，9

29. 多項式の乗法(2) ― 公式利用② ―

1 (1) $a^2+2ab+b^2$ (2) x^2+6x+9
(3) $x^2-8x+16$ (4) $9x^2-6x+1$
(5) $4a^2-12a+9$ (6) $x^2y^2+xy+\frac{1}{4}$
(7) x^2-1 (8) $4x^2-9$
(9) $9x^2-\frac{1}{4}$ (10) $x^2y^2-0.04$

2 (1) 2，4 (2) $\frac{1}{4}$，$\frac{1}{2}$
(3) $\frac{3}{4}$，$\frac{9}{16}$，4 (4) $\frac{1}{2}x$，$\frac{1}{3}y$

30. 多項式の乗法(3) ― 式の計算 ―

1 (1) x^2+2x-5 (2) a^2-3b^2
(3) $2x+12$ (4) $4xy$
(5) $9x+2$ (6) $5x^2+12x-13$
(7) $-3a$ (8) $5x^2+6xy+2y^2$

2 (1) $2ab$ から $\frac{1}{3}$

(2) x^2+3y^2 から **97**

31. 因数分解(1) ― 公式利用① ―

1 (1) $\boldsymbol{m(x-2)}$ (2) $\boldsymbol{2xy(x+3y)}$

(3) $\boldsymbol{(x-3)(x+2)}$ (4) $\boldsymbol{(x-1)(x-11)}$

(5) $\boldsymbol{(x+6y)(x-2y)}$

(6) $\boldsymbol{(x+5y)(x-2y)}$

(7) $\boldsymbol{(x-4)^2}$ (8) $\boldsymbol{(2x+5)^2}$

(9) $\boldsymbol{(x+2y)(x-2y)}$

(10) $\boldsymbol{(2x+5)(2x-5)}$

2 (1) $x^2+4x-12=\boldsymbol{(x+6)(x-2)}$

(2) $x^2+3xy-4y^2=\boldsymbol{(x+4y)(x-y)}$

(3) $a^2-10ab+25b^2=\boldsymbol{(a-5b)^2}$

(4) $x^2-36=\boldsymbol{(x+6)(x-6)}$

(5) $x^2+x-2=\boldsymbol{(x+2)(x-1)}$

32. 因数分解(2) ― 公式利用② ―

1 (1) $2(x^2-8x-20)=\boldsymbol{2(x-10)(x+2)}$

(2) $m(x^2-10x-24)=\boldsymbol{m(x-12)(x+2)}$

(3) $2x(x^2-6x-16)=\boldsymbol{2x(x-8)(x+2)}$

(4) $a(a^2+3a-10)=\boldsymbol{a(a+5)(a-2)}$

(5) $3a(a^2-5a+6)=\boldsymbol{3a(a-2)(a-3)}$

(6) $3b(a^2-2a-3)=\boldsymbol{3b(a-3)(a+1)}$

(7) $3(x^2-4x+4)=\boldsymbol{3(x-2)^2}$

(8) $2b(a^2-10a+25)=\boldsymbol{2b(a-5)^2}$

(9) $2(a^2-25)=\boldsymbol{2(a+5)(a-5)}$

(10) $4(x^2-4y^2)=\boldsymbol{4(x+2y)(x-2y)}$

(11) $x(4y^2-9)=\boldsymbol{x(2y+3)(2y-3)}$

(12) $b(a^2-c^2)=\boldsymbol{b(a+c)(a-c)}$

33. 因数分解(3) ― おきかえ ―

1 (1) $\mathrm{A}^2+3\mathrm{A}-18=(\mathrm{A}+6)(\mathrm{A}-3)$
$=\boldsymbol{(x+8)(x-1)}$

(2) $\mathrm{A}^2+\mathrm{A}-6=(\mathrm{A}+3)(\mathrm{A}-2)$
$=\boldsymbol{(x-y+3)(x-y-2)}$

(3) $\mathrm{A}^2-4\mathrm{A}=\mathrm{A}(\mathrm{A}-4)$
$=\boldsymbol{(a-b)(a-b-4)}$

(4) $\mathrm{A}^2-2\mathrm{A}=\mathrm{A}(\mathrm{A}-2)$
$=\boldsymbol{(x-2)(x-4)}$

(5) $3\mathrm{A}^2-6\mathrm{A}=3\mathrm{A}(\mathrm{A}-2)$
$=\boldsymbol{3(x-2)(x-4)}$

(6) $\mathrm{A}^2-9=(\mathrm{A}+3)(\mathrm{A}-3)$
$=\boldsymbol{(x+5)(x-1)}$

(7) $\mathrm{A}^2-9=(\mathrm{A}+3)(\mathrm{A}-3)$
$=\boldsymbol{(2x+y+3)(2x+y-3)}$

(8) $x^2-\mathrm{A}^2=(x+\mathrm{A})(x-\mathrm{A})$
$=\boldsymbol{(x+y-2)(x-y+2)}$

(9) $x(y+3)-(y+3)=x\mathrm{A}-\mathrm{A}$
$=\mathrm{A}(x-1)$
$=\boldsymbol{(y+3)(x-1)}$

(10) $a\mathrm{A}^2-8a\mathrm{A}+16a=a(\mathrm{A}^2-8\mathrm{A}+16)$
$=a(\mathrm{A}-4)^2$
$=\boldsymbol{a(x-3)^2}$

(11) $(a-2)^2-b^2=\mathrm{A}^2-b^2=(\mathrm{A}+b)(\mathrm{A}-b)$
$=\boldsymbol{(a-2+b)(a-2-b)}$

(12) $(a-b)^2-2(a-b)-3=\mathrm{A}^2-2\mathrm{A}-3$
$=(\mathrm{A}-3)(\mathrm{A}+1)$
$=\boldsymbol{(a-b-3)(a-b+1)}$

34. 多項式の乗法の応用

1 $109=a$, $106=b$ とする。
$a^2-2ab+b^2=(a-b)^2$
よって $(109-106)^2=3^2=\mathbf{9}$

2 $\frac{x^2+y^2-2xy}{2}=\frac{(x-y)^2}{2}=\frac{8^2}{2}=\mathbf{32}$

3 $x^2+5xy+6y^2=(x+2y)(x+3y)$
$=0\times(x+3y)=\mathbf{0}$

4 (1) $\boldsymbol{(b-a)^2}$

(2) $\{a-(b-a)\}^2=\boldsymbol{(2a-b)^2}$

(3) $\mathrm{EM}=(b-a)-(2a-b)=2b-3a$ から
$\boldsymbol{(2b-3a)(2a-b)=-6a^2+7ab-2b^2}$

35. 平方根(1) ― 基礎 ―

1 **オ**

2 **イ，ケ**

36. 平方根(2) ― 近似値 ―

1 $3\sqrt{12}=3\times2\sqrt{3}=6\sqrt{3}=6\times1.73=\mathbf{10.38}$

2 (1) $\sqrt{2000}=\sqrt{0.2\times10000}=100\sqrt{0.2}$
$=\mathbf{44.7}$

(2) $\sqrt{\frac{2}{10000}}=\frac{\sqrt{2}}{100}=\mathbf{0.01414}$

3 $\sqrt{\frac{60}{100}}=\frac{\sqrt{60}}{10}=\frac{7.746}{10}=\mathbf{0.7746}$

4 $\sqrt{560}=\sqrt{1.4\times400}=20\sqrt{1.4}$
$=20\times1.183=\mathbf{23.66}$

$\boxed{5}$ $2\sqrt{5}-2\sqrt{2}=2(\sqrt{5}-\sqrt{2})$
$=2\times0.822\fallingdotseq\mathbf{1.64}$

37. 平方根(3) — 大・小 —

$\boxed{1}$ $\sqrt{16}$, $\sqrt{12}$, $\sqrt{18}$ から $\mathbf{2\sqrt{3}}$

$\boxed{2}$ $\left(\dfrac{\sqrt{5}}{3}\right)^2=\dfrac{5}{9}\fallingdotseq0.5$, $0.4^2=0.16$,
$\left(\dfrac{1}{\sqrt{3}}\right)^2=\dfrac{1}{3}\fallingdotseq0.3$ よって，$\mathbf{0.4}$

$\boxed{3}$ $\left(\dfrac{3}{2}\right)^2=\dfrac{9}{4}$, $\left(\sqrt{\dfrac{3}{2}}\right)^2=\dfrac{3}{2}=\dfrac{6}{4}$,
$\left(\dfrac{3}{\sqrt{2}}\right)^2=\dfrac{9}{2}=\dfrac{18}{4}$,
$\left(\dfrac{\sqrt{3}}{2}\right)^2=\dfrac{3}{4}$ から
$\mathbf{\dfrac{3}{\sqrt{2}}}$, $\mathbf{\dfrac{3}{2}}$, $\mathbf{\sqrt{\dfrac{3}{2}}}$, $\mathbf{\dfrac{\sqrt{3}}{2}}$

$\boxed{4}$ 平方して $5<n^2<60$
よって，$n^2=9$, 16, 25, 36, 49
$n>0$, $n=\mathbf{3}$, $\mathbf{4}$, $\mathbf{5}$, $\mathbf{6}$, $\mathbf{7}$

$\boxed{5}$ 平方して $9<2a<16$　$4.5<a<8$
$\therefore$ $a=\mathbf{5}$, $\mathbf{6}$, $\mathbf{7}$

38. 平方根(4) — 有理数 —

$\boxed{1}$ $2\sqrt{30n}$ から $n=\mathbf{30}$

$\boxed{2}$ $a=3$, 3×2^2　$\therefore$ $a=\mathbf{3}$, $\mathbf{12}$

$\boxed{3}$ $3\sqrt{2x}$ から $x=2$, 2×2^2 より **2 個**

$\boxed{4}$ $19-3n=1$, 4, 9, 16
n は整数より $n=\mathbf{6}$, $\mathbf{5}$, $\mathbf{1}$

$\boxed{5}$ $2\sqrt{3(13-2m)}$ から
$13-2m=3$　$\therefore$ $m=\mathbf{5}$

39. 平方根の計算(1) — 基本 —

$\boxed{1}$ (1) $\mathbf{2\sqrt{2}}$ (2) $\mathbf{2\sqrt{5}}$ (3) $\mathbf{2\sqrt{7}}$ (4) $\mathbf{3\sqrt{5}}$
(5) $\mathbf{4\sqrt{3}}$ (6) $\mathbf{5\sqrt{2}}$ (7) $\mathbf{5\sqrt{3}}$ (8) $\mathbf{4\sqrt{6}}$

$\boxed{2}$ (1) $\mathbf{5\sqrt{2}}$ (2) $\mathbf{\sqrt{3}}$ (3) $\mathbf{2\sqrt{2}}$ (4) $\mathbf{7\sqrt{3}}$
(5) $\mathbf{5}$

$\boxed{3}$ (1) $\mathbf{4}$ (2) $\mathbf{\dfrac{1}{2}}$ (3) $\mathbf{-6}$ (4) $\mathbf{3\sqrt{3}}$
(5) $\mathbf{-\sqrt{6}}$ (6) $\mathbf{\sqrt{3}}$ (7) $\mathbf{5}$
(8) $\mathbf{4+6\sqrt{3}}$

40. 平方根の計算(2) — 分母の有理化 —

$\boxed{1}$ (1) $\mathbf{\dfrac{3\sqrt{7}}{7}}$ (2) $\mathbf{\dfrac{2\sqrt{3}}{3}}$ (3) $\mathbf{\sqrt{3}}$
(4) $\mathbf{\dfrac{2+\sqrt{6}}{2}}$ (5) $\mathbf{\sqrt{3}-2}$

$\boxed{2}$ (1) $3\sqrt{2}+2\sqrt{2}=\mathbf{5\sqrt{2}}$
(2) $3\sqrt{2}-\sqrt{2}=\mathbf{2\sqrt{2}}$
(3) $5\sqrt{3}-2\sqrt{3}=\mathbf{3\sqrt{3}}$
(4) $2\sqrt{5}+6\sqrt{5}=\mathbf{8\sqrt{5}}$
(5) $2\sqrt{2}-\dfrac{3\sqrt{2}}{2}=\mathbf{\dfrac{\sqrt{2}}{2}}$
(6) $4\sqrt{3}-2\sqrt{3}-5\sqrt{3}=\mathbf{-3\sqrt{3}}$
(7) $3\sqrt{3}-4\sqrt{3}+3\sqrt{3}=\mathbf{2\sqrt{3}}$
(8) $3\sqrt{7}-2\sqrt{7}+\sqrt{7}=\mathbf{2\sqrt{7}}$
(9) $\dfrac{2\sqrt{3}}{3}-\dfrac{\sqrt{3}}{2}-\dfrac{\sqrt{3}}{6}=\mathbf{0}$
(10) $3\sqrt{6}-\sqrt{6}=\mathbf{2\sqrt{6}}$

41. 平方根の計算(3) — 多項式の乗法 —

$\boxed{1}$ (1) $5+2\sqrt{5}+1=\mathbf{6+2\sqrt{5}}$ (2) $7-5=\mathbf{2}$
(3) $12-5=\mathbf{7}$ (4) $\mathbf{\sqrt{3}-2\sqrt{2}}$
(5) $\mathbf{3\sqrt{2}}$ (6) $\mathbf{4}$
(7) $\mathbf{11-4\sqrt{2}}$ (8) $\mathbf{\dfrac{3}{4}}$

$\boxed{2}$ (1) $a^2+2a+1-2a=a^2+1$ から $3+1=\mathbf{4}$
(2) $a(a-b)$ から $(2+\sqrt{3})(2-\sqrt{3})=4-3=\mathbf{1}$
(3) $(a+b)(a-b)$ から $2\sqrt{2}\times2=\mathbf{4\sqrt{2}}$
(4) $A^2+6A+9=(A+3)^2$ から $(\sqrt{2})^2=\mathbf{2}$
(5) $(x+y)^2-xy=2^2-(1-3)=\mathbf{6}$

42. 平方根の小数部分

$\boxed{1}$ (1) $a=\mathbf{2}$, $b=\mathbf{2\sqrt{2}-2}$
(2) $\sqrt{49}<\sqrt{63}<\sqrt{64}$, $7<\sqrt{63}<8$ から
$a=\mathbf{7}$, $b=\mathbf{3\sqrt{7}-7}$
(3) $a=\mathbf{4}$, $2+\sqrt{5}=4+b$ から $b=\mathbf{\sqrt{5}-2}$
(4) $a=\mathbf{1}$, $3-\sqrt{2}=1+b$ から $b=\mathbf{2-\sqrt{2}}$

$\boxed{2}$ $\sqrt{3}=1+m$ から $m=\sqrt{3}-1$
$(m+1)^2-4$ に代入して，$3-4=\mathbf{-1}$

$\boxed{3}$ $\sqrt{3}\fallingdotseq1.73$ から $a=4$, $6-\sqrt{3}=4+b$ から
$b=2-\sqrt{3}$
よって，$\sqrt{3}\times4+(2-\sqrt{3})^2=\mathbf{7}$

43. 1次方程式の解法

□1 (1) $x=3$ (2) $x=2$ (3) $x=3$
(4) $x=14$ (5) $x=5$ (6) $x=6$
(7) $x=4$ (8) $x=-8$

□2 (1) $a=1$ (2) $a=-1$ (3) $a=-4$

44. 等式の変形

□1 (1) $2x=1-3y$, $\boldsymbol{x=\frac{1-3y}{2}}$

(2) $5y=3x-10$, $\boldsymbol{y=\frac{3x-10}{5}}$

(3) $\boldsymbol{h=\frac{V}{\pi r^2}}$

(4) $a+b=\frac{l}{2}$ $\boldsymbol{b=\frac{l}{2}-a}$

(5) $3t=v-a$ $\boldsymbol{t=\frac{v-a}{3}}$

(6) $\frac{9}{5}c=F-32$ $\boldsymbol{c=\frac{5}{9}(F-32)}$

(7) $r+h=\frac{S}{2\pi r}$ $\boldsymbol{h=\frac{S}{2\pi r}-r}$

(8) $A+Art=S$, $Art=S-A$
$\boldsymbol{r=\frac{S-A}{At}}$

45. 1次方程式の応用(1) ― 過不足 ―

□1 生徒を x 人とすると,
$4x+9=6x-13$ から $x=11$ **11人**

□2 生徒を x 人とすると,
$10(x-5)+6=7x+10$ から $x=18$
$7\times18+10=136$
18人, 136個

□3 (1) $\boldsymbol{4(x+21)=5(x-4)+4}$
(2) $x=100$ から $4\times(100+21)=484$
100脚, 484人

46. 1次方程式の応用(2) ― 年齢 ―

□1 x 年前とすると,
$39-x=3(15-x)$ から $x=3$ **3年前**

□2 現在の子の年齢を x 歳とすると,
$5x+18=2(x+18)$ から $x=6$ **6歳**

□3 現在の父の年を x 歳とすると, 子は
$(x-39)$ 歳
よって, $x+6=4\{(x-39)+6\}$
∴ $x=46$ **父46歳, 子7歳**

47. 1次方程式の応用(3) ― 割合 ―

□1 定価を x 円とすると,
$x(1-0.2)=960$
$0.8x=960$ $x=1200$ **1200円**

□2 原価を x 円とすると,
$a(1-0.1)=x(1+0.2)$
$0.9a=1.2x$ $x=\frac{3a}{4}$ $\boldsymbol{\frac{3}{4}a}$ **円**

□3 原価を x 円とすると,
$x(1+0.4)\times(1-0.2)-x=2640$ から
$1.4x\times0.8-x=2640$
$0.12x=2640$, $x=22000$ **22000円**

48. 1次方程式の応用(4) ― 時間と距離① ―

□1 A君が歩いた時間を x 分とすると, 走った時間は $(26-x)$ 分から
$\frac{4200}{60}x+\frac{9000}{60}(26-x)=2300$
∴ $x=20$ **20分**

□2 自転車に乗った時間を x 時間とすると,
$18x+4\left(\frac{3}{2}-x\right)=13$ ∴ $x=\frac{1}{2}$
よって, **30分**

(別解) 自転車に乗った距離を x kmとすると,
$\frac{x}{18}+\frac{13-x}{4}=1\frac{1}{2}$ ∴ $x=9$
よって, $60\times\frac{9}{18}=30$ **30分**

49. 1次方程式の応用(5) ― 時間と距離② ―

□1 A, B間の距離を x kmとする。予定した時間を2通りに表すと,
$\frac{x}{4}-\frac{15}{60}=\frac{x}{5}+\frac{15}{60}$ から $x=10$
$\frac{10}{5}+\frac{15}{60}=\frac{135}{60}$
10km, 2時間15分

□2 家から学校までの距離を x kmとすると,
$\frac{x}{80}-\frac{x}{320}=15$ から $x=1600$
1600m

③ 家から友人の家までの距離を x m とすると，

$\frac{x}{300}+5=\frac{x}{200}-5$ から $x=6000$

$\frac{6000}{300}+5=25$

$6000\div 25=240$

毎分 240 m

50．1次方程式の応用(6) — 時間と距離③ —

① 兄が走り始めてから x 分後とすると，弟はその地点まで $(x+3)$ 分かかったことになるから，

$240(x+3)=300x$

$\therefore\ x=12$ **12 分後**

② 兄が出発してから x 分後に着いたとすると，

$\frac{12000}{60}(x+10)=\frac{18000}{60}x$ から $x=20$

$\frac{18000}{60}\times 20=6000$ **6 km**

51．1次方程式の応用(7) — 食塩水 —

① 水を x g 加えるとする。

$\frac{150\times\frac{6}{100}}{150+x}=\frac{2}{100}$ から $9=\frac{2}{100}(150+x)$

$\therefore\ x=300$ **300 g**

② 食塩を x g 加えるとする。

$\frac{300\times\frac{4}{100}+x}{300+x}=\frac{10}{100}$ から

$12+x=\frac{1}{10}(300+x)$

$\therefore\ x=20$ **20 g**

③ 8% の食塩水が x g あったとする。

$\frac{\frac{8x}{100}}{x+100}=\frac{6}{100}$　$\frac{8x}{100}=\frac{6}{100}(x+100)$

$\therefore\ x=300$ **300 g**

④ はじめ x g あったとする。

$\frac{(x-100)\times\frac{9}{100}}{x-100+200}=\frac{5}{100}$

$\frac{9}{100}(x-100)=\frac{5}{100}(x+100)$

$\therefore\ x=350$ **350 g**

52．不等号(1) — 基本 —

① (1) $a=3,\ b=2$ とする。 $\boldsymbol{\frac{1}{a}}$

(参考) $b-\frac{1}{a}=\frac{ab-1}{a}$ ………①

ここで，$a>1,\ b>1$ より，$ab>1$ であるから，①の分母，分子はともに正である。

よって，$b>\frac{1}{a}$ ………②

$\frac{1}{a}-\frac{1}{b}=\frac{b-a}{ab}$ ………③

ここで，$a>b$ より，③の分子は負，また，分母は正である。

よって，$\frac{1}{a}<\frac{1}{b}$ ………④

②，④より，最も小さい数は $\boldsymbol{\frac{1}{a}}$

(2) $c=\frac{1}{2},\ d=\frac{1}{3}$ とする。 $\boldsymbol{\frac{1}{d}}$

(参考) $0<c<1,\ 0<d<1,\ c>d$ より

$\frac{1}{c}<\frac{1}{d}$ ………①

$c-\frac{1}{c}=\frac{c^2-1}{c}$ ………②

ここで，$0<c<1$ より，$c^2<1$ であるから，②の分子は負，また，分母は正である。

よって，$c<\frac{1}{c}$ ………③

①，③より，最も大きい数は $\boldsymbol{\frac{1}{d}}$

② ①から a と b は異符号，②から b と c は同符号。

a が正，b と c が負とすると，これは③をみたす。

a が負，b と c が正とすると，これは③をみたさない。

ゆえに，$a>0,\ b<0,\ c<0$

a	b	c	③
+	−	−	○
−	+	+	×

$\boldsymbol{a>0,\ b<0,\ c<0}$

3 $a=2$，$b=-1$ とする。 **4番目**

53. 不等号(2) ― 四捨五入，式の値の範囲 ―

1 **イ**

2 ある整数を x とすると，

$2.05 \leqq \frac{x}{31} < 2.15$，31 をかけると，

$63.55 \leqq x < 66.65$ から $x=$**64，65，66**

3 (1) $\boldsymbol{3<a+b<6}$ (2) $\boldsymbol{0<a-b<3}$

4
$$\begin{array}{rcl} -2\leqq & 2x & \leqq 8 \\ \underline{-3\leqq} & \underline{-y} & \underline{\leqq 1} \ (+ \\ -5\leqq & 2x-y & \leqq 9 \end{array}$$
から A $=$ **−5**，B $=$ **9**

54. 1次不等式の解法(1) ― 基本 ―

1 (1) $\boldsymbol{x>2}$ (2) $\boldsymbol{x>3}$ (3) $\boldsymbol{x<3}$

(4) $\boldsymbol{x>\frac{6}{7}}$ (5) $\boldsymbol{x>7}$ (6) $\boldsymbol{x<-8}$

(7) $\boldsymbol{x>1}$ (8) $\boldsymbol{x\leqq -2}$ (9) $\boldsymbol{x\geqq 3}$

(10) $\boldsymbol{x>\frac{5}{2}}$

55. 1次不等式の解法(2) ― 応用 ―

1 (1) $\boldsymbol{x>\frac{18}{7}}$ (2) $\boldsymbol{x<9}$ (3) $\boldsymbol{x<\frac{1}{2}}$

(4) $\boldsymbol{x>\frac{2}{3}}$ (5) $\boldsymbol{x<\frac{8}{7}}$ (6) $\boldsymbol{x\leqq -\frac{13}{15}}$

(7) $\boldsymbol{x>2}$ (8) $\boldsymbol{x<\frac{4}{5}}$ (9) $\boldsymbol{x\geqq 4}$

(10) $\boldsymbol{x<3}$

56. 1次不等式の解法(3) ― 解の個数 ―

1 $\boldsymbol{x=4}$

2 **4個**

3 **2，3，5，7，11**

4 **6個**

5 **1，2，3，4**

57. 1次不等式と1次方程式

1 $x>\frac{3-a}{2}$ から $\frac{3-a}{2}=-1$ より $\boldsymbol{a=5}$

2 $x>\frac{a-2}{3}$ から $\frac{a-2}{3}=1$ より $\boldsymbol{a=5}$

3 $x=-4-4a$ から $-4-4a>1$ より

$\boldsymbol{a<-\frac{5}{4}}$

4 $x>6-2a$，$x>2$ から $6-2a=2$ より $\boldsymbol{a=2}$

58. 1次不等式の応用(1) ― 整数 ―

1 ある自然数を x とする。

$5x+3>8x-6$

∴ $x<3$ より $x=$**1，2**

2 十の位の数を x とする。

$10x+8<3(x+8)$

∴ $x<2\frac{2}{7}$ より $x=1$，2

よって，求める整数は，**18，28**

3 3つの整数を $x-1$，x，$x+1$ とおく。

$100-\{(x-1)+x+(x+1)\}\geqq 27$

∴ $x\leqq 24\frac{1}{3}$ より **23，24，25**

59. 1次不等式の応用(2) ― 金額と個数① ―

1 ボールペンを x 本とする。

$150x+50(13-x)\leqq 1500$ から $x\leqq 8.5$

よって，**ボールペン8本，鉛筆5本**

2 子供の数を x 人とする。

$250(220-x)+120x\leqq 40000$ から

$x\geqq 115\frac{5}{13}$ **116人**

3 ボールペンを x 本とすると，

$3000-\{120x+80(25-x)\}\geqq 500$ から

$x\leqq 12.5$ **12本**

60. 1次不等式の応用(3) ― 金額と個数② ―

1 130円のノートを x 冊($x>10$)とすると，130円の10冊分は1300円，10冊をこえた分は$(x-10)$冊で，その1冊の代金は$130\times(1-0.2)=104$(円)となるから

$1300+104(x-10)<120x$

$x>16\frac{1}{4}$ より **17冊**

2 (1) $200\times 50+150\times(70-50)=$ **13000(円)**

(2) x 冊($x>50$)とすると，

$200\times 50+150(x-50)<180x$

$x>83\frac{1}{3}$ より **84冊**

61. 1次不等式の応用(4) ― 時間と距離 ―

1 求める距離を x m とすると，

$\frac{4000-x}{60}+\frac{x}{80}\leqq 60$ から

$x\geqq 1600$ より **1600 m 以上**

2 求める距離を x m とすると，

$5+\frac{x}{100}+10+\frac{x}{300}+5\leqq 40$ から

$x\leqq 1500$ より **1500 m**

62. 1次不等式の応用(5) ― 食塩水 ―

1 水を x g 加えるとすると，

$\frac{200\times\frac{8}{100}}{200+x}\leqq\frac{5}{100}$ から

$16\leqq\frac{1}{20}(200+x)$ より $x\geqq 120$ **120 g 以上**

2 塩を x g 加えるとすると，

$\frac{100\times\frac{12}{100}+x}{100+x}\geqq\frac{20}{100}$ から

$12+x\geqq\frac{1}{5}(100+x)$ より $x\geqq 10$ **10 g 以上**

3 $\frac{500\times\frac{2}{100}+\frac{7}{100}x}{500+x}\geqq\frac{5}{100}$ から

$10+\frac{7}{100}x\geqq\frac{1}{20}(500+x)$ より $\boldsymbol{x\geqq 750}$

63. 連立方程式の解法(1) ― 代入法，加減法 ―

1 (1) $x=2,\ y=3$ (2) $x=2,\ y=-1$
(3) $x=3,\ y=-5$ (4) $x=3,\ y=-4$
(5) $x=1,\ y=-1$ (6) $x=2,\ y=-1$
(7) $x=2,\ y=1$ (8) $x=9,\ y=-6$

64. 連立方程式の解法(2) ― 応用 ―

1 (1) $x=1,\ y=\frac{3}{2}$ (2) $x=4,\ y=6$
(3) $x=2,\ y=-3$ (4) $x=28,\ y=18$
(5) $x=1,\ y=-2$ (6) $x=\frac{5}{4},\ y=-\frac{1}{2}$
(7) $x=1,\ y=-1$ (8) $x=3,\ y=-2$

65. 連立方程式の解法(3) ― 3つの式 ―

1 $x=2y$ を①，②に代入して，

$2y+2y=a+6$　$4y-a=6$ ………③

$-2y+3y=a$　$y=a$ ………④

③，④から $\boldsymbol{a=2}$

2 $\begin{cases}3p+6q=0\\4p-q=-3\end{cases}$ から $p=-\frac{2}{3},\ q=\frac{1}{3}$

②に代入して，$\boldsymbol{a=3}$

66. 連立方程式の解法(4) ― 解と係数 ―

1 $\boldsymbol{a=2,\ b=-1}$

2 $\boldsymbol{a=1,\ b=4}$

3 $\boldsymbol{a=6,\ =2}$

67. 連立方程式の解法(5) ― A＝B＝C ―

1 (1) $\boldsymbol{x=\frac{5}{13},\ y=-\frac{15}{13}}$ (2) $\boldsymbol{x=7,\ y=4}$
(3) $\boldsymbol{x=\frac{1}{5},\ y=-\frac{7}{5}}$ (4) $\boldsymbol{x=6,\ y=-3}$

2 $\boldsymbol{a=-6,\ b=-3}$

68. 連立方程式の応用(1) ― 金額と個数 ―

1 40円の鉛筆を x 本，60円の鉛筆を y 本とする。

$\begin{cases}x+y=16\\40x+60y=780\end{cases}$ から $x=9,\ y=7$

40円を **9** 本，60円を **7** 本

2 A切手は a 円，B切手を b 円とする。

$\begin{cases}4a+3b=560\\5a+4b=730\end{cases}$　$a=50,\ b=120$

A **50円**　B **120円**

3 (1) $\boldsymbol{3x+3500}$(円)
(2) $\boldsymbol{3x+3500=120y+140=135y-x-30}$
(3) **400** 円，**38** 人

69. 連立方程式の応用(2) ― 平均 ―

1 男子の平均を x cm，女子の平均を y cmとする。

$\begin{cases}x=y+10\\30x+20y=156\times 50\end{cases}$

$x=160$ **160 cm**

2 (1) $\frac{0\times 1+1\times 2+2\times 7+3\times x+4\times 12+5\times y}{40}$

$=\boldsymbol{\frac{3x+5y+64}{40}}$ 点

(2) $\begin{cases} x+y=40-(1+2+7+12) \\ \dfrac{3y+5x+64}{40}=\dfrac{3x+5y+64}{40}+\dfrac{1}{2} \end{cases}$

から $x=\mathbf{14}$, $y=\mathbf{4}$

70. 連立方程式の応用(3) ― 自然数 ―

1 $\begin{cases} x+y=10 \\ 10y+x=(10x+y)+18 \end{cases}$ から

$x=4$, $y=6$ **46**

2 百の位を x, 一の位を y とする。

$\begin{cases} x+4+y=15 \\ 400+10y+x=(100x+40+y)-81 \end{cases}$ から

$x=5$, $y=6$ **546**

71. 連立方程式の応用(4) ― 時間と距離 ―

1 $\begin{cases} a+b=9 \\ \dfrac{a}{6}+\dfrac{b}{4}=2 \end{cases}$ から $a=\mathbf{3}$, $b=\mathbf{6}$

2 花子, 太郎の走る速さをそれぞれ毎分 x m, y m とする。

$\begin{cases} 7(x+y)=2100 \\ 7x=5y \end{cases}$ から

$x=125$, $y=175$

花子は毎分 **125** m, 太郎は毎分 **175** m

72. 連立方程式の応用(5) ― 水量 ―

1 A 管, B 管の 1 時間あたりの注水量をそれぞれ a m^3, b m^3 とすると,

$\begin{cases} a+2b=140 \\ 4a+b=280 \end{cases}$ から

$a=60$, $b=40$

A 管 **60 m^3**, B 管 **40 m^3**

2 (1) A 管, B 管の 1 時間あたりの注水量をそれぞれ a kℓ, b kℓとすると,

$\begin{cases} 3a+2b=20 \\ 2a+4b=20 \end{cases}$ から

$a=\mathbf{5}$, $b=\mathbf{2.5}$

(2) $20\div(5+2.5)=2\dfrac{2}{3}$ から **2 時間 40 分**

73. 連立方程式の応用(6) ― 割合 ―

1 1 月の男, 女の人数をそれぞれ x 人, y 人とする。

$\begin{cases} x+y=650 \\ 1.2y-0.6x=330 \end{cases}$ から

$x=250$, $y=400$

よって, 2 月の男子 $250\times0.6=\mathbf{150}$(人)

女子 $400\times1.2=\mathbf{480}$(人)

2 (1) $\begin{cases} x+y=1200 \\ 1.04x+(y-140)=1200\times0.9 \end{cases}$

(2) (1)より, $x=500$, $y=700$

A……$500\times1.04=\mathbf{520}$(個)

B……$700-140=\mathbf{560}$(個)

74. 連立方程式の応用(7) ― 食塩水 ―

1 10%のもの x g, 5%のもの y g とする。

$\begin{cases} x+y=450 \\ 0.1x+0.05y=450\times0.08 \end{cases}$ から

$x=270$, $y=180$

10%の食塩水 **270** g, 5%の食塩水 **180** g

2 A, B の濃度をそれぞれ x%, y%とする。

$300\times\dfrac{x}{100}+200\times\dfrac{y}{100}=500\times\dfrac{8}{100}$ から

$3x+2y=40$ ………①

$200\times\dfrac{x}{100}+300\times\dfrac{y}{100}=500\times\dfrac{7}{100}$ から

$2x+3y=35$ ………②

①, ②から $x=10$, $y=5$

よって, A は **10%**, B は **5%**

75. 連立方程式の応用(8) ― 成分 ―

1 (1) $80\times\dfrac{8}{100}+60\times\dfrac{14}{100}=\mathbf{14.8}$(g)

(2) ① $\begin{cases} x\times\dfrac{8}{100}+y\times\dfrac{14}{100}=12 \\ x\times\dfrac{5}{100}+y\times\dfrac{2}{100}=4.8 \end{cases}$

$\begin{cases} 8x+14y=1200 \\ 5x+2y=480 \end{cases}$

② $x=\mathbf{80}$, $y=\mathbf{40}$

76. 連立方程式の応用(9) ― 1 次式 ―

1 (1) $\boldsymbol{x+(b-a)y}$(円)

(2) $\begin{cases} x+(17-8)y=2640 \\ x+(25-8)y=3920 \end{cases}$

(3) $\begin{cases} x+9y=2640 \\ x+17y=3920 \end{cases}$ から

$x=1200$ $y=160$

1200 円, 160 円

77. 2次方程式の解法(1) ― $x^2=a$ ―

1 (1) $x=\pm 7$ (2) $x=\pm\sqrt{7}$
(3) $x=\pm 5\sqrt{2}$ (4) $x=\pm 10$
(5) $x=-1,\ -7$ (6) $x=-3\pm\sqrt{5}$
(7) $x=4,\ -2$ (8) $x=-2\pm\sqrt{3}$
(9) $x=4,\ -3$ (10) $x=\dfrac{-2\pm 2\sqrt{2}}{3}$

78. 2次方程式の解法(2) ― 因数分解 ―

1 (1) $x=0,\ 3$ (2) $x=0,\ -8$
(3) $x=-4,\ 2$ (4) $x=5,\ -3$
(5) $x=1,\ 6$ (6) $x=1,\ 3$
(7) $x=3,\ -1$ (8) $x=2$
(9) $x=-5,\ 2$ (10) $x=2,\ -1$
(11) $x=6,\ -2$ (12) $x=5,\ -1$

2 $x=-3$ を代入して，$a=-5$

79. 2次方程式の解法(3) ― おきかえ ―

1 (1) $x=1,\ 3$ (2) $x=4,\ -3$
(3) $x=1,\ -2$ (4) $x=0,\ -3$
(5) $x=0,\ -4$ (6) $x=7,\ -4$
(7) $x=1,\ 2$

80. 2次方程式の解法(4) ― 解の公式 ―

1 (1) $x=\dfrac{3\pm\sqrt{5}}{2}$ (2) $x=\dfrac{-5\pm\sqrt{13}}{2}$
(3) $x=4\pm\sqrt{15}$ (4) $x=\dfrac{7\pm\sqrt{41}}{4}$
(5) $x=\dfrac{5}{3},\ 1$ (6) $x=2\pm\sqrt{11}$
(7) $x=1\pm\sqrt{3}$ (8) $x=1\pm\sqrt{7}$
(9) $x=\dfrac{-1\pm\sqrt{41}}{2}$ (10) $x=\dfrac{-5\pm\sqrt{5}}{2}$

81. 2次方程式の解(1) ― 1つの解 ―

1 $a=4$
2 $a=3,\ -1$
3 (1) $a=4$ (2) $x=6$
4 $a=7$

82. 2次方程式の解(2) ― 共通解 ―

1 $a=3$
2 $a=-2$

83. 2次方程式の解(3) ― 2つの解 ―

1 $(x+1)(x-4)=0$ から $x^2-3x-4=0$
よって，$m=-3,\ 2n=-4$ から $n=-2$
$m=-3,\ n=-2$

2 $(x-1)(x-5)=0$ から $x^2-6x+5=0$
よって，$a=-6,\ b=5$ $(-6)^2-5^2=11$

3 $(x+6)(x-4)=0$ より $x=4,\ -6$
これに3を加えた。
$x=7,\ -3$ を解とする2次方程式は
$(x-7)(x+3)=0$
∴ $x^2-4x-21=0$

4 (1) $(x-2)(x+6)=0$ から $x^2+4x-12=0$
(2) $a=4$ から $x^2+4x+b=0$ に $x=-3$ を代入して，$b=3$
よって，$x^2+4x+3=0$
$(x+3)(x+1)=0$ から $x=-3,\ -1$
∴ $m=-1$

84. 2次方程式の応用(1) ― 正の数 ―

1 $x^2-2x=8$ から $x^2-2x-8=0$
$(x-4)(x+2)=0$ $x>0$ から $x=4$

2 $x^2-5=4x$ から $x^2-4x-5=0$
$(x-5)(x+1)=0$ $x>0$ から $x=5$

3 $x^2=6(x+3)+9$ から $x^2-6x-27=0$
$(x-9)(x+3)=0$ $x>0$ から $x=9$

85. 2次方程式の応用(2) ― 整数 ―

1 2つの整数を $x,\ x+1$ とおく。
$x(x+1)=30$ $x^2+x-30=0$
$(x+6)(x-5)=0$ から $x=-6,\ 5$
よって，**−6と−5，5と6**

2 真ん中の整数を x とおく。
$(x-2)+(x-1)+x+(x+1)+(x+2)$
$=x^2-6$ から
$x^2-5x-6=0$ $(x-6)(x+1)=0$
$x>0$ から $x=6$
よって，**4，5，6，7，8**

3 真ん中の偶数を x とおく。
$(x-2)^2+x^2=14(x+2)-4$ から
$2x^2-18x-20=0,\ x^2-9x-10=0$
$(x-10)(x+1)=0$
x は偶数だから $x=10$
よって，**8，10，12**

86. 2次方程式の応用(3) ― 図形① ―

1 底辺を x cmとすると高さは$(x+6)$ cmから，
$x(x+6)=91$　$x^2+6x-91=0$
$(x+13)(x-7)=0$　$x>0$ から $x=7$
7 cm

2 たては$(5-x)$ cm，横は$(4+x)$ cmとなる。
$(5-x)(4+x)=16$　$x^2-x-4=0$
$x>0$ から $x=\boldsymbol{\dfrac{1+\sqrt{17}}{2}}$

3 AC$=x$ とすると，
$x^2+(13-x)^2=x(13-x)+49$
$3x^2-39x+120=0$
$x^2-13x+40=0$　$(x-5)(x-8)=0$
$x>13-x$ より $x=\mathbf{8(cm)}$

87. 2次方程式の応用(4) ― 図形② ―

1 (1) $(12-x)(15-x)$
$=50+80$ から
$x^2-27x+50=0$
よって，**27，50**

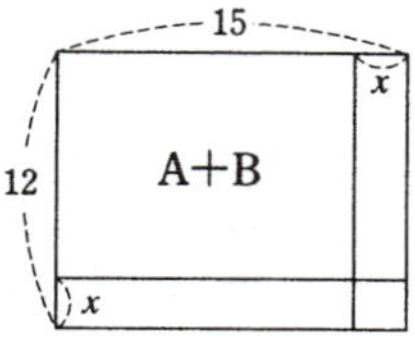

(2) $(x-2)(x-25)$
$=0$
$0<x<12$　∴　$x=\mathbf{2}$

2 道路の幅を x m とする。
$(40-x)(78-3x)$
$=255\times8$ から
$x^2-66x+360=0$
$(x-6)(x-60)=0$
$0<x<26$　∴　$x=6$　**6 m**

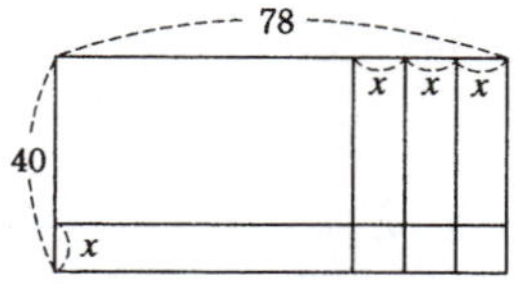

88. 2次方程式の応用(5) ― 図形③ ―

1 正方形の1辺を $x$cmとすると，
$(40-2x)(50-2x)=1200$ から
$x^2-45x+200=0$
$(x-5)(x-40)=0$
$0<x<20$　∴　$x=5$　**5 cm**

2 横を $x$cmとすると，
$6(x-12)(x+8-12)=768$ から
$(x-12)(x-4)=128$
$x^2-16x-80=0$　$(x-20)(x+4)=0$
$x>0$ から $x=20$　**たて 28 cm，横 20 cm**

89. 2次方程式の応用(6) ― 金額と個数 ―

1 (1) $(300+15x)(1500-50x)$円
(2) $(300+15x)(1500-50x)=462000$ から
$3x^2-30x+48=0$
$x^2-10x+16=0$
$(x-2)(x-8)=0$
$0<15x<100$ から
$0<x<\dfrac{20}{3}$
$x=2$
よって，$300+15\times2=330$　**330 円**

2 定価は $800\left(1+\dfrac{a}{100}\right)$円，定価の a%引きは

$$800\left(1+\frac{a}{100}\right)\times\left(1-\frac{a}{100}\right)\text{から}$$
$$800\left(1+\frac{a}{100}\right)\left(1-\frac{a}{100}\right)=800-32$$
$$800\left(1-\frac{a^2}{10000}\right)=800-32$$
$$\frac{8a^2}{100}=32$$
$8a^2=3200$　$a^2=400$　$a>0$　$a=\mathbf{20}$

90. 点の座標 ― 中点 ―

1 **−2，6**
2 **原点**
3 (1) **(3，−1)**　(2) $\boldsymbol{\left(\dfrac{1}{12},\ -\dfrac{1}{24}\right)}$
4 $\boldsymbol{\left(\dfrac{3}{2},\ \dfrac{5}{2}\right)}$
5 B$(3,\ b)$，中点を$(a,\ -2)$とおくと，
$\dfrac{-4+3}{2}=a,\ \dfrac{1+b}{2}=-2$
$a=-\dfrac{1}{2}$，$b=-5$　よって，$\boldsymbol{-5,\ -\dfrac{1}{2}}$

91. 1次関数(1) ― 式とグラフ ―

1 (1) ア．**0**　イ．**4**
(2) **右図**
(3) ウ．**3**　エ．**−2**

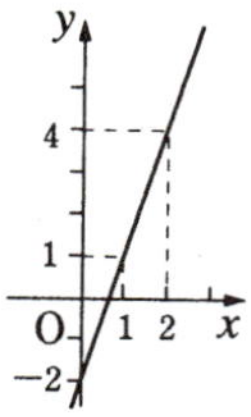

2 (1) $\boldsymbol{y=x+2}$
(2) $\boldsymbol{y=3x-1}$
(3) $\boldsymbol{y=-0.5x+3}$
(4) $\boldsymbol{y=-2x-1}$

92. 1次関数(2) ― 変域 ―

1 $2 \leqq y \leqq 5$

2 $-2x+5>1$ から $x<2$

3 $x=3$ のとき，$y=-5$ から
$-5=-3\times3+b$　∴　$b=4$

4 $x=-1$ のときの関数 $y=ax+1$ の値と
$x=2$ のときの関数 $y=-2x+b$ の値が等しいから
$-a+1=-2\times2+b$　………①
$x=2$ のときの関数 $y=ax+1$ の値と
$x=-1$ のときの関数 $y=-2x+b$ の値が等しいから
$2a+1=-2\times(-1)+b$　………②
①，②から $a=2$，$b=3$

93. 1次関数(3) ― 1点と傾き，2点 ―

1 $y=2x-4$

2 $y=-2x+3$

3 $y=\frac{1}{2}x+4$ に $y=0$ を代入する。$(-8,\ 0)$

4 (1)　$y=-2x+6$　　(2)　$y=2x+1$

5 $y=2x+6$ に $y=0$ を代入する。$(-3,\ 0)$

6 $y=\frac{1}{2}x+1$ から $b=\frac{1}{2}\times(-3)+1$
$b=-\frac{1}{2}$

94. 1次関数(4) ― 平行，交点 ―

1 $y=3x+2$

2 $y=2x+6$
$y=0$ を代入して，$(-3,\ 0)$

3 (1)　$(-1,\ 3)$　　(2)　$(-3,\ 4)$

4 直線PQの式は $y=-\frac{1}{2}x+5$
$\frac{1}{4}x=-\frac{1}{2}x+5$ をとく。$\left(\frac{20}{3},\ \frac{5}{3}\right)$

95. 1次関数(5) ― 方程式のグラフ ―

1 (1)　$3y=4x+12$ から
$y=\frac{4}{3}x+4$
右図
［点(0, 4)，
点(−3, 0)を通る］

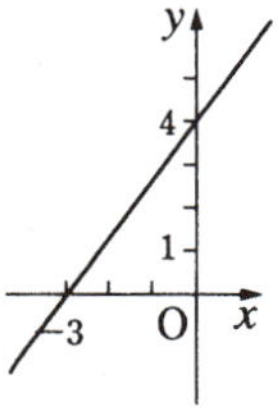

(2)　$\left(-\frac{3}{2},\ 2\right)$

2 (1)　$x=2$
(2)　$y=-2x+4$
右図
［点(0, 4)，
(2, 0)を通る］

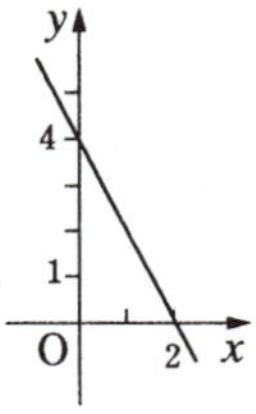

(3)　$(3,\ -2)$

3 $\begin{cases}2a+3b=8\\2b+3a=7\end{cases}$ から
$a=1$，$b=2$

4 $5b+6\times1=16$ から $b=2$，$2+a\times1=7$
$a=5$
$x+5y=7$ から $y=-\frac{1}{5}x+\frac{7}{5}$
よって，$\left(0,\ \frac{7}{5}\right)$

96. 1次関数(6) ― 式の選択 ―

1 (ア)は $y=3x-2$ から
(1)　(エ)　　(2)　(イ)と(オ)　　(3)　(ア)と(ウ)

2 (ア)　$y=\frac{1}{2}x-3$　(イ)　$y=-x$　(ウ)　$y=x$
(エ)　$y=-\frac{3}{2}x+1$ から
(1)　(ウ)　　(2)　(エ)

97. 1次関数(7) ― 傾き，切片の変化 ―

1 $y=ax-2$ が点A(1, 4)を通るとき，
$4=a-2$　$a=6$
点B(3, 1)を通るとき，$1=3a-2$　$a=1$
よって，$1\leqq a\leqq6$

2 $y=3x+a$ が点B(−2, 0)を通るとき，
$0=3\times(-2)+a$　$a=6$
点C(4, 0)を通るとき，
$0=3\times4+a$　$a=-12$
よって，$-12\leqq a\leqq6$

98. 1次関数(8) ― 面積 ―

1 点Aの座標は(4, 8)，OBの中点は
M(0, 3)から，2点A，Mを通る直線の式は
$y=\frac{5}{4}x+3$

② $\triangle OPM = \triangle BPM$ だから，
$\triangle OPM = \frac{1}{3}\triangle OAB$ となるのは，点Pのy座標が2のときである。
直線ABの式は，$y=-2x+12$
$y=2$ を代入して $x=5$
よって，P(**5，2**)

99. 1次関数(9) ― 等積変形 ―

① CP//ABとなる点Pをとればよい。点C(4，5)を通り，傾き-1の直線の式は，
$y=-x+9$
$y=0$ を代入して，$x=$**9**

② (1) 直線ACの傾きは $\frac{0-4}{6-2}=-1$ から
$y=-x+b$ とおく。
点D(5，3)を通るから
$3=-5+b$ 　∴ $b=8$
よって，$\boldsymbol{y=-x+8}$

(2) $y=-x+8$ に $y=0$ を代入して，
$0=-x+8$ 　∴ $x=8$
よって，E(**8，0**)［$\triangle DAC = \triangle EAC$］

(3) BEの中点はM(4，0)，2点A，Mを通る直線の式は，$\boldsymbol{y=-2x+8}$

100. 1次関数(10) ― 平行四辺形 ―

① (1) P(**8，6**)
(2) $y=-2x+b$ が対角線ABの中点(4，3)を通るとき，
$3=-2\times4+b$ 　∴ $b=11$
よって，$\boldsymbol{y=-2x+11}$

② (1) D(**2，−14**)
(2) ACの中点はM(0，-8)から，2点EとMを通る直線を，$y=ax-8$ とおく。
$0=4a-8$ から $a=2$
∴ $\boldsymbol{y=2x-8}$

101. 1次関数(11) ― 水量 ―

① (1) $y=\frac{1}{2}x$ に $x=7$ を代入して，
$y=\frac{7}{2}=$**3.5 ℓ**

(2) $y=-\frac{3}{2}x+10$
右図

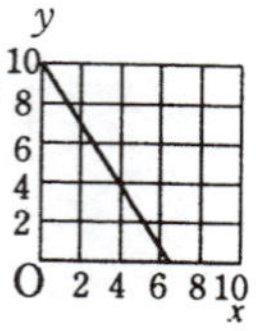

(3) $\left(-\frac{3}{2}x+10\right)-\frac{1}{2}x\leqq2$
から $x\geqq4$
$\frac{1}{2}x-\left(-\frac{3}{2}x+10\right)\leqq2$
から $x\leqq6$
よって，$\boldsymbol{4\leqq x\leqq6}$

② (1) $\boldsymbol{y=7x+2\ (0\leqq x\leqq4)}$
(2) 点(4，30)を通り，傾き-6の直線より
$\boldsymbol{y=-6x+54\ (4\leqq x\leqq9)}$
(3) **右図**

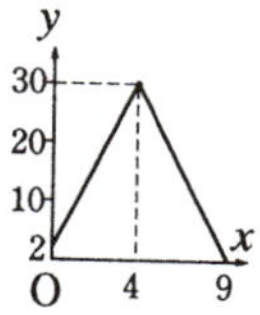

102. 1次関数(12) ― 動点と面積 ―

① (1) PがBC上にあるとき，
$0\leqq x\leqq5$ で $y=20\times4x\div2=40x$
PがCD上にあるとき，
$5\leqq x\leqq10$ で $y=20\times20\div2=200$
PがDA上にあるとき，
$10\leqq x\leqq15$ で $AP=60-4x$ から
$y=20\times(60-4x)\div2=10(60-4x)$
$=40(15-x)$
よって，**㋐－④，㋑－②，㋒－⑤**

(2) $100=40x$ から $x=2.5$
$100=40(15-x)$ から $x=12.5$
2.5秒後，12.5秒後

② (1) $t=3$ のとき，P(2，0)，Q(0，1)にあるから
$S=2\times3\div2+1\times6\div2=$**6**

(2) ア．P(0，$4-2t$)，Q(0，$4-t$)から
$S=\{(4-t)-(4-2t)\}\times6\div2$
$\boldsymbol{S=3t}$
イ．P($2t-4$，0)，Q(0，$4-t$)から
$S=(2t-4)\times3\div2+(4-t)\times6\div2$
$\boldsymbol{S=6}$
ウ．P($2t-4$，0)，Q($t-4$，0)から
$S=\{(2t-4)-(t-4)\}\times3\div2$
$\boldsymbol{S=\frac{3t}{2}}$

エ．P(8, 0)，Q($t-4$, 0)から

$S=\{8-(t-4)\}\times3\div2$

$S=\dfrac{3(12-t)}{2}$，$\boldsymbol{S=-\dfrac{3}{2}t+18}$

(3) **右図**

$t=$**6**

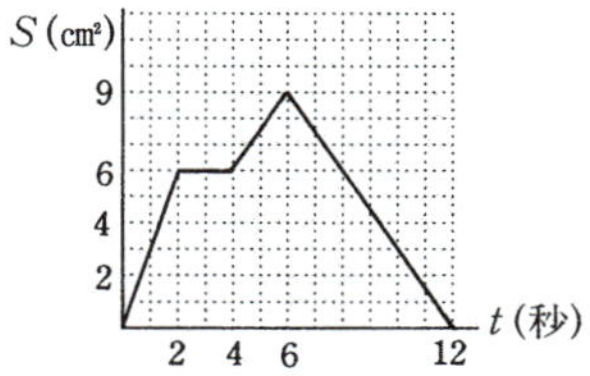

103. 1次関数⒀ — ダイヤグラム —

1 原点と点(30, 6)を結ぶ。

時速18kmの速さで

$12-6=6$(km)

進むのにかかる時間は

$\dfrac{6}{18}=\dfrac{1}{3}$(時間)$=20$(分)

グラフは**右図**

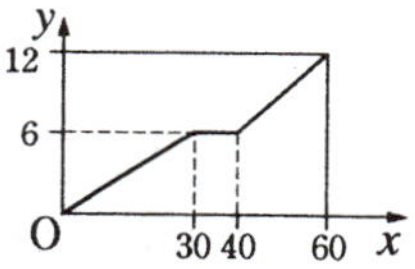

2 (1) $\dfrac{25}{20}=\boldsymbol{\dfrac{5}{4}}$(m)

(2) $y=-\dfrac{5}{4}x+b$ に $x=40$，$y=0$ を代入して，

$b=50$　∴ $\boldsymbol{y=-\dfrac{5}{4}x+50}$

(3) (2)の式に $x=25$ を代入して，

$y=\boldsymbol{\dfrac{75}{4}}$(m)

104. 2次関数(1) — $y=ax^2$ のグラフ —

1 (1) **右図**

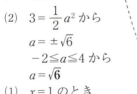

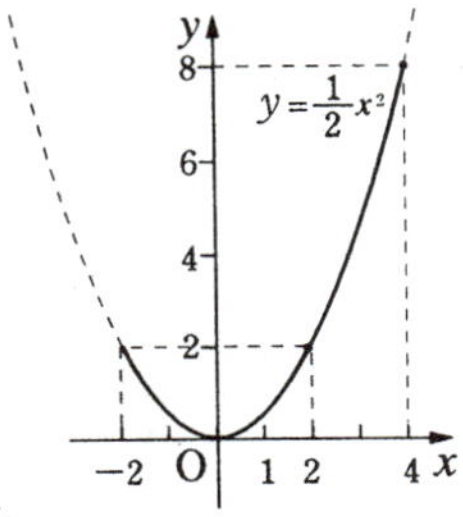

(2) $3=\dfrac{1}{2}a^2$ から

$a=\pm\sqrt{6}$

$-2\leqq a\leqq4$ から

$a=\boldsymbol{\sqrt{6}}$

2 (1) $x=1$ のとき，

$y=\dfrac{1}{2}$ から $a=\dfrac{1}{2}$

$\dfrac{1}{2}\times0^2=0$，$\dfrac{1}{2}\times3^2=\dfrac{9}{2}$

ア．**0**　イ．$\boldsymbol{\dfrac{9}{2}}$

(2) $x=0$ のとき $y=0$，$x=2$ のとき $y=2$ から $\boldsymbol{0\leqq y\leqq2}$

3 $a=\boldsymbol{-\dfrac{1}{3}}$

105. 2次関数(2) — x, y の変域 —

1 (1) $a=$**2**

(2) $a=\boldsymbol{-\dfrac{2}{3}}$

(3) (−1, 2)を通るから $a=$**2**

2 (1) $\boldsymbol{0\leqq y\leqq18}$　(2) $\boldsymbol{-4\leqq y\leqq0}$

(3) $\boldsymbol{-12\leqq y\leqq0}$　(4) $\boldsymbol{0\leqq y\leqq8}$

3 (1) **3, 0**　(2) $a=\boldsymbol{\dfrac{1}{3}}$

106. 2次関数(3) — 変化の割合 —

1 (1) **8**　(2) $\boldsymbol{\dfrac{3}{2}}$

2 (1) $a=$**2**　(2) $a=$**3**

3 $a(2+4)=-3$ から $a=\boldsymbol{-\dfrac{1}{2}}$

107. 2次関数(4) — 線分比 —

1 A(3, 9)，B(3, $9a$)から $9-9a=6$

∴ $a=\boldsymbol{\dfrac{1}{3}}$

2 A(a, $2a^2$)，B(a, $-a^2$)から

$2a^2-(-a^2)=12$　$a^2=4$　$a=\boldsymbol{\pm2}$

3 (1) Q(2, $4a$)，S(2, $4b$)，P(−1, a)，R(−1, b)

$\dfrac{QS}{PR}=\dfrac{4a-4b}{a-b}=\dfrac{4(a-b)}{a-b}=$**4**(倍)

(2) PとSの y 座標が等しいから

$a=4b$ ………①

PR$=1$ から $a-b=1$ ………②

①，②から $a=\boldsymbol{\dfrac{4}{3}}$

108. 2次関数(5) — 1次関数との関係 —

1 **6,** $\boldsymbol{\dfrac{2}{3}}$

2 P(−2, $4a$)，Q(1, a)から

直線PQの傾きは $\dfrac{a-4a}{1-(-2)}=\dfrac{-3a}{3}=-a$

直線PQの式は切片3から $y=-ax+3$
点$(1,\ a)$を通るから $a=-a+3$
$\therefore\quad a=\dfrac{3}{2}$

109. 2次関数(6) ― 1次関数との交点 ―

1 (1) $x^2=4$ から $x=\pm 2$ $\quad$ **(2, 4), (−2, 4)**
(2) $x^2=2x$ から $x=0,\ 2$ $\quad$ **(0, 0), (2, 4)**
(3) $x^2=-x+6$ から
$x=-3,\ 2$ $\quad$ **(−3, 9), (2, 4)**
(4) $2x^2=x+1$ から
$x=-\dfrac{1}{2},\ 1$ $\quad$ $\left(-\dfrac{1}{2},\ \dfrac{1}{2}\right)$, **(1, 2)**
(5) $x^2=x-\dfrac{1}{4}$ から $x=\dfrac{1}{2}$ $\quad$ $\left(\dfrac{1}{2},\ \dfrac{1}{4}\right)$

110. 2次関数(7) ― 相似 ―

1 CB : CA = 1 : 3 から $a^2:9=1:3$
$0<a<3$ から $a=\sqrt{3}$

2 (1) $3x^2=2x$ から $x=\dfrac{2}{3}$ $\quad$ $\left(\dfrac{2}{3},\ \dfrac{4}{3}\right)$
(2) $2x^2=2x$ から A(1, 2)
OA : OB $=1:\dfrac{2}{3}=$ **3 : 2**

3 (1) 2点$(-2,\ 4)$, $(1,\ 1)$を通る直線から
$\boldsymbol{y=-x+2}$
(2) 点A$(-2,\ 4)$を通り，傾き3の直線は
$y=3x+10$
$\begin{cases} y=x^2 \\ y=3x+10 \end{cases}$ $\quad x^2=3x+10$
$x^2-3x-10=0\quad (x-5)(x+2)=0$
$\therefore\quad x=5$ から **(5, 25)**
(3) AがBCの中点ならば，Bのy座標は
$4\times 2=8,\ x^2=8,\ x>0$
$\therefore\quad x=2\sqrt{2}$
よって，$(\boldsymbol{2\sqrt{2},\ 8})$

111. 2次関数(8) ― 正方形 ―

1 (1) OC=AC から $t=t^2$ $\quad$ A**(1, 1)**
(2) DA=BA から $2t=8-t^2$ $\quad$ A**(2, 4)**
(3) DA=BA から $2t=2t^2-t^2$ $\quad$ A**(2, 4)**
(4) CD=AD から $2t=t^2+\dfrac{1}{4}t^2$
A$\left(\dfrac{8}{5},\ \dfrac{64}{25}\right)$

112. 2次関数(9) ― 平行四辺形 ―

1 点Cのx座標を$t(t>0)$とする。
BC=OA から
$2t^2-\dfrac{1}{2}t^2=9\qquad \therefore\quad t=\sqrt{6}$
よって，$(\boldsymbol{\sqrt{6},\ 3})$

2 (1) $8=\dfrac{1}{2}x^2\quad x>0$ から $\boldsymbol{x=4}$
(2) C(2, 10)から **(1, 5)**
(3) 直線ABの式は $y=x+4$ で切片は4。
また，▱AOBC=2△AOB から，
$\dfrac{4\times 6}{2}\times 2=\boldsymbol{24}$

113. 2次関数(10) ― 等積変形 ―

1 (1) $\boldsymbol{y=x+12}$
(2) △AOC : △BOC = AC : CB
$|-3|:4=3:4$ $\quad$ $\dfrac{3}{4}$**倍**
(3) C(0, 12)，OCの中点は(0, 6)
$\begin{cases} y=x^2 \\ y=x+6 \end{cases}$ $\quad x^2=x+6\quad x^2-x-6=0$
$(x-3)(x+2)=0\qquad x>0$ から $x=3$
よって，P**(3, 9)**

2 (1) A**(−2, 4)**，B**(3, 9)**
(2) $\boldsymbol{y=x+6}$
(3) C(0, 6)とすると，点(0, 2)を通り直線ABに平行な直線の式は $y=x+2$
$\begin{cases} y=x^2 \\ y=x+2 \end{cases}$ $\quad x^2=x+2\quad x^2-x-2=0$
$(x-2)(x+1)=0\quad x=2,\ -1$
よって，**(−1, 1), (2, 4)**

114. 2次関数(11) ― 動点と面積 ―

1 (1) AP$=x$,
BQ$=2x$ から
$y=x\times 2x\div 2$
$\boldsymbol{y=x^2}$
$\boldsymbol{(0\leqq x\leqq 2)}$
(2) QがDC上のとき，AP$=x$，高さは4から
$y=x\times 4\div 2=2x$
$2\leqq x\leqq 4$
よって，**右図**

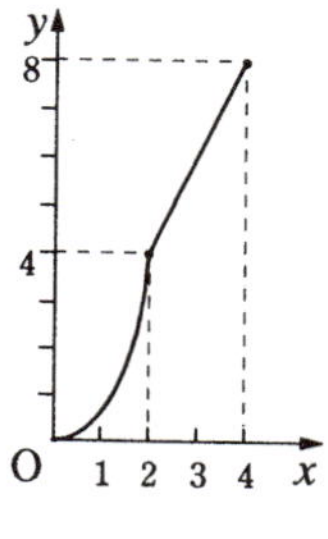

[2] (1) AP$=2x$, AQ$=x$ から

$$y=\frac{2x\times x}{2}\times 6\times\frac{1}{3}$$

∴ $\boldsymbol{y=2x^2}$

$(0\leqq x\leqq 3)$

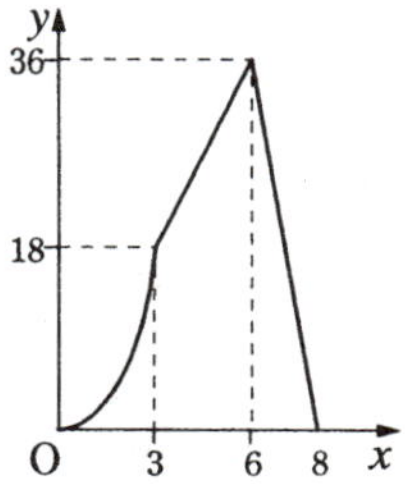

(2) P が BC 上，Q が AD 上のとき，AQ$=x$，高さは 6 から

$$y=\frac{x\times 6}{2}\times 6\times\frac{1}{3}=6x$$

∴ $y=6x(3\leqq x\leqq 6)$

P，Q が CD 上のとき，

PQ$=24-(x+2x)=24-3x$，

$$y=\frac{6(24-3x)}{2}\times 6\times\frac{1}{3}=-18x+144$$

∴ $y=-18x+144(6\leqq x\leqq 8)$

よって，**上図**

(3) $2x^2=8$，$-18x+144=8$ から

2 秒後と $\frac{68}{9}$ 秒後

115. 2次関数⑿ — 直交する2直線 —

[1] (1) $-1=2a-2$ から $a=\boldsymbol{\frac{1}{2}}$

(2) 傾きは 1 から $y=x+b$ とおく。

$-1=2+b$ から $b=-3$ **$(0,\ -3)$**

[2] B は OA を直径とする円周上にあるから，

∠OBA$=90°$

よって，直線 OB は $y=x$

$\begin{cases} y=x \\ y=-x+4 \end{cases}$ から $x=2$

∴ B$(2,\ 2)$

B は $y=ax^2$ 上の点から $2=a\times 2^2$

∴ $a=\boldsymbol{\frac{1}{2}}$

116. 角⑴ — 平行線 —

[1] $\angle x=30°+(180°-70°)=$**140°**

[2] ∠ACB$=$∠ABC$=100°-32°=68°$

B を通り PQ に平行な直線をひいて，錯角をとると，

$\angle x+32°=68°$　$\angle x=$**36°**

[3] $(180°-150°)+\angle x=100°$　$\angle x=$**70°**

[4] $\angle x=23°+30°=$**53°**

117. 角⑵ — 二等分線 —

[1] $90°+\frac{70°}{2}=$**125°**

[2] $(180°-69°)\div 3=37°$

$\angle a=180°-37°\times 2=$**106°**

$\angle b=180°-37°=$**143°**

[3] $40°\div 2=$**20°**

[4] (1) $90°+\frac{50°}{2}=$**115°**

(2) ∠OBD$=$∠OCD$=90°$

$\angle x+115°=180°$　$\angle x=$**65°**

118. 角⑶ — 二等辺三角形 —

[1] (1) ∠BAD$=a$ とすると，$3a+75°=180°$

$a=35°$，∠ADC$=75°+35°=$**110°**

(2) ∠DBA$=x$，∠BDC$=$∠BCD$=2x$

$x+2x=60°$ から $x=$**20°**

[2] ∠AOB$=$∠ABO$=x$ とすると，

∠BAC$=$∠BCA$=2x$

∠CBD$=$∠CDB$=3x$

$x+3x=90°$　$x=$**22.5°**

同様にして，∠IOJ$=y$ とすると，

$y+9y=90°$　$y=$**9°**

119. 角⑷ — 多角形 —

[1] $180°(5-2)=540°$　$540°\div 5=$**108°**

[2] $180°(n-2)=1260°$，$n=9$

よって，$1260°\div 9=$**140°**

[3] $360°\div 40°=9$ から $180°(9-2)=$**1260°**

[4] (1) 外角は 30° から $360°\div 30°=12$

十二角形

(2) $\frac{12(12-3)}{2}=$**54**(本)

[5] $\frac{n(n-3)}{2}=35$　$n(n-3)=70$

$n^2-3n-70=0$　$(n-10)(n+7)=0$

$n>0$ から $n=10$　**十角形**

120. 三角形の合同(1) — 基本 —

1 △ABD と△CBD で，AB＝CB，∠ABD＝∠CBD，BD は共通。
よって，2 辺とそのはさむ角がそれぞれ等しいことから
△ABD ≡△CBD
∴ AD＝CD

2 B，D を結ぶ。△ABD と△CDB で
AB＝CD，AD＝CB，BD は共通。
よって，3 辺がそれぞれ等しいことから
△ABD ≡△CDB
∴ ∠A＝∠C

3 △AED と△CED で
AD＝CD,
∠ADE＝∠CDE
DE は共通。

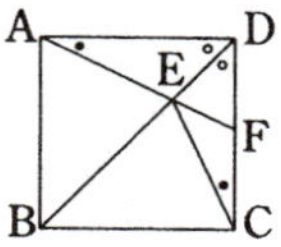

よって，2 辺とそのはさむ角がそれぞれ等しいから
△AED ≡△CED
したがって，∠EAD＝∠ECD
∠BCE＝90° －∠ECD
∠AFD＝90° －∠EAD
∴ ∠BCE＝∠AFD

121. 三角形の合同(2) — 重なる図形 —

1 **BC，CE，BCE，CBE，FBD**

2 (1) 90° ＋60° ＝**150°**
(2) △CDQ と△PDA で
CD＝PD，QD＝AD，∠CDQ＝∠PDA
よって，2 辺とそのはさむ角がそれぞれ等しいから△CDQ ≡△PDA
(3) △AEF と△QDF で(2)から
∠EAF＝∠DQF，∠AFE＝∠QFD
よって，∠AEF＝∠QDF＝**60°**

122. 三角形の合同(3) — 二等辺三角形 —

1 △EBC と△DCB はともに直角三角形で BC は共通，∠EBC＝∠DCB。
よって，斜辺と 1 鋭角がそれぞれ等しいから，
△EBC ≡△DCB
∴ ∠ECB＝∠DBC
よって，△PBC は二等辺三角形より
PB＝PC

2 DE//BC から∠B＝∠ADE,
∠DCB＝∠EDC
仮定から∠ADE＝∠EDC より
∠B＝∠DCB
よって，2 角が等しいから△DBC は二等辺三角形である。
∴ DB＝DC

3 △ABF で,

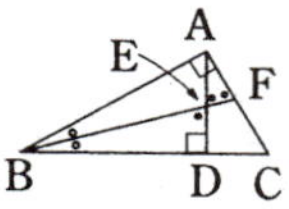

∠AFE＝90° －∠ABF
△DBE で,
∠BED＝90° －∠DBE
ここで，∠ABF＝∠DBE,
∠AEF＝∠BED より
∠AFE＝∠AEF
よって，2 角が等しいから△AEF は二等辺三角形である。

123. 平行四辺形の性質

1 △ABF と△CDE で AB＝CD,
∠ABF=∠CDE，BE=DF より BF=DE
2 辺とそのはさむ角がそれぞれ等しいから
△ABF≡△CDE ∴ ∠AFB＝∠CED
よって，∠AFE＝∠CEF
錯角が等しいから CE//AF

2 △AOE と△COF で AO＝CO,
∠OAE＝∠OCF，∠AOE＝∠COF
よって，1 辺とその両端の角が等しいから
△AOE ≡△COF ∴ AE＝CF

3 ∠ABC＝∠D＝∠DCE から△ECD は ED＝EC の二等辺三角形である。
よって，AE＋EC＝AE＋ED＝BC

124. 平行四辺形となる条件

1 A と C を結ぶ。△ABC と△CDA で
AB＝CD，BC＝DA，AC は共通,
よって，3 辺がそれぞれ等しいから
△ABC ≡△CDA
∴∠BCA＝∠DAC
錯角が等しい ∴ AD//BC

2 四角形 AECF で AF//EC,
AF＝AD－DF，EC＝BC－BE
BE＝DF から AF＝EC
よって，1 組の対辺が平行でかつ長さが

等しいから，四角形 AECF は平行四辺形である。

したがって，AE＝CF

3　B と D を結び AC との交点を O とする。BO＝DO，AO＝CO で EO＝AO－AE，FO＝CO－CF，AE＝CF から EO＝FO
よって，対角線が中点で交わるから四角形 BFDE は平行四辺形である。

4　(1)　**イ**　(2)　**等脚台形**

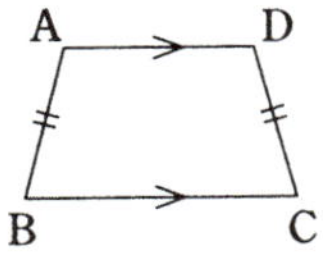

125. 平行四辺形　— 長方形, ひし形, 正方形 —

1　ア．**2**(1 組の対辺が平行でその長さが等しい)
イ．**4**(∠A＝∠C，∠B＝∠D で∠A＝∠B ならば 4 つの角が等しい)

2　(1)　△ADE と△CDF で，AD＝CD，∠ADE＝∠CDF，∠DAE＝∠DCF から
1 辺とその両端の角が等しい。
よって，△ADE ≡△CDF
∴　ED＝FD
対角線が中点で交わることから，四角形 AECF は平行四辺形である。
また，△ABD ≡△BCD(3 辺の合同)
よって，∠ADB＝∠CDB＝90° から **ひし形**

(2)　四角形 AECF は平行四辺形で AC＝BD＝EF より対角線の長さが等しいから**長方形**

3　**ウ** (ア．等脚台形もある　イ．ひし形　ウ．図の場合がある)

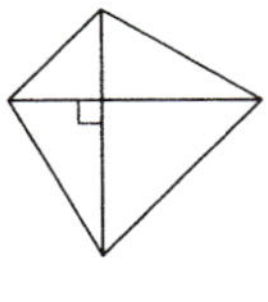

126. 相似(1)　— 三角形 —

1　(1)　$x:(x+2)=4:6$　∴　$x=$**4**
(2)　$(18-x):18=5:15$　∴　$x=$**12**

2　(1)　3：5＝DE：10　DE＝**6(cm)**
(2)　$3^2:5^2=$△ADE：30
∴　△ADE＝$\mathbf{\frac{54}{5}}$ **(cm²)**

3　AD：DB＝3：4 から
$3^2:4^2=9:$△DBF
∴　△DBF＝16(cm²)
AD：AB＝3：7　∴　△ABC＝49(cm²)
よって，49－(9＋16)＝**24(cm²)**

127. 相似(2)　— 重なる図形 —

1　△ACB∽△AED(∠A は共通，2 角相等)から
DE：5＝(7－3)：6　∴　DE＝$\mathbf{\frac{10}{3}}$ **(cm)**

2　△BAD∽△BCA
(∠B は共通，2 辺の比と夾角相等)
3：AC＝4：6　AC＝**4.5(cm)**

3　△BAC∽△BCD(∠B は共通，2 角相等)
BC：(5＋4)＝4：BC から
$BC^2=36$　BC＝**6(cm)**

128. 相似(3)　— 直角三角形① —

1　(1)　△ABD∽△CAD から AC＝$x$cm とすると，
$x:15=12:9$　AC＝**20 cm**
(2)　CD＝$y$cmとすると，
$y:12=20:15$　CD＝**16 cm**
(3)　15：20：25＝**3：4：5**
(4)　$3^2:4^2:5^2=$**9：16：25**

2　AD＝$x$cm，AC＝$y$cmとする。
$3:x=x:2$　$x^2=6$　AD＝$\mathbf{\sqrt{6}}$ **cm**
$5:y=y:2$　$y^2=10$　AC＝$\mathbf{\sqrt{10}}$ **cm**

3　9：6＝6：BD　BD＝4cm
5：9＝DE：6　DE＝$\mathbf{\frac{10}{3}}$ **cm**

129. 相似(4)　— 直角三角形② —

1　△ABP∽△CAQ，△ABP で三平方の定理を用いて，BP＝$\sqrt{5}$ から
$3:2=\sqrt{5}:$AQ　AQ＝$\mathbf{\frac{2\sqrt{5}}{3}}$ **cm**

2　(1)　△CPA ∽△PQB から
$x:y=4:(10-x)$
∴　$y=\frac{x(10-x)}{4}$，$\boldsymbol{y=-\frac{1}{4}x^2+\frac{5}{2}x}$

(2) BQ＝4 から

$4=\dfrac{x(10-x)}{4}$　　$x^2-10x+16=0$

$(x-2)(x-8)=0$

よって，$x=$**2cm，8cm**

130. 相似(5) ― 内接する図形 ―

1 正方形の 1 辺を $x$cmとおくと，

$(6-x):6=x:8$　　∴　$x=\dfrac{\mathbf{24}}{\mathbf{7}}$ **(cm)**

2 半径を $r$cmとすると，

$\dfrac{12r}{2}+\dfrac{5r}{2}=\dfrac{5\times12}{2}$　　∴　$r=\dfrac{\mathbf{60}}{\mathbf{17}}$ **(cm)**

3 (1) CP が最小になるのは，∠APC＝90° のときである。このとき，

△CAP ∽△BAC であるから

4：5＝AP：4　　∴　AP＝$\dfrac{\mathbf{16}}{\mathbf{5}}$ **(cm)**

(2) △APR：△PBQ＝1：4 から

AP：PB＝1：2

よって，$5\times\dfrac{1}{3}=\dfrac{\mathbf{5}}{\mathbf{3}}$ **(cm)**

(3) AP＝$x$cmとすると，PB＝$5-x$cm

また，△APR ∽△PBQ ∽△ABC だから

PR＝$\dfrac{3}{5}x$cm，PQ＝$\dfrac{4}{5}(5-x)$cm

長方形 PQCR が正方形になるとき，PR＝PQ より，

$\dfrac{3}{5}x=\dfrac{4}{5}(5-x)$　　∴　$x=\dfrac{\mathbf{20}}{\mathbf{7}}$ **(cm)**

131. 相似(6) ― 平行四辺形 ―

1 △ABQ ∽△PDQ から

BQ：DQ＝BA：DP＝3：2

△ABD＝10cm^2 から

$10\times\dfrac{3}{3+2}=$**6(cm^2)**

2 (1) △AEF ∽△CDF，

AF：CF＝AE：CD＝2：5

よって，AF：FG ＝2：$\left(\dfrac{2+5}{2}-2\right)$

＝**4：3**

(2) △AEF＝2S とすると EF：FD＝2：5 から

△AFD＝5S,

AF：FC＝2：5 から 2：5＝5S：△DFC

∴　△DFC＝$\dfrac{25}{2}S$

△ACD＝$\dfrac{25}{2}S+5S=\dfrac{35}{2}S$

よって，$\dfrac{35}{2}S\times2:2S=35:2$　$\dfrac{\mathbf{35}}{\mathbf{2}}$**倍**

132. 相似(7) ― 台形① ―

1 (1) BE：CE＝8：12＝2：3

BE：BC＝EF：CD から

2：5＝x：12　$x=\dfrac{\mathbf{24}}{\mathbf{5}}$ **(cm)**

(2) DF：BD＝6：8＝3：4

BF：BD＝EF：CD から

(4－3)：4＝6：x　$x=$**24(cm)**

2 EO＝$x$cm とすると，AO：AC＝EO：BC から

2：5＝x：12　$x=\dfrac{24}{5}$

EO＝FO より　EF＝$\dfrac{24}{5}\times2=\dfrac{\mathbf{48}}{\mathbf{5}}$ **(cm)**

133. 相似(8) ― 台形② ―

1 △AOD ∽△COB から DO：BO＝2：3

△CDO：△CBO＝2：3 から

△CDO：9＝2：3　　∴　△CDO＝6

∴　9＋6＝**15(cm^2)**

2 DO：BO＝2：6＝1：3 から△ADO＝S とすると，

△ABO＝△DCO＝3S，△BCO＝9S

よって，台形 ABCD の面積は

$S+3S\times2+9S=16S$

$16S\div S=$**16 倍**

134. 相似(9) ― 補助線 ―

1 D から BF に平行な直線をひき，AC との交点を G とする。

BD＝DC，BF//DG から CG＝GF

AE＝ED，EF//DG から AF＝FG

AF＝FG＝GC から $\dfrac{AC}{AF}=\dfrac{3}{1}=$**3**

[2] (1) C から AB に平行な直線をひき，DE との交点を G とする。

CG $=a$ とすると，BD $=4a$

よって，AD $=\dfrac{8}{3}a$

CF：FA ＝CG：AD

$=a:\dfrac{8a}{3}=\mathbf{3:8}$

(2) DB×EB：AB×BC から，

$3\times4:5\times3=\mathbf{\dfrac{4}{5}}$ **倍**　［〔166〕例題参照］

135. 平行線と比

[1] $12:(30-12)=14:x$　$x=\mathbf{21}$

[2] $(3-2):(5-2)=2:(2+x)$　$x=\mathbf{4}$

[3] $2:5=(\mathrm{PQ}-8):(18-8)$　PQ ＝ **12(cm)**

136. 角の二等分線

[1] AD：BD＝6：12＝1：2 から

$\dfrac{6\times12}{2}\times\dfrac{2}{1+2}=\mathbf{24}$ **(cm²)**

[2] (1) AB：AC＝8：6＝4：3 から

$\mathrm{BD}=10\times\dfrac{4}{4+3}=\mathbf{\dfrac{40}{7}}$ **(cm)**

(2) △ABC は∠A＝90° から

$\triangle\mathrm{ABD}=\dfrac{6\times8}{2}\times\dfrac{4}{4+3}=\mathbf{\dfrac{96}{7}}$ **(cm²)**

[3] ∠AQB＝∠QAD＝∠BAQ から△ABQ は二等辺三角形より　BQ＝6

△ABP：△BQP＝AP：QP＝8：6＝**4：3**

137. 重心

[1] A，G を通る直線をひき BC との交点を F とすると，DE//BC だから

AD：DB＝AG：GF＝2：1

よって，2：3＝DE：8

∴　$\mathrm{DE}=\mathbf{\dfrac{16}{3}}$ **(cm)**

[2] △ABC の面積は $\dfrac{6\times8}{2}=24$ から

$24\times\dfrac{2}{6}=\mathbf{8}$ **(cm²)**

[3] △AED ∽△CEB から面積の比は $2^2:3^2$

よって　$\triangle\mathrm{EBC}=\dfrac{9}{4}$ cm²

P は△EBC の重心だから

$\triangle\mathrm{BPM}=\dfrac{9}{4}\times\dfrac{1}{6}=\mathbf{\dfrac{3}{8}}$ **(cm²)**

138. 中点連結定理(1)

[1] ア．**EH**　イ．**BD**　ウ．**FG**

(1) ㋑　$l=\dfrac{1}{2}a+\dfrac{1}{2}b=\dfrac{1}{2}(a+b)$　$\boldsymbol{a+b}$

㋒　(以下の参考参照)　$\boldsymbol{a-b}$

(2) AN の延長と BC の延長との交点を E とする。

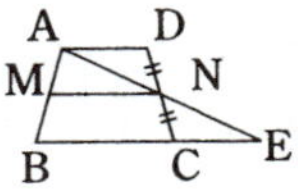

△AND と△ENC で

∠ADN＝∠ECN，

DN＝CN，

∠AND＝∠ENC

∴　△AND ≡△ENC

よって，AN＝EN，AD＝EC

△ABE で中点連結定理より

$\mathrm{MN}=\dfrac{1}{2}\mathrm{BE}=\dfrac{1}{2}(\mathrm{BC}+\mathrm{CE})$

$=\dfrac{1}{2}(\mathrm{BC}+\mathrm{AD})=\dfrac{1}{2}(a+b)$

(参考)　㋒も全く同様にして，AN の延長と BC との交点を E とすると，

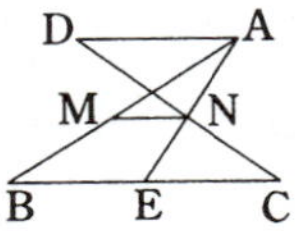

$\mathrm{MN}=\dfrac{1}{2}\mathrm{BE}$

$=\dfrac{1}{2}(\mathrm{BC}-\mathrm{CE})$

$=\dfrac{1}{2}(\mathrm{BC}-\mathrm{AD})=\dfrac{1}{2}(a-b)$

139. 中点連結定理(2)

[1] (1)，(2)とも D，E は AB，AC の中点だから，

(1) **3 cm**　(2) $x=$ **5 cm**，$y=$ **16 cm**

[2] $\mathrm{MN}=\dfrac{1}{2}\mathrm{BC}=5$ cm，

$\mathrm{CE}=\dfrac{1}{2}\mathrm{MN}=\mathbf{2.5}$ (cm)

[3] $\mathrm{LM}=\dfrac{1}{2}\mathrm{AC}=6$ cm，$\mathrm{MN}=\dfrac{1}{2}\mathrm{BD}=8$ cm

LM と BD の交点を P とすると，

AC//LM から∠LPD＝90°

BD//MN から∠LMN＝90°

よって，6×8÷2＝**24(cm²)**

140. 三平方の定理(1) — 辺の長さ —

[1] (1) $\sqrt{4^2+5^2-6^2}=\sqrt{5}$

(2) $\sqrt{5^2-1^2+5^2}=\mathbf{7}$

(3) $\sqrt{3^2+(4+2)^2}=\mathbf{3\sqrt{5}}$

(4) $\sqrt{9^2+(8+4)^2}=\mathbf{15}$

[2] D から BC の延長上に垂線 DH を下ろすと，

$11\times DH=132$ から $DH=12$,

よって，$CH=5$　$BD=\sqrt{16^2+12^2}=\mathbf{20}$**(cm)**

141. 三平方の定理(2) — 面積 —

[1] A から BC に垂線 AH を下ろす。

$\triangle ABH$ で $AH=\sqrt{3^2-2^2}=\sqrt{5}$ から

$4\times\sqrt{5}\div 2=\mathbf{2\sqrt{5}}$(cm²)

[2] D から BC の延長上に垂線 DH を下ろす。

$CH=4$ から $DH=\sqrt{15^2-12^2}=9$

よって，$8\times 9=\mathbf{72}$**(cm²)**

[3] (1) $BH=(16-10)\div 2=3$ から $AH=\mathbf{4}$ **cm**

(2) $\sqrt{4^2+(16-3)^2}=\mathbf{\sqrt{185}}$**(cm)**

(3) $10\times 4\div 2=\mathbf{20}$**(cm²)**

142. 三平方の定理(3) — 直方体の対角線 —

[1] (1) $\sqrt{1^2+2^2+2^2}=\mathbf{3}$

(2) $\sqrt{4^2+5^2+7^2}=\mathbf{3\sqrt{10}}$

(3) $\sqrt{2^2+6^2+9^2}=\mathbf{11}$

(4) $\sqrt{6^2+6^2+7^2}=\mathbf{11}$

(5) $\sqrt{3^2+4^2+12^2}=\mathbf{13}$

[2] 立方体の 1 辺を $a$cmとすると，

$\sqrt{a^2+a^2+a^2}=6$

$$\sqrt{3}a=6\quad a=\frac{6}{\sqrt{3}}=2\sqrt{3}$$

よって，体積は

$(2\sqrt{3})^3=8\times 3\sqrt{3}=\mathbf{24\sqrt{3}}$

143. 三平方の定理(4) — 方程式① —

[1] x cm短くしたとすると，

$(5+x)^2+(12+x)^2=(14+x)^2$ から

$x^2+6x-27=0$　$(x+9)(x-3)=0$

$x>0$ から $x=3$　よって，$14+3=\mathbf{17}$ **cm**

[2] $AC=x$cmとすると，

$x^2+(x+7)^2=(x+8)^2$ から

$x^2-2x-15=0$　$(x-5)(x+3)=0$

$x>0$ から $x=5$　よって，$5+8=\mathbf{13}$ **cm**

[3] 直角をはさむ 1 辺を $x$cmとする。

$x(14-x)=48$　$x^2-14x+48=0$

$(x-6)(x-8)=0$

$x=6$, 8 から　$\sqrt{6^2+8^2}=\mathbf{10}$

144. 三平方の定理(5) — 方程式② —

[1] $BQ=QD=x$ とすると，$AQ=5-x$

$\triangle ABQ$ で $3^2+(5-x)^2=x^2$ から

$x=\mathbf{\frac{17}{5}}$ **cm**

[2] $BE=x$ とすると，$DE=AE=12-x$

$\triangle EBD$ で $x^2+6^2=(12-x)^2$ から

$x=\mathbf{\frac{9}{2}}$ **cm**

[3] $CD=x$ とすると，$AD=x$ から $BD=6-x$

$\triangle CDB$ で $3^2+(6-x)^2=x^2$ から

$x=\mathbf{\frac{15}{4}}$ **cm**

145. 三平方の定理(6) — 方程式③ —

[1] 池の深さを $h$cmとすると，

右図の△A′BH で，

$A'H=AH=h+10$

から

$(h+10)^2=50^2+h^2$

$h=\mathbf{120}$ **cm**

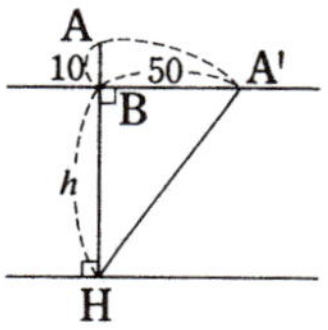

[2] (1) △RPQ で $RP=RQ$，$PO=QO$

RO は共通

よって，△RPO ≡ △RQO

∴　RO⊥AB

(2) △RPO で R の半径を r とすると，

$PR=6+r$，$PO=6$，$RO=12-r$ から

$(6+r)^2=6^2+(12-r)^2$

よって，$r=4$，$\pi\times 4^2=\mathbf{16\pi}$ **cm²**

146. 三平方の定理(7) — 特別角① —

[1] (1) C から AB に垂線を下ろし，AB との交点を H とする。

$\triangle CAH$ で $CA:CH=2:\sqrt{3}$ から

$4:CH=2:\sqrt{3}$　$CH=2\sqrt{3}$

$5\times 2\sqrt{3}\div 2=\mathbf{5\sqrt{3}}$**(cm²)**

(2) A から BC の延長上に垂線を下ろし，その交点を H とする。

△ACH で∠ACH＝45° だから

AC：AH＝$\sqrt{2}$：1　　6：AH＝$\sqrt{2}$：1

AH＝$\dfrac{6}{\sqrt{2}}$＝$3\sqrt{2}$

よって，$3\times3\sqrt{2}\div2=$ $\mathbf{\dfrac{9\sqrt{2}}{2}}$**(cm²)**

2 (1) $\dfrac{\sqrt{3}}{4}\times10^2=$ $\mathbf{25\sqrt{3}}$**(cm²)**

(2) 1 辺の長さを $a$cm とする。

$\dfrac{\sqrt{3}}{4}a^2=9\sqrt{3}$ から $a^2=36$　　**6 cm**

(3) 正六角形は正三角形 6 個で成り立つから，

$\dfrac{\sqrt{3}}{4}\times4^2\times6=$ $\mathbf{24\sqrt{3}}$**(cm²)**

147. 三平方の定理(8) ― 特別角② ―

1 (1) 内接円の中心を C，OA との接点を H とすると，

∠COH＝30° から CH：OC＝1：2

よって，OC＝4，OA＝6 から

$2\pi\times6\times\dfrac{60}{360}=$ $\mathbf{2\pi}$ **cm**

(2) ∠APO＝30°，

∠OAP＝90°

から

PO＝20

よって，O′ の半径を r とすると

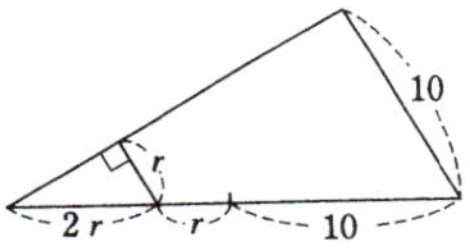

$2r+r+10=20$ から $r=$ $\mathbf{\dfrac{10}{3}}$ **cm**

2 (1) 正方形の 1 辺は$\sqrt{2}$ から $(\sqrt{2})^2=$ **2 cm²**

(2) 右図で

OH＝$\dfrac{1}{2}$，

BH＝$\dfrac{\sqrt{3}}{2}$ から

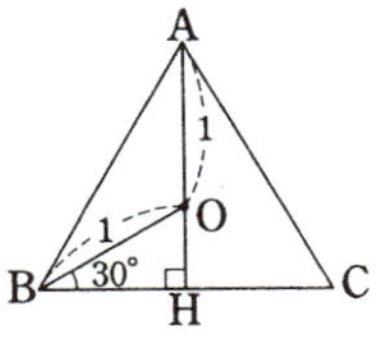

$\left\{\dfrac{\sqrt{3}}{2}\times\left(1+\dfrac{1}{2}\right)\div2\right\}\times2$

＝$\mathbf{\dfrac{3\sqrt{3}}{4}}$**(cm²)**

148. 円と角(1) ― 円周角と中心角 ―

1 (1) $x=(360°-112°)\div2=$ **124°**

(2) $x=(180°-70°-60°)\times2=$ **100°**

(3) ∠BAC＝76°÷2＝38°

$x+38°=30°+76°$ から $x=$ **68°**

(4) ∠DOC＝115°×2－180°＝50°

$2x=50°$　　∴　$x=$ **25°**

(5) ∠APB＝90° から 90°－35°＝**55°**

(6) ∠DCB＝90° から∠DBC＝45°

よって，∠ABE＝30°，∠BAC＝45°

$x=30°+45°=$ **75°**

149. 円と角(2) ― 円周の等分 ―

1 円の中心を O とする。

∠COD＝360°÷5＝72°

よって，∠CAD＝72°÷2＝36°

△FAD は二等辺三角形だから

∠AFD＝180°－36°×2＝**108°**

2 円の中心を O とする。

∠BOC＝360°÷6＝60°

よって，∠CAB＝60°÷2＝30°

∠AGB＝180°－30°×2＝**120°**

3 円の中心を O とする。

∠FOH＝360°÷10×2＝72°

よって，∠FCH＝72°÷2＝36°

また，∠COD＝36° から∠CHD＝18°

∴　$x=36°+18°=$ **54°**

150. 円と角(3) ― 三角形の外角 ―

1 ∠ADC＝x＋18°，∠BCD＝18° から

$(x+18°)+18°=60°$　　∴　$x=$ **24**

2 ∠ACB＝∠ADB＝100°－72°＝28°

$x+28°=72°$　　∴　$x=$ **44°**

3 中心を O とし，∠COD＝a とすると，

∠DAC＝$\dfrac{a}{2}$

また，∠AOB＝$4a$ から∠ACB＝$2a$

よって，$30°+\dfrac{a}{2}=2a$　　∴　$a=20°$

∠AQB＝(30°＋10°)＋10°＝**50°**

(別解) $\overset{\frown}{AB}：\overset{\frown}{CD}=4：1$

∠CAD＝∠CBD＝x とおくと，

∠ACB＝$4x$

∠ACB は△APC の外角だから

$4x=x+30°$
よって，$x=10°$
∠AQB は△QBC の外角だから
∠AQB＝∠ACD＋∠CBD
$=4x+x=5x=$ **50°**

151. 円と角(4) — 内接四角形① —

1 (1) ∠BAD＝180°－115°＝65°,
$x=65°×2=$ **130°**
(2) ∠BAD＝180°－120°＝60°,
$x=180°-(60°+80°)=$ **40°**
(3) ∠ABC＝180°－120°＝60°,
∠OBC＝60°－35°＝25°
よって，$x=180°-25°×2=$ **130°**
(4) ∠ABC＝180°－97°＝83°,
$x=180°-(54°+83°)=$ **43°**
(5) ∠BAD＝130°－30°＝100° から
$x=$ **80°**
(6) ∠BAC＝80°÷2＝40°
∴ ∠CAD＝75°－40°＝35°,
∴ $x=180°-35°×2=$ **110°**
(別解) ∠BCD＝105°, ∠OCB＝50° から
∠OCD＝55° ＝∠ODC,
$x=55°×2=$ **110°**

152. 円と角(5) — 内接四角形② —

1 (1) $(x+34°)+x+50°=180°$ から
$x=$ **48°**, $y=$ **132°**
(2) $(45°+50°)+50°+x=180°$ から
$x=$ **35°**, $y=$ **85°**
(3) $x=180°-52°=$ **128°**,
$52°+(35°+52°)+y=180°$ から
$y=$ **41°**
(4) $(x+42°)+x+15°=180°$ から
$x=$ **61.5°**
$61.5°+15°+y=180°$ $y=$ **103.5°**

153. 円と角(6) — 接弦定理 —

1 (1) ∠ACB＝70° から $x=$ **60°**
(2) ∠ABC＝∠BDC＝x, ∠CBD＝90° から
$22°+(x+90°)+x=180°$ $x=$ **34°**
(3) ∠OAP＝∠OBP＝90° から
$x=180°-34°=$ **146°**
円周上に点 D を弦 AB に関して C の反対側にとるとき
∠ADB＝146°÷2＝73°
∴ $y=180°-73°=$ **107°**
(4) ∠CPQ＝∠CQP＝54° から
∠PCQ＝72°
よって，$x=180°-(56°+72°)=$ **52°**

154. 4 点を通る円

1 (1) ∠BAC＝∠BDC＝90° から 4 点 A, B, C, D は同一円周上にある。
∠DAC＝∠DBC＝50°－15°＝**35°**
(2) ∠BAC＝∠BDC＝60° から 4 点 A, B, C, D は同一円周上にある。
∠ADB＝∠ACB＝40°
∠DCA＝∠DBA＝30° から
$(40°+60°)+30°+x=180°$ $x=$ **50°**

2 ∠EDA＝∠ADF＝45°……①から
∠EDF＝90°
また，∠A＝90° から 4 点 A, E, D, F は同一円周上にある。
①より ∠AFE＝∠AEF＝45°
∴ AE＝AF

3 ∠A＝∠D＝90° から 4 点 A, B, D, C は同一円周上にある。
∠BAD＝∠CAD＝45° から AD は ∠BAC を二等分する。

155. 円と相似(1) — 方べき —

1 (1) 3×DE＝6×4 DE＝8(cm)
(2) CP＝x とすると，DP＝$7-x$ から
$x(7-x)=2×6$ $x^2-7x+12=0$
$(x-3)(x-4)=0$
CP＜DP から CP＝**3**

2 (1) $3(3+x)=5^2$ から $x=\mathbf{\dfrac{16}{3}}$
(2) CE＝x とすると，AE＝$4-x$ から
$(4-x)×4=2×6$ から $x=$ **1**

156. 円と相似(2) — 円周角 —

1 △AEC と△DBC で
∠EAC＝∠BDC, ∠ACE＝∠DCB

よって，2角がそれぞれ等しいから
△AEC ∽△DBC　　イ．

②　(1)　△CDB と△AEC で，
∠DBE＝∠ACE，
∠CDB＝∠AEC＝90°
よって，2角がそれぞれ等しいから
△CDB ∽△AEC

(2)　㋐　∠CAD＝180°－70°×2＝40°，
∠CDA＝90°
よって，∠ACD＝**50°**

㋑　$\overset{\frown}{AD}$：$\overset{\frown}{DE}$
＝∠ACD：∠DAE(∠DCB)
＝50°：20°＝**5：2**

157. 円と相似(3)　― 接弦定理 ―

①　(1)　△DAT と△TAB で
∠ADT＝∠ATB＝90°
∠BTC＋∠ATD＝90°
∠TAD＋∠ATD＝90°
よって，∠TAD＝∠BTC
また，∠BTC＝∠BAT
∴　∠TAD＝∠BAT
2角がそれぞれ等しいから
△DAT ∽△TAB

(2)　㋐　∠CTB＝∠TAC＝x とすると，
△TAC で
$x=(90°+x)+x+30°=180°$ から
$x=30°$
2角が等しいから，△TAC は二等辺三角形である。

㋑　△DAT：△TAC＝DT：TC
AT＝TC＝a とすると，
DT＝$\dfrac{1}{2}a$ から　$\dfrac{1}{2}a:a=$ **1：2**

②　(1)　△ **BDE**，
(△ **ACE**，△ **FBE**)
［2角が○と60°の相似，○と●の和は60°］

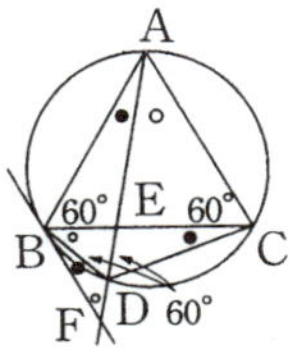

(2)　△ABF と△BDF で，
∠FAB＝∠FBD(接弦定理)
∠AFB＝∠BFD(共通)
よって，2角がそれぞれ等しいから
△ABF ∽△BDF

158. 円と接線(1)　― 三角形 ―

①　2×2＋12×2＝**28**

②　AF＝AD＝x とすると，
AB＝$x+2$，BC＝2＋8＝10，AC＝$x+8$ から，三平方の定理より
$(x+2)^2+10^2=(x+8)^2$
∴　$x=\dfrac{10}{3}$　　　$\dfrac{\mathbf{10}}{\mathbf{3}}$ **cm**

③　円と BC との接点を E とすると，
BD＝BE＝**3(cm)**

④　AP＝AR＝x とすると，
BQ＝BP＝$15-x$　CQ＝CR＝$14-x$ から
$(15-x)+(14-x)=13$
∴　$x=8$　　　**8cm**

159. 円と接線(2)　― 四角形 ―

①　C から BD に垂線 CH をひくと，
CD＝CP＋DP＝CA＋DB＝16＋25＝41
DH＝25－16＝9，△DCH で
AB＝CH＝$\sqrt{41^2-9^2}$＝**40(cm)**

②　(1)　円の半径は2cmから，
AS＝6－2＝**4(cm)**

(2)　AP＝AS＝4 から AE＝**4＋x(cm)**
EP＝EQ＝x から
BE＝6－2－x＝**4－x(cm)**

(3)　△ABE で三平方の定理より，
$(4+x)^2=(4-x)^2+4^2$　　∴　$x=1$
よって，BE＝3 から
4×3÷2＝**6(cm²)**

160. 円と接線(3)　― 共通内・外接線 ―

①　(1)　O から O′B に垂線 OH を下ろすと，
OO′＝2＋1＝3　O′H＝2－1＝1
△OHO′ で $OH^2+O'H^2=O'O^2$ から
AB＝OH＝$\sqrt{3^2-1^2}$＝**2√2(cm)**

(2)　O から O′B に垂線 OH を下ろす。
△O′HO で O′O＝5，O′H＝5－4＝1 から
AB＝OH＝$\sqrt{5^2-1^2}$＝**2√6(cm)**

②　(1)　BD＝5＋3＝8，Q から PB に垂線 QH をひくと，
PH＝5－3＝2 から
PQ＝$\sqrt{8^2+2^2}$＝**2√17(cm)**

(2)　$AE+BF=EF$　………①
$CE+DF=EF$　………②
①+②から $AC+BD=2EF$
$8+8=2EF$　∴　$EF=$ **8(cm)**

161. 内接円(1) ― 三角形 ―

[1]　(1)　**3**　(2)　**2**　(3)　**3**

[2]　半径を $r$cmとすると，A からの高さは 4cm だから

$\frac{r(5+5+6)}{2}=\frac{6\times4}{2}$　∴　$r=\mathbf{\frac{3}{2}}$ **cm**

[3]　半径を $r$cmとすると，

$\frac{r(13+14+15)}{2}=84$　∴　$r=$ **4cm**

162. 内接円(2) ― 四角形 ―

[1]　$4\times2+3\times2+6\times2=$ **26(cm)**

[2]　円 O と BC，CD との接点をそれぞれ Q，R とすると，
$BQ=5$ から $CQ=CR=7$，
よって，$DP=DR=11-7=$ **4(cm)**

[3]　(1)　$2(10+15)=$ **50(cm)**
(2)　D から BC に垂線 DH をひく。
円の半径を $r$cmとすると△DHC で
$DH=2r$，$CH=15-10=5$，
$CD=25-2r$ から
三平方の定理より，
$(2r)^2+5^2=(25-2r)^2$
∴　$r=$ **6(cm)**

163. 外接円(1) ― 三角形① ―

[1]　(1)　外接円の中心を O とすると，
∠BOC＝30°×2＝60°
よって，△OBC は正三角形となる。
よって **5(cm)**
(2)　外接円の中心を O，半径を r とすると，
∠BOC＝60°×2＝120°
よって，$\sqrt{3}r=6$　∴　$r=\mathbf{2\sqrt{3}}$ **(cm)**

[2]　(1)　外接円の中心を O，
半径を r とすると，

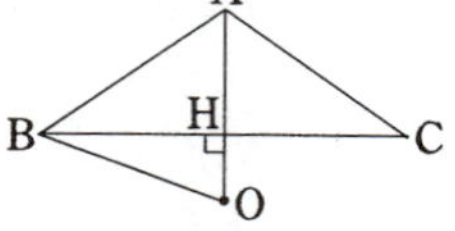

$BH=8$
$AH=6$ より
$OH=r-6$
よって，三平方の定理より
$8^2+(r-6)^2=r^2$　∴　$r=\mathbf{\frac{25}{3}}$ **(cm)**

(2)　外接円の中心を O とすると，

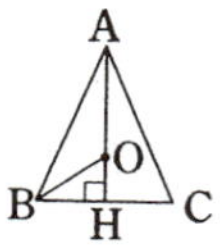

$OB=r$，$BH=5$
から $AH=12$
$OH=12-r$
よって，三平方の定理より
$5^2+(12-r)^2=r^2$
∴　$r=\mathbf{\frac{169}{24}}$ **(cm)**

164. 外接円(2) ― 三角形② ―

[1]　AO と円との交点を D とする。
△ABH ∽△ADC から外接円の半径を r とすると，
$2r:6=8:5$　∴　$r=$ **4.8(cm)**

[2]　(1)　$BH=5$ から $AH=$ **12(cm)**
(2)　外接円の半径を r とすると，
$2r:13=15:12$ から　$r=\mathbf{\frac{65}{8}}$ **(cm)**

165. 三角形の面積比(1) ― 等高 ―

[1]　△ABC の面積を S とすると，
△ABD＝$\frac{3}{5}S$，　△ABE＝$\frac{3}{5}S\times\frac{1}{3}=\frac{1}{5}S$
よって，$\mathbf{\frac{1}{5}}$ **倍**

[2]　△ABC の面積を S とすると，
△ABD＝$\frac{1}{3}S$，△ABE＝$\frac{1}{3}S\times\frac{3}{4}=\frac{1}{4}S$
よって，**1：4**

[3]　△ABC の面積を S とすると，
△ABD＝$\frac{5}{9}S$，　△ABE＝$\frac{1}{6}S$ から
$\frac{AE}{AD}=\frac{1}{6}S\div\frac{5}{9}S=\frac{3}{10}$
よって，AE：ED＝**3：7**

[4]　△ABC＝S とすると，△ACQ＝$2S$，
△AQR＝$6S$，△ARB＝$3S$，
△BRP＝$3S$，△BCP＝S，
△CPQ＝$2S$ から　△PQR＝$18S$
よって，**18 倍**

166. 三角形の面積比(2) ― 1 角共通 ―

1 (1) $6\times8:2\times6=$**4：1**

(2) $8\times3:4\times8=$**3：4**

2 AQ：QC＝1：n とすると，

$8\times n:10\times(n+1)=1:2 \quad n=\frac{5}{3}$

よって，$1:\frac{5}{3}=$**3：5**

3 EC＝x cmとおき，BD＝$3a$ cm，DC＝$4a$ cmとすると，

$x\times4a:40\times7a=1:10$

$x=$**7**(cm)

167. 等積変形

1 D から AC に平行な直線をひき，BC の延長との交点を P とする。

(△DAC＝△PAC)

2 点 C を通り AB に平行な直線と l，m との交点をそれぞれ P_1，P_2 とする。また，点 C と AB について対称な点を C′ とし，C′ を通り AB に平行な直線と l，m との交点をそれぞれ P_3，P_4 とする。 **4 通り**

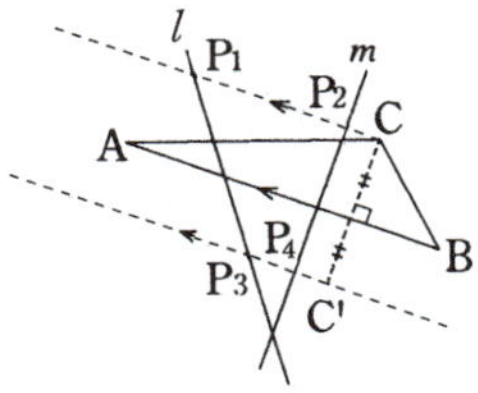

3 △EMC と△AMB は，面積の等しい 2 つの三角形 ACE，ABE からそれぞれ△AME を除いたものである。

よって，△EMC＝△AMB

$\triangle AOB=12\times12\times\frac{1}{4}=36$

AM＝MO から $36\div2=$**18 cm²**

168. 折り重ねた図形(1) ― 三角形 ―

1 △CML ∽△CAB から

LM：BA＝CM：CA

よって，LM : 6=5 : 8 　∴ LM＝$\frac{15}{4}$ **cm**

2 (1) △FDB と△EFC で，

∠EFC＋∠DFB＝180°－60° ……①

∠FDB＋∠DFB＝180°－60° ……②

①，②から∠EFC＝∠FDB

また，∠B＝∠C＝60°

よって，2 角がそれぞれ等しい。

これより，△FDB ∽△EFC

(2) AD＝FD＝7 cmから

AB＝7＋8＝15 cm

よって，FC＝15－3＝12 cmから

BF：CE＝DB：FC，

3：CE＝8：12 より　CE＝4.5

よって，AE＝15－4.5＝**10.5 cm**

169. 折り重ねた図形(2) ― 四角形 ―

1 (1) ∠BPC＝50°

よって，∠QPC＝(180°－50°)÷2＝65°

∠D′＝∠D′CP＝90° から

∠PQD′＝360°－(90°×2＋65°)＝**115°**

(2) PC＝PA＝x とおくと，PB＝$8-x$ から，△PBC で，三平方の定理より

$(8-x)^2+6^2=x^2$

$x=\frac{25}{4}$ 　PC＝$\frac{25}{4}$ **cm**

2 (1) ∠EBD＝∠DBC＝∠EDB から

△EBD は EB＝ED の二等辺三角形。

よって，BE＝x とすると，

ED＝x，AE＝$4-x$ から△ABE で，

$2^2+(4-x)^2=x^2$ から $x=2.5$ 　**2.5 cm**

(2) ED×AB÷2 から 2.5×2÷2＝**2.5 cm²**

(別解) E から BD に垂線 EH を下ろし，△EBH ∽△DBC から求めてもよい。

170. 立体の体積(1) ― 角すい ―

1 (1) O から底面に垂線 OH を下ろす。

$AC=6\sqrt{2}$ から $AH=3\sqrt{2}$，

よって，$OH=\sqrt{5^2-(3\sqrt{2})^2}=\sqrt{7}$

$6\times6\times\sqrt{7}\times\frac{1}{3}=$**$12\sqrt{7}$(cm³)**

(2) V から底面に垂線 VH を下ろす。

AB の中点を M とすると，MH＝5 から $VH=\sqrt{13^2-5^2}=12$

よって，$10\times10\times12\times\frac{1}{3}=$**400(cm³)**

2 (1) $6\times6\times4\times\frac{1}{3}=$**48(cm³)**

(2) HとGを結ぶ。△OGHでOH＝4，
HG＝6÷2＝3から
$OG=\sqrt{4^2+3^2}=\mathbf{5}$**(cm)**

(3) AC：AB＝$\sqrt{2}$：1から $AC=\mathbf{6\sqrt{2}}$**(cm)**

(4) $AH=6\sqrt{2}\div 2=3\sqrt{2}$ から
$3\sqrt{2}\times 4\div 2=\mathbf{6\sqrt{2}}$**(cm²)**

(5) $y=\dfrac{x\times 3}{2}\times 4\times\dfrac{1}{3}=2x$

∴ $\boldsymbol{y=2x}$ **$(0<x\leqq 6)$**

171. 立体の体積(2) ― 正四面体 ―

1 例題の図からAB：AD＝2：$\sqrt{3}$であるから

1：AD＝2：$\sqrt{3}$　$AD=\dfrac{\sqrt{3}}{2}$

よって，$AH=\dfrac{\sqrt{3}}{2}\times\dfrac{2}{3}=\dfrac{\sqrt{3}}{3}$

△OAHで $OH=\sqrt{1^2-\left(\dfrac{\sqrt{3}}{3}\right)^2}$

$=\mathbf{\dfrac{\sqrt{6}}{3}}$**(cm)**

体積は $\dfrac{\sqrt{3}}{4}\times 1^2\times\dfrac{\sqrt{6}}{3}\times\dfrac{1}{3}=\mathbf{\dfrac{\sqrt{2}}{12}}$**(cm³)**

2 (1) $\dfrac{\sqrt{3}}{4}\times 6^2\times 4=\mathbf{36\sqrt{3}}$(cm²)

(2) 1辺について1つの対称面があるから
6 個

(3) 切断面とBD，CDとの交点をそれぞれE，Fとすると，EF＝4cmから

$4\times 2\sqrt{6}\times\dfrac{1}{2}=\mathbf{4\sqrt{6}}$(cm²)

(4) 相似比は1：3だから体積比は
$1^3:3^3=1:27$
よって，1：(27－1)＝**1：26**

172. 立体の体積比 ― 相似 ―

1 表面積の比が4：3だから相似比は2：$\sqrt{3}$
よって，体積比は $2^3:(\sqrt{3})^3=\mathbf{8:3\sqrt{3}}$

2 相似比は10：15＝2：3から
$2^3:3^3=200:(200+x)$
∴ $x=\mathbf{475}$**(cm³)**

3 (1) $S\times 12\times\dfrac{1}{3}=324$ から $S=\mathbf{81}$**(cm²)**

(2) OP：OQ：OA＝1：2：3から
$1^3:2^3:3^3=1:8:27$
よって，27：(8－1)＝324：x
∴ $x=\mathbf{84}$**(cm³)**

173. 立体の高さ

1 △AMNの面積は

$6\times 6-\left(\dfrac{6\times 3}{2}+\dfrac{3\times 3}{2}+\dfrac{3\times 6}{2}\right)=\dfrac{27}{2}$

求める高さを$h$cmとし，三角すいの体積を2通りに表すと，

$\dfrac{27}{2}\times h\times\dfrac{1}{3}=\dfrac{3\times 3}{2}\times 6\times\dfrac{1}{3}$

∴ $h=\mathbf{2}$**(cm)**

2 (1) $\dfrac{3\times 2}{2}\times 4\times\dfrac{1}{3}=\mathbf{4}$**(cm³)**

(2) △MLKで $ML^2=2^2+3^2=13$
$MK^2=13-x^2$ ………①
△MEKで $ME^2=4^2+2^2=20$，
LE＝5より $MK^2=20-(5-x)^2$ …②
①＝②から

$13-x^2=20-(5-x)^2$　∴ $x=\mathbf{\dfrac{9}{5}}$

(3) $MK^2=13-\left(\dfrac{9}{5}\right)^2$ から $MK=\dfrac{2\sqrt{61}}{5}$

△MLEの面積は $5\times\dfrac{2\sqrt{61}}{5}\times\dfrac{1}{2}=\sqrt{61}$

求める距離を$h$cmとし，四面体AEMLの体積を2通りに表して，

$\sqrt{61}\times h\times\dfrac{1}{3}=4$　$h=\mathbf{\dfrac{12\sqrt{61}}{61}}$**(cm)**

174. 展開図(1) ― 円すい① ―

1 (1) 底面の円の半径を$r$cm，円すいの高さを$h$cmとする。

$360°\times\dfrac{r}{15}=120°$ から $r=\mathbf{5}$**cm**

$5^2+h^2=15^2$ から $h=\mathbf{10\sqrt{2}}$**(cm)**

(2) $\pi\times 5^2\times 10\sqrt{2}\times\dfrac{1}{3}=\mathbf{\dfrac{250\sqrt{2}}{3}\pi}$**(cm³)**

2 $AO=6\sqrt{3}$，BO＝6から

$\pi\times 6^2\times 6\sqrt{3}\times\dfrac{1}{3}=\mathbf{72\sqrt{3}\pi}$**(cm³)**

[3] 母線の長さ l は $l^2=15^2+20^2$ から $l=25$
よって，$(25\times15\pi):(\pi\times15^2)=$ **5：3**

175. 展開図(2) — 円すい② —

[1] (1) 右図 $AC=30$,
$AD=45-30=15$,
$\angle D=90°$ から
$\angle CAD=60°$
よって，中心角は **120°**

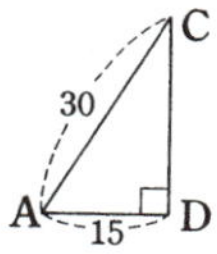

(2) $360°\times\dfrac{BH}{30}=120°$

$\therefore\ BH=\mathbf{10}(cm)$

$AH^2+10^2=30^2$

$\therefore\ AH=\mathbf{20\sqrt{2}}(cm)$

[2] (1) **2cm**

(2) ① $360°\times\dfrac{4}{12}=\mathbf{120°}$

② たて　$12-3=\mathbf{9}(cm)$

横　$6\sqrt{3}\times2=\mathbf{12\sqrt{3}}(cm)$

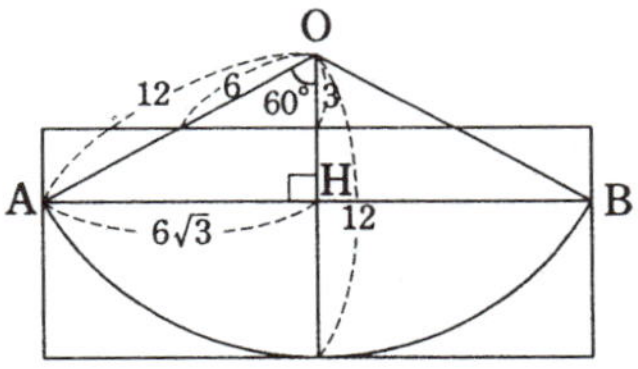

176. 図形の回転(1) — 平面① —

[1] (1) Cを中心として半径2cm，回転角120°の円弧，つぎにA′を中心として半径2cm，回転角120°の円弧をコンパスでかく。**下図**

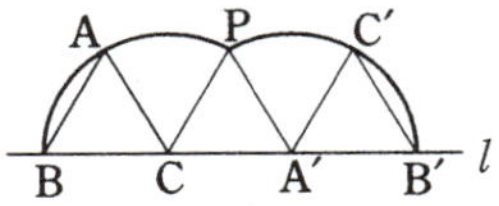

(2) おうぎ形2つの面積の和は

$\pi\times2^2\times\dfrac{120}{360}\times2=\dfrac{8\pi}{3}$,

1辺2cmの正三角形の面積は

$\dfrac{\sqrt{3}}{4}\times2^2=\sqrt{3}$ から

$\mathbf{\dfrac{8\pi}{3}+\sqrt{3}}(cm^2)$

[2] (1) **下図**

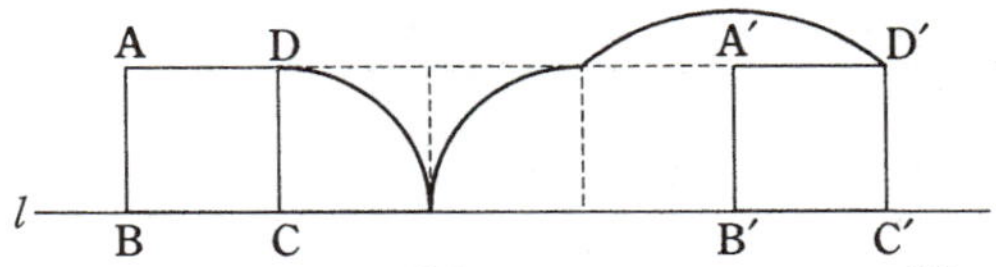

(2) $\left(2\pi\times2\times\dfrac{90}{360}\right)\times2+2\pi\times2\sqrt{2}\times\dfrac{90}{360}$

$=2\pi+\sqrt{2}\pi=\mathbf{(2+\sqrt{2})\pi}(cm)$

177. 図形の回転(2) — 平面② —

[1] (1) $a:b=2\pi\times4\times\dfrac{1}{4}:2\pi\times3\times\dfrac{1}{4}=$ **4：3**

(2) $AC=5$ から $2\pi\times5\times\dfrac{1}{4}=\mathbf{\dfrac{5\pi}{2}}(cm)$

(3) $\left(\dfrac{3\times4}{2}+\pi\times5^2\times\dfrac{1}{4}\right)$

$-\left(\pi\times4^2\times\dfrac{1}{4}+\dfrac{3\times4}{2}\right)=\mathbf{\dfrac{9\pi}{4}}(cm^2)$

[2] (1) **2cm**

(2) $\pi\times4^2\times\dfrac{120}{360}=\mathbf{\dfrac{16\pi}{3}}(cm^2)$

178. 図形の回転(3) — 空間① —

[1] 高さ $\sqrt{7^2-5^2}=\sqrt{24}$ から，

$\pi\times24\times10\times\dfrac{1}{3}=\mathbf{80\pi}(cm^3)$

[2] 円柱の体積と等しいことから，

$\pi\times3^2\times4=\mathbf{36\pi}(cm^3)$

[3] 右図の△ABHで
$AB=2\sqrt{5}$，$AH=4$ から，
$BH=\sqrt{(2\sqrt{5})^2-4^2}=2$,
$AD=1$
$OD=x$cmとすると，
$x:(x+4)=1:3$ から，$x=2$
よって，

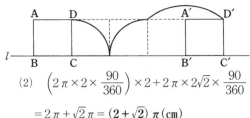

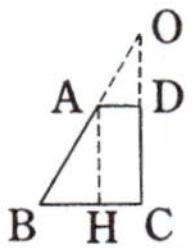

$\pi\times3^2\times(2+4)\times\dfrac{1}{3}-\pi\times1^2\times2\times\dfrac{1}{3}$

$=\mathbf{\dfrac{52\pi}{3}}(cm^3)$

[4] 円すいの高さは8cmとなるから，

$\pi\times6^2\times8\times\dfrac{1}{3}-\dfrac{4}{3}\pi\times3^3\times\dfrac{1}{2}=\mathbf{78\pi}\ (cm^3)$

179. 図形の回転(4) ― 空間② ―

[1] (1) $\angle ABD = 30°$ から
$AB : AD = 2 : 1$
よって，**1 cm**

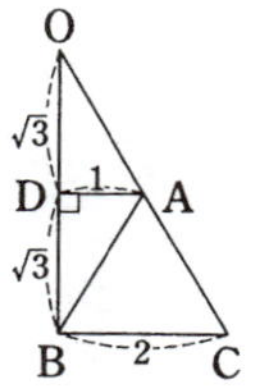

(2) $\pi \times 2^2 \times 2\sqrt{3} \times \dfrac{1}{3}$

$- \pi \times 1^2 \times 2\sqrt{3} \times \dfrac{1}{3}$

$= \mathbf{2\sqrt{3}\,\pi\,(cm^3)}$

[2] (1) $10 \times BH \div 2 = 30$ $\therefore$ $BH = \mathbf{6\,cm}$

(2) $\pi \times 6^2 \times 18 \times \dfrac{1}{3} - \pi \times 6^2 \times 8 \times \dfrac{1}{3}$

$= \dfrac{6^2\pi}{3}(18-8)$

$= \dfrac{6^2\pi}{3} \times 10$

$= \mathbf{120\,\pi\,(cm^3)}$

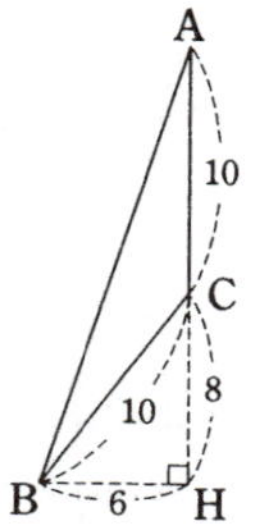

180. 最短距離(1) ― 平面 ―

[1] x 軸について点 A と対称な点は
$A'(1,\ -2)$
2 点 A′，B を通る直線の式は $y = \dfrac{3}{2}x - \dfrac{7}{2}$

$y=0$ を代入して，$x = \dfrac{7}{3}$

よって，$P\left(\mathbf{\dfrac{7}{3},\ 0}\right)$

[2] (1) BC について点 A と対称な点を A′ とすると，
$BP : CP = A'B : DC = 2 : 4 = 1 : 2$
よって，$BP = 8 \times \dfrac{1}{1+2} = \mathbf{\dfrac{8}{3}}$ **(cm)**

(2) $A'D = \sqrt{8^2+6^2} = \mathbf{10\,(cm)}$

[3] $P'(-2,\ 3)$，$Q'(3,\ -2)$ とする。
直線 P′Q′ の式は $y = -x+1$ から
A(0, 1)，B(1, 0)

181. 最短距離(2) ― 角柱 ―

[1] (1) 右図の△ABF で，
$AB = 18\,cm$，
$BF = 8\,cm$ から
$AF = \sqrt{18^2+8^2}$
$= \mathbf{2\sqrt{97}\,cm}$

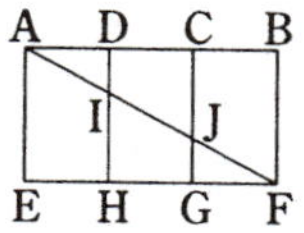

(2) $DI : BF = 1 : 3$ から $DI = \dfrac{8}{3}$

$CJ : BF = 2 : 3$ から $CJ = \dfrac{16}{3}$

よって，

$\dfrac{6\left(\dfrac{16}{3}+8\right)}{2} : \dfrac{6\left(\dfrac{8}{3}+\dfrac{16}{3}\right)}{2} = \mathbf{5 : 3}$

[2] AE の中点を P とすると，
右図から
$AP = \sqrt{5^2+12^2} = 13$
よって，$13 \times 2 = \mathbf{26\,cm}$

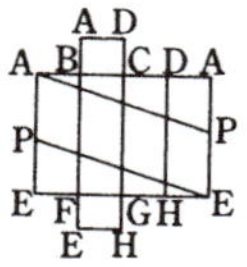

182. 最短距離(3) ― 角すい ―

[1] 1 辺 10cm の正三角形の高さ $BP = 5\sqrt{3}$
$5\sqrt{3} \times 2 = \mathbf{10\sqrt{3}\,(cm)}$

[2] (1) $\dfrac{\sqrt{3}}{4} \times 6^2$
$= \mathbf{9\sqrt{3}\,(cm^2)}$

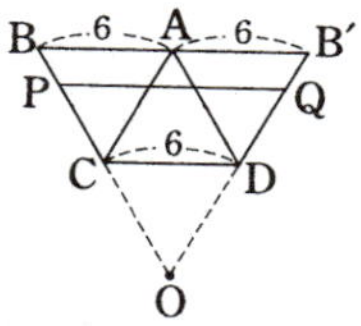

(2) 右図の BC，B′D の交点を O とすると，
$OP : OB = PQ : BB'$
$5 : 6 = PQ : 12$
$\therefore$ $PQ = \mathbf{10\,cm}$

183. 最短距離(4) ― 円すい ―

[1] (1) 中心角は $360° \times \dfrac{1}{6} = 60°$
△OAA′ は正三角形より **6 cm**

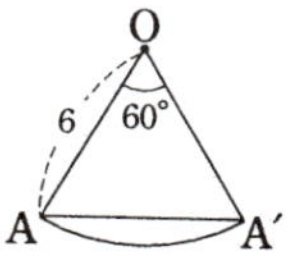

(2) 中心角は $360° \times \dfrac{1}{4} = 90°$
$OA : AA' = 1 : \sqrt{2}$ から
$\mathbf{4\sqrt{2}\,cm}$

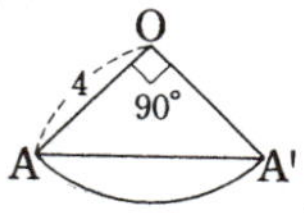

(3) 中心角は
$360° \times \dfrac{2}{6} = 120°$
$OA : AB = 2 : \sqrt{3}$ から
$6 : AB = 2 : \sqrt{3}$

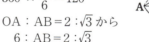

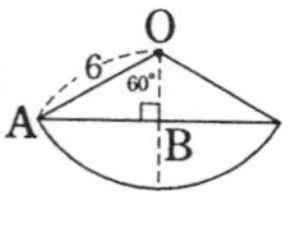

$AB = \mathbf{3\sqrt{3}}$(cm)

(4) 中心角は 120° から

$OB = 3,\ OH = \dfrac{3}{2}$,

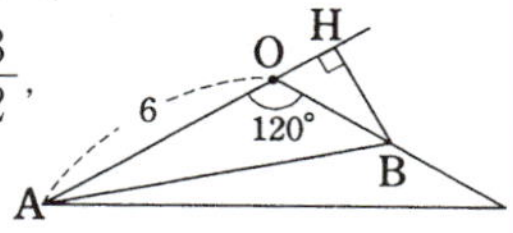

$BH = \dfrac{3\sqrt{3}}{2}$ から

$AB = \sqrt{\left(6 + \dfrac{3}{2}\right)^2 + \left(\dfrac{3\sqrt{3}}{2}\right)^2}$

$= \mathbf{3\sqrt{7}}$(cm)

184. 立体の切断(1) — 立方体① —

1 **正方形**

2 **ウ**

3 **右図**

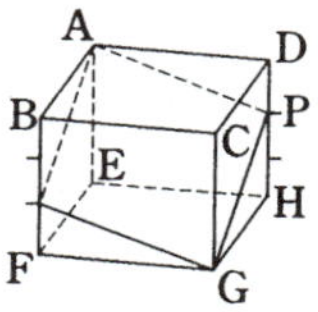

185. 立体の切断(2) — 立方体② —

1 (1) △CMNは二等辺三角形で,

$MN = 2\sqrt{2}$,

$CM = CN = \sqrt{2^2 + 4^2} = 2\sqrt{5}$

したがって, 右図

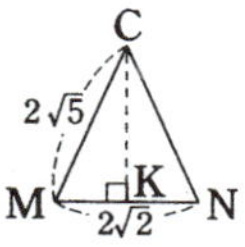

$CK = \sqrt{(2\sqrt{5})^2 - (\sqrt{2})^2}$

$= 3\sqrt{2}$

よって, $2\sqrt{2} \times 3\sqrt{2} \div 2 = \mathbf{6}$(cm²)

(2) 四角形 BFHD は長方形で,

$BD = 4\sqrt{2}$, $BF = 4$ から $\mathbf{16\sqrt{2}}$(cm²)

(3) AE との交点を N とすると,

四角形 DMFN はひし形で

$DF = \sqrt{4^2 + 4^2 + 4^2} = 4\sqrt{3}$,

$MN = AC = 4\sqrt{2}$ から

$4\sqrt{3} \times 4\sqrt{2} \div 2 = \mathbf{8\sqrt{6}}$(cm²)

(4) 正六角形(〔186〕- 3参照)で 1 辺は

$2\sqrt{2}$ から

$\dfrac{\sqrt{3}}{4} \times (2\sqrt{2})^2 \times 6 = \mathbf{12\sqrt{3}}$(cm²)

186. 立体の切断(3) — 立方体③ —

1 J を通り四角形 CDHG

に平行な平面で切ると,

$6 \times 6 \times 2 + 6 \times 6 \times 4 \div 2$

$= \mathbf{144}$(cm³)

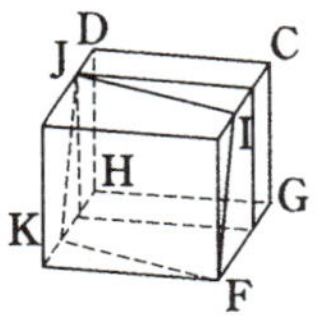

2 GB と HC を延長し,

その交点を O とする。

(右図)

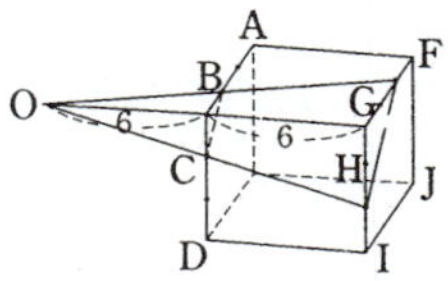

$6 \times 6 \times 6 - \dfrac{4 \times 4}{2} \times 12 \times \dfrac{1}{3} \times \dfrac{8 - 1}{8}$

$= \mathbf{188}$(cm³)

3 正六角形の中心を O とし, AD の中点を

K とすると,

$BK = \sqrt{2^2 + 4^2} = 2\sqrt{5}$

△BKO で $BK = 2\sqrt{5}$, $KO = 2\sqrt{2}$

$BO = \sqrt{(2\sqrt{5})^2 - (2\sqrt{2})^2} = 2\sqrt{3}$

1 辺 $2\sqrt{2}$ の正六角形の面積は

$\dfrac{\sqrt{3}}{4} \times (2\sqrt{2})^2 \times 6 = 12\sqrt{3}$

∴ $V = 12\sqrt{3} \times 2\sqrt{3} \times \dfrac{1}{3} = \mathbf{24}$(cm³)

187. 立体の切断(4) — 直方体 —

1 (1) 右図から**ウ**

(2) MK//LG

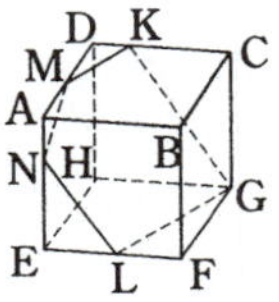

MD : DK = GF : FL

= 2 : 1 から

MD = 2cm

また, NL//KG

LE : EN = KC : CG

= 2 : 1 から

EN = 4cm

よって, $MN = \sqrt{2^2 + 2^2} = 2\sqrt{2}$,

$NL = \sqrt{4^2 + 2^2} = 2\sqrt{5}$,

$LG = \sqrt{2^2 + 4^2} = 2\sqrt{5}$,

$GK = \sqrt{3^2 + 6^2} = 3\sqrt{5}$,

$KM = \sqrt{1^2 + 2^2} = \sqrt{5}$

よって, $\mathbf{2\sqrt{2} + 8\sqrt{5}}$(cm)

2 (1) $FM = \sqrt{2^2 + 4^2} = \mathbf{2\sqrt{5}}$(cm)

(2) $4 \times 4 \times 3 - \dfrac{3 \times 2}{2} \times 4 \times \dfrac{1}{3} = \mathbf{44}$(cm³)

(3) AM と BD の交点を P とすると,

DP : BP = AD : MB = 2 : 1

$HF = DB = \sqrt{3^2 + 4^2} = 5$

∴ $DP = \dfrac{10}{3}$

よって, $\left(\dfrac{10}{3} + 5\right) \times 4 \div 2 = \mathbf{\dfrac{50}{3}}$(cm²)

188. 立体の切断(5) ― 角すい ―

1 (1) 5×4：6×6＝5：9　$\frac{5}{9}$倍

(2) 5×1：9×2＝5：18　$\frac{5}{18}$倍

2 A-BCD の体積を Vcm³ とすると，
DG：DC＝2：3 から A-DFG の体積は

$V\times\frac{2^2}{3^2}=\frac{4}{9}V$

よって，A-EFG の体積は

$\frac{4}{9}V\times\frac{1}{2}=\frac{2}{9}V$　$\frac{2}{9}$倍

189. 作図(1) ― 垂線・二等分線など ―

1 O を中心とし，適当な半径で円をかき OA，OB との交点をそれぞれ，P，Q とする。
P，Q を中心とし，適当な等しい半径で円をかき交点を C とし，O と C を結ぶ。(△POC と△QOC とは 3 辺の合同となる。)

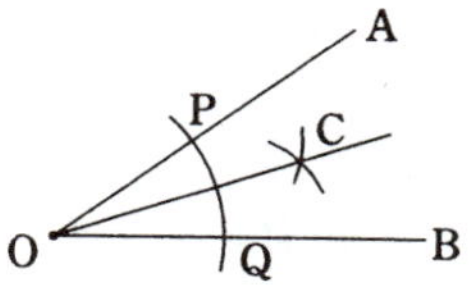

2 P を中心とし，適当な半径で円をかき l との交点を A, B とする。
A，B を中心として適当な等しい半径で円をかき，交点を Q とする。
P と Q を結ぶ。(△APQ と△BPQ とは 3 辺の合同となる。)

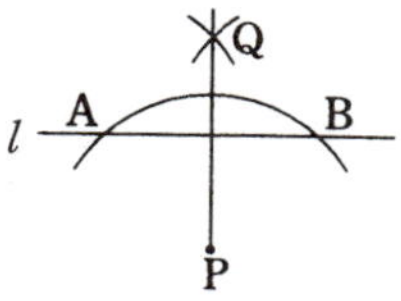

3 中心 R，半径 RE の円と AD との交点を E′ とする。E，E′ の垂直二等分線が l である。(EE′ の中点を H とすると，△REH と△RE′H とは 3 辺の合同となる。)

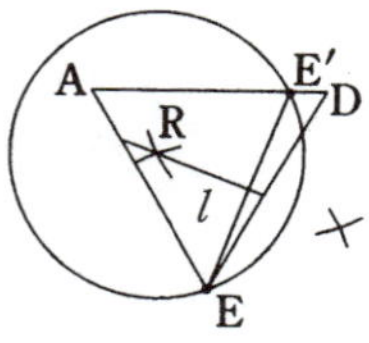

4 ∠B，∠C の二等分線の交点が I である。

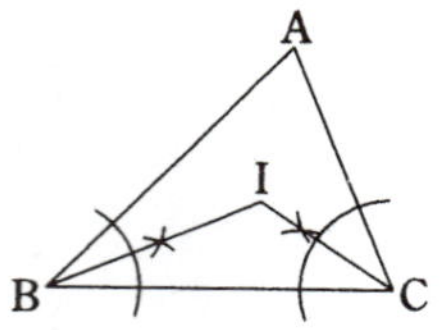

190. 作図(2) ― 円の中心・接線など ―

1 線分 AB の垂直二等分線と l との交点を P とする。

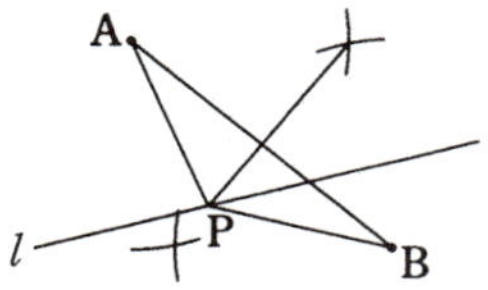

2 直線 OP 上で P を中心とし，適当な半径で円をかき，OP との交点をそれぞれ A，B とする。つぎに A，B を中心として等しい半径で円をかき交点を Q とし，P と Q を結ぶ。

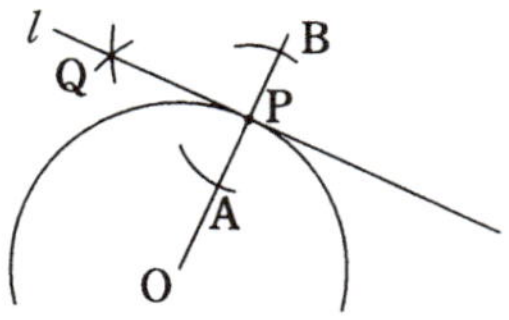

3 点 A における垂線と∠XOY の二等分線の交点を P とする。

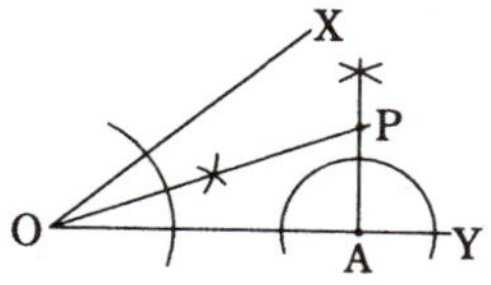

4 OA を延長し，AB の垂直二等分線との交点を C とする。

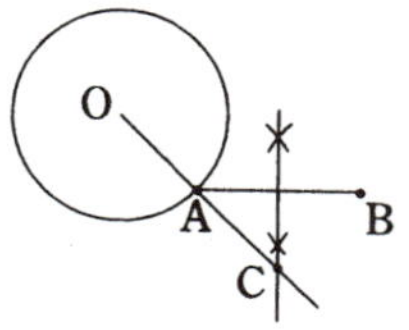

191. 確率(1) ― さいころ ―

1 全部で 6×6＝36 通りあり，和が 3 となるのは

A	1	2
B	2	1

2 通り。

よって，$\frac{2}{36}=\frac{1}{18}$

積が奇数となるのは A が 1, 3, 5, B も 1, 3，5 から
3×3＝9 通り。

よって，$\frac{9}{36}=\frac{1}{4}$

2 全部で 6×6＝36 通りあり，

(1) $ab=4$ となるのは

a	1	2	4
b	4	2	1

3 通り。

よって，$\frac{3}{36}=\frac{1}{12}$

(2) $\sqrt{ab} \leqq 2$ から $ab \leqq 4$

a	1				2		3	4
b	1	2	3	4	1	2	1	1

8 通り。

よって，$\frac{8}{36}=\mathbf{\frac{2}{9}}$

③ 全部で $6\times6=36$ 通りあり，小数第 1 位が 1 となるのは 6 通り。

よって，$\frac{6}{36}=\frac{1}{6}$

4. □……2，3，4，5，6 の 5 通り
5. □……6 通り
6. □……6 通り

} 17 通り

よって，$\mathbf{\frac{17}{36}}$

192. 確率(2) — カード —

① 全部で 15 通りあり，

(1，2)，(1，3)，(1，4)，(1，5)，(1，6)，(2，4)，(2，6)，(3，6)の 8 通りあるから $\mathbf{\frac{8}{15}}$

② 全部で 10 通りあり，

(2，4)，(2，6)，(3，4)，(4，5)，(4，6)の 5 通りあるから $\frac{5}{10}=\mathbf{\frac{1}{2}}$

③ 全部で 12 通りあり，

2□……1，3
1□……2，3，4

} 5 通り

よって，$\mathbf{\frac{5}{12}}$

193. 確率(3) — 色玉 —

① 全部で 6 通りあり，

(白，赤)，(白，青)，(白，黄)の 3 通りあるから

$\frac{3}{6}=\mathbf{\frac{1}{2}}$

② 全部で $5\times5=25$ 通りあり，2 回とも赤は 3×3 通り，2 回とも白は 2×2 通りあるから

$\frac{9+4}{25}=\mathbf{\frac{13}{25}}$

③ 赤玉は$(a-4)$個から

$\frac{a-4}{a}=\frac{3}{5}$，$5(a-4)=3a$

$5a-20=3a$　$2a=20$　　$\therefore$　$a=\mathbf{10}$

194. 確率(4) — 順列 —

① 正子さん，和代さんを 1 人とみて，3 人が並ぶ方法は

$3\times2\times1=$**6 通り**

② 父と母は，父○○○母，母○○○父の 2 通りあり，子ども 3 人は $3\times2\times1=6$ 通りあるから，

$2\times6=$**12 通り**

③ (1) 5 人から 2 人選ぶ方法は **10 通り**

(2) 男子は 2 通り，女子は 3 通りあるから

$\frac{6}{10}=\mathbf{\frac{3}{5}}$

195. 確率(5) — 図形① —

① (1) **△ABC，△ACI，△ACE，△ACG**

(2) 9 個の点から 2 個の点を選べばよい。

$\frac{9\times8}{2\times1}=$**36 個**

② $a\sim d$ の中から 2 本，$l\sim n$ の中から 2 本の直線を選べば，平行四辺形が 1 つ決まる。

よこ 3 本から 2 本をとるのは 3 通り。

ななめ 4 本から 2 本をとるのは 6 通り。

よって，$3\times6=$**18(個)**

③ 底辺が l 上にあるとき。4 点から 2 点をとるのは 6 通りである。これより，

$6\times3=18$

底辺が m 上にあるとき。3 点から 2 点をとるのは 3 通りである。これより

$3\times4=12$

よって，$18+12=$**30**

196. 確率(6) — 図形② —

① (1)

大	3	4	5	6
小	6	5	4	3

4 通り

(2) B に止まる場合は和が 5，9 となるときだから，

大	1	2	3	4	3	4	5	6
小	4	3	2	1	6	5	4	3

8 通りある。

よって，B に止まらない確率は

$\frac{36-8}{36}=\mathbf{\frac{7}{9}}$

□2 (1) 全部で $6\times6=36$ 通りあり，
(1，1)，(2，2)，(3，3)，(4，4)，(5，5)，(6，6)，(1，6)，(6，1)
の8通りあるから
$\frac{8}{36}=\mathbf{\frac{2}{9}}$

(2) △ABC……(1，2)，(2，1)，(2，6)，(6，2)
△ABE……(1，4)，(4，1)，(6，4)，(4，6)
△ADE……(3，4)，(4，3)
の10通りから $\frac{10}{36}=\mathbf{\frac{5}{18}}$

197. 確率(7) — 余事象 —

□1 両方とも2以下は

A	1	1	2	2
B	1	2	1	2

の4通りある。
これより，少なくとも1つは2より大きい目が出る確率は，
$1-\frac{4}{36}=\frac{32}{36}=\mathbf{\frac{8}{9}}$

□2 6個の玉から2個の玉の取り出し方は全部で $\frac{6\times5}{2\times1}=15$ 通り。
このうち，2個とも白であるのは $\frac{4\times3}{2\times1}=6$ 通りあるから，少なくとも1個が黒玉である確率は
$1-\frac{6}{15}=\frac{9}{15}=\mathbf{\frac{3}{5}}$

□3 (1) のこり4人から1人選ぶ場合は
4通り

(2) A，Bを除外して，のこり3人から2人選ぶ場合は3通り。
5人から2人選ぶ方法は10通りだから，求める確率は
$1-\frac{3}{10}=\mathbf{\frac{7}{10}}$

198. 記数法

□1
```
2) 26
2) 13 ……0
2)  6 ……1
2)  3 ……0
    1 ……1
```
から $\mathbf{11010_{(2)}}$

□2
```
2) 111
2)  55 ……1
2)  27 ……1
2)  13 ……1
2)   6 ……1
2)   3 ……0
     1 ……1
```
から $\mathbf{1101111_{(2)}}$

□3 $1\times2^4+0\times2^3+1\times2^2+0\times2+1$
$=16+4+1=\mathbf{21}$

□4 $1\times2^4+1\times2^3+0\times2^2+0\times2+1$
$=16+8+1=\mathbf{25}$

□5 $11100_{(2)}=1\times2^4+1\times2^3+1\times2^2+0\times2+0$
$=16+8+4=\mathbf{28}$

□6 $2^3+2+1=11$　$a=4\times11=44$
```
2) 44
2) 22 ……0
2) 11 ……0
2)  5 ……1
2)  2 ……1
    1 ……0
```
から $\mathbf{101100_{(2)}}$

(別解) $a=4\times(2^3+2+1)=2^5+2^3+2^2$
よって，$\mathbf{101100_{(2)}}$

199. 統計(1) — 平均 —

□1 $0.5\times12+1.5\times20+2.5\times8=56$
よって，$56\div40=$**1.4(時間)**

□2 (1) **4人**

(2) $1.5\times2+2.5\times4+3.5\times2+4.5\times1+5.5\times1=30$
$30\div10=$**3(分)**

□3 (1) ア．**4**　イ．**16**　ウ．**−4**

(2) $19+\frac{-4}{30}$ から **18.9℃**

200. 統計(2) ― 相対度数 ―

1 45 kg ～ 50 kg の度数は 32－14＝18 より

$\frac{18}{60}=$ **0.3**

2 $\frac{z}{40}=0.15$ から $z=6$

よって，$x=40-(2+18+6+2)$

∴ $x=$ **12**

3 度数の合計を x とすると，

$\frac{4}{x}=0.1$ から $x=40$

よって，$a=40-(4+16+8)$ ∴ $a=$ **12**

また，$b=\frac{12}{40}$ ∴ $b=$ **0.3**

201. 統計(3) ― 相関表 ―

1 (1) $2+3+2+2=9$(人)

$1\times2+2\times2+3\times3+4\times2=23$

$23\div9=2.\dot{5}$ から **2.6 点**

(2) 左下から右上の対角線より上にある人数の和は，

$1+2+2+2+2+3=$ **12(人)**

2 (1) クラスの人数は 25 人から，

$\frac{1+2+1}{25}\times100=$ **16(%)**

(2) A が増加すれば，B も増加しているから，A と B の間には**正の相関関係があ**ると考えられる。